Framework Design Guidelines
Conventions, Idioms, and
Patterns for Reusable .NET Libraries
Third Edition

框架设计指南

构建可复用.NET库的约定、惯例与模式(第3版)

[美] Krzysztof Cwalina
Jeremy Barton   著
Brad Abrams

王桥 译

U0151876

电子工业出版社
Publishing House of Electronics Industry
北京·BEIJING

内 容 简 介

本书从最基本的设计原则和准则出发，全方位介绍了设计框架的最佳实践，是微软工程师从.NET Framework 开发伊始到现如今的.NET 这二十来年间宝贵经验的总结。

与第 2 版发布时的 2008 年相比，今天的软件开发范式用翻天覆地来形容也不为过，容器化、云服务、跨平台、DevOps 等，都对今天的软件开发者和框架设计者提出了更高的要求。本书对第 2 版的内容进行了全面的更新，以适应当下发展的潮流。

本书虽然是面向.NET 平台上的框架设计的，但对其他平台的框架设计同样具有非凡的借鉴价值。通过阅读本书，读者可以了解到如何设计出一个对使用者而言简单、易用且具有一致性的优秀框架。

版权贸易合同登记号　图字：01-2020-4995

图书在版编目（CIP）数据

框架设计指南：构建可复用.NET 库的约定、惯例与模式：第 3 版／（美）克里斯托夫·克瓦里纳（Krzysztof Cwalina），（美）杰里米·巴顿（Jeremy Barton），（美）布拉德·艾布拉姆斯（Brad Abrams）著；王桥译. —北京：电子工业出版社，2023.3

书名原文：Framework Design Guidelines: Conventions, Idioms, and Patterns for Reusable .NET Libraries, Third Edition

ISBN 978-7-121-45010-5

Ⅰ. ①框… Ⅱ. ①克… ②杰… ③布… ④王… Ⅲ.①计算机网络－程序设计－指南 Ⅳ. ①TP393.09-62

中国国家版本馆 CIP 数据核字（2023）第 021762 号

责任编辑：张春雨

印　　刷：三河市双峰印刷装订有限公司
装　　订：三河市双峰印刷装订有限公司
出版发行：电子工业出版社
　　　　　北京市海淀区万寿路 173 信箱　　邮编：100036
开　　本：787×980　　1/16　　印张：28.5　　字数：554 千字
版　　次：2023 年 3 月第 1 版（原书第 3 版）
印　　次：2023 年 5 月第 2 次印刷
定　　价：150.00 元

凡所购买电子工业出版社图书有缺损问题，请向购买书店调换。若书店售缺，请与本社发行部联系，联系及邮购电话：（010）88254888，88258888。

质量投诉请发邮件至 zlts@phei.com.cn，盗版侵权举报请发邮件至 dbqq@phei.com.cn。

本书咨询联系方式：（010）51260888-819，faq@phei.com.cn。

致我的妻子 Ela，
感谢她在本书写作过程中由始至终的支持，
同时致我的父母，Jadwiga 和 Janusz，谢谢他们的鼓励。
——Krzysztof Cwalina

致我迷人的妻子 Janine，
以前我不是十分理解为什么作者总是将作品献给他们的伴侣，现在我明白了。
谢谢你，亲爱的，我现在大概有时间去做那些你在我写作期间想要我去做的事情了。
——Jeremy Barton

致我的妻子 Tamara，
你的爱与耐心使我坚强。
——Brad Abrams

译者序

首先非常感谢电子工业出版社博文视点提供的宝贵机会,让我可以把这本经典佳作介绍给国内的软件开发者。

所有的软件开发者想必都有一个共同的体会——没有什么开发是可以一蹴而就的,无论是开发框架、组件库还是终端用户程序,开发过程中必然充满权衡和取舍,而如何抉择取舍则依赖于开发者的阅历和经验。这时如果能够有效地借鉴前人的经验,就能少走不少弯路。

这本书是微软内部无数优秀工程师数十年经验和智慧凝结出来的精华,于你我而言,有着非凡的借鉴价值。作者以一致性和易用性为骨,内中的一条条准则为脉络,再用丰富的用例和注解为血肉,将书中内容全方位呈现在我们面前。它让我们了解到,针对不同的 .NET API,它为什么要这么去实现以及它又是如何被实现的,既加深了我们对现有 .NET API 的理解,也为我们指明了框架设计的正确道路。

需要特别说明的是,这本书不是一本教你如何编码的书,内容也不限于 .NET 平台。虽然大多数示例是以 C# 呈现的,但是如果你不是 .NET 程序员,这也完全不会影响你的阅读。如果你不是 .NET 程序员,那么你不需要严格遵循本书的准则,你大可以本书为蓝本,构建出属于你自己或团队的编码规范。如果你碰巧是 .NET 程序员,那么我希望你能够尽可能地遵循这些准则,坚持下来一定能有所回报。

希望本书能够帮助你成为一个更加杰出的程序员,如果中间有什么错漏之处,还请大家批评指正。

最后，感谢我的妻子在我翻译本书时提供的各种支持，既有生活上的，也有情感上的，没有她，我断然无法坚持下来。

王桥

2022 年 11 月，写于苏州

前言

在设计 .NET 平台之初，我们希望它能成为当时最具生产力的企业应用开发平台。在 20 年前，这意味着将"客服端-服务端"架构的应用托管在专用硬件之上。

今天，我们发现自己正置身于行业最大的范式转移之一中：转向云计算。这一转变为企业带来了新的机遇，但对现有的平台来说可能会很棘手，因为开发人员想要开发新型应用程序，导致现有的平台需要去适应由此而来的各种各样的需求。

.NET 平台转型相当成功，我认为其中一个主要原因是，我们在设计它的过程中非常小心谨慎，不仅关注生产力、一致性和简单性，还注重确保它能够随着时间的推移不断发展。.NET Core 正代表了这种进化，它在云应用开发人员所关心的诸如性能、资源利用率和容器化支持等方面都有显著的提升。

《框架设计指南》第 3 版新增了许多设计准则，这些准则与 .NET 团队在从"客服端-服务端"应用到云应用这一转变过程中所采取的一系列变更息息相关。

Scott Guthrie
雷德蒙，华盛顿
2020 年 1 月

第 2 版前言

当 .NET 框架首次发布时，我就被这一技术深深吸引了，CLR（通用语言运行时）、可扩展的 API 和 C# 语言，这些优势是显而易见的。然而，相对不那么明显的是，在所有这些不同的技术之下，其实有着一套共同的开发约定，以及用于 API 设计的通用设计原则。这就是 .NET 的文化。一旦你学会了其中的一部分，你就能举一反三，轻松地把知识运用到框架的其他领域中。

在过去的 16 年里，我一直为开源软件工作。由于项目贡献者不仅有着各自不同的背景，而且参与的时间或长或短，所以在项目中始终坚持相同的代码风格和编码约定非常重要。维护者需要定期重写或修改所贡献的代码，以确保它能符合项目的编码标准和代码风格。当然，最好的情况是项目贡献者和加入项目的开发人员能够遵循项目已有的约定。通过实践和标准能够传达的信息越多，新的参与者上手这个项目就越简单，这有助于项目融合新老代码。

无论是 .NET 框架还是它的开发者社区都在成长，新的实践、模式以及约定也都在不断地被确立，Brad 和 Krzysztof 俨然已成为"策展人"，他们把所有的这些新知识变成当下的指南，他们通常会在博客中介绍新的约定，征求社区的反馈，并持续跟踪这些准则。在我看来，对于每一个想要深入 .NET 框架的人而言，他们的博客都是必读的文档。

《框架设计指南》第 1 版已经成为 Mono 社区中的经典。其中有两个重要的原因，首先，它让我们了解到，针对不同的 .NET API，它为什么要这么去实现，以及它又是如何被实现的。其次，我们得感谢它提供的这些宝贵的准则，我们在自己的程序和代码库中也应该努力遵循这些准则。新版本不仅建立在第 1 版成功的基础之上，而且它还更新了从中吸取的新的经验教训。指南的注解由一些前沿的 .NET 架构师和杰出的程序员所提供，同时很多约定也是在他们的帮助下塑造的。

最后，本书超越了指南的范畴，是一本值得你珍藏的"经典"，它能够帮助你成为一个更加杰出的程序员，是我们行业中屈指可数的好书。

Miguel de Icaza

波士顿，迈阿密

2008 年 10 月

第 1 版前言

在 .NET 框架开发的早期，早到它还不叫这个名字的时候，我花了无数个小时与开发团队的成员们一起审阅它的设计，以确保最终它能成为一个清晰易懂的平台。我始终认为一个框架的关键特质必然是一致性，一旦你理解了框架的一部分，对其余部分也就能立刻熟悉起来。

在一个由一大群聪明人所组成的大团队中，正如你可能会想到的那样，我们有许许多多不同的意见——没有什么比编码约定更能引发激烈的讨论了。然而，在一致性的名义下，我们逐渐解决了彼此之间的分歧，并把结果编成一套通用的准则，使编码人员能够轻松地理解并使用这个框架。

Brad Abrams 和后来的 Krzysztof Cwalina 将这些准则集成到一个动态文档中，在过去的 6 年里，这个文档不断地被更新和完善，今天你手里的这本书便是他们的工作成果。

这些准则为我们完成 .NET 框架三个版本和其他许多较小项目的开发工作提供了很好的帮助。现在，它们正被用于指导 Windows 操作系统下一代 API 的开发工作。

通过这本书，我衷心希望和期待你也能成功地构造出自己的易于理解和使用的框架、类库和组件。

祝君好运，能够在框架设计中找到快乐。

Anders Hejlsberg

雷德蒙，华盛顿

2005 年 6 月

序言

《框架设计指南》介绍了设计框架的最佳实践，依循本书设计出的框架是可复用的面向对象库。书中的准则适用于各种规模和尺度的复用，包括：

- 大型系统框架，比如 .NET 的核心库，通常包含上千种类型，并被数以百万的开发者所使用。
- 大型分布式应用中中等规模的可复用层或系统框架的扩展，如 Azure SDK、游戏引擎等。
- 多个应用程序之间共享的小组件，如栅格控件。

需要注意的是，本书关注的是那些直接影响框架（公开可访问的 API [1]）可编程性的设计问题。所以，本书中通常不会包含太多实现的细节。就像一本介绍用户界面设计的书不会详细介绍如何实现命中测试一样，本书也不会介绍如何实现二分排序。在该范围内，我们能够为框架设计者提供明确的指导，而不是将其变成另外一本关于编程的书。本书假定读者已经对 .NET 编程有了基本的了解。

这些准则始于 .NET 框架开发的初期，它们最初只是一小组关于命名和设计的约定，但是经过不断的增强、审核和改进，在微软内部，它们已经被当作框架设计的规范。在 .NET 过去的 20 年里，它们累积了成千上万名开发者的经验与智慧。我们试图避免将本书建立在理想主义的设计哲学之上，同时我们认为，微软开发团队对本书的日常使用，也使其成为一本极具实用价值的书。

本书包含了许多注解，这些注解或者解释了准则中的权衡，或者描述了相关经历，

---

1 其包含公开可访问的类型声明，以及这些类型的公开的（public）、受保护的（protected）和显式实现的成员。

或者扩展了准则，又或者提供了对准则的批评意见。这些注解是由经验丰富的框架设计者、行业专家和资深用户所编写的。来自一线的故事可以为诸多准则增光添彩。

为了使命名空间、名称、类、接口、方法、属性和类型在文中更容易被区分，我们使用等宽字体来标识它们。

准则呈现说明

我们通过 **DO**、**CONSIDER**、**AVOID** 和 **DON'T** 把这些准则组织成简单的建议，每条准则都描述了正确的或糟糕的实践，并且都有一致的表述。在正确的实践前面会有一个✓，在糟糕的实践前面会有一个✗。每条准则的措辞也会表明建议的程度。例如，由 **DO** 引导的准则应该总是[1]被遵循的（本书中所有的例子）：

✓ **DO** 要以"Attribute"后缀来命名自定义特性类。

```
public class ObsoleteAttribute: Attribute { ... }
```

通常来说，由 **CONSIDER** 引导的准则都是应该被遵循的，但是如果你完全理解一条准则背后的原因，并且有充分的理由不去遵循它，那么你就无须为违反这条准则而感到不安。

✓ **CONSIDER** 当类型的实例很小且通常存活时间很短，或者通常被嵌入其他对象中时，应该考虑使用结构体，而不是使用类。

同样地，由 **DON'T** 引导的准则则指出那些你几乎永远不应该做的事情。

✗ **DON'T** 不要提供只写属性，或者使 setter 拥有比 getter 更宽松的可访问性。

相比而言，由 **AVOID** 引导的准则禁止的语气更弱一些，这些准则在绝大多数情况下都适用，但是在一些已知的情况下，被打破也是合理的。

✗ **AVOID** 如果只是想使用 Count 属性，则应避免将 ICollection<T> 或 ICollection 作为参数类型。

一些更复杂的准则后面会紧跟着额外的背景信息、解释性代码示例或基本原理。

✓ **DO** 要为值类型实现 IEquatable<T>。

值类型的 Object.Equals 方法会导致装箱，因为它的默认实现用到了反射，所以效率不高。IEquatable<T>.Equals 可以提供更好的性能，你可以选择使用不会导致

1　"总是"这个词的语气或许太强烈了。有一些准则是应该严格遵循的，但是它们极其罕见。相比之下，要打破由 **DO** 引导的准则，你需要找出特殊的实例，并且确保它对框架的用户来说是有益的。

装箱的方式来实现它。

```
public struct Int32: Equatable<Int32> {
    public bool Equals(Int32 other) { ... }
}
```

语言选择和代码示例

通用语言运行时（CLR）的一个目标是支持不同的编程语言：不仅包括那些由微软实现的编程语言，如 C++、VB、C#、F#、IronPython、PowerShell 等，还包括那些由第三方提供支持的语言，如 Eiffel、COBOL、Fortran 等。因此，对于许多可用来开发或使用现代框架的编程语言来说，本书均适用。

为了强化多语言框架设计这一信息，我们考虑过使用几种不同的编程语言来编写代码示例，但是最后决定不这样做。我们觉得，虽然使用不同的语言有助于传达本书的设计哲学，但是其可能会迫使读者去学习几种新的语言，这不是本书的目的。

我们决定选用一种对广大开发人员来说相对易读的语言，所以选择了 C#。因为 C# 是来自 C 语言家族（C、C++、Java 和 C#）的语言，这个家族在框架开发中有着深厚的历史底蕴。

对于很多开发人员来说，语言选择非常重要，我们在这里向那些不满于我们的选择的读者致以歉意。

关于本书

本书为框架设计提供了自上而下的指南。

第 1 章，"导论"，介绍了本书的简要定位，描述了框架设计的一般理念。这是书中唯一没有准则的章节。

第 2 章，"框架设计基础"，提供了整体框架设计中最基本的原则和准则。

第 3 章，"命名准则"，包含了框架中许多方面通用的设计惯例和命名准则，比如命名空间、类型和成员。

第 4 章，"类型设计准则"，为类型的一般设计提供了指导。

第 5 章，"成员设计"，更进一步地介绍了类型成员的设计准则。

第 6 章，"可扩展性设计"，所介绍的问题和准则对确保框架的适当可扩展性十分重要。

第 7 章，"异常"，介绍了与异常处理相关的准则，以及首选的错误报告机制。

第 8 章，"使用准则"，包含了如何扩展及使用框架中常见类型的准则。

第 9 章，"通用设计模式"，提供了常见框架设计模式中所涉及的准则和相关代码示例。

附录 A，"C#编码风格约定"，描述了在 .NET 中生成和维护核心库的团队所使用的编码约定。

附录 B，"过时的准则"，包含了在本书之前的版本中出现过，而本书不再推荐的应用于特定特性或概念的准则。

附录 C，"API 规范示例"，这是微软的框架设计师在设计 API 时所创建的 API 规范的部分示例。

附录 D，"不兼容变更"，探索了各种可能会对用户产生负面影响的变更。

读者服务

微信扫码回复：45010

- 加入 ".NET" 读者交流群，与更多同道中人互动
- 获取【百场业界大咖直播合集】（持续更新），仅需 1 元

致谢

这本书，本质上是数百人智慧的集合，我们对参与者深表感谢。

微软内部的许多人经过多年的长期努力，提出建议，共同讨论，并最终编写了许多这样的指南。尽管把所有的参与人员一一列出来是不现实的，但是他们中的一些人特别值得一提：Chris Anderson、Erik Christensen、Jason Clark、Joe Duffy、Patrick Dussud、Anders Hejlsberg、Jim Miller、Michael Murray、Lance Olson、Eric Gunnerson、Dare Obasanjo、Steve Starck、Kit George、Mike Hillberg、Greg Schecter、Mark Boulter、Asad Jawahar、Justin Van Patten 和 Mircea Trofin。

我们也要感谢这些注解者：Mark Alcazar、Chris Anderson、Christopher Brumme、Pablo Castro、Jason Clark、Steven Clarke、Joe Duffy、Patrick Dussud、Kit George、Jan Gray、Brian Grunkemeyer、Eric Gunnerson、Phil Haack、Anders Hejlsberg、Jan Kotas、Immo Landwerth、Rico Mariani、Anthony Moore、Vance Morrison、Christophe Nasarre、Dare Obasanjo、Brian Pepin、Jon Pincus、Jeff Prosise、Brent Rector、Jeffrey Richter、Greg Schechter、Chris Sells、Steve Starck、Herb Sutter、Clemens Szyperski、Stephen Toub、Mircea Trofin 和 Paul Vick。他们的见解为本书提供了所需的评论、色彩、幽默以及故事，给本书增添了巨大的价值。

感谢 Martin Heller 和 Stephen Toub 提供的所有帮助、审阅，以及在技术上和精神上的支持。感谢 Pierre Nallet、George Byrkit、Khristof Falk、Paul Besley、Bill Wagner 和 Peter Winkler 的极富洞察力和帮助性的评论。

我们还要特别感谢 Susann Ragsdale，是她把这本书从互不相干的想法集合变成了流畅的散文。她的无懈可击的文笔、耐心和惊人的幽默感使本书的写作过程变得更加容易。

关于作者

Krzysztof Cwalina 是微软的软件架构师，是 .NET 框架团队的初始成员之一，在职业生涯中，他成功设计了许多 .NET API。目前，他正致力于帮助微软的不同团队开发不同编程语言下的可复用 API。Krzysztof 拥有爱荷华大学计算机科学专业的学士学位和硕士学位。

Jeremy Barton 是 .NET Core Libraries 团队的一名工程师。在使用 C# 设计和开发小型框架十几年后，他于 2015 年加入 .NET 团队，从事全新的 .NET Core 项目中密码学相关类库的跨平台开发工作。Jeremy 毕业于罗斯-霍曼理工学院计算机科学和数学专业。

Brad Abrams 是微软通用语言运行时（Common Language Runtime，CLR）和 .NET 框架团队的初始成员之一。从 1998 年开始，他就一直在为 .NET 框架做设计。Brad 从构建基类库（BCL）开始他的框架设计生涯，而这个库后来成为 .NET 框架的核心部分。此外，他还是通用语言规范（Common Language Specification，CLS）、.NET 框架设计指南和.NET 框架中 ECMA/ISO 通用语言基础架构（Common Language Infrastructure，CLI）标准实现的主要作者。Brad 编写和合著了多本出版物，包括 *Programming in the .NET Environment* 和.*NET Framework Standard Library Annotated Reference* 的卷一和卷二。Brad 毕业于北卡罗来纳州立大学计算机科学专业，你可以在他的博客上了解他最近的想法。Brad 现在是 Google 的集团产品经理（Group Product Manager），他正在为 Google Assistant 孵化新项目。

关于注解者

Mark Alcazar 已经在微软工作了 23 年，他的大部分职业生涯都是在 UI 框架和"尖括号"[1]上度过的。他曾参与过 Internet Explorer、WPF、Silverlight 和近几版 Windows 开发平台的开发工作。Mark 热爱滑雪、冲浪和厨艺。他拥有西印度群岛大学的学士学位和宾夕法尼亚大学的硕士学位。现在，他和妻子及两个孩子住在西雅图。

Chris Anderson 已经在微软工作了 22 年，其间参与过许多项目，特别是基于.NET 技术的下一代应用和服务的设计与架构。Chris 写过许多文章和白皮书，也在世界各地的许多会议上做过演讲并担任主题演讲人（比如，Microsoft Professional Developers Conference、Microsoft TechEd、WinDev、DevCon 等）。他在 simplegeek 网站上有非常受欢迎的博客。

Christopher Brumme 于 1997 年加入微软，那时 Common Language Runtime（CLR）团队正在组建，从那时起，他一直在为代码库中的执行引擎部分和其他更大范畴的设计做贡献。他现在专注于托管代码的并发问题。在加入 CLR 团队前，Chris 曾是 Borland 和 Oracle 的架构师。

Pablo Castro 是微软的杰出工程师（Distinguished Engineer）。他现在是 Azure Data 团队的一员，是 Azure Synapse/SQL 和 Azure Cognitive Search 项目的负责人。在此之前，他是 Azure Applied AI 团队的工程和数据科学主管。在更早的时候，Pablo 在数据系统部门参与过多个项目，包括 SQL Server、.NET、Entity Framework/LINQ 和 OData。

Jason Clark 是微软的软件架构师（Software Architect），他在微软的贡献包括三个版

---

1 译者注：XML 和类 XML 描述语言（如 HTML、XAML）使用尖括号来标记元素。

本的 Windows 系统、三个 .NET 框架发行版以及 WCF。2000 年，他出版了他的第一本关于软件开发的书，并继续为杂志和其他出版物撰稿。他现在 Visual Studio 团队负责系统数据库版本。此外，Jason 只钟爱他的妻子和孩子，他和他们一起快乐地生活在西雅图地区。

Steven Clarke 从 1999 年起就是微软开发平台事业部的用户体验研究员。他主要关注观察、理解并模型化开发者使用 API 时的体验，用来帮助优化 API 设计，提供最好的用户体验。

Joe Duffs 是 Pulumi 的创始人和 CEO。Pulumi 是西雅图的一家初创公司，它为开发者和基础设施团队提供云上开发的特殊能力。在 2017 年成立 Pulumi 之前，Joe 曾在微软开发平台事业部、操作系统部和微软研究院等部门担任领导职务。在微软最后的职业生涯中，Joe 是微软开发工具的工程和技术策略负责人，领导关键的技术架构项目，除了管理 C#、C++、Visual Basic 和 F# 的开发团队，还管理 IoT、Visual Studio IDE、编译器和静态分析服务团队。Joe 在微软整个开源运动中发挥了重要作用，他一手组建了将 .NET 开源并迁移到新平台的初始团队。Joe 拥有超过 20 年的资深软件开发经验，写了两本书，现在依旧热爱着编程。

Patrick Dussud 是微软的技术特等研究员（Technical Fellow），也是 CLR 和.NET 框架架构组的首席架构师。他致力于研究解决公司内部有关 .NET 框架的各种问题，帮助开发团队最大限度地利用 CLR。他特别关注利用 CLR 的抽象来优化程序的执行。

Kit George 是微软 .NET 框架团队的一名项目经理。他于 1995 年毕业于新西兰惠灵顿维多利亚大学，拥有心理学、哲学和数学学士学位。在加入微软前，他是一名技术培训师，主要面向 Visual Basic。在过去两年里[1]，他参与了.NET 框架最初的两个发行版的设计和实现工作。

Jan Gray 是微软的软件架构师，现在致力于并发编程模型和基础设施。在此之前，他是 CLR 的性能架构师，并且在 20 世纪 90 年代，帮助编写了早期的 MS C++ 编译器（包括语义分析、运行时对象模型、预编译头文件、PDB、增量编译和链接等方面）和微软交易服务。Jan 的兴趣还包括在 FPGA 中构建自定义的多线程程序。

Brian Grunkemeyer 自 1998 年以来，就一直是微软 .NET 框架团队的软件设计工程师。他实现了框架类库的很大一部分，并为 ECMA/ISO CLI 标准的实现做出了贡献。Brian 现在正在为将来版本的 .NET 框架工作，涉及泛型、托管代码可靠性、版本管理、编码协议和提升开发者体验等领域。他拥有卡内基梅隆大学计算机科学专业的学士学位

1　译者注：这里应该是相对于本书第 1 版发行的时间来讲的。

和认知科学专业的双学位。

Eric Gunnerson 于 1994 年加入微软，之前，他曾在航空航天行业工作。他是 C++ 编译器团队的一员，也是 C# 设计团队的一员，同时还是 DevDiv 社区早期思想的追随者。在 Vista 时期，他主要做 Windows DVD Maker 的 UI 工作，并于 2007 年加入微软 Health-Vault 团队。在他的业余时间里，他会骑行、滑雪、健身、建筑甲板[1]、写博客和用第三人称记录自己的生活。

Phil Haack 是 Haacked 有限责任公司的创始人，该公司旨在帮助软件组织更好地成长，他充分利用自己在软件行业超过 20 年的经验来做出指导。在此之前，他是 GitHub 的工程负责人，他使得 GitHub 对微软平台上的开发者更友好。在为 GitHub 工作前，他是微软的高级项目经理（Senior Program Manager），负责 ASP.NET MVC 和 NuGet 在其他项目中的使用。这些产品拥有非常宽松的开源协议，开启了微软的开源时代。Phil 是 *GitHub For Dummies* 和 *Professional ASP.NET MVC* 畅销系列的合著者，并经常在世界各地的会议上发表演讲。他还在一些技术播客上露过面，比如.NET Rocks、Hanselminutes、Herding Code 和 The Official jQuery Podcast。你可以在 Haacked 网站或者推特上找到他的分享和思考。

Andres Hejlsberg 是微软开发平台事业部的一名技术特等研究员。他是 C# 编程语言的主要设计者和 .NET 框架开发的核心参与者。在 1996 年加入微软之前，Andres 是 Borland International 公司的资深工程师。作为 Borland 最早的一批员工之一，他是 Turbo Pascal 的原作者，之后成为 Delphi 产品线的首席架构师。Andres 曾在丹麦技术大学学习工程学。

Jan Kotas 从 2001 年开始一直在微软从事 .NET 运行时开发工作，他着眼于在.NET 平台的生产力、性能、安全性和可靠性之间寻求恰当的平衡。在这些年里，他几乎接触到 .NET 运行时的所有方面，包括引入新的架构、超前编译器和其他许多优化。他于 1998 年毕业于布拉格查尔斯大学（捷克共和国），获得计算机科学硕士学位。

Immo Landwerth 是微软 .NET 框架团队的一名项目经理，他擅长 API 设计、基类库（BCL）和 .NET 领域的开源技术。他总是用 GIF 发推文。

Rico Mariani 自 1980 年以来一直从事专业的编码工作，在从实时控制器到 flagship 开发系统等领域拥有丰富的经验。Rico 从 1988 年开始到 2017 年一直在微软工作，其间致力于编程语言产品、在线财务系统、操作系统、网络浏览器等方面的工作。2017 年，

1　译者注：原文 building decks，指用木板在房子周围搭建像甲板一样的平台，将其作为扩展的休闲区使用。

他加入 Facebook，带着他一如既往追求高品质和高质量的热情开始为 Facebook Messenger 工作。Rico 的兴趣包括研究编译器、编程语言理论、数据库、三维艺术和阅读优秀的小说。

Anthony Moore 是互联系统部门的开发主管。在 2001 年到 2007 年期间，他曾是 CLR 基类库的开发主管，将 FX 1.0 发展到 FX 3.5。Anthony 于 1999 年加入微软，最初从事 Visual Basic 和 ASP.NET 方面的工作。在加入微软前，他在他的祖国澳大利亚做了 8 年的企业开发人员，其中有 3 年在快餐行业度过。

Vance Morrison 是微软 .NET 运行时团队的一名性能架构师。他参与了与运行时性能相关的许多方面的工作，现在主要致力于改善启动时间。他在 .NET 项目之初就参与了性能相关组件的设计，他早先设计了 .NET 中间语言（IL）并一直是 .NET 运行时 JIT 编译器的开发领导人。

Christophe Nasarre 是 Criteo 性能团队的一名软件工程师。在业余时间里，**Christophe** 在 Medium 网站上写了很多 .NET 相关博文，在 GitHub 上提供工具和代码示例。他同时也是微软开发技术领域的 MVP。

Dare Obasanjo 是微软 MSN 社区服务平台团队的一名项目经理。他将自己利用 XML 解决问题的这份热爱带到构建 MSN Messenger、MSN Hotmail 和 MSN Space 团队所使用的服务器基础设施上。他之前曾是 XML 团队的项目经理，负责核心的 XML 应用编程接口和.NET 框架中 W3C XML Schema 相关技术。

Brian Pepin 是微软的软件开发者，现在从事 Xbox 系统软件开发工作。他从事开发者工具和框架开发已有 16 年，曾先后投身于 Visual Basic 5、Visual J++、.NET 框架、WPF、Silverlight 和另一款非常不幸未能面世的实验性产品的设计。

Jonathan Pincus 是微软研究院系统和网络组的一名高级研究员，他专注于软件和软件系统的安全、隐私与可靠性。他之前是 Intrinsa 的创始人和 CTO，曾在 GE Calma 和 EDA Systems 公司从事设计自动化（IC 和 CAD 框架的布局与路由）工作。

Jeff Prosise 是 Wintellect 的联合创始人，通过编写软件和指导他人编写软件谋生。他写了 9 本书，在杂志上发表了上百篇文章，为微软培训了数千名开发者，在世界上一些最大型的软件会议上发表演讲。Jeff 致力于指导开发者构建基于 Microsoft Azure 的云服务应用，向他们介绍人工智能和机器学习的美妙之处。在业余时间里，Jeff 制造和驾驶大型无线电遥控飞机，并拜访世界各地的开发小组、大学和研究机构，向其介绍 Azure 和 AI。

Brent Rector 是微软技术战略孵化项目的一名项目经理，他在软件开发行业拥有超过 30 年的经验，包括编程语言编译器、操作系统、ISV 应用和其他产品的开发经验。

Brent 是许多 Windows 软件开发图书的作者或合著者，包括 Addison-Wesley 出版的 *ATL Internals* 和 *Win32 Programming*，以及 Microsoft 出版社出版的 *Introducing WinFX*。在加入微软前，Brent 是 Wise Owl Consulting 的总裁兼创始人，是其 .NET 混淆器 Demeanor for .NET 项目的首席架构师。

Jeffrey Richter 是 Microsoft Azure 项目的一名软件架构师，他以编写了畅销书 *Windows via C/C++* 和 *CLR via C#* 而闻名。最近，他发布了免费的 Architecting Distributed Cloud Applications（云分布式应用架构）视频系列，这些视频可以通过 aka.ms/RichterCloud 获取，也可以通过 WintellectNOW 网站获取他制作的其他视频。Jeffrey 曾是 Wintellect 的顾问和联合创始人，Wintellect 是一家提供软件咨询和培训的公司。

Greg Schechter 是技术行业的资深人士，1988 年至 1994 年在 Sun Microsystems 工作，1994 年至 2010 年在微软工作，在超过 20 年的时间里，主要从事 API 的设计与实现相关工作。他的经验主要集中在 2D 和 3D 图领域，同时在多媒体、图像处理、用户通用交互系统和异步编程上也有很丰富的经验。2011 年，Greg 加入 Facebook，成为西雅图最早的十几名员工之一，目前作为软件工程师在 Facebook 伦敦分部广告基础设施组工作。此外，Greg 也热衷于用第三人称记录自己的生活。

Chris Sells 在其过去的生活中，从 .NET 的 beta 版本开始，就深入 .NET 之中，发表了很多与 .NET 相关的文章和公开演讲。现在他是 Google 的一名产品经理，从事 Flutter 的体验研究工作。他依旧热爱在海边长途步行和喜欢各种不同的技术。

Steve Starck 是微软 ADO.NET 团队的技术领导，在过去 10 年里，他一直从事数据访问技术的开发和设计工作，这些技术包括 ODBC、OLE DB 和 ADO.NET。

Herb Sutter 是软件开发领域的权威，在其职业生涯中，他是一些主流商业技术项目的创造者和资深设计者，这些项目包括：不同分布式数据库的对等复制系统 PeerDirect、为 .NET 编程而设计的 C++/CLI 语言扩展，以及并发编程模型 Concur。Herb 现在是微软的一名软件架构师，同时也是 ISO C++ 标准协会的成员。他是四本畅销书和数百篇关于软件开发这一主题的技术论文及文章的作者。

Clemens Szyperski 于 1999 年作为软件架构师加入微软研究院。他专注于利用组合软件来有效地构建新类型的软件。Clemens 是 Oberon Microsystems 及其衍生公司 Esmertec 的联合创始人，他曾是澳大利亚昆士兰科技大学计算机科学学院的副教授，该校现在依然为他保留着副教授头衔。他是 Jolt 奖获奖作品 *Component Software*（Addison-Wesley 出版）的作者和 *Software Ecosystem*（MIT 出版社出版）的合著者。他拥有苏黎世联邦理工学院的计算机科学博士学位和亚琛工业大学工程/计算机工程专业的电气学硕士学位。

Stephen Toub 是微软的软件工程师合伙人（Partner Software Engineer）。他拥有哈佛

大学和纽约大学的计算机科学学位。Stephen 专注于 .NET 库开发很多年，特别是在性能、并行性和异步等方面颇有建树。他在 .NET 开源和跨平台的过程中起到了重要作用，并且他对 .NET 未来所能提供的一切可能性感到兴奋。

Mircea Trofin 是 Google 的软件工程师，长期从事编译器优化工作。在此之前，他是微软 .NET 团队的一员。

Paul Vick 是 Visual Basic 向 .NET 过渡期间的语言架构师，并领导语言设计团队开发了前几个版本。Paul 于 1992 年加入微软，最初在 Microsoft Access 团队工作，参与了 Access 1.0 版本到 97 版本的开发工作。1998 年，他加入 Visual Basic 团队，参与了 Visual Basic 编译器的设计和实现工作并推动了 Visual Basic 在 .NET 框架中的重新设计。他是 Visual Basic .NET 语言规范 和 Addison-Wesley 出版的 *The Visual Basic .NET Language* 的作者。你可以通过 Panopticon Central 网站访问他的博客。

目录

1
导论

如果你可以站到每一位框架使用者的肩上去编码和解释它应该如何使用，那么本书中的准则就都是多余的。作为框架作者，本书介绍的准则为你提供了一系列工具，使你能够创造出介于框架作者和框架使用者之间的通用语言。例如，将操作作为属性提供给用户，而不是公开一个方法给用户，这可以向用户传达应该如何使用该操作的信息。

在 PC 时代初期，开发应用的主要工具是语言编译器，一个很小的标准库集合和操作系统应用编程的原始接口（API），这是一套非常基础的编程工具集。

开发者使用如此基础的工具来开发应用，在这一过程中，他们发现了越来越多的重复代码，这些代码可以通过更高阶的 API 进行抽象。操作系统供应商发现，如果他们可以为开发者提供这些更高阶的 API，那么就可以让开发者以更低的成本为他们的操作系统开发应用。这样，在其操作系统上运行的应用数量就会增加，就更利于操作系统去吸引那些需要各种应用的终端用户。同时，独立的工具和组件供应商也迅速意识到提升 API 抽象级别所带来的商机。

同一时期，业界慢慢开始接受了面向对象的设计，并认识到它在可扩展性和可复用性方面的重要性[1]。当可复用库供应商采用面向对象编程（OOP）来开发其高级 API 时，框架的概念就随之产生了。即，应用开发者不再从无到有地开发应用，框架为其提供了

---

[1] 面向对象语言不是唯一可用于开发可扩展、可复用库的编程语言，但是它们在普及可复用性和可扩展性这一概念的过程中扮演了关键角色。可扩展性和可复用性是面向对象编程（OOP）哲学中的重要组成部分，对面向对象编程的采用反过来也增加了人们对其好处的认识。

大部分所需的代码，然后开发者可以对其进行自定义和连接[1]以形成应用。

随着越来越多的供应商开始提供组件，这些组件可以被拼接到同一个应用中实现复用，开发者发现一些组件并不能很好地组合在一起。他们的应用看起来像是一座由不同的建筑工人建起来的房子，更糟糕的是，这些建筑工人之间完全没有交流！同样地，当更大比例的应用源码被用于 API 调用，而不是被用于书写标准的语言结构时，开发者开始抱怨现在他们不得不读/写多种语言：一种编程语言和几种可复用组件所使用的"语言"。这对于开发者的生产力来说有显著的负面影响——生产力是框架成功的主要元素之一。很明显，需要制定通用的规则，以确保可复用组件的一致性和无缝集成。

现在的许多应用开发平台都规定了一些设计约定，在为这个平台设计框架时必须遵循这些约定。如果框架不遵循这些约定，那么它们就不能很好地和该平台集成在一起，也会使得那些尝试使用它们的开发者扫兴，处于竞争劣势而最终失去市场。成功的往往是那些自洽、合理并且设计精良的框架。

1.1　设计精良的框架的特质

那么，如何定义一个设计精良的框架，以及如何实现这个框架呢？有许多因素——如性能、可靠性、安全性、依赖管理等——影响软件质量。框架显然应当坚持相同的质量标准，但是框架与其他软件不同的是，框架是由一系列可复用的 API 组成的，这为设计高质量的框架提出了一系列特别的考量因素。

1.1.1　设计精良的框架是简单的

许多框架并不缺乏能力，因为随着需求变得更加清晰，添加更多新的功能是相当容易的。相反，当计划压力、功能蔓延或者渴望去满足每个微不足道的边界场景占据了开发流程时，常常会牺牲简单性。然而，简单性是每一个框架必须拥有的特性。如果觉得当前的功能设计过于复杂，最好的办法就是把该功能从当前的发布版本中移除，在下一次发布前花更多的时间去做正确的设计。正如框架设计者常说的："你总是可以新增，但

1　现在有很多关于面向对象（OO）设计的批评，其声称 OO 所承诺的可复用性没有实现。面向对象设计并不是可复用性的保证，我们也不确定它是否曾承诺过。然而，面向对象设计提供了自然的结构来表达可复用单元（类型）、控制可扩展性（虚成员）并促进解耦（抽象）

是永远不能移除"。如果感觉设计不合适，你最好把它拿掉，不然你很可能会后悔为什么没有这么做。

■ **CHRIS SELLS** 为了测试一个 API 是否"简单"，我喜欢将其提交给一个被我称之为"客户端优先编程"的测试。首先，尝试描述该软件库是做什么的，然后要求开发者根据他或她对这个软件库的想法（在没有实际查看你的软件库的情况下）来编写一个程序，看开发者所写出来的和你自己实现的是否大体一致。和不同的开发者一起多做几次这个测试。如果他们中的大多数人都写出了相似的代码，并且和你写的不一致，那么他们是对的，而你是错的，你应当适当地更新该软件库。

我发现这个方法非常有用，我在设计 API 的过程中，常常先编写我所期望的客户端代码，然后实现一个软件库来匹配它。当然，你必须在简单性和试图提供的功能的固有复杂性之间取得平衡，这正是你的计算机科学专业学位的价值所在。

本书中所描述的许多准则都是试图在功能和简单性之间取得适当的平衡，特别是第 2 章，介绍了最成功的一批框架设计者所使用的一些基本方法，这些方法兼顾了简单性和功能。

1.1.2 设计精良的框架设计成本高昂

优秀的框架设计并不是凭空产生的，它是花费大量时间与资源，努力工作带来的结果。如果你不想在设计中投入真金白银，你就不要妄想可以创造出设计精良的框架。

■ **STEPHEN TOUB** 对于我们中那些发现自己参加的会议比理想情况下还要多的人来说，计算一次会议的成本或许是一个有趣且又令人谦卑的爱好：房间里面的人数乘以与会者平均每小时预估的工资，再乘以会议的频率。在这种情况下，我参加过的最昂贵的会议是我们的 .NET API 审阅会议，我们审阅计划中的新 API，并决定是否以及如何推进它。这些花费都是值得的，因为 API 设计中的不一致或者错误最终都会导致更大的负面开销，设计精良的、可被集成的 API 的价值"大于它们各个部分的总和"。

　　框架设计应该是开发过程中明确且独立的一部分[1]。它必须是明确的，因为它需要适当的设计，调配人手，并最终被执行。它必须是独立的，因为它不能只是实现流程的一部分；否则，常见的结果是，框架最终是由实现流程结束后，恰好保留下来的那些公开类型与成员所组成的。

　　最好的框架设计要么由明确负责框架设计的人来完成，要么由那些能够在开发过程中适时担任框架设计师角色的人来完成。混淆职责是错误的，会导致在设计中暴露实现细节，而这些细节对框架的最终用户来说本应该是不可见的[2]。

> ■ **JEREMY BARTON**　作为领域专家，要产出一个好的 API 也是非常困难的。你了解问题空间究竟有多复杂，你的提案已经把问题简化到了本质——这是简单性的巅峰。然而，事实并非如此，那些不熟悉细节的人依然会告诉你它太复杂了，并且他们很有可能是对的。
>
> 　　即便是那些由 .NET API 审阅团队成员所提出的 API 提案，在审阅过程中也会发生变化。在 API 审阅过程中引入那些在这个功能领域不是专家的人，可以显著提高任意 API 提案的质量。

1.1.3　设计精良的框架充满权衡

　　世界上并没有完美的设计。设计就是要做出取舍，为了做出正确的决定，你需要了解有哪些选项，以及了解它们的优势和不足。如果你发现自己在设计过程中不需要做出任何取舍，那么极有可能是你忽略了某些重大的问题，而不是找到了"银弹"。

　　本书中描述的实践是作为指导性原则（Guideline）而不是作为规则（Rule）提出的，这正是因为框架设计需要管理权衡。其中的一些准则讨论了所涉及的权衡部分，甚至为特定的场景提供了替代方案。

1　不要误解，以为这是对前置设计流程的认可。事实上，过度的 API 设计流程是一种浪费，因为 API 在实现后总是需要对它们进行调整。但是，API 设计流程必须独立于实现流程，并且必须被纳入产品周期的每一个部分：计划阶段（哪些 API 可以满足用户需求）、设计阶段（为了得到正确的 API，我们愿意在功能上进行哪些权衡）、开发阶段（我们有没有分配时间来试用框架，看看最终结果如何）和维护阶段（在框架的发展过程中，我们是否降低了设计质量）。

2　原型是框架设计流程中最重要的部分，而且原型和实现非常不同。

1.1.4　设计精良的框架会借鉴过往经验

大多数成功的框架都会借鉴现有的成熟设计并在此基础上进行构建。或许，在框架设计中引入全新的解决方案是每个人都梦寐以求的，但是那需要极其小心谨慎才有可能做到。随着新概念数量的增加，整体设计的正确性愈难保持。

> ■ **CHRIS SELLS**　请不要试图在软件库设计中进行"创新"，让你的软件库的 API 尽可能"乏味"吧！你需要做的是使功能（而不是 API）变得有趣吸引人。

> ■ **JEREMY BARTON**　全新的解决方案最好还是留给那些交叉领域的问题。这有助于你了解新解决方案的真正价值，以及让你的用户理解为什么他们需要学习"额外的事务"。
>
> 　　改变是一件糟糕的事情，除非改头换面。只是在某个小的方面变得好一点儿，可能并不值得你的用户花时间去学习如何使用新方法。

本书中包含的准则都是基于我们在设计 .NET 核心库的过程中获得的经验的，它们鼓励借鉴那些经得起时间考验的事物，并让我们对那些没能做到这一点的保持警惕。我们希望你能以这些优秀的实践作为开始，并进一步改进它们。本书第 9 章介绍了大量可行的通用设计模式。

1.1.5　设计精良的框架旨在不断发展

如何在未来发展你的框架？这需要你思考应该做出哪些取舍。一方面，框架设计者可以在设计过程中花费更多的时间和精力，有时候，额外的复杂度甚至可以用"以防万一"来形容。另一方面，仔细考量可以避免所引入的东西随着时间的推移而退化，甚至更糟，到后面不能保持向后兼容性[1]。通常来说，最好将新功能推迟到下一次发布，而不是在当前发布的版本中引入它。

任何时候，当你在权衡一个设计时，都应当思考这个决定将会如何影响框架的后续发展。本书中提出的准则考虑到了这一重要问题。

---

[1]　在本书中，并没有详细地讨论向后兼容性，但是它和可靠性、安全性和性能一样，也应被视为框架设计的基本要素之一

1.1.6　设计精良的框架是完整统一的

现代框架需要能够很好地与大量不同的开发工具、编程语言、应用模型等集成在一起，云计算和其他面向服务器的工作负载模式意味着为特定应用模型做框架设计的时代已经结束了，在框架设计中无须思考合适的工具支持或者不需要与开发者社区所使用的编程语言进行适当集成的时代也已经结束了。

1.1.7　设计精良的框架是一致的

一致性是设计精良的框架的核心特质，是影响生产力的最重要因素。一致性的框架使得开发者可以将知识从他们已知的部分转移到他们正试图学习的部分。一致性也能帮助开发者快速认识到，对于特定功能领域来说，设计的哪些部分是真正独特的，需要特别关注，哪些又是司空见惯的设计模式和惯例。

一致性差不多是本书的核心主题了，几乎每一条准则都部分地受到一致性的影响。其中的第 3~5 章大概可以说是最重要的章节了，因为它们包含了涉及一致性的核心准则。我们提供了这些准则来帮助你成功构建框架。下一章介绍了一般软件库设计所涉及的准则。

■2■

框架设计基础

要设计一个成功的通用框架，在设计时就一定要考虑到有着不同需求、技能和背景的开发者。框架设计者所面临的巨大挑战之一是：既要满足多样化的用户群体的功能需求，又要保持框架本身的简单性。

框架设计者的另一个重要目标是提供统一的编程模型——无论开发者编写的是哪种类型的应用[1]，或者，如果框架在运行时支持多种语言，则无论开发者使用的是哪种编程语言，都应该具有统一的编程模型。

通过采用已被广泛接受的设计原则和遵循本章所描述的准则，你可以创造出一个功能一致的框架，其可以满足使用不同编程语言构建不同类型应用的开发者的需求。

✓**DO** 要设计功能强大且易于使用的框架。

设计精良的框架使得实现简单的应用场景变得容易。同时，它不会妨碍用户进一步实现更复杂的场景，尽管可能会更困难一些。正如 Alan Kay 所说："让简单的事情保持简单，让复杂的事情成为可能。"

这一准则同样与 Pareto 原则（即"二八定律"）相关。Pareto 原则表示，在任何情况下，只有 20% 是重要的，剩下的 80% 则是微不足道的。在设计一个框架时，应该专注于重要的 20% 的场景和接口。换言之，在框架设计中，我们应该把功夫花在框架中最常被使用的那部分功能上。

1　举例来说，如果一个框架组件是可用的，那么无论是在控制台应用、Windows Forms 应用还是在 ASP.NET 应用中，它都应该具有相同的编程模型。

✓**DO** 要了解具有不同编程风格、需求和技能水平的开发者，并明确地为他们进行设计。

■ **PAUL VICK**　为 Visual Basic（VB）开发者设计框架没有"银弹"。我们的用户范围很广，从第一次使用编程工具的小白到构建大规模商业应用的行业老手。设计一个吸引 VB 开发者的框架，关键是要让他们能够以最少的麻烦和困扰完成工作。设计一个使用概念最少的框架是一个好主意——不是因为 VB 开发者不能处理概念，而是因为他们不得不停下来思考与手头工作无关的概念，从而导致工作流程被打断。VB 开发者的目标通常不是学习一些有趣或令人兴奋的新概念，也不是要去欣赏你的设计在智力上的纯粹和简单性，他们的目的是要完成工作并继续前进。

■ **KRZYSZTOF CWALINA**　为像你一样的用户做设计很容易，而为与你不同的人做设计则非常困难。有太多的 API 是由领域专家设计的，坦率地说，它们只对领域专家有利。问题是，大多数开发者不是、永远不会是、也不需要成为现代应用中所有技术领域的专家。

■ **BRAD ABRAMS**　尽管惠普公司著名的座右铭"为下一个工作台的工程师而构建"对于推动软件项目的质量和完整性是有用的，但对于 API 的设计来说，它却具有误导性。例如，Microsoft Word 团队的开发人员清楚地知道，他们自己不是 Word 的目标客户。我的母亲才是目标客户。因此，Word 团队放了更多我的母亲可能认为有用的功能，而不是开发团队认为有用的功能。尽管这在 Word 这样的应用程序中是显而易见的，但我们在设计 API 时往往会忽略这个原则。我们倾向于只为自己设计 API，忽视了客户的应用场景。

✓**DO** 要了解各种编程语言，并为之做设计。

许多编程语言都实现了对通用语言运行时（CLR）和 .NET 的支持，其中的一些语言和你用来实现 API 的语言之间可能会有很大的差别，通常需要额外的考量来保证你的 API 在这些语言上能正常运行。

举例来说，开发者在使用能够和 .NET 交互的动态类型语言（如 PowerShell 和 IronPython 等）时，如果所使用的 API 要求他们创建某些具有特性（Attribute）的自定义类型，这时候他们就极有可能无法正常使用该 API。

另一个例子是，F# 语言不支持用户自定义的隐式转换运算符。因此，如果 API 使用隐式转换运算符来简化其调用模式，那么在 F# 中，该 API 可能并不见得会易于使用。

> ▪ **JAN KOTAS** 为现有编程语言的"最小公分母"做设计阻碍了 .NET 平台的发展。近年来，为了实现创新，人们不再强调这一点，如特性 Span<T> 的引入。C# 和 F# 引进新的语言特性以启用 Span<T>，而其他编译到 .NET 的语言（如 Visual Basic）则尚未支持它，因此这些语言无法使用新的基于 Span<T> 的 API。

> ▪ **JEREMY BARTON** 虽然我们确实在没有 VB 支持的情况下添加了 Span<T>，但是建议使用基于数组的替代方法（请参见 9.12 节）。尽管这在一定程度上是基于可用性给出的建议，但是最终仍然回归到本准则，多种语言都可以与 .NET CLR 进行交互。

本书还介绍了其他关于不同编程语言支持的特别注意事项。

2.1 渐进式框架

为广大开发者、应用场景和编程语言设计出一个唯一的框架是困难且代价高昂的。过去，框架供应商为特定的开发者群体提供了若干产品来应对特定的场景。例如，微软提供的 Visual Basic API 面向简单性和相对受限的场景进行了优化，Win32 API 则针对功能和灵活性进行了优化，即使这意味着牺牲了使用上的便利性。其他框架，如 MFC 和 ATL，也是针对特定的开发者群体和应用场景的。

尽管这种多框架模式已被证明是提供 API 的一种成功方式，这些 API 对特定的开发者群体来说功能强大且易于使用，但是它有着明显的缺点。主要缺点[1]是，众多的框架使得使用其中某个框架的开发者很难将他们的知识转移到下一个技能水平或应用场景中（通常需要使用不同的框架）。例如，当开发者需要使用更强大的功能来实现另一个不同的应用时，他们将面临非常陡峭的学习曲线，因为他们需要学习一种几乎全新的编程模式，如图 2.1 所示。

---

1 其他缺点包括：那些基于其他框架进行包装的框架上市时间会更慢、工作重复、缺乏通用工具。

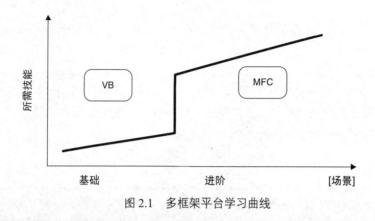

图 2.1　多框架平台学习曲线

ANDERS HEJLSBERG　在 Windows 早期，你可以直接使用 Windows API。要编写一个应用程序，你只需要先启动 C 语言编译器，#include windows.h，创建一个 winproc，再处理窗口消息——基本上老式 Petzold 风格的 Windows 编程就是如此。尽管这种方式可以工作，但它既不是特别具有生产力，也不是特别容易使用。

随着时间的推移，基于 Windows API 的各种编程模型相继出现。VB 选择拥抱快速应用开发（Rapid Application Development，RAD），利用 VB，你可以实例化一张表单，将组件拖曳到表单上，然后为之编写事件处理器。你的代码通过委托来运行。

在 C++ 的世界中，我们使用 WFC 和 ATL，采用了完全不同的方式。这里涉及的关键概念是子类化，开发者从大型的面向对象库中派生出子类。尽管这可以给你带来更多的功能和更强大的表达能力，但是和 VB 的组合模型相比，它并不具备同等的易用性和生产力。

如果你看看上面这张图就会发现，其中一个问题是，你在编程模型上的选择也必然成为你对编程语言的选择。这很糟糕。如果你是一个经验丰富的 MFC 开发者，现在你需要用 VB 编写几行代码，你已有的经验并不能直接被拿过来使用。同样，即使你非常了解 VB，你的那些知识也不能帮助你使用 MFC。

面对不同的编程模型，API 同样不具备一致的可用性。面对不同的问题，每个模型都凭空捏造出它们自己的解决方案，但是实际上其可能是所有模型共同面临的核心问题。例如，如何处理文件 I/O，如何处理字符串格式化，如何处理安全性、线程，等等。

.NET 框架所做的就是统一所有的这些模型。无论你使用的是哪种编程语言，也无论你面向的是哪种编程模型，在任何地方，它都可以为你提供可用且一致的 API。

> **PAUL VICK**　值得注意的是，这种统一是有代价的。在编写框架时，有一个无法解决的矛盾——是应该暴露大量的功能给用户，使得用户可以对其行为表现进行各种控制，还是应该保持概念的简单，只为用户提供相对来说更有限的功能。在大多数情况下，没有"银弹"，在功能和简单性上做出取舍是不可避免的。在设计 .NET 框架的过程中，大量的工作被投入到实现二者之间的平衡上。我认为，我们今天仍然在继续做这件事情。

更好的办法是提供一个渐进式框架，它是一个面向广大开发者的框架，允许开发者由浅入深地拓展他们的知识。.NET 框架正是这样一个框架，它提供了平滑的学习曲线，如图 2.2 所示。

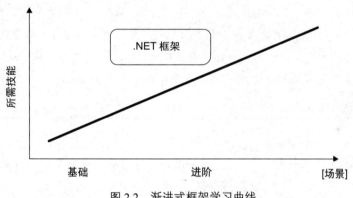

图 2.2　渐进式框架学习曲线

实现这样一个有着较低起点的平滑学习曲线的框架是困难的，但也绝非是不可能的。困难在于，它要求我们使用一种全新的框架设计方法，需要更深厚的设计知识，也有着更高的设计成本。幸运的是，本章和本书中所描述的准则都旨在指导你完成这个困难的设计过程，并最终帮助你设计一个出色的渐进式框架。

你应该始终牢记开发者社区是非常庞大的，从录制宏指令的办公室白领到底层设备驱动的作者，不一而足。任何试图去服务所有这些用户的框架最终都会变得一团糟，到头来甚至无法满足任何一个用户。渐进式框架的目标是在广大的开发者中尽量去拓宽它的用户群体，但不是去满足每一个潜在的开发者。这意味着那些不属于该目标群体的开发者将需要特定的 API。

2.2 框架设计基本原则

提供一个功能强大且易于使用的开发平台是 .NET 的首要目标之一，如果你正在扩展它的话，这也应该是你的目标之一。第一版 .NET 框架实际上已经为开发者提供了功能强大的 API，但是一些开发者还是觉得框架中的某些部分很难使用。

> ■ **RICO MARIANI**　另一方面，不仅要使 API 本身易于使用，还要确保开发者能按照 API 所设计的正确方式来使用它。想清楚你应该提供怎样的模式，确保开发者可以在最自然的方式下使用你提供的系统并得到正确的结果，即使它受到攻击也能保证安全，还要能提供出色的性能，确保它不会被开发者错误地使用。几年前我曾写过：
>
> **成功之坑**
>
> 与通过反复尝试，在旅途中遭遇各种"惊喜"，最后登上顶峰，或者横穿沙漠的那种成功形成鲜明的对比，我们希望用户可以通过使用我们的平台和框架更简单地获得成功。反之，如果我们使它变得更容易导致问题的话，则是我们的失败。
>
> 真正的生产力是使开发者能够容易地创造出优秀的产品——而不是能够容易地生产垃圾。要构建成功之坑。

用户反馈和可用性调研表明，很大一部分 VB 开发者在学习 VB.NET 时会遇到问题。部分问题源自一个简单的事实——.NET 和 VB 6.0 库是不同的，但是也有一些是 API 设计导致的可用性问题。解决这些问题，成为微软在 .NET Framework 2.0 开发中的首要事项。

本节中描述的这些原则以标签"框架设计原则"来标识，旨在解决上述问题。它们主要是为了帮助框架设计者避免那些会造成严重不良后果的错误设计，这些错误是从许多的可用性调研和用户反馈中总结而来的。我们相信，这些原则是设计任何通用框架的核心所在。一些原则和建议有重叠，这也从另一个角度证明了其正确性。

2.2.1 场景驱动设计原则

框架往往包含了大量的 API，这对于实现具有强大功能和表现力的高级场景是必要的。然而，绝大多数开发实际上都围绕着一组常见的场景展开，只依赖完整框架中相对来说比较核心的一部分。为了提升框架使用者整体的生产力，应该将大量的投入集中于那些在最常见的场景所使用的 API 的设计中，这至关重要。

为此，框架设计应该侧重于一组通用场景，使整个设计过程都由场景来驱动。我们建议，框架设计者首先把自己当作框架使用者，为主要的使用场景写一些代码，然后再设计对象模型来支撑这些代码片段[1]。

> ■ **框架设计原则**
> 框架设计必须从一组使用场景和实现这些场景的代码示例开始。

> ■ **KRZYSZTOF CWALINA**　我想在刚才阐释的原则上补充一点，"要设计出一个出色的框架，根本没有其他方法"。如果我只能挑选一条设计原则放到本书中，那么就只能是它了。如果我不是写一本书，而只是写一篇简要的文章来介绍在 API 设计中什么是重要的，我依然会挑选这一原则。

框架设计者经常犯这样的错误，首先（运用各种设计原则）设计对象模型，然后根据最终实现的 API 来编写示例代码。问题是，许多设计原则（包括最常用的那些面向对象设计原则）都是为了最终实现的可维护性来优化的，而不是为了所产出 API 的可用性。它们最适合框架内部的架构设计，但对于大型框架的公开 API 来说并不适合。

在设计一个框架时，首先应该产出场景驱动的 API 规范（参考"附录 C"）。这个规范可以独立于功能规范，也可以是一个较大的规范文档的其中一部分。对于后者来说，API 规范在位置和时间上都应该先于功能规范。

这个规范应该包含场景，在给定的技术领域内，将前 5~10 个场景列出来，并给出实现这些场景的代码示例。当你的 API 或者代码示例使用了新的或其他不常用的语言特性时，你应当考虑使用至少一种别的语言再写一遍示例，因为有的时候，使用不同语言编写的代码会有非常大的差异。

使用不同的编码风格（使用语言独有特性）来编写这些场景相关代码也很重要。例如，VB.NET 对大小写不敏感，所以示例也应该反映这一点。C# 代码应该遵循第 3 章中所描述的标准。

✓**DO** 要确保 API 设计规范是任何功能（包含公开可访问的 API）设计的核心。

"附录 C"中包含了满足该准则的设计规范示例。

✓**DO** 要为主要功能领域定义主要使用场景。

API 规范应该包含描述主要场景的内容，并给出实现相应场景的代码示例。该内容

1　这与测试驱动开发（TDD）或基于用例的流程是相似的，但是仍有一些区别。TDD 更为重量级，因为除了驱动 API 设计，它还有其他目标。相较于一个个独立的 API 调用，用例通常被用来抽象更上层的问题。

应该紧跟在执行概览的后面，平均每个功能领域（如文件 I/O）应该有 5~10 个主要
场景。

✓ **DO** 要确保场景切合适当的抽象水平。它们应该和终端用户的使用情况大致一致。
例如，从文件中读取数据是一个很好的场景，但是打开文件、从文件中读取一行文
本或者关闭文件都不是好的场景，它们的粒度太细了。

✓ **DO** 要先为主要场景编写代码示例，再定义对象模型来支持这些代码示例。
例如，要设计一个 API 来测量代码运行的时间，你可能会写出如下场景代码示例：

```
// 场景一：测量经过的时间
Stopwatch watch = Stopwatch.StartNew();
DoSomething();
Console.WriteLine(watch.Elapsed);

// 场景二：重用 Stopwatch
Dim watch As Stopwatch = Stopwatch.StartNew()
DoSomething();
Console.WriteLine(watch.ElapsedMilliseconds)

watch.Reset()
watch.Start()
DoSomething()
Console.WriteLine(watch.Elapsed)
```

通过这些代码示例可以得到如下对象模型：

```
public class Stopwatch {
    public static Stopwatch StartNew();

    public void Start();
    public void Reset();

    public TimeSpan Elapsed { get; }
    public long ElapsedMilliseconds { get; }
    ...
}
```

■ **JOE DUFFY**　作为软件开发者，我们乐于创造强大且有意思的新功能，然后把它
们分享给其他开发者，这正是 API 设计的乐趣之一。但是，退后一步，客观评估你
所热衷的某个新功能在现实世界中能否真正发挥作用是极其困难的。要鉴别一个新功
能是否被需要并确定其理想的使用方式，"使用场景"是我所知道的最佳方法。发掘
场景实际上是非常困难的，因为它需要将技术能力和对客户需求的理解进行独特的结
合。当你完成之后，你也只能基于本能的感受和直觉做出一系列决定，或许可以交付

一些有用的 API，但是仍然有风险做出令你自己后悔的决定。当有疑虑时，最好的方式就是把这个功能先拿出来，等更好地理解了需求之后再添加回去。

STEPHEN TOUB　添加新的 API 很有趣，但是添加的每一个 API 都是有一定的代价的。有时候，代价"只是"设计、开发、测试、写文档和维护功能（包括功能与运行时的结合）等工作。然而，遗憾的是，在通常情况下，当下添加的 API 实际上限制了将来某人添加其他更受欢迎的或更具影响力的 API 的能力，因为它的功能可能会和该 API 冲突。为此，我们在选择添加什么样的新 API 时需要深思熟虑，因为这有可能阻碍了属于未来的创新。如果一定要问"我希望我们从未添加这个 API"这个问题，我敢说，我们中的许多人都能举出自己的例子。至少我就有一些。

✔ **DO** 要以至少两种不同的语言来编写主要场景代码示例（如 C# 和 F#）。

最好确保所选择的语言有明显不同的语法、风格和能力。

PAUL VICK　如果你正在编写一个可以供多种语言使用的框架，那么实际了解几种编程语言（都是 C 语言风格的编程语言不算数）是非常有益的。我们发现，有时候一个 API 只能在某一种编程语言中正常工作，因为设计（和测试）这个 API 的人只懂得那一种编程语言。请多了解几种 .NET 语言，并按照设计好的正确方式来使用它们。在像 .NET 框架一样的多语言平台上，期待全世界都只用你的语言是行不通的。

✔ **CONSIDER** 建议使用动态类型语言如 PowerShell 或 IronPython 来编写主要场景代码示例。

设计不适合动态类型语言的 API 是很容易的。这类语言在处理泛型方法，以及依赖特性或需要创建强类型的 API 时通常会遇到问题。

✘ **DON'T** 在设计框架的公开 API 时，不要只依赖标准设计方法。

标准设计方法（包括面向对象设计方法）都是针对最终实现的可维护性来优化的，它们并没有针对所产出 API 的可用性进行优化。场景驱动设计结合原型设计、可用性调研和一定次数的迭代优化是一种更好的方式。

CHRIS ANDERSON　每一个开发者都有属于其自己的原则，使用其他建模方式也并没有什么根本性错误，问题往往是在于结果。框架设计最好的开始方式是编写那些你希望开发者去编写的代码——把它当成某种形式的测试驱动开发。你编写了最佳代码，它会反过来为你指出你期望构建的对象模型。

2.2.1.1　可用性调研

在广大开发者中进行框架原型的可用性调研是场景驱动设计的关键。使用为主要场景而设计的 API，对它们的作者来说可能很简单，但是对其他开发者来说并非一定如此。

理解开发者会如何处理每一个主要场景可以帮助我们洞察框架的设计，了解它应该如何很好地满足所有目标开发者的需求。出于这个原因，进行可用性调研——以正式或非正式的方式——是框架设计流程的重要组成部分。

如果在调研中发现大多数开发者都不能实现其中的某个场景，或者他们采取的方式和设计者期待的方式不一致，则表明该 API 应该被重新设计。

> **KRZYSZTOF CWALINA** 在 .NET Framework 1.0 发布之前，我们没有对命名空间 System.IO 中的类型进行可用性测试。所以在发布后不久，我们收到了很多关于 System.IO 可用性的负面反馈。我们非常意外，并决定在 8 个随机用户中进行可用性调研，这 8 个人没有一个能成功在 30 分钟内从文件中读取出文本信息。我们认为，部分原因是文档搜索引擎存在问题，以及样本覆盖率不足。不过，更明显的是，API 本身的可用性有问题。如果在产品发布前做过调研，我们就能够消除一大部分用户的不满，且能够避免在不引入破坏性变更的前提下试图修复主要功能区的 API 所带来的开销。

> **BRAD ABRAMS** 对于 API 设计者来说，没有什么经历比坐在单向镜的后面，看着一个又一个开发者被自己设计的 API 挫败，最终无法完成任务，更能使他们深刻认识到其 API 的可用性问题。在 1.0 版本发布后的针对 System.IO 的可用性调研中，我自己经历了各种情绪。当看着一个又一个开发者不能完成这个简单的任务时，我的情感从傲慢到怀疑，然后是沮丧，最后下定决心去解决 API 中存在的问题。

> **CHRIS SELLS** 可用性调研可以是正式的，前提是你有钱，有时间。实际上，通过找到一些接近这个库目标用户的开发者，让他们运行一下你提出的 API，就可以得到 80% 的反馈结果。不要让"可用性调研"吓到你，以至于什么都不去做。你只需要把它当成这类"嗨，请帮忙看一眼这个"的调研来看待。

> ■ **STEVEN CLARKE**　我们发现，与其花费大量精力来计划、设计和进行需要大量参与者的大规模调研来试图覆盖尽可能多的方面，不如在整个 API 开发过程中进行一系列较小的、更专注的调研。在每项调研中，我们只需要少量的参与者，专注于 API 的一个设计问题或一个领域。我们利用从中学到的经验知识对设计进行迭代，然后，在一两个星期后再针对更新的设计或 API 的其他领域发起另一项调研。这种持续学习的方式意味着，在整个设计过程中，有持续不断的源于客户的反馈在为我们提供信息，而不是在整个过程中的某个特定节点上一次性传递大量信息。

　　理想的 API 可用性调研应该基于广大目标开发者群体所使用的真实的开发环境、编辑器和文档，在现实情况下，最好是在产品周期的初期而不是后期进行可用性调研，所以不要因为产品还没准备好就推迟调研。

> ■ **STEPHEN TOUB**　你甚至不需要真正的实现来了解 API 的可用性。然而，最好还是让开发者可以运行一些东西来查看他们的实验结果，早期的设计反馈可以通过对其进行编码和编译的 API 来获得，这意味着所有的实现都可以是 no-ops 或者 throws；这不重要，因为它们不会被调用。开发者是否直观地找到了所涉及的相关类型？他们是否能够识别用于访问功能的模式？IntelliSense 能否以有意义的方式帮助指导他们使用 API？他们处理问题的方式是否和你假设的一样？他们是否经常搜索一些名字不同的东西？

　　通常来说，正式的可用性调研对小的开发团队和那些面向少量开发者的框架来说是不现实的。在这种情况下，非正式的调研是行之有效的方案。将一个初具雏形的库提供给不熟悉其设计的开发者，要求他们用 30 分钟写一个简单的程序，观察他们如何应对，这是找出那些最令人烦恼的 API 设计问题的有效方法。

✓ **DO**　要组织可用性调研来测试主要场景 API。

　　应该在开发周期的初期组织这些调研，因为严重的可用性问题往往需要进行大量的设计修改。在理想的情况下，大多数开发者都应该能够在不出现大问题的前提下为主要场景编写代码，如果他们做不到，则表明你应该重新设计相关 API。尽管重新设计是一种代价高昂的做法，但是我们发现，从长远来看，它实际上可以节省更多的资源，因为在不破坏现有代码的情况下修复不可用的 API 的成本是巨大的。

　　下一节将介绍设计 API 的重要性，以便在最初接触的时候不会让人感到沮丧。这就是所谓的低门槛原则。

2.2.2　低门槛原则

今天，很多开发者都希望能快速学习新框架的基础知识，他们希望在一定的基础上对框架的某些部分进行试用，只有当他们对某些功能感兴趣或需要使用更复杂的场景时，他们才会花时间来深入了解整个架构。初次接触就遇到设计糟糕的 API，会给开发者留下框架复杂难用的持久印象，进而使得一些开发者不愿使用这个框架。这就是为什么对于框架来说，为那些只是想试用框架的开发者提供一个较低的入门门槛是非常重要的。

> ■　**框架设计原则**
> 框架必须简化上手试用的难度，为非专业用户提供较低的入门门槛。

许多开发者都希望通过对 API 进行试用来搞清楚它究竟做了什么，然后逐步调整他们的代码来得到其想要的结果。

> **PAUL VICK**　大多数开发者，无论他们使用的是什么语言，都是边做边学的。文档可以帮助你初步了解应该发生什么，但是我们都知道，除非你深入其中，开始捣鼓并尝试做出一些有用的东西，否则你永远不会真正了解某些东西是如何工作的。特别是 Visual Basic，鼓励通过这种方式来编程。虽然我们从不回避提前规划，但是我们努力使学习和编程成为一个连续的流程。编写不言而喻的 API，不需要开发者掌握复杂的知识就能够使用它们，例如，如何与多个对象或 API 交互，这可以有效促进这一流程（事实上，这似乎适用于大多数编程语言，不仅仅是 Visual Basic）。

有些 API 可以被测试，而有些则不然。为了便于试用，API 必须做到如下几点：

- 让与常见编程任务相关的类型和成员更容易识别。对于一个用于存放通用场景 API 的命名空间，如果其包含了 500 种类型，而实际上只有其中少数类型在通用场景中很重要，这是不容易试用的。对于面向主线场景的类型来说，如果其中的很多成员都是针对高级使用场景的，那么也是同样的。

> **CHRIS ANDERSON**　在 Windows Presentation Foundation（WPF）项目初期，我们遇到了差不多同样的问题。我们有一个基类型 Visual，几乎所有的其他元素都是从它派生出来的。但问题是，它所引入的成员和派生出元素的对象模型有冲突，特别是围绕子节点的问题。对于子视图渲染，Visual 只有一个单一的层次结构，但是我们的元素想要引入特定域的子元素（例如，一个 TabControl 只接收 TabPages）。

我们的解决方案是创建一个 VisualOperations 类（该类具有作用于 Visual 的静态成员），而不是使每个元素的对象模型都变得复杂。

- 让开发者可以立即使用 API，不管它是否能达到开发者最终想要得到的效果。如果一个框架需要大量的初始化过程，或者依赖几个类型的实例化，然后把它们组合到一起，这是不易于试用的。同样地，如果 API 没有便捷重载（重载成员只有较短的参数列表），或者为属性设置了很糟的默认值，这也为那些想要尝试 API 的开发者设置了较高的壁垒。

■ **CHRIS ANDERSON** 把对象模型看作一张地图：你必须放置清晰的标志来解释如何从一个地方到另一个地方。你希望一个属性可以清楚地向人们展示它是做什么的、它需要什么样的值、赋值之后会发生什么。指向一个不能清楚地表明其派生类型是什么的抽象基类型是非常糟糕的事情。WPF 中的动画就是一个这样的例子：用于动画的类型是 Timeline，但是整个命名空间里没有什么是以单词"Timeline"结尾的。事实上，Animation 继承自 Timeline，还有很多其他类型，诸如 DoubleAnimation 和 ColorAnimation 等，但是属性类型和用于填充属性的有效项之间没有任何联系。

- 让发现和修复由于 API 被错误使用而带来的问题变得简单。例如，API 抛出的异常应该清楚地描述修复这个问题需要做些什么。

■ **CHRIS SELLS** 在编程的过程中，我特别喜欢这样的错误信息，它们指明了我哪里做错了，以及如何去解决这个问题。但是很多时候，我得到的只有前者，而我真正关心的其实是后者。

以下准则，将帮助你确保你的框架适合那些想通过动手实验来学习的开发者。

✓ **DO** 要确保每个功能领域的命名空间只包含那些用于通用场景的类型，面向高级场景的类型应该被放在子命名空间中。

例如，System.Net 命名空间只提供了面向网络编程主线场景的 API，更高级的 Socket API 被放在 System.Net.Sockets 这个子命名空间下。

■ **ANTHONY MOORE** 这条准则反过来讲也是成立的，可以这样表述："不要把一个命名空间中最常用的类型埋到许多不常用的类型里面"。StringBuilder 正是这样一个例子，我们后来希望能在一开始就把它包含到 System 命名空间下。它存在于 System.Text 中，但它的使用频率比这个命名空间里的其他类型高得多，同时它与其他类型也不是很相关。

尽管如此，这是 System 命名空间中唯一受此反向规则影响的类型。在大多数情况下，我们不得不忍受的是，有太多不常用的类型存在于这个命名空间下。

✓ **DO** 要为构造函数和方法提供简单的重载。简单的重载意味着只有非常少的参数，且所有的参数都是基础类型。

✗ **DON'T** 不要让面向主线场景的类型拥有面向高级场景的成员。

■ **BRAD ABRAMS** 在 .NET 框架的设计中，一条重要的原则是通过减法来做加法。即，通过移除框架中的功能（也许它从未被添加到框架中），我们实际上可以让开发者变得更具生产力，因为他们只需要处理更少的概念。不支持多继承，是一个在 CLR 层面通过减法来做加法的经典范例。

✗ **DON'T** 不要让开发者在最基本的场景中显式地实例化一个以上的类型。

■ **KRZYSZTOF CWALINA** 图书出版商说，一本书的销量与该书中等式的数量成反比。该定律的框架设计者版本是：使用你的框架的开发者数量与前 10 个简单场景中需要显式调用的构造函数的数量成反比。

✗ **DON'T** 在为基本场景编程前，不要要求用户执行任何大规模的初始化。

主线场景 API 应该被设计成只需要最少量的初始化过程。在理想的情况下，使用为基本场景设计的类型，一个默认的构造函数或一个只有简单参数的构造函数就已经足够了。

```
var zipCodes = new Dictionary<string,int>();
zipCodes.Add("Redmond",98052);
zipCodes.Add("Sammamish",98074);
```

如果某个初始化过程是必要的，那么由于未执行所要求的初始化过程而导致的异常应该清楚地说明需要执行的操作。

■ **STEVEN CLARKE** 自从本书第 1 版发行以来，我们已经在这个领域中做了重要的可用性调研。我们一次又一次地观察到，那些需要大量初始化的类型大大提高了用户入门的门槛。其后果是，一些开发者会选择不去使用这些类型，而是变相寻找看起来可以完成这项工作的其他类型，最终，一些开发者会错误地使用这些类型，只有少数开发者可以找到正确使用这些类型的方法。

ADO.NET 就是这样一个例子，我们的用户发现某个功能领域很难使用，因为它需要大量初始化工作，即使在最简单的场景中，用户也需要理解几种类型之间复杂的交互和依赖关系，甚至在一个简单的场景中，用户也必须实例化几个对象（如 DataSet、DataAdapter、SqlConnection 和 SqlCommand 的实例）并将它们关联在一起。需要指出的是，在 .NET Framework 2.0 中，通过添加辅助类的方式解决了许多同类型问题，大大简化了基本场景。

✓ **DO** 在可能的情况下，要为所有的属性和参数（使用便捷重载）提供合适的默认值。

关于这个概念，System.Messaging.MessageQueue 是一个很好的示例。组件只需要传递一个表明路径的字符串到它的构造函数中，再调用 Send 方法，就可以发送消息了。消息的优先级、加密算法和其他消息属性可以通过在简单场景的基础上增加代码来进行自定义。

```
var ordersQueue = new MessageQueue(path);
ordersQueue.Send(order); // 使用默认的优先级、加密算法等。
```

不能盲目地运用该准则。如果默认值可能会使用户误入歧途，则框架设计者应避免提供默认值。例如，默认值永远不应该导致安全漏洞或者糟糕的可执行代码。

■ **STEPHEN TOUB** 在设计默认值时，了解 API 的主要用例是很重要的，而且应尽可能预测未来会出现的用例。我的前 10 个"我希望我可以重新来做"的案例之一来自 System.Threading.Tasks，在这个 API 的设计之初，我们主要专注于基于 CPU 的并行性，但是随着时间的变化，主要的用例最终变成了基于 IO 的异步。一些初始的默认值更适合前者，而对于后者来说，其变成了危害。随着时间的推移，我们在添加易于使用的 API 的过程中解决了这些问题，但是对于仍在使用最早 API 的开发者而言，最初的问题和由此带来的困难依然存在。

■ **JEREMY BARTON** 这里的对比非常重要，很难找到合适的平衡点。.NET Cryptography API 包含了大量类型，它们提供了友好且安全的默认值。遗憾的是，"友好"是不变的，但"安全"是一个动态的目标。有些时候，你为用户提供默认值是在帮助他们，但是有些时候，这又会对他们造成伤害。

✓**DO** 要使用异常来传达 API 的不正确使用。

异常应该明确地描述导致异常的原因和开发者应该如何修改代码来解决问题。例如，
EventLog 组件要求在写入事件之前设置好 Source 属性，如果在 WriteEntry 被
调用前没有设置 Source，将会抛出这样的异常："在写入事件日志之前没有设置
Source 属性"。

■ **STEVEN CLARKE** 在我们的可用性调研中，我们观察到许多开发者认为异常是
API 可以提供的最佳类型的文档。它提供的指导始终围绕着开发者要实现的目标，并
且它真正支持被众多开发者青睐的边做边学的方法。

下一节将介绍使对象模型尽可能自文档化的重要性。

2.2.3 对象模型自文档化原则

许多框架都是由成百上千种类型和更多的成员及参数所组成的。开发者在使用这样
的框架的过程中，需要大量的指导，以及频繁地去回忆 API 的意图和正确的使用方法。
它自身的参考文档不能满足这一需求。如果需要参考文档来回答最简单的问题，一是可
能很耗时，二是打断了开发者的工作流。而且，如前所述，许多开发者更喜欢通过反复
试验来编码，只有在直觉失效时才会诉诸文档。

出于上述这些原因，设计不需要开发者每次执行简单的任务时都要查阅文档的 API
非常重要。我们发现，遵循一套简单的准则可以帮助开发者生成相对自文档化的直观
API。

■ **框架设计原则**
在简单场景中，框架必须可用且不需要文档。

■ **CHRIS SELLS** 在预计开发者将怎样学习使用你的框架时，永远不要低估
IntelliSense 的作用。如果你的 API 符合直觉，那么 IntelliSense 将可以满足一个新
开发者 80% 的需求。要优化 IntelliSense。

■ **KRZYSZTOF CWALINA** 参考文档仍然是框架中很重要的一部分，设计出完全
自文档化的 API 是不可能的。不同的开发者，根据他们的技术水平和过去的经验，
他们会认为框架中的不同部分是不解自明的。同时，对于那些会花时间预先了解框架

总体设计的用户来说，文档仍然是至关重要的。对于所有这些用户来说，信息丰富、简洁且完整的文档与不解自明的对象模型一样至关重要。

✓ **DO** 要确保 API 符合直觉，且在基本场景中，要让开发者不需要参考文档就能够成功地使用 API。

✓ **DO** 要为所有的 API 提供出色的文档。

✓ **DO** 要为通用场景中的重要 API 提供代码示例来说明其用法。

不是所有的 API 都可以不解自明，一些开发者希望能够在使用 API 之前彻底地了解它们。

为了使框架可以自文档化，在选择名称和类型、设计异常等方面必须要小心。下面介绍了与自文档化 API 设计有关的一些重要的考虑因素。

2.2.3.1　命名

使框架自文档化最简单但也最常被忽略的方式，就是为最常见场景中所使用的类型保留简单且直观的名称。框架设计者经常为那些不怎么通用、大多数用户都不怎么在意的类型"烧"掉最好的名称。

例如，以 File 命名一个抽象基类，然后提供一个具体的类型 NtfsFile，如果所有用户在使用 API 之前都了解其中的继承关系，那么也没什么问题。但是，如果用户不了解这层关系，那么他们首先使用（且通常不会成功）的将是 File 类型。尽管该命名在面向对象设计的意义上可以很好地工作（毕竟，NtfsFile 是一种文件），但它无法通过可用性测试，因为 File 是大多数开发者直觉上认为应该使用的名称。

▪ **KRZYSZTOF CWALINA** .NET 框架的设计者花了大量时间来讨论主要类型的命名替代方案。.NET 中的大多数标识符都有精心挑选的名称。一些命名得不那么好的情况是由于专注于概念和抽象而非主要场景导致的。

另一个建议是使用描述性的标识符名称，它应清楚地说明每个方法的作用，以及每种类型和参数所代表的含义。框架设计者在选择标识符的名称时不应该担心它过于冗长。例如，EventLog.DeleteEventSource(string source, string machineName) 看起来可能相当冗长，但是我们认为它具有肯定的可用性价值。

描述性的方法名只适用于那些简单的具有清晰语义的方法。这是我们应该遵循避免复杂的语义这个很好的通用设计原则的另一个原因。

总的来说，你在选择标识符的名称时应该格外小心。命名选择是框架设计者不得不做的重要抉择之一。在 API 发布后再去改变标识符的名称，将极其困难并且代价高昂。

✓ **DO** 要使关于标识符命名选择的讨论成为规范审阅的一个重要部分。

大多数场景会以哪种类型开头？在尝试实现此场景时，大多数人首先想到的名称是什么？用户首先想到的是通用类型的名称吗？例如，由于"File"是大多数人在处理文件 I/O 场景时会想到的名称，因此用于文件访问的主要类型应被命名为 File。同时，还应该讨论最常用类型的最常用方法和它们所有的参数。是不是任何熟悉你的技术，但不熟悉这个特定设计的人都能够快速、正确、轻松地识别和调用这些方法？

✗ **DON'T** 不要担心在使 API 自文档化的过程中使用冗长的标识符名称。

大多数标识符名称都应该清楚地表明每个方法的作用，以及每种类型和参数所代表的含义。

▍ BRENT RECTOR 开发者阅读的标识符名称比其键入的名称多数百倍，甚至数千倍。现代编辑器更是将打字这样的琐事减少到最少，更长的名称使开发者可以通过 IntelliSense 更快地找到合适的类型或成员。此外，长期而言，那些使用具有良好类型命名的代码更容易理解和维护。

针对 C 语言家族开发者的一个特别注意事项是：要摆脱使用隐晦的标识符命名这一习惯带来的生产力下降，要从这个枷锁中解放出来。

✓ **CONSIDER** 在设计过程的前期就要让技术作家参与进来。他们可以成为一个很好的资源，帮助你发现那些命名不当的和很难向用户解释的设计。

✓ **CONSIDER** 要为最常用的类型保留最佳的类型名称。

如果你相信自己会在以后的版本中添加更多的高级 API，则请放心地在框架的第一个版本中为后续的 API 保留最佳名称。

▍ ANTHONY MOORE 即使你从未想过要在以后使用该名称，也仍然有其他理由要求你避免使用过于笼统的名称。更具体的名称有助于使 API 变得更容易理解和可读。如果有人在代码中看到通用名称，则其可能会假定这是一个非常通用的应用程序，因此，对更特定的东西使用通用名称具有一定的误导性。此外，更具描述性的名称还有助于使用者分辨出类型与哪些场景或技术相关联。

2.2.3.2　异常

　　异常在自文档化框架设计中扮演了重要角色。通过异常消息，可以向开发者传达 API 正确的使用方法。例如，下面这段代码将会抛出一个消息为"在写入事件日志之前没有设置 Source 属性"的异常。

```
// C#
var log = new EventLog();
// log 没有设置 Source 属性
log.WriteEntry("Hello World");
```

✓ **DO** 要利用异常消息向开发者传达框架的使用错误。

　　例如，如果用户在使用 EventLog 这个组件时忘记了设置 Source 属性，那么任何依赖该属性的调用都应该在异常消息中声明这一点。第 7 章为异常及异常消息的设计提供了更多的指导。

2.2.3.3　强类型

　　强类型或许是决定 API 直观性的最重要因素。显然，调用 Customer.Name 要比调用 Customer.Properties["Name"] 容易。此外，以 String 形式返回名称的 Name 属性要比直接返回的 Object 更可用。

　　在有些情况下，使用属性包（property bag）、后期绑定调用（late-bound call）和其他弱类型的 API 也是必要的，但是它们应该只是该规则的一个例外，而不是通用实践。此外，设计者应该考虑为用户在非强类型 API 层上执行的最常见操作提供强类型辅助方法。例如，Customer 类型可能有一个属性包，但也应该为大多数常见属性（如 Name、Address 等）提供强类型 API 支持。

✓ **DO** 要尽一切可能提供强类型 API。

　　不要完全依赖弱类型 API，如属性包。在必须要用到属性包时，也要为属性包中最常用的属性提供强类型支持。

> ■ **VANCE MORRISON** 　*强类型（有更好的 IntelliSense 支持）是 .NET 框架比一般的 COM API 更容易"在编程中学习"的重要原因。我仍不时地需要使用由 COM 提供的功能，只要它是强类型，我就可以很好地使用。但是，当需要使用枚举值时，API 经常返回或接收一个泛型对象，或字符串参数，或传递的 DWORD，我需要花费 10 倍的时间来搞清楚到底需要传递什么。*

2.2.3.4　一致性

与用户已经熟悉的现有 API 保持一致是设计自文档化框架的另一个强有力要素。这包括与其他的 .NET API 以及一些遗留的 API 保持一致。尽管如此，你不应该以遗留的 API 或设计不当的现有框架 API 为借口，以避开本书中所述的任何准则，但也不应该在没有理由的情况下随意更改符合标准的既定模式与设计。

✓ **DO** 要确保和 .NET 以及用户可能与之进行交互的其他框架的一致性。

一致性对于可用性来说非常重要。如果你的 API 和框架中用户熟悉的某些部分相似，那么他（她）将会认为你的设计自然且直观。你的 API 与其他 .NET API 的区别，应仅限于你的特定 API 的一些独有之处。

2.2.3.5　有限的抽象

通用场景 API 不应该使用太多的接口和抽象类，它应该符合系统的物理结构或众所周知的逻辑。

正如前面所提到的，标准的面向对象设计方法是针对代码的可维护性来优化的。这很合理，因为维护成本是开发软件产品的总体开销中最大的一部分。提升可维护性的方式之一就是使用诸如接口、抽象类这样的抽象。因此，现代设计方法倾向于使用大量的抽象。

问题在于，具有大量抽象概念的框架迫使用户在开始实现哪怕是最简单的场景之前就得成为框架架构的专家。然而，很多开发者并不渴望也没有业务上的理由来成为一名熟知该框架提供的所有 API 的专家。对于简单的场景，开发者要求 API 足够简单易用，且不需要他们来了解整个功能领域如何组合在一起。这是标准设计方法没有对其进行优化也从未声称要优化的问题。

当然，抽象在框架设计中有它们的地位。例如，抽象在提升框架的可测试性和一般可扩展性方面非常有用。由于设计良好的抽象，这种可扩展性通常是可能的。第 6 章讨论了如何设计可扩展 API，帮助你在过量的可扩展性与过少的可扩展性之间取得适当的平衡。

✕ **AVOID** 避免在主线场景 API 中使用太多的抽象。

> ▄▙ **KRZYSZTOF　CWALINA**　抽象几乎总是必要的，但是太多的抽象表示系统过度工程化。框架设计者应该仔细地为客户设计，而不是为了自己的智力享受。

▪ **JEFF PROSISE**　有过多抽象的设计也可能会影响性能。我曾经与一位客户合作，该客户对产品进行了重新设计，加入了大量的面向对象设计。他们将"所有"内容都用类来建模，最终得到了一个嵌套深得荒谬的对象层次结构。本来重新设计的部分目的是提高性能，但是"改进"后的软件运行速度比原来慢了4倍！

▪ **VANCE MORRISON**　任何曾"乐于"调试 C++ STL 库的人都明白抽象是一把双刃剑。太多的抽象和代码会使之变得很难理解，因为你必须记住场景中所有抽象名称的真正含义。过度地使用泛型和继承是你可能过度泛化的常见症状。

▪ **CHRIS SELLS**　老话常说，计算机科学中的任何问题都可以通过加一层抽象来解决。遗憾的是，开发者遇到的问题往往都是由它们造成的。

2.2.4　分层架构原则

不是所有的开发者都被要求来解决同一类问题，不同的开发者通常需要所使用的框架提供不同层次的抽象和不同数量的控制器。一些经常使用 C++ 和 C# 的开发者看重 API 的表现力和功能，我们将此类型的 API 称为底层（low-level） API，因为它们通常提供底层的抽象。相反，一些经常使用 C# 和 VB.NET 的开发者则更看重 API 的生产力和简单性，我们把这类 API 称为高级（high-level） API，因为它们提供了更高级别的抽象。通过使用分层设计，构建一个单一框架来满足这些截然不同的需求是完全可能的。

■ **框架设计原则**
　　分层设计使单一框架能同时提供功能和易用性。

▪ **PAUL VICK**　将 Visual Basic 迁移到 .NET 平台的一部分原因是，许多 VB 开发者需要使用底层 API 来访问特定的功能，然而，我们提供的高级 API 并不具备这样的能力。VB 开发者在开始时可能会花费大量的时间使用高级 API 来快速开发应用程序，但这并不能改变大多数开发者迟早需要调整或优化应用程序的事实。为了优化应用程序，开发者通常需要引入底层 API 来实现额外一小部分功能。因此，底层 API 的设计应当充分考虑到 VB 开发者。

要构建一个面向广大开发者的单一框架，一般准则是将 API 集合进行拆分，底层类型暴露出它所具备的所有能力，高级类型则应该基于更底层的实现封装出更方便的 API。

这是一个非常强大且简单的技巧。如果只有单层 API，你往往不得不在更复杂的设计和放弃某些场景的支持之间做出选择。拥有一个低阶的功能层，为将高级 API 真正用于主线场景提供了自由。

在某些情况下，我们可能并不需要其中的某个层次。例如，一些功能领域可能就只会暴露底层 API。

.NET JSON API 正是这种分层设计的一个例子。为了功能和表现力，`Utf8JsonReader` 提供了一个底层的 JSON 语法分析器，允许开发者针对 JSON 中的个别 token 进行编码。然而，.NET 也有 `JsonDocument` 和 `JsonElement` 类型，它们是基于 `Utf8JsonReader` 实现的，允许开发者面向高级的概念编程，例如文档结构，他们不需要关心对象深度的计数或转义字符串。类型具有一致性的行为和标识符，只是不同的层次面向的是不同的场景和受众。

对于 API 分层，有两种主要的命名空间拆解方式：

- 将不同的层次划分到不同的命名空间中。
- 将所有层次暴露在同一个命名空间中。

2.2.4.1　将不同的层次划分到不同的命名空间中

拆分框架的一种方式是将高级和底层的类型放在不同但又相关联的命名空间中。这样做的好处是，当开发者需要实现更复杂的场景时，可以在主流场景中将底层类型隐藏起来，而又不至于将它们置于遥不可及的地方。

与 .NET 网络相关的 API 正是以这种方式来拆分的，有底层的 `System.Net.Sockets.Socket` 类型、中级的 `System.Net.Security.SslStream` 类型和高级的 `System.Net.Http.HttpClient` 类型。`HttpClient` 的实现最终依赖 `Socket` 和 `SslStream`，但是大多数需要使用 HTTP 的开发者可以直接使用 `HttpClient`，无须用到底层类型。

绝大多数框架应该遵循这种命名空间拆分方式。

2.2.4.2　将所有层次暴露在同一个命名空间中

另一种拆分的方式是将高级和底层的类型放在同一个命名空间中。好处是，当我们有需要时，它能够自动回退到更复杂的功能上。缺点是，将复杂的类型放在同一个命名空间下会使一些场景实现变得更加困难，即使我们没有用到这些复杂的类型。

　　这种拆分适用于简单的功能，例如，System.Text 命名空间既包含底层类型，如 Encoder 类和 Decoder 类，也包含高级的 Encoding 类的子类。

> ■. **STEVEN CLARKE** *仔细考虑分层 API 的运行时行为。例如，如果开发者在某一个层上工作，确保其不会捕获从不同的层抛出的异常。确保在编写、阅读和理解代码时，开发者只需要真正关心某一层中发生的事情，并且可以将其他层安全地视为黑盒。*

- ✓ **CONSIDER** 建议采用分层架构，针对生产力来优化高级 API，针对功能和表现力来优化底层 API。
- ✗ **AVOID** 避免在底层 API 很复杂（如包含很多类型）的情况下，将底层 API 和高级 API 放到同一个命名空间下。
- ✓ **DO** 要确保一个功能领域的各个层次能被很好地集成在一起。开发者应该能够使用其中任意一个层次来进行编程，当他们需要将相应的代码更改为使用另一个层次来实现时，不需要重写整个应用程序。

总结

　　在设计一个框架时，很重要的一点是要意识到框架的受众是形形色色的，无论是他们的需求还是技能水平，皆是如此。遵循本章中所介绍的原则，将确保你的框架可以为广大的开发者群体所使用。

3.

命名准则

在开发框架的过程中，遵循一套一致的命名约定可以极大地提升框架的可用性，使框架可以被众多开发者用于大量独立的项目中。除了形式上的统一，框架元素的名称必须易于理解，且必须能体现出每个元素的功能。

本章的目标是提供一套一致的命名约定，从而产生真正对开发者有意义的名称。这些命名准则中的大多数是约定俗成的，没有技术上的理由。然而，遵循它们将确保元素的名称是可理解且一致的。

尽管采用这些命名约定作为代码开发的一般准则会使代码的命名更加一致，但是这里它们仅适用于暴露的公开 API（公开的或受保护的类型和成员及其参数）。

> **KRZYSZTOF CWALINA** .NET 框架基类库的开发团队在命名上花费了大量时间，把它当成框架开发中至关重要的部分。

本章介绍了一般命名准则，包括如何使用大写、结构和特定的术语，同时也为命名空间、类型、成员、参数、程序集和资源的命名提供了特定的准则。

3.1 大小写约定

由于通用语言运行时（CLR）支持多种语言，它们可能对大小写敏感，也可能不敏感，或者不应该使用大小写来区分名称。然而，大小写在提升名称可读性方面的重要性再怎么强调也不为过。本章中的准则为你提供了使用大小写的简单方法，如果能持续地应用，可以使类型、成员和参数的标识符易于阅读。

3.1.1 标识符的大小写规则

为了区分一个标识符中的单词，要大写标识符中每一个单词的首字母。不要使用下画线来区分单词，或者在标识符中的任何位置使用下画线。根据标识符的使用情况，有两种合适的大小写风格：

- PascalCasing
- camelCasing

> **BRAD ABRAMS**　在框架的初始设计中，我们就命名风格进行了数百小时的讨论。为了促进讨论，我们提出了一些术语。我们设计团队的重要成员 Anders Hejlsberg 是 Turbo Pascal 的原设计师，所以我们选择了术语 PascalCasing 来代表由 Pascal 编程语言所普及的大小写风格。我们使用术语 camelCasing 来表示看起来有点像骆驼驼峰的大小写风格，这有点可爱。我们使用术语 SCREAMING_CAPS 来表示全大写样式。值得庆幸的是，这种样式（和名称）在最终的指南中没有被保留下来。

PascalCasing 风格，用于除参数名称以外的所有标识符，将每个单词（包括长度超过两个字母的首字母缩写词）的首字母大写，如以下示例所示：

```
PropertyDescriptor
HtmlTag
```

由两个字母组成的首字母缩写词是一种特殊情况，这时这两个字母都应该大写，如以下标识符所示：

```
IOStream
```

camelCasing 风格，仅用于参数名称，除第一个单词外，其他每个单词的第一个字母大写，如以下示例所示。正如示例中所展示的那样，对于使用驼峰格式的标识符，如果其开头是由两个字母所组成的首字母缩写词，则这两个字母都要保持小写。

```
propertyDescriptor
ioStream
htmlTag
```

下面是两条针对标识符的基本大小写准则。

✓ **DO** 要使用 PascalCasing 风格来命名命名空间、类型、成员和泛型参数。

例如，应该使用 TextColor，而不是 Textcolor 或 Text_color。单个单词，如 Button，只需要简单地大写首字母。对于那些总是被写作一个单词的复合词，如 endpoint，也应该被当成单个单词来看待，同样只需要大写首字母。更多关于复合词的信息请参考 3.1.3 节。

✓ **DO** 要使用 camelCasing 风格来命名参数。

表 3.1 介绍了不同类型标识符的大小写规则。

■ **BRAD ABRAMS** 该表的早期版本包括了实例字段的命名约定。后来，我们采用了该准则：（几乎）永远不要使用公开的实例字段，而是应该使用属性。因此，不再需要与公开的实例字段相关的准则。需要说明一下，针对实例字段，我们约定使用 camelCasing 风格。

表 3.1　不同类型标识符的大小写规则

标 识 符	大 小 写	示　例
命名空间	Pascal	namespace System.Security { ... }
类型	Pascal	public class StreamReader { ... }
接口	Pascal	public interface IEnumerable { ... }

方法	Pascal	public class Object {
		　　　public virtual string ToString();
		}

属性	Pascal	public class String {
		　　　public int Length { get; }
		}

事件	Pascal	public class Process {
		　　　public event EventHandler Exited;
		}

字段	Pascal	public class MessageQueue {
		　　　public static readonly TimeSpan InfiniteTimeout;
		}
		public struct UInt32 {
		　　　public const MinValue = 0;
		}

续表

标识符	大小写	示　　例

枚举值	Pascal	public enum FileMode {
		　　Append,
		　　...
		}

泛型方法中的类型参数	Pascal	public partial class Enum {
		　　public static TEnum Parse<TEnum>(
		　　　　string value) { ... }
		}

泛型类型中的类型参数	Pascal	public class Task<TResult> {
		　　...
		}

元组的元素	Pascal	public partial class Range {
		　　public (int Offset, int Length) GetOffsetAndLength(
		　　　　int length) { ... }
		}

参数	Camel	public class Convert {
		　　public static int ToInt32(string value);
		}

3.1.2　大写首字母缩写词

　　一般来说，在标识符名称中要避免使用首字母缩写词，除非这些首字母缩写词是常用的，并且任何可能使用该框架的人都能立即理解其含义。例如，HTML、XML 和 IO 都非常好懂，应该明确地避免使用那些不易懂的首字母缩写词。

> **■ KRZYSZTOF CWALINA**　首字母缩写词（acronym）和简写（abbreviation）是有区别的，绝不要在标识符中使用后者。首字母缩写词是由一个短语的首字母构成的，而简写只是一个单词的简短形式。

　　根据定义，首字母缩写词至少要有两个字母，三个或以上字母的首字母缩写词应该被当成普通单词来看待，只有首字母需要大写，除非它是驼峰格式参数名称中的第一个单词，在这种情况下，它们全都应该使用小写。

正如前面章节中所提到的，两个字母的首字母缩写词（如 IO）应该被区别对待，主要是为了避免混淆。在任何时候这两个字母都应该大写，除非它们是驼峰格式参数名称中的第一个单词，这时候这两个字母都应该小写。下面的例子说明了所有这些情况：

```
public void StartIO(Stream ioStream, bool closeIOStream);
public void ProcessHtmlTag(string htmlTag);
```

✓ **DO** 大写由两个字母组成的首字母缩写词的每一个字母，除非它们是驼峰格式标识符中的第一个单词。

```
System.IO
System.Threading.IOCompletionCallback
public void StartIO(Stream ioStream)
```

✓ **DO** 只大写由三个或以上字母组成的首字母缩写词的首字母，除非它们是驼峰格式标识符中的第一个单词。

```
System.Xml
System.Xml.XmlNode
public void ProcessHtmlTag(string htmlTag)
```

✗ **DON'T** 不论缩写词是长还是短，都不要在驼峰格式标识符的开头大写任何缩写词的任何字母。

■ **BRAD ABRAMS** 在为 .NET 框架工作的时候，我听到过各种各样违背这些命名准则的可能的借口。许多团队都认为他们有一些特殊的原因需要在标识符中使用与框架其余部分不同的大小写风格。这些借口有：与其他平台（MFC、HTML 等）保持一致，避免地缘政治问题（某些国家/地区名称的大小写），尊敬死者（某些加密算法的缩写名称），等等，而且这个清单还在不断地增加。在大多数情况下，我们的客户会将这些偏离准则的地方（即使有最好的借口）视为框架中的缺陷。我认为，唯一一个违背这些准则的合理理由是使用商标作为标识符。但是，我建议你不要使用商标，因为它们的更改速度通常比 API 来得更快。

■ **JEREMY BARTON** 有这样一个轻微的误解，认为：由于 RSA、DSA、DES 和 HMAC 的类型都是大写的，因此在涉及加密（或其他）算法名称时，存在某种规则的例外情况。其实不是这样的，那些命名是纯粹的错误。新的类型都被正确地命名，如将 Advanced Encryption Standard（AES）写作 Aes，将 Elliptic Curve Digital Signature Algorithm（ECDSA）写作 ECDsa（两个字母的首字母缩写词后面跟着三个字母的首字母缩写词），将 Elliptic Curve Diffie-Hellman（ECDH）写作 ECDiffieHellman（避免同时出现 4 个大写字母，即两个字母的首字母缩写词后面跟着两个字母的首字母缩写词）。

请注意，下面的这些类型都没有被正确地命名，不应该被当成需要遵循的例子：RSA、DSA、HMAC、HMACMD5、HMACSHA1、HMACSHA256、HMACSHA384、HMACSHA512、SHA1、SHA256、SHA384、SHA512、RIPEMD160、DES、TripleDES、MACTripleDES（或许还有其他的，在 .NET 加密库中无疑有许多参数名称违反了不同的规则）。

对于一些特定的已有名称，保留其大小写样式是为了和与它交互的类型保持一致，如 RSASignaturePadding 和 HashAlgorithmNames.SHA256。

■ **BRAD ABRAMS** 下面是对这些命名准则进行测试的示例。现在，我们的框架中有这样一个类，它成功遵循上述大小写准则，使用 Argb 而不是 ARGB。但是我们收到了这样的错误报告："如何将 ARGB 值转换成颜色——我所看到的只有'从参数 b'（from argument b）转换的方法？"

```
public struct Color {
...
    public static Color FromArgb(int alpha, Color baseColor);
    public static Color FromArgb(int alpha, int red, int green, int blue);
    public static Color FromArgb(int argb);
    public static Color FromArgb(int red, int green, int blue);
...
}
```

回顾一下，我们是否应该在这里违背上述准则并使用 FromARGB 呢？我不这样认为。实际上，这是过度简化造成的，RGB 是非常容易识别的缩写词，代表了红（red）、绿（green）、蓝（blue）三个值，相对来说，包含了透明度通道的 ARGB 是一个不太常见的缩写词。如果命名成 AlphaRgb，它将更加清晰，也更容易和框架其他部分的命名保持一致。

```
public struct Color {
...
    public static Color FromAlphaRgb(int alpha, Color baseColor);
    public static Color FromAlphaRgb(int alpha, int red, int green, int blue);
    public static Color FromAlphaRgb(int argb);
    public static Color FromAlphaRgb(int red, int green, int blue);
...
}
```

> ■ **STEPHEN TOUB**　无论多么努力地去遵循这些准则，我们仍然会时不时地犯错。例如，`System.Text.UTF8Encoding` 其实应该是 `System.Text.Utf8Encoding`。现在，当要引入 UTF-8 相关功能时，我们该怎么办？为了一致性，继续使用"UTF8"，还是遵循准则使用"Utf8"？一般来说，我们选择不再重复过去的错误，对于新的类型，我们选择使用"Utf8"，如 `System.Buffers.Text.Utf8Formatter`。

3.1.3　大写复合词和常见术语

在应用大小写准则时，大多数复合词都被视为一个单词。

✘ **DON'T**　不要将所谓的"封闭形式"（closed-form）复合词中的每个单词都大写。

有些复合词被写作一个单词，例如 endpoint。在应用大小写准则时，请将封闭形式的复合词视为一个单词。使用当前的词典来确定复合词是否以封闭形式书写。

表 3.2 展示了一些常用的复合词和常见术语的大写及拼写示例。

表 3.2　常用的复合词和常见术语的大写及拼写示例

Pascal	Camel	错误示例
BitFlag	bitFlag	Bitflag
Callback	callback	CallBack
Canceled	canceled	Cancelled
DoNot	doNot	Don't
Email	email	EMail
Endpoint	endpoint	EndPoint
Filename	filename	FileName
Gridline	gridline	GridLine
Hashtable	hashtable	HashTable
Id	id	ID
Indexes	indexes	Indices
Logoff	logoff	LogOut
Logon	logon	LogIn
Metadata	metadata	MetaData, metaData
Multipanel	multipanel	MultiPanel
Multiview	multiview	MultiView
Namespace	namespace	NameSpace
Ok	ok	OK
Pi	pi	PI

续表

Pascal	Camel	Not
Placeholder	placeholder	PlaceHolder
SignIn	signIn	SignOn
SignOut	signOut	SignOff
Timestamp	timestamp	TimeStamp
Username	username	UserName
WhiteSpace	whiteSpace	Whitespace
Writable	writable	Writeable

1. 限于作为名词（属性、字段、参数、类型）使用时。当作为动词使用时，应该被当作两个词，如 LogOff。

2. "Login"现在被看作封闭形式的名词，所以将类型的成员命名为"Login"和"Password"是没有问题的。但在 .NET 中，我们更喜欢使用"Logon"，而不是"Login"。作为复合动词，"Log In"应该是"Log On"，因此，"LogIn"从未被使用，"LogOn"也没有出现在这张表中。

　　另外，还有两个常用的词其本身属于一个单独的类别，因为它们是常见的俚语简写。*Ok* 和 *Id* 这两个单词（大小写如此所示）是命名中不应该使用简写这条准则的例外。

　　与保持一致性的一般准则相比，表 3.2 和关于封闭形式名词的规则都是次要的。截至 2019 年 9 月，"white space"仍是词典的条目，同时一些词典指出，计算机科学经常将其当作一个单词来使用。即使"whitespace"成为公认的封闭形式的名词，在继承一些之前已经用这个词命名的类时，你也应该继续使用"WhiteSpace"。

▪ **BRAD ABRAMS**　表 3.2 中列出了在 .NET 框架开发过程中所遇到的特殊示例。基于这张表创建属于你自己的复合词及其他常用术语附录是非常有用的。

▪ **BRAD ABRAMS**　在 COM 接口中一个常用的简写是 Ex（在以前已存在接口的扩展版本中），在可重用的软件库中应该避免使用这个简写，而是应该使用一个有意义的名称来描述新的功能。例如，相较于 IDispatchEx，你应该考虑使用 IDynamicDispatch。

▪ **JEREMY BARTON**　在本书第 3 版中，对表 3.2 做了一些调整。《牛津英语词典》（*Oxford English Dictionary*）和其他一些词典，现在认为"filename"、"logoff"、"logout"、"login"、"logon"和"username"都是封闭形式的名词，使我们可以使用像 LogoffTime 这样的标识符。但是作为动词时，《牛津英语词典》仍认为"log in"、"log on"、"log off"或"log out"是唯一可以接受的形式。

> 这并不是说，你现在立刻就要改变现有的名称。但是，对于那些不需要和较旧的形式进行交互的类型，当涉及这些术语时，你可以不受限制地（并且鼓励你）接受不断演进的语言特征。

3.1.4　大小写敏感

　　CLR 上运行的语言并不需要支持区分大小写，尽管有一些语言是区分大小写的。虽然你使用的语言可能支持区分大小写，但是使用你的框架的其他语言却不一定支持。因此，任何外部可以访问的 API 都不应该只依赖大小写来区分相同上下文中的两个名称。

> ■ **PAUL VICK**　针对区分大小写的问题，对于 Visual Basic 团队而言，毫无疑问，CLR 必须支持区分大小写，同时也要支持不区分大小写。很长一段时间以来，Visual Basic 一直不区分大小写，相较于试图将 VB 开发者（包括我自己）带入区分大小写的世界中所带来的影响，我们面临的其他挑战都将显得苍白。此外，一个显然的事实是，COM 不区分大小写。所以，CLR 必须要考虑到不区分大小写的情况。

> ■ **JEFFREY RICHTER**　需要明确的是，CLR 实际上是区分大小写的。某些编程语言（如 Visual Basic）不区分大小写。当 VB 编译器尝试解析一个由区分大小写的语言（如 C#）定义类型的方法调用时，编译器（非 CLR）会找出方法名称真实的大小写并将其嵌入元数据中，而 CLR 对此一无所知。现在，如果你使用反射来绑定方法，那么反射 API 可以进行不区分大小写的查找。这就是 CLR 对大小写不敏感的支持程度。

　　虽然关于大小写敏感只有一条准则，但是它非常重要。

✘ **DON'T**　不要假设所有的编程语言都区分大小写。实际不是这样的，不能只依赖大小写来区分名称。

3.2　通用命名约定

　　本节介绍与词汇选择相关的通用命名约定，使用简写（abbreviation）和首字母缩写词（acronym）的准则，以及如何避免使用特定于编程语言的名称。

3.2.1 词汇选择

当用户首次阅读到一个框架标识符的名称时，这个名称必须要对其有意义，这一点很重要。标识符名称应该清楚地表明每个成员的作用、每个类型及参数所代表的含义。为此，在命名上，名称清楚比简短更为重要。与技术或架构相比，名称应该符合场景、系统的逻辑或物理功能，以及那些广为接受的概念。

✓ **DO** 要选择更好读的标识符名称。

例如，在英语里，一个命名为 `HorizontalAlignment` 的属性比 `AlignmentHorizontal` 更好读。

✓ **DO** 要追求可读性而不是简练。属性名称 `CanScrollHorizontally` 比 `ScrollableX`（对 X 轴的模糊引用）更好。

✗ **DON'T** 不要使用下画线、连字符或其他非字母的符号。

> ■ **JEREMY BARTON** 与单元测试相关的一些命名约定似乎违背了该准则，如类似于 `TestSubjectName_NoMatch` 的方法名称。但是，由于大多数测试库并不会作为可复用组件来分发，因此本书中的准则通常不适用于测试代码。

✗ **DON'T** 不要使用匈牙利命名法。

> ■ **BRENT RECTOR** 让我们在这里先定义清楚什么是匈牙利命名法。这是一种约定，它会在变量名前加上数据类型的小写编码，例如，变量 `uiCount` 将是一个无符号整数。另一个通用约定还增加了表明变量范围的前缀，该前缀跟在类型后面或者直接替代类型前缀（请参阅 Jeffrey 的后面静态成员变量范围前缀的示例）。
>
> 匈牙利命名法的一个缺点是，开发者在编码的前期会频繁更改变量的类型，该命名法要求变量名也要被一起修改。此外，尽管常用的基本数据类型（如整数、字符等）拥有非常好识别的标准前缀，但是对于那些开发者自定义的类型来说，通常很难找到一个有意义且能保持一致的前缀。

> **KRZYSZTOF CWALINA** 使用匈牙利命名法的命名约定，既有好的一面，也有不好的一面。好的一面是，它有更好的可读性（如果正确使用的话）。不好的一面包括维护成本，如果维护不当会造成混乱，最后，匈牙利命名法使得 API 对某些开发者来说更加晦涩（更难用）。在过程式语言（如 C）的世界中，以及对于（面向高级开发人员的）系统 API 与（面向更大范围的开发者群体的）框架库的分离来说，积

极因素似乎大于消极因素。今天，随着系统 API 被设计成可以为更多的开发者所使用，以及面向对象（OO）语言的出现，天平似乎正朝着另一个方向倾斜。OO 的封装使得变量的声明和使用点结合得更加紧密，OO 的风格倾向于那些简短的、构造合理的方法，同时，抽象使具体的类型变得不那么重要，甚至毫无意义。

✗ AVOID 避免使用那些被众多语言用作关键字的标识符。

根据通用语言规范（Common Language Specification，CLS）的第四条规则，所有兼容的语言必须提供一种机制，允许访问使用该语言的关键字作为标识符的命名项，例如，在这种情况下，C# 就使用@符号来进行转义。尽管如此，避免使用通用的关键字仍然是一个好的建议，因为使用带有转义序列的方法要比使用没有转义序列的方法难得多。

■ **JEFFREY RICHTER** 当我将 *Applied Microsoft .NET Framework Programming* 一书从 C# 移植到 Visual Basic 时，就经常遇到这种情况。例如，类库里面有 `Delegate`、`Module` 和 `Assembly` 这样的类，但是在 Visual Basic 中它们都是关键词，VB 不区分大小写更是加剧了这种情况。与 C# 一样，Visual Basic 也可以使用一种方法来转义关键字（使用方括号），用于消除编译器的歧义。但令我感到惊讶的是，VB 团队竟然选用了会与如此多类库名称冲突的关键字。

✓ DO 要仅使用 ASCII 字符来作为标识符名称。

.NET 中的所有标识符都使用 ASCII 字符，因此任何使用 .NET 的开发者都可以输入这些字符，且能够使用那些可以识别这些字符的文件或工具来完成工作。但是，想要使用你的软件库的开发者可能不容易输入非 ASCII 字符，或者，也有可能他们使用的文本编辑器（或其他工具）不能可靠地保留非 ASCII 数据。

当一个标识符来源于需要变音符号的单词时，请使用（或发明）不需要变音符号的近似名称或选择其他标识符。

表 3.3 中列出了一些建议的用于避免变音符号的替代拼写。提供它，只是为了让陈述更清楚，它既不具备权威性，也不是全面的。

表 3.3　避免变音符号的替代拼写

带有变音符号的拼写	标识符的拼写
Edelweiß	Edelweiss
Mêlée	Melee

续表

带有变音符号的拼写	标识符的拼写
Naïve	Naïve
Résumé	Resume
Röntgen	Roentgen

3.2.2　使用简写和首字母缩写词

一般来说，不要在标识符中使用简写和首字母缩写词。正如前面所讲的，相对于简练来说，名称的可读性更为重要。同样重要的是，不要使用一般情况下无法被理解的简写和首字母缩写词。也就是说，不要使用任何只有特定领域专家才能立刻知道含义的词汇。

- ✘ **DON'T** 不要使用简写或将简写作为标识符名称的一部分。

  例如，使用 GetWindow，而不是 GetWin。

- ✘ **DON'T** 不要使用任何未被广泛接受的首字母缩写词，即使它们已被广泛接受，也只能在必要的时候使用。

  例如，UI 代表 User Interface，HTML 代表 HyperText Markup Language。尽管许多框架设计者认为一些时下的首字母缩写词会很快地被大众接受，但是将其用作框架标识符仍然是错误的实践。

  关于首字母缩写词的大小写规则，请参考 3.1.2 节。

> ■ **BRAD ABRAMS**　我们持续争论某个给定的首字母缩写词是否是众所周知的。其实有一种很好的预测方式，我称之为 grep 测试。只需要在 Web 上使用搜索引擎检索该首字母缩写词——如果返回的前几个结果确实就是你想要的含义，那么这个首字母缩写词很有可能就是众所周知的；如果没有得到这些搜索结果，则要慎重考虑这个名称。如果未通过测试，请不要简单地使用该首字母缩写词的完整拼写，而是应该考虑如何使名称更具描述性。

3.2.3　避免使用特定于编程语言的名称

面向 CLR 的编程语言对所谓的基础类型通常都会有自己的名称（别名）。例如，int 是 System.Int32 在 C# 中的别名。为确保你的框架可以充分利用 CLR 的核心功能之一——跨语言互操作，请务必避免在标识符中使用这些特定于语言的类型名称。

> ■ **JEFFREY RICHTER**   就我个人而言，我会更进一步，从来不去使用语言中的别名。我认为别名没有任何价值，并且还引入了极大的混乱。例如，我经常被问到 C# 中的 String 和 string 有什么区别。我甚至听到有人说，string 被分配在栈上，而 String 被分配在堆上。除了这里提到的要避免使用别名的原因，在我的 *CLR via C#* 一书中，我还给出了其他几个原因。另一个类库/语言不匹配的例子是 NullReferenceException 类，它可以被 VB 代码抛出。但是 VB 使用 Nothing，而不是 null。

✓ **DO** 要使用有语义的名称，而不是特定于语言关键字的类型名称。

例如，GetLength 就比 GetInt 好得多。

✓ **DO** 要使用通用的 CLR 类型名称，而不是特定于语言的名称，在极少数情况下，标识符除其类型之外没有其他语义。

例如，将类型转换为 System.Int64 的方法应被命名为 ToInt64，而不是 ToLong（因为 System.Int64 是 CLR 名称，Long 是 C# 专用的别名）。表 3.4 中列出了一些基本数据类型在 CLR 中的类型名称（以及 C#、Visual Basic 和 C++ 中相应的类型名称）。

表 3.4   特定于语言的类型名称和相应的 CLR 类型名称

C#	Visual Basic	C++	CLR
Sbyte	SByte	char	SByte
Byte	Byte	unsigned char	Byte
short	Short	short	Int16
ushort	UInt16	unsigned short	UInt16
int	Integer	int	Int32
uint	UInt32	unsigned int	UInt32
long	Long	__int64	Int64
ulong	UInt64	unsigned __int64	UInt64
float	Single	float	Single
double	Double	double	Double
bool	Boolean	bool	Boolean
char	Char	wchar_t	Char
string	String	String	String
object	Object	Object	Object

✓ **DO** 要使用通用名称（如 *value* 或 *item*），而不是重复类型名称，除非在极少数情况下，如标识符没有语义含义且参数的类型并不重要。

下面的方法是一个很好的示例，其支持将各种数据类型写入流（stream）中：

```
void Write(double value);
void Write(float value);
void Write(short value);
```

3.2.4　命名现有 API 的新版本

有时候，新的特性不能被添加到已有的类型，即使该类型的名称表明它是这个新特性的最佳位置。在这种情况下，就需要增加一个新的类型，这通常使框架设计者不得不面临一个艰巨的任务——为新的类型找到一个好的新名称。同样地，现有成员通常不能通过扩展和重载来提供附加功能，因此需要设计者添加具有新名称的类型成员。下列准则介绍了如何为取代或替换现有类型或成员的新类型和新成员选择名称。

✓ **DO** 在创建现有 API 的新版本时，要使用与旧 API 相近的名称。

这有助于突出 API 之间的关系。

```
class AppDomain {
    [Obsolete("AppDomain.SetCachePath has been deprecated. Please use
AppDomainSetup.CachePath instead.")]
    public void SetCachePath(String path) { ... }
}

class AppDomainSetup {
    public string CachePath { get { ... }; set { ... }; }
}
```

✓ **DO** 要倾向于使用后缀（而非前缀）来表明其是现有 API 的新版本。

■ VANCE MORRISON　当我们为 ReaderWriterLock 添加一个性能更好（但不完全向后兼容）的版本时，我们正是这样做的，我们将它命名为 ReaderWriterLockSlim。我们争论过是否应该将其命名为 SlimReaderWriterLock（遵循准则，按英语的自然语序书写），但最终还是认为可发现性（按词法排序，它们彼此更接近）更为重要。

这种命名方式将有助于在浏览文档或使用 IntelliSense 时发现新 API。旧版 API 在组织上靠近新版 API，因为大多数浏览器和 IntelliSense 都是按字母顺序展示标识符的。

✓ **CONSIDER** 建议使用全新但有意义的标识符，而不是添加后缀或前缀。

✓ **DO** 要使用数字后缀来表明其是现有 API 的新版本，尤其是当 API 的现有名称是其唯一合理的名称（例如，它是行业标准），或者不能合适地添加任何有意义的后缀（或更改名称）时。

```
// 旧 API
[Obsolete("This type is obsolete. Please use the new version of the same
class, X509Certificate2.")]
public class X509Certificate { ... }

// 新 API
public class X509Certificate2 { ... }
```

■ **KRZYSZTOF CWALINA** 我将使用数字后缀作为最后的手段。更好的方法是使用新名称或有意义的后缀。

BCL 团队在 .NET Framework 3.5 的早期预发行版中提供了一个名为 TimeZone2 的新类型，该名称立即成为博客社区讨论的中心。经过一系列漫长的讨论，团队决定将类型重命名为 TimeZoneInfo，这不是一个非常好的名字，但是已经比 TimeZone2 好很多了。

有趣的是，没有人讨厌 X509Certificate2。我对此的解释是，与 System 命名空间中的核心类型相比，程序员更愿意接受在框架角落中那些极少使用的类型上使用丑陋的数字后缀。

■ **JEREMY BARTON** 我认为，X509Certificate2 作为两个 X.509 证书类中更有用的类型名称是成功的。部分原因是，它的功能比 X509Certificate 要强大得多，所以没有理由继续使用更早的那个类。另外，由于返回或接收 X509Certificate 的 API 非常少，因此 X509Certificate2 自然而然成了 .NET 中证书类型的名称（也就是说，我的观点与 Krzysztof 的观点相左，我希望在 X509Certificate 中添加功能，而不是引入新类型）。

✗ **DON'T** 不要使用"Ex"或其他类似的后缀作为标识符来区分同一个 API 的新旧版本。

```
[Obsolete("This type is obsolete. ...")]
public class Car { ... }

// 新 API
public class CarEx { ... } // 错误的方式
```

```
public class CarNew { ... } // 错误的方式
public class Car2 { ... } // 可接受的方式
public class Automobile { ... } // 更好的方式
```

✓ **DO** 在引入对 64 位整数（long integer）而不是 32 位整数进行操作的 API 版本时，要使用 "64" 作为后缀。只有在 32 位 API 已经存在的时候才需要采用该方法，针对全新的 64 位 API，请务必不要这样做。

例如，System.Diagnostics.Process 中的许多 API 返回 Int32 值来表示内存大小，如 PagedMemorySize 和 PeakWorkingSet。为了在 64 位系统上适当地支持这些 API，添加了具有相同名称但后缀为 "64" 的 API。

```
public class Process {
    // 旧 API
    public int PeakWorkingSet { get; }
    public int PagedMemorySize { get; }
    // ...

    // 新 API
    public long PeakWorkingSet64 { get; }
    public long PagedMemorySize64 { get; }
}
```

■ **KIT GEORGE** 值得注意的是，这条准则仅适用于改进已发布的 API。在设计全新的 API 时，请使用可以在所有平台上工作的最合适的 API 类型和名称，避免同时使用 "32" 和 "64" 作为后缀。请考虑使用重载。

3.3 程序集、DLL 和包的命名

程序集是托管代码程序的部署和标识单元。尽管程序集可以跨一个或多个文件，但通常程序集与动态链接库（Dynamic link Library，DLL）一一对应。此外，当 DLL 通过包管理系统分发时，DLL 和包通常拥有相同的名称。因此，本节仅介绍 DLL 的命名约定，然后可以将其映射到程序集和包的命名约定。

■ **JEFFREY RICHTER** 多文件的程序集很少被使用到，Visual Studio 也没有内置支持。

记住，命名空间的名称和 DLL 及程序集的名称是不同的。命名空间代表了开发者的逻辑划分，DLL 和程序集则代表了打包与部署的边界。由于产品拆分和其他原因，一

个 DLL 可以包含多个命名空间。因为命名空间拆分不同于 DLL 拆分，所以应该独立设计它们。例如，如果你决定将 DLL 命名为 MyCompany.MyTechnology，则并不意味着 DLL 必须包含一个名为 MyCompany.MyTechnology 的命名空间，尽管你完全可以这样做。

> ■ **JEFFREY RICHTER**　CLR 不会在命名空间和程序集文件名之间建立联系，这常常使程序员感到困惑。例如，在 .NET 框架中，System.IO.FileStream 在 mscorlib.dll 中，而 System.IO.FileSystemWatcher 在 System.dll 中。如你所见，一个命名空间中的类型可以跨越多个文件。还请注意，.NET 框架中根本就没有 System.IO.dll 这个文件。

> ■ **BRAD ABRAMS**　在 CLR 的初始设计中，我们就决定将平台的开发者视角（命名空间）与打包和部署视角（程序集）分开。这种分离允许各个部分可以基于各自的尺度被独立优化。例如，我们可以自由地将命名空间拆分成功能相近的类型分组（如所有与 I/O 相关的类型都在 System.IO 中），但是其程序集可以根据性能（加载时间）、部署、服务和版本管理等方面的原因来进行拆分。

✓ **DO** 要以大的功能块来命名 DLL，如 System.Data。

程序集、DLL 和包的命名不一定要与命名空间相关，但是根据命名空间的名称来命名程序集是合理的。一种好的方式是，使用程序集所包含的命名空间的共同前缀来命名 DLL。例如，一个具有两个命名空间——MyCompany.MyTechnology. FirstFeature 和 MyCompany.MyTechnology.SecondFeature 的程序集，就可以被命名为 MyCompany.MyTechnology.dll。

✓ **CONSIDER** 建议使用下面的模式来命名 DLL：

```
<Company>.<Component>.dll
```

其中，<Component> 可以包含多个以点分隔的子句。例如：

```
Microsoft.VisualBasic.dll
Microsoft.VisualBasic.Vsa.dll
Fabrikam.Security.dll
Litware.Controls.dll
```

3.4　命名空间的命名

与其他的命名准则一样，命名空间的命名目标是为使用框架的程序员提供足够的清晰度，使其能够立即了解命名空间里的内容。下面的模板指定了命名命名空间的一般规则：

```
<Company>.(<Product>|<Technology>)[.<Feature>][.<Subnamespace>]
```

下面是具体的例子：

```
Microsoft.VisualStudio
Microsoft.VisualStudio.Design
Fabrikam.Math
Litware.Security
```

✓ **DO** 要在命名空间名称的前面加上公司名称作为前缀，防止其他公司在命名空间中使用相同的名称。

例如，由微软提供的 Microsoft Office 自动化 API 都应该在 `Microsoft.Office` 这个命名空间中。

■ **BRAD ABRAMS**　在选择命名空间名称的第一部分时，务必使用公司或组织的正式名称，以避免可能的冲突。例如，如果微软选择使用 MS 作为其根命名空间，则可能会使使用 MS 作为缩写的其他公司的开发者感到困惑。

■ **BRAD ABRAMS**　这意味着要远离营销人员想出的那些最新的时髦名称。你可以在各个发行版中调整产品的商标，但是命名空间名称将被永久地烧录到客户的代码中。因此，请选择技术上合理，且不受当下市场营销需求影响的名称。

✓ **DO** 要在命名空间名称的第二级使用稳定的独立于版本的产品名称。

■ **BRAD ABRAMS**　在 .NET Framework 1.0 的发布周期后期，我们为 ASP.NET 添加了一组控件，用于移动设备的渲染。因为这些控件来自其他部门的团队，所以我们的第一反应是将它们放在不同的命名空间（`System.Web.MobileControls`）中。接下来，经过几次组织架构的调整和 .NET Framework 版本的迭代，我们意识到更好的方案是将该功能和 `System.Web.Controls` 中的现有控件放到一起。回顾过去，我们让内部组织结构的差异影响了暴露的公开 API，我们对此感到遗憾。应该避免在设计中出现此类错误。

- ✘ **DON'T** 不要使用组织的层次结构作为命名空间层次结构的命名基础，因为公司内部的组名通常是短期的。应该围绕相关的技术来组织命名空间的层次结构。
- ✔ **DO** 要使用 PascalCasing 风格，并使用点来分隔命名空间的组件（如 `Microsoft.Office.PowerPoint`）。如果品牌采用的不是传统的大小写格式，则应遵循品牌所使用的大小写格式，即使它与常规的命名空间大小写格式不符。
- ✔ **CONSIDER** 在适当的情况下，使用复数格式的命名空间名称。

  例如，使用 `System.Collections`，而不是 `System.Collection`。不过，品牌名称和首字母缩写词是该规则的例外情况，例如，使用 `System.IO`，而不是 `System.IOs`。
- ✘ **DON'T** 不要使用相同的名称来同时给命名空间和该命名空间中的类型命名。

  例如，不要既将 `Debug` 用作命名空间名称，同时又将 `Debug` 作为同一个命名空间所提供的类型名称。一些编译器要求使用此类类型的完全限定名称。

  这些准则涵盖了一般的命名空间的命名准则，但下一节提供的特定准则适用于某些特殊的子命名空间。

3.4.1　命名空间和类型名称的冲突

命名空间用于将类型组织成有逻辑的、易于探索的层次结构。在导入多个命名空间时，有可能出现类型名称的冲突，此时命名空间是必不可少的。但是，这不应该被作为为通常一起使用的不同命名空间引入已知的类型歧义的借口。在常见的场景中，不应该要求开发人员使用限定的类型名称。

- ✘ **DON'T** 不要引入太过泛泛的类型名称，如 `Element`、`Node`、`Log` 和 `Message` 等。
  在常见的场景中，如果引入太过泛泛的类型名称，则极有可能会导致类型名称冲突。你应该对宽泛的类型名称进行一定程度的限定（如 `FormElement`、`XmlNode`、`EventLog` 和 `SoapMessage` 等）。

  为避免不同类别命名空间中的类型名称冲突，现有一些特定的准则。命名空间可以被分为如下几类：

- 应用模型命名空间
- 基础设施命名空间
- 核心命名空间
- 技术领域命名空间分组

3.4.1.1 应用模型命名空间

属于单个应用模型的命名空间经常一起使用，但是它们几乎不会与其他应用模型的命名空间一起使用。例如，命名空间 `System.Windows.Forms` 很少会与命名空间 `System.Web.UI` 一起使用。下面是两个众所周知的应用模型命名空间分组：

```
System.Windows*
System.Web.UI*
```

✘ **DON'T** 不要为单个应用模型中各个命名空间中的不同类型指定相同的名称。

例如，不要在命名空间 `System.Web.UI.Adapters` 中加入名为 `Page` 的类型，因为在命名空间 `System.Web.UI` 中已经有以 `Page` 命名的类型了。

3.4.1.2 基础设施命名空间

该类别包含的命名空间很少会在通用应用程序的开发过程中导入。例如，`.Design` 命名空间主要用于开发编程工具。并没有特别要求避免与这类命名空间中的类型发生冲突。

```
System.Windows.Forms.Design
*.Design
*.Permissions
```

3.4.1.3 核心命名空间

核心命名空间包括所有 `System` 命名空间（不包括应用模型命名空间和基础设施命名空间）。核心命名空间包括 `System`、`System.IO`、`System.Xml` 和 `System.Net` 等。

✘ **DON'T** 不要使用任何会与核心命名空间中的类型发生冲突的类型名称。

例如，永远不要将 `Stream` 用作类型名称。它会与 `System.IO.Stream` 这一非常常用的类型发生冲突。

3.4.1.4 技术领域命名空间分组

该类别包含了具有相同的前两个命名空间节点（`<Company>.<Technology>*`）下的所有命名空间，如 `Microsoft.Build.Utilities` 和 `Microsoft.Build.Tasks`。属于单个技术领域命名空间的类型不会发生冲突，这一点非常重要。

✘ **DON'T** 不要在单个技术领域命名空间中分配会与其他类型冲突的类型名称。

✘ **DON'T** 不要在技术领域命名空间和应用模型命名空间中的类型之间引入类型名称冲突（除非该技术不会与该应用模型一起使用）。

例如，你不应该在命名空间 `Microsoft.VisualBasic` 中添加一个名为 `Binding`

的类型，因为在命名空间 System.Windows.Forms 中已经有这个类型名称了。

3.5 类、结构体和接口的命名

一般来说，类和结构体的名称应该是名词或名词短语，因为它们代表了系统中的实体。一条好的法则是，如果你无法为类或结构体想出一个名词或名词短语作为其名称，那么你可能应该重新思考该类型的大体设计是否是合适的。用于表示继承结构根节点的接口（如 IList<T>）也应该使用名词或名词短语。用于表示能力的接口应该使用形容词或形容词短语（如 IComparable<T>、IFormattable）

另一个重要的考量是，要将最易识别的名称用于最常用的类型，即使从技术角度来看，该名称更适用于某些不那么常用的类型。例如，在主线场景中，向打印队列提交打印任务的类型应该被命名为 Printer，而不是 PrintQueue。尽管在技术上它代表了打印队列，而不是物理设备（打印机），但是从场景的角度来看，Printer 才是理想的名字，因为绝大多数开发者只对提交打印任务感兴趣，而不是与物理打印机设备相关联的其他操作（如配置打印机）。如果你需要提供其他相关类型，例如，在物理打印机的配置场景中，相关类型可以被命名为 PrinterConfiguration 或 PrinterManager。

> ■ **KRZYSZTOF CWALINA** 我知道这有悖于技术的精确性，而技术的精确性是大多数软件工程师的核心特质之一，但我从心底里认为，从最通用的场景来看，拥有更好的名称更为重要，即使从纯技术的角度来看，这样做可能会导致类型名称的不一致，甚至是错误。高阶用户能够理解稍微不一致的命名，而绝大多数用户则通常不关心技术细节，并不会意识到这中间的不一致；反之，他们会感激该名称将他们引导至最重要的 API。

同样，最常用类型的名称应该反映出它们的使用场景，而不是继承层次结构。大多数用户仅仅是使用继承层次结构的叶子节点的实例，他们并不在意层次结构。然而，API 设计者却把继承层次结构视为类型名称选择的重要标准。例如，Stream、StreamReader、TextReader、StringReader 和 FileStream 都很好地描述了它们在继承层次结构中的位置，但是它们掩盖了对大多数用户来说最重要的信息：为了从文件中读取文本信息，他们需要实例化的类型是什么。

下面的命名准则适用于一般类型的命名。

✓**DO** 要以名词或名词短语来命名类，使用 PascalCasing 风格。

类型名称和方法名称不同，后者使用动词短语。

✓ **DO** 要以形容词短语来命名接口，偶尔也可以使用名词或名词短语。

应该少用名词和名词短语，它们可能会误导用户认为这是一个抽象类，而不是一个接口。关于在抽象类和接口之间应该如何选择，请参考 4.3 节。

✗ **DON'T** 不要为类名指定前缀（如 "C"）。

▪ **KRZYSZTOF CWALINA** 一个常用的前缀是用于接口的 "I"（如 ICollection），但那是出于历史原因。回顾过去，我认为使用常规的类型名称会更好。例如，在大多数情况下，开发者并不关心某个类型是接口还是抽象类。

▪ **BRAD ABRAMS** 接口的 "I" 前缀明显是 COM（和 Java）对 .NET 框架的影响。COM 普及（甚至制度化）了接口应该以 "I" 开头的概念。虽然我们曾讨论过是否应该偏离这种旧模式，但是我们最终决定继续使用这种模式，因为许多用户已经熟悉 COM。

▪ **JEFFREY RICHTER** 就个人来讲，我喜欢 "I" 前缀，我希望我们能有更多类似的东西。小小的一个字符前缀，既使代码保持了简洁，又提升了描述性。如前所述，我会在自己的私有类型字段中使用前缀，因为我发现这非常有用。

▪ **BRENT RECTOR** 注意：这是匈牙利命名符号的另一种应用（不过，它没有在变量名中使用该符号的缺点）。

✓ **CONSIDER** 建议用基类的名称作为派生类名称的结尾。

这种方式非常好读，而且清楚地解释了继承关系。代码中的两个示例是 ArgumentOutOfRangeException（异常）和 SerializableAttribute（特性）。然而，在应用这条准则时合理的判断是很重要的。例如，Button 是一种 Control，尽管 Control 没有出现在它的名称中。以下是正确命名的类：

```
public class FileStream : Stream {...}
public class Button : Control {...}
```

✓ **DO** 要使用字母 "I" 作为接口名称的前缀，以表明该类型是接口。

例如，IComponent（描述性名词）、ICustomAttributeProvider（名词短语）和 IPersistable（形容词）都是适合接口的名称。对于其他类型的名称，请避免使用该形式。

✓**DO** 在定义"类-接口"对（其中类是接口的标准实现）时，要确保接口名称和类名称仅有前缀"I"的区别。

以下示例通过接口 IComponent 及其标准实现 Component 类来说明该准则：

```
public interface IComponent { ... }
public class Component : IComponent { ... }
```

3.5.1 泛型参数的命名

泛型是在 .NET Framework 2.0 中加入的，该特性引入了新的称为类型参数的标识符。下列准则描述了与类型参数的命名相关的命名约定。

✓**DO** 要使用描述性名称来命名泛型参数，除非单个字母的名称一目了然，并且描述性名称不会增加价值。

```
public interface ISessionChannel<TSession> { ... }
public delegate TOutput Converter<TInput,TOutput>(TInput from);
public struct Nullable<T> { ... }
public class List<T> { ... }
```

✓**CONSIDER** 建议使用 T 作为单个字母类型参数的参数名称。

```
public int IComparer<T> { ... }
public delegate bool Predicate<T>(T item);
public struct Nullable<T> where T:struct { ... }
```

✓**DO** 要在描述性的类型参数名称前加上 T 作为前缀。

```
public interface ISessionChannel<TSession> where TSession : ISession{
    TSession Session { get; }
}
```

✓**CONSIDER** 建议在类型参数的名称中指明其受到的约束。

例如，可以将约束为 ISession 的参数命名为 TSession。

3.5.2 通用类型的命名

在命名从 .NET 中包含的类型派生或实现的类型时，请务必遵循本节中的准则。

✓**DO** 在命名从某些 .NET 类型派生或实现的类型时，要遵循表 3.5 中列出的准则。

这些后缀准则适用于指定基类型的整条继承链。例如，不仅仅是直接从 System.Exception 派生的类型，从 Exception 子类派生的类型也需要使用

Exception 作为后缀。

这些后缀应该为指定的类型保留。从其他类型派生或实现的类型不应该使用这些后缀。例如，下面是错误的命名：

```
public class ElementStream : Object { ... }
public class WindowsAttribute : Control { ... }
```

表 3.5　从具体核心类型派生或实现的类型命名规则

基类型	派生/实现类型的准则
System.Attribute	√ **DO** 要为自定义特性类的名称添加后缀 "Attribute"
System.Delegate	√ **DO** 要为事件委托的名称添加后缀 "EventHandler"
	√ **DO** 要为非事件委托的名称添加后缀 "Callback"
	× **DON'T** 不要为任何委托的名称添加后缀 "Delegate"
System.EventArgs	√ **DO** 要添加后缀 "EventArgs"
System.Enum	× **DON'T** 不要从该类派生任何子类；使用语言支持的关键字，例如，在 C# 中，使用 enum 关键字
	× **DON'T** 不要使用 "Enum" 或 "Flag" 后缀
System.Exception	√ **DO** 要添加后缀 "Exception"
IDictionary IDictionary<TKey, TValue>	√ **DO** 要添加后缀 "Dictionary"。注意，虽然 IDictionary 是一种特定类型的集合，但是此准则优先于后面的更通用的集合准则
IEnumerable ICollection IList IEnumerable<T> ICollection<T> IList<T>	√ **DO** 要添加后缀 "Collection"，除了可复用的特定的数据类型，如 "Queue" 和 "HashSet"
System.IO.Stream	√ **DO** 要添加后缀 "Stream"

3.5.3　枚举的命名

通常，枚举类型（也称作 enum）的名称应该遵循标准类型的命名规则（如 PascalCasing 风格等）。不过，还有其他一些额外的、特别用于枚举类型的准则。

√ **DO** 要使用单数类型名称来命名枚举，除非它的值是比特值。

```
public enum ConsoleColor {
    Black,
    Blue,
    Cyan,
    ...
}
```

✓**DO** 当枚举值是比特值时，要使用复数类型名称来命名枚举。这也被称为标记枚举（flag enum）。

```
[Flags]
public enum ConsoleModifiers {
    Alt = 1 << 0,
    Control = 1 << 1,
    Shift = 1 << 2,
}
```

✗**DON'T** 不要在枚举类型的名称中使用"Enum"作为后缀。

例如，下面是错误的命名：

```
// 错误的命名
public enum ColorEnum {
    ...
}
```

✗**DON'T** 不要在枚举类型的名称中使用"Flag"或"Flags"作为后缀。

例如，下面是错误的命名：

```
// 错误的命名
[Flags]
public enum ColorFlags {
    ...
}
```

✗**DON'T** 不要在枚举值的名称中使用前缀（例如，用"ad"表示 ADO 枚举，用"rtf"表示富文本类型的枚举）。

```
public enum ImageMode {
    ImageModeBitmap = 0, // ImageMode 前缀不是必要的
    ImageModeGrayscale = 1,
    ImageModeIndexed = 2,
    ImageModeRgb = 3,
}
```

下面的命名方案会更好：

```
public enum ImageMode {
    Bitmap = 0,
    Grayscale = 1,
    Indexed = 2,
    Rgb = 3,
}
```

> ■ **BRAD ABRAMS** 注意，该准则和 C++ 编程中的常规用法相反。在 C++ 中，完全限定每个枚举成员很重要，因为可以在枚举名称限定的范围之外访问它们。但是，在 .NET 的托管环境中，枚举成员只能通过枚举名称来访问。

3.6 类型成员的命名

类型由以下成员构成：方法、属性、事件、构造函数和字段。接下来的各节介绍了类型成员的命名准则。

3.6.1 方法的命名

由于方法表示要执行某操作，所以设计准则要求方法名称为动词或动词短语。遵循该准则，还有利于将方法名称与属性名称及类型名称区分开，后者为名词或形容词短语。

> ■ **STEVEN CLARKE** 尽你所能，根据方法所能达成的任务来命名方法，而不是根据一些实现的细节。在有关 System.Xml 的 API 可用性调研中，要求参与者基于 XPathDocument 的实例执行一些查询操作。为此，参与者需要调用 XPathDocument 的 CreateXPathNavigator 方法，该方法将返回一个 XPathNavigator 实例，然后用该实例遍历查询返回的文档数据。然而，没有一个参与者想要或者意识到他们需要这么做。相反，他们希望能够在文档对象自身上调用某些名为 Query 或 Select 的方法，这类方法可以和 CreateXPathNavigator 一样轻松地返回 XPathNavigator 实例。通过将方法名称更直接地与它所支持的任务而非实现细节联系起来，使用 API 的开发者则更有可能找到帮助他们完成任务的正确方法。

✓ **DO** 要用动词或动词短语来命名方法。

```
public class String {
    public int CompareTo(...);
    public string[] Split(...);
    public string Trim();
}
```

3.6.2 属性的命名

与方法不同，属性应该使用名词短语或形容词来命名。因为属性指向数据，属性名称反映了数据是什么。属性名称应该总是使用 PascalCasing 风格。

✓ **DO** 要使用名词、名词短语或形容词来命名属性。

```
public class String {
    public int Length { get; }
}
```

✗ **DON'T** 不要让属性和"Get"方法对应，例如，将一个属性命名为 TextWriter，同时，将一个方法命名为 GetTextWriter。

```
public string TextWriter { get {...} set {...} }
public string GetTextWriter(int value) { ... }
```

这种模式通常意味着该属性实际上是一个方法。更多信息请参考 5.1.3 节。

✓ **DO** 要使用描述集合中项目的复数短语来命名集合属性，而不是使用单数短语后跟"List"或"Collection"。

```
public class ListView {
    // 正确的命名
    public ItemCollection Items { get; }

    // 错误的命名
    public ItemCollection ItemCollection { get; }
}
```

✓ **DO** 要使用肯定语气的短语来命名布尔属性，如 CanSeek，而不是 CantSeek。你可以有选择地使用合适的布尔属性前缀，如"Is"、"Can"或者"Has"，但仅限于在设置这些属性值的类型中。

例如，CanRead 比 Readable 更容易理解。不过，Created 事实上比 IsCreated 更可读。使用前缀通常会使名称显得过于啰唆，而且也是不必要的，尤其在面对代码编辑器中的 IntelliSense 时。键入 MyObject.Enabled =，IntelliSense 会给你提供 true 或 false 选项，键入 MyObject.IsEnabled = 时也一样，但是后者会显得更啰唆一些。

> ■ **KRZYSZTOF CWALINA** 在为布尔类型的属性和方法挑选名称时，可以考虑在 if 语句中测试 API 的常规用法。这样的使用测试可以凸显所选择的词汇和语法（例如，主动语态与被动语态、单数与复数）是否符合英语的表达。比如下面的例子：
>
> ```
> if(collection.Contains(item))
> if(regularExpression.Matches(text))
> ```

就比下面的表达更自然：

```
if(collection.IsContained(item))
if(regularExpression.Match(text))
```

此外，在其他所有条件都一样时，你应该选择积极的表达，而不是消极的表达：

```
if(stream.CanSeek) // 更好
if(stream.IsSeekable)
```

✓ **CONSIDER** 建议将属性的类型名称作为属性名称。

例如，下面的属性可以正确地获取和设置名为 Color 的枚举值，因此属性名称就为 Color：

```
public enum Color {...}
public class Control {
    public Color Color { get; set; }
}
```

3.6.3 事件的命名

事件始终指向一些动作，可以是即将发生的，也可以是已经发生的。因此，与方法一样，事件也用动词来命名，并且用动词的时态来表示事件触发的时间。

✓ **DO** 要使用动词或动词短语来命名事件。

例如，Clicked、Painting 和 DroppedDown。

✓ **DO** 要使用现在时或过去时为事件命名，为其提供时间上的前后概念，如 Closing 和 Closed。

例如，一个在窗口关闭前触发的关闭事件可以被命名为 Closing，一个在窗口关闭后触发的事件则可以被命名为 Closed。

✗ **DON'T** 不要使用"Before"或"After"作为前缀或后缀来表明事件发生的先后顺序。

请遵循上述准则，使用现在时和过去时。

✓ **DO** 要使用"EventHandler"后缀来命名事件处理器（用作事件类型的委托），如 ClickedEventHandler：

```
public delegate void ClickedEventHandler(object sender,
    ClickedEventArgs e);
```

注意，你应该很少需要创建自定义事件处理器。相反，大多数 API 应该只需要使用 EventHandler<T>。在 5.4.1 节中更详细地讨论了事件的设计。

> ■ **JASON CLARK** 今天，你应该很少需要定义自己的"EventHandler"委托。相反，你应该使用委托类型 EventHandler<TEventArgs>，TEventArgs 既可以是 EventArgs，也可以是你自定义的 EventArgs 的派生类型。这减少了系统中类型定义的数量，并确保你的事件可以遵循上面所描述的模式。

✓**DO** 要将事件处理器的两个参数分别命名为 *sender* 和 *e*。

sender 参数代表了触发事件的对象。sender 参数是典型的 object 类型，也可以是更具体的类型。该模式在 .NET 中得到了一致的使用，在 5.4 节中对其进行了详细描述。

> ■ **JEREMY BARTON** object sender 参数可能是 .NET 中我最不喜欢的一条准则。但是，出于一致性的考虑，我在每次声明事件时都遵循了该准则。

```
public delegate void <EventName>EventHandler(object sender,
                                         <EventName>EventArgs e);
```

✓**DO** 要使用"EventArgs"后缀来命名事件参数类，如下面的示例所示：

```
public class ClickedEventArgs : EventArgs {
    int x;
    int y;
    public ClickedEventArgs (int x, int y) {
        this.x = x;
        this.y = y;
    }
    public int X { get { return x; } }
    public int Y { get { return y; } }
}
```

3.6.4 字段的命名

字段命名准则适用于静态公开的和受保护的字段，不涉及内部的和私有的字段，且根据成员设计准则，不允许使用公开的或受保护的实例字段，具体内容在第 5 章中介绍。

✓**DO** 要在字段名称中使用 PascalCasing 风格。

```
public class String {
    public static readonly string Empty = "";
}

public struct UInt32 {
    public const MinValue = 0;
}
```

✓ **DO** 要使用名词、名词短语或形容词来命名字段。

✗ **DON'T** 不要在 public 或 protected 字段名称中使用前缀。

例如，不要使用"g_"或"s_"来表示静态字段。从 API 设计的视角来看，公开的可访问字段（本节的主题）和属性非常接近，因此，它们应该遵循与属性相同的命名约定。

> ▪ **BRAD ABRAMS** 和本书中所阐述的所有准则一样，该准则只适用于公开暴露的字段。在这种情况下，保持名称简洁明了是很重要的，以便广大用户可以轻松地理解它们。正如许多人所指出的那样，有充分理由对私有字段和局部变量使用某种约定。

3.7 命名参数

请务必遵循参数命名相关准则，除了可读性这一显而易见的理由，当视觉设计工具提供 IntelliSense 和类浏览的功能时，参数也将显示在文档和设计器中。

✓ **DO** 要在参数名称中使用 camelCasing 风格。

```
public class String {
    public bool Contains(string value);
    public string Remove(int startIndex, int count);
}
```

✓ **DO** 要使用具有描述性的参数名称。

参数名称应该具有足够的描述性，在大多数场景中，可以结合其类型来确定其含义。

✓ **CONSIDER** 建议基于参数的含义来命名参数，而不是基于参数的类型。

开发工具通常可以提供与类型相关的有用信息，因此参数名称可以更好地用于描述语义，而不是类型。偶尔使用基于类型的参数名称是完全可以的，但是根据这些准则，回归到匈牙利命名约定是不合适的。

3.7.1 命名运算符重载参数

本节讨论运算符重载参数的命名。

✓ **DO** 如果二元运算符重载参数的名称没有任何实际意义，则要使用 *left* 和 *right* 来为其命名。

```
public static TimeSpan operator-(DateTimeOffset left,
                                 DateTimeOffset right)
```

```
public static bool operator==(DateTimeOffset left,
                              DateTimeOffset right)
```

✓ **DO** 如果一元运算符重载参数的名称没有任何实际意义，则要使用 *value* 来为其命名。

```
public static BigInteger operator-(BigInteger value);
```

✓ **CONSIDER** 尽可能使用有意义的名称来命名运算符重载参数，这样做会增加重要价值。

```
public static BigInteger Divide(BigInteger dividend,
                                BigInteger divisor);
```

✗ **DON'T** 不要使用简写或数字索引来命名运算符重载参数。

```
// 不正确的参数命名
public static bool operator==(DateTimeOffset d1,
                              DateTimeOffset d2);
```

3.8 命名资源

在之前的版本中，位于此节的准则已经被废弃，并已归档到"附录 B"中。

✗ **DON'T** 不要将可本地化的资源直接暴露为公开的（或受保护的）成员。

由资源编辑器自动生成的类型和成员应该使用访问修饰符 `internal` 来修饰。

当通过公开 API 暴露资源确实有意义时，请使用合理的类型和成员设计。

总结

如果遵循本章中所描述的命名准则，则将提供一致的方案，使框架的用户能更容易识别框架各个元素的功能。这些准则为不同组织或不同公司开发的框架提供了命名上的一致性。

下一章将为类型的具体实现提供通用准则。

■4■

类型设计准则

从 CLR 的角度来看，只有两种类别的类型——引用类型和值类型。但是在讨论框架设计时，我们将类型划分成多个逻辑分组，每个分组都有自己特定的设计规则。图 4.1 展示了这些逻辑分组。

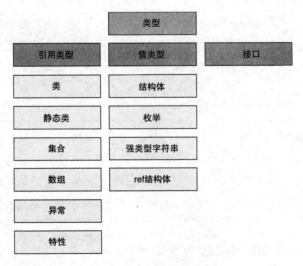

图 4.1 类型的逻辑分组

类是常规引用类型，它们构成了大多数框架中的大部分类型。类之所以受欢迎，是因为它们支持丰富的面向对象功能，且具有普遍的适用性。基类和抽象类是与可扩展性相关的特殊逻辑分组。可扩展性和基类将在第 6 章中进行介绍。

接口既可以由引用类型实现，也可以由值类型实现。因此，它们可以充当引用类型和值类型的多态结构的根。此外，接口还可用来模拟多继承，而 CLR 本身是不支持多继承的。

结构体是常规值类型，应被留作类似于语言基础类型的那些小而简单的类型。

枚举是一种特殊的值类型，用于定义短小的值的集合，如一周中的几天、控制台的颜色等。

静态类是用于作为静态成员容器的类型，它们通常用于提供其他操作的快捷方式。

委托、异常、特性、数组和集合都是用于特定用途的引用类型。关于它们的设计和使用准则，在本书的其他地方会介绍。

✓ **DO** 要确保每个类型都是一组定义完善的相关成员的集合，而不只是一组随机的无关功能的集合。

务必使类型可以用一个简单的句子来描述，这一点很重要。一个好的定义还应该排除那些只是附带关联的功能。

■ **BRAD ABRAMS** 如果你曾经管理过团队，你就该知道，在没有明确的职责划分时，他们是干不好活的，类型也是一样的。我注意到，没有固定范围和侧重点的类型就像磁铁一样，会吸引更多的随机功能，随着时间的流逝，原本的小问题会变得愈加糟糕，更难于证明为什么具有更多随机功能的下一个成员不属于该类型。当类型中成员的焦点变得模糊时，开发者预测应该在哪里找到给定功能的能力就会被削弱，进而削弱开发者的生产力。

■ **RICO MARIANI** 好的类型就像好的图表：对于清晰度和可用性而言，移除的内容与包含的内容同样重要。你添加到类型中的每个额外成员开始都是净负值，只有通过证明它是有用的，它才能从净负值变成正值。如果你为了使该类型对某些用户更有用而添加太多的内容，则极有可能使该类型变得对每个人都毫无用处。

■ **JEFFREY RICHTER** 当我在 20 世纪 80 年代初学习 OOP 的时候，我被灌输了一个直到今天我仍然看重的口头禅：如果事实变得过于复杂，就使用更多的类型。有时候，我发现真的很难为一个类型定义一组好的方法。当我开始觉得自己在这方面花了太多的时间，或者事情似乎不太协调时，我就会想起我的口头禅，去定义更多更小的类型，其中每个类型都有定义良好的功能。这些年来，这个方法对我来说非常有效。

另一方面，有时类型最终会沦为各种不那么相关的功能的堆放站。.NET 中有一些类似的类型，如 Marshal、GC、Console、Math 和 Application。你将注意到，这些类型的所有成员都是静态的，因此无法为这些类型创建任何实例。程序员对此似乎还可以接受。幸运的是，这些类型的方法被分成几种单独的类型。如果所有这些方法都被定义到一个类型里，那将是非常可怕的！

4.1 类型和命名空间

当你在设计一个大型的框架时，你应该决定如何将功能划分成由命名空间所代表的功能区。这种自上而下的设计是非常重要的，因为它可以确保包含在同一个命名空间中的类型能够很好地结合在一起。命名空间的设计过程是迭代的，可以预见的是，随着在几个版本中将更多的类型添加到同一个命名空间中，我们必须要对命名空间的设计进行调整。这种设计哲学带来了下面这些准则：

✓ **DO** 要使用命名空间将类型基于功能领域划分，组织成具有层次的结构。

要优化这个层次结构，以便框架的使用者能够更容易地找到他们想要的 API。

■ **KRZYSZTOF CWALINA** 这是非常重要的准则。与流行的看法不同，命名空间的主要目的不是解决类型的命名冲突。如同该准则所表明的那样，命名空间的主要目的是将类型组织成一个具有相关性、易于浏览且容易理解的层次结构。

我认为，单个框架中的类型名称冲突表明了设计上的马虎。对于具有相同名称的类型，要么将它们合并，以便更好地与库的其他部分集成；要么重命名它们，以提高代码的可读性和可搜索性。

✗ **AVOID** 避免很深的命名空间层次结构。这样的层次结构难以浏览，因为用户在浏览时必须要经常进行回退操作。

✗ **AVOID** 避免使用过多的命名空间。

在最基本的通用场景中，框架的使用者应该无须导入很多命名空间。如果可以，在通用场景中需要一起使用的类型应该被放在同一个命名空间中。该准则并不是说"只应该使用一个命名空间"，而是鼓励你在设计中寻求适当的平衡。开发者直接使用的类型和代码生成器或 IDE 设计器使用的类型是两个不同的概念，它们应该被放在不同但是相关的命名空间中。

▪ JEFFREY RICHTER　与这个问题相关的一个例子是，与运行时序列化相关的类型被定义在 System.Runtime.Serialization 命名空间及其子命名空间中。然而，Serializable 和 NonSerialized 特性却被错误地定义在 System 命名空间中。由于这些类型不在同一个命名空间中，开发者无法意识到它们其实是紧密相关的。实际上，我遇到过许多这样的开发者，他们在使用 System.Xml.Serialization 的 XmlSerializer 类型来序列化一个类时，会将 Serializable 特性应用到这个类上。但是，XmlSerializer 实际上会完全无视 Serializable 特性，应用该特性除了让你的汇编元数据变得臃肿，并不会带来任何实用价值。

　　✗ AVOID 避免将为高级场景设计的类型和用于一般编程任务的类型放在同一个命名空间中。

　　这使得框架的基础知识更容易被用户理解，也使用户更容易在通用场景中使用框架。

▪ BRAD ABRAMS　Visual Studio 最棒的一个特性就是 IntelliSense，它提供了一个下拉列表，其中有你接下来可能会输入的内容或者成员的使用方法。这个功能的成效与它所提供的选项数量成反比，也就是说，如果这个列表中的选项太多，你将花费更多的时间才能找到你想要的那个选项。遵循该准则，将高级功能拆分到单独的命名空间中，可以使开发者能够在一般情况下看到尽可能少的类型。

▪ BRIAN PEPIN　我们学习到的一件事是，大多数程序员的成败其实取决于 IntelliSense，如果某项没有被列在下拉列表中，大多数程序员将不会相信它确实是存在的。但是，如 Brad 所讲的那样，选项太多的话，好的事情也可能会变坏，在下拉列表中有太多的内容会降低其实用价值。如果你的功能确实应该存在于同一个命名空间中，但是你又不想让它总是对其用户可见，则可以使用 EditorBrowsable 特性。

▪ RICO MARIANI　不要为了满足他人的每一个奇葩需求而疯狂地向类型中添加成员，否则，该类型将变成一个臃肿且丑陋的聚合体。要提供这样的基础功能，它们应该具有能够被理解的限制。一个很好的例子是，人们希望通过 Interop 将那些易于使用的功能复制到本地环境中。使用 Interop 是有其原因的——它并不是一个不受欢迎的"继子"。在包装任何东西时，务必确保这样做能带来大量的价值。不然的话，不实现该类型可以使程序集更小巧，由此带来的价值对更多的人来说更有帮助。

> ▪ **JEFFREY RICHTER**　我认同这条准则，但我想进一步补充一点，高阶的类应该被放在包含简单类型的命名空间的子命名空间中。例如，基础的简单类型可能在 `System.Mail` 命名空间中，更高阶的类型就应该在 `System.Mail.Advanced` 中。

✗ **DON'T** 不要光是定义类型，而不指定命名空间。

将相关的类型组织成有层次的结构，有助于解决潜在的类型命名冲突问题。当然，命名空间有助于解决命名冲突这一事实，并不意味着应该引入这样的冲突。详情请参考 3.4.1 节。

> ▪ **BRAD ABRAMS**　很重要的一点是，你要认识到命名空间实际上并不能阻止命名冲突；尽管如此，它们还是能够有效地减少这种冲突的。我可以在一个名为 `MyAssembly` 的程序集中定义一个 `MyNamespace.MyType` 类，同时也可以在另一个程序集中定义一个名称一模一样的类。我可以构建这样一个应用，它同时使用到这两个程序集。CLR 并不会为此感到困惑，因为在 CLR 中，类型标识符是基于强命名（它包含了完整的程序集名称）的，而不仅仅是命名空间名称和类型名称的组合。让我们在 C# 代码中创建一个 `MyType` 的实例，通过比对相应的 ILASM 编码，可以验证这一事实：
>
> ```
> C#:
> new MyType();
>
> IL:
> IL_0000: newobj instance void [MyAssembly]MyNamespace.MyType::.ctor()
> ```
>
> 请注意，C# 编译器通过 `[MyAssembly]` 的形式添加了对类型所在程序集的引用，因此，在运行时总是有一个没有歧义的、完全限定的名称可供使用。

> ▪ **RICO MARIANI**　命名空间是编程语言的事情，CLR 实际上完全不知道它们的存在。CLR 真正关心的类名是像 `MyNameSpace.MyOtherNameSpace.MyAmazingType` 这样的。编译器为你提供了如"using"这样的"语法糖"，这样你就不用总是输入那么长的类名了。CLR 从来不被类名所困扰，因为所有的类名都是完全限定的。

4.2　在类和结构体之间选择

每个框架设计者都会面临一个基本的设计选择——将类型设计为类（引用类型）还是结构体（值类型）。正确理解引用类型和值类型在行为上的差异，对于做出正确的选择来说至关重要。

引用类型和值类型之间的第一处不同是，我们通常认为引用类型是分配在堆上的，由垃圾回收机制进行管理；而值类型是分配在栈上的，或者是内联在容器类型中的，随着栈的释放或者容器类型的释放而被释放。因此，一般来说，值类型的分配和释放比引用类型的分配和释放开销低。

第二处不同是，引用类型的数组是外联的，这意味着数组元素只是堆上类型实例的引用；而值类型的数组是内联的，这意味着数组元素即是值类型的实例。因此，值类型数组的分配和释放比引用类型数组的分配和释放开销低得多。此外，在大多数情况下，值类型数组表现出更好的引用局部性。

▪ **RICO MARIANI** 总体来说，上述内容是正确的，但这是一个非常宽泛的概括，对此我会格外小心。当将被装箱的值类型强制转换成一般的值类型数组时，是否能获得更好的引用局部性取决于你使用的值类型的数量、需要进行多少搜索、等价的数组成员（共享指针）可能有多少数据重用、典型的数组访问模式，以及目前我没想出来的其他因素。你的收益可能会不同，但值类型数组仍然是你的工具箱中一个很好用的工具。

▪ **CHRIS SELLS** 我发现，值类型的限制是非常令人不快的，因此，我更倾向于使用引用类型。自定义的值类型通常用于提升性能，因此，我建议对库的大量预期使用情况进行分析，并根据实际的数据将引用类型更改为值类型，而不是根据某些可能永远不会在现实环境中发生的预设问题就选择使用值类型。

第三处不同与内存使用有关。当值类型被强制转换成引用类型或它们所实现的某个接口时，值类型会被装箱；当它们被强制转换回原来的值类型时，则会发生拆箱操作。由于"箱子"是分配在堆上的对象，是需要进行垃圾回收的，因此，过多进行装箱和拆箱，对堆、垃圾回收器和最终应用的性能都有负面的影响。相反，对引用类型进行强制类型转换，就不会发生装箱操作。

第四处不同是，引用类型的赋值是引用的拷贝，而值类型的赋值是整个值的拷贝。

因此，大型引用类型的赋值比大型值类型的赋值开销要低得多。

最后一处不同是，引用类型是通过引用传递参数的，而值类型默认是通过值传递参数的。改变引用类型的一个实例会影响所有指向该实例的引用。当通过值类型传递参数时，它的实例是一份全新的拷贝，当值类型的一个实例发生改变时，其他实例并不会受到影响。由于这些拷贝不是由用户显式创建的，而是在传递参数或返回值时隐式创建的，因此，可以被更改的值类型可能会给许多用户造成困扰。所以，值类型应是不可变的[1]。

> **RICO MARIANI**　如果将值类型设置为可变的，你会发现最终不得不通过大量引用来传递值类型，以获得所需的语义（使用诸如 C# 中的"out"语法）。在期望将值类型嵌入本身是引用类型的对象中或嵌入数组中时，这一点可能很重要。可变值类型的最大麻烦在于，它们看起来像独立实体，如复数。被用作排序的累加器或者被用作引用类型其中一部分的值类型，具有相对较少的可变性陷阱。

值类型的缺点是不会对数组中的元素进行垃圾回收。因此，你仅应该在不会出现问题的情况下使用值类型数组（例如，当你有一个由很小的结构体所组成的大型只读数组时）。

作为经验法则，框架中的大部分类型都应该是类。但是在某些情况下，值类型的特征使它更适合使用结构体。

✓ **CONSIDER**　如果一个类型的实例较小且生命周期较短，或者其通常被嵌入其他对象中，尤其是数组，建议将该类型定义成结构体，而不是类。

✗ **AVOID**　避免定义结构体，除非该类型具有以下所有特征：

- 它在逻辑上表示单个值，类似于基础类型（`int`、`double` 等）。
- 它的实例大小小于 24 字节。
- 它是不可变的。
- 它不会被频繁装箱。

在其他所有情况下，你都应该将类型定义成类。

> **JEFFREY RICHTER**　在我看来，当一个类型的大小约为 16 字节或更小时，我们才应该将其定义为值类型。如果你不打算将值类型传递给其他方法或复制到一个集

---

[1]　不可变类型是指没有任何公开成员可以改变其实例的类型。例如，`System.String` 就是不可变的，它的成员，如 `ToUpper`，并不会修改调用它们的字符串，而是返回一个新的改变之后的字符串，原来的字符串保持不变

合类（如数组）中，或者从集合类中复制它们，它们也可以超过 16 字节。当类型的实例只存在一个很短的生命周期（通常它们在一个方法中被创建出来，在方法返回之后就不再需要了）时，我会选择使用值类型。如果类型的实例需要被放到集合中，由于要进行装箱操作，我通常不赞成将其定义成值类型。但是，幸运的是，在新版本的 CLR 中，C# 和其他一些语言支持泛型，因此，在将值类型实例放到集合中时不再需要装箱。

■ **JOE DUFFY**　我经常在选用引用类型还是值类型的决定之间挣扎。尽管这些规则是非黑即白、非常明确的，但是当你决定实现引用类型时，仍然像是站在高高的悬崖上准备往下跳。这个决定意味着你要付出在堆上为每个实例分配空间带来的开销——除了至少一个指向对象头的指针和遍历对象引用带来的间接访问层数等开销，共享堆、集合的开销也会影响多处理器计算机的可伸缩性。话虽如此，我的经验表明，每当我试图要小聪明，打破这里的任何规则时，它们通常都会反过来咬我一口。

■ **JEREMY BARTON**　对于结构体和类的性能，孰好孰坏还是取决于使用情况，而使用情况本身取决于库代码和用户调用代码之间的划分。当将结构按值传递给方法时，具体的内存布局和开销因运行时操作系统和 CPU 架构的不同而不同，因此具有 3 个 `Int64` 字段的结构并不总是与具有 6 个 `Int32` 字段的结构相同。由于使用情况不易得知，因此准则中的实例大小只是一个近似值。

4.3　在类和接口之间选择

一般来说，类是公开抽象类型的首选构造方式。

接口的主要缺点是，在改进 API 方面，它们远不如类灵活。当你发布一个接口之后，其大多数成员在很大程度上都固定下来了，任何后续添加都有可能破坏该接口的已有实现。

■ **JEREMY BARTON**　C# 8.0 增加了一个新特性——默认接口方法，它允许为接口创建新的方法且不会为下游程序集带来编译错误。通常来说，尽管不能在没有编译失败或运行时异常的情况下引入新概念，但是这个特性在为已有方法增加简单的重载这方面可能会很有用。虽然无法为已发布的接口引入新概念，但是我们仍然认为接口在发布后可以得到有效的修复。

　　在第 3 版中，还没有任何关于"默认接口方法"的准则，因为我们还未了解真正出问题的地方。我们所能提供的最好的原始准则是，"不要使用默认接口方法为基接口的成员提供实现"，以避免出现"钻石问题"。

　　类提供了更大的灵活性。你可以为已发布的类添加成员，只要这个成员不是抽象的（即，只要你提供了方法的默认实现），任何已有的派生类都可以保证在功能上不会发生改变。

　　让我们使用来自 .NET 的真实例子来进行说明。抽象类 System.IO.Stream 在 .NET Framework 1.0 中发布出去的时候，不支持等待超时的 I/O 操作。在 2.0 版本中，我们将一些成员添加到 Stream 中，以允许子类支持超时操作，即使在访问它们的基类 API 时，也不受影响。

```csharp
public abstract class Stream {
    public virtual bool CanTimeout {
        get { return false; }
    }
    public virtual int ReadTimeout {
        get {
            throw new InvalidOperationException(...);
        }
        set {
            throw new InvalidOperationException(...);
        }
    }
}

public class FileStream : Stream {
    public override bool CanTimeout {
        get { return true; }
    }
    public override int ReadTimeout {
        get {
            ...
        }
        set {
            ...
        }
    }
}
```

　　如果要在不出现运行时异常或编译错误的情况下改进基于接口的 API，唯一的通用方法是添加包含新增成员的新接口。这看起来似乎是一个不错的选择，但它存在几个问题。让我们用一个假设的 IStream 接口来说明这一点。假设我们已经在.NET

Framework 1.0 中发布了如下 API：

```
public interface IStream {
   ...
}

public class FileStream : IStream {
   ...
}
```

如果想要在 2.0 版本中增加对超时的支持，我们将需要进行如下操作：

```
public interface ITimeoutEnabledStream : IStream {
   int ReadTimeout { get; set; }
}

public class FileStream : ITimeoutEnabledStream {
   public int ReadTimeout {
      get {
         ...
      }
      set {
         ...
      }
   }
}
```

但是现在所有使用和返回 IStream 的已有 API 都会有问题。例如，StreamReader 有几个构造函数重载参数及一个属性的类型都是 Stream。

```
public class StreamReader {
   public StreamReader(IStream stream){ ... }
   public IStream BaseStream { get { ... } }
}
```

我们要如何为 StreamReader 添加对 ITimeoutEnabledStream 的支持呢？有几个可行的选项，但是每一个选项都需要大量的开发成本并且会导致可用性问题：

- 保持 StreamReader 不变，要求那些想要访问与超时相关的 API 的用户将 BaseStream 属性返回的实例动态强制转换成 ITimeoutEnabledStream，然后再进行相关查询操作。

  ```
  StreamReader reader = GetSomeReader();
  var stream = reader.BaseStream as ITimeoutEnabledStream;
  if(stream != null){
      stream.ReadTimeout = 100;
  }
  ```

  遗憾的是，这种方式在可用性调研中表现不佳。某些 Stream 可以支持新操作这一事实，对使用 StreamReader API 的用户来说并不明显。此外，一些开发者难以理解和使用动态强制转换。

- 为 StreamReader 添加一个新属性。如果向构造函数传递的是 ITimeoutEnabledStream，该属性将返回 ITimeoutEnabledStream；如果传递的是 IStream，则返回 null。

```
StreamReader reader = GetSomeReader();
var stream = reader.TimeoutEnabledBaseStream;
if(stream != null){
    stream.ReadTimeout = 100;
}
```

单就可用性而言，这种形式的 API 可能会稍微好一点。但是对用户而言，TimeoutEnabledBaseStream 可能会返回 null 这件事过于隐晦，这会给用户带来困扰，也经常会导致出乎意料的 NullReferenceException 异常。

> **JEREMY BARTON** C# 8.0 中的可空引用类型允许库的作者指明 API 是否会返回一个空值，这看起来似乎可以解决 NullReferenceException 的问题。然而，如果用户从来没有见过 TimeoutEnabledBaseStream 返回 null，那么他们可能会认为元数据是不正确的，除非他们的代码在与新的 IStream 类型交互时发生异常。
>
> 我们了解到，开发者经常会表现出这样一种人性，即信任他们的个人经验远胜过文档。

- 新增一个名为 TimeoutEnabledStreamReader 的类型，它接收 ITimeoutEnabledStream 参数进行构造函数重载，然后从 BaseStream 属性返回 ITimeoutEnabledStream。这种方式的问题是，框架中每一个额外的类型都为用户增加了复杂性。更糟的是，通常这种解决方案带来的问题比它们要解决的问题还多。StreamReader 本身会在其他 API 中被用到，那么这些相关 API 也需要创建新的版本来使用 TimeoutEnabledStreamReader。
  .NET 的 Stream API 是基于抽象类的，这允许我们在框架的 2.0 版本中添加额外的超时功能。这种功能添加是非常直白的，也是可以被发现的，对框架的其他部分几乎没有影响。

```
StreamReader reader = GetSomeReader();

if(reader.BaseStream.CanTimeout){
    reader.BaseStream.ReadTimeout = 100;
}
```

支持接口的一个最常见理由是，它们允许协议与实现分离。但是，这个理由有一个错误的假设，即你不能使用类来分离协议与实现。与具体的实现分开、存在于单独程序集中的抽象类可以很好地实现这样的分离。例如，IList<T> 的定义表明，每当向集合中添加一个新元素时，Count 属性都要加 1。我们可以使用下面的抽象类为所有的子类型表达（更重要的是，锁定）这一简单的定义：

```
public abstract class CollectionContract<T> : IList<T> {

    public void Add(T item) {
        AddCore(item);
        _count++;
    }
    public int Count {
        get { return _count; }
    }
    protected abstract void AddCore(T item);
    private int _count;
}
```

■ **KRZYSZTOF CWALINA** 我经常听到人们说，接口指定了协议，我认为这是某种很危险的迷信。接口本身并没有在使用对象所需的语法之外指定什么，将接口作为协议的迷信导致人们在尝试分离协议与实现时做出错误的决定，尽管这本身的确是一种伟大的工程实践。用接口来分离协议与实现，并不总是那么有用，这种迷信使人们在工程化的过程中产生错误的判断，让他们以为自己是在做正确的事情。现实中，协议既关于语法，也关于语义，使用抽象类能进行更好的表达。

COM 专门使用接口来公开 API，但是你不应该认为 COM 这样做是因为接口更高级。COM 这样做，是因为 COM 是一套在众多执行环境中均提供支持的接口标准。CLR是一个执行标准，它为依赖可移植实现的库提供了很大的便利。

✓ **DO** 要倾向于使用类，而不是接口。

相较于基于接口的 API，基于类的 API 更容易被改进，因为可以在不破坏已有代码的情况下向类中添加成员。

■ **KRZYSZTOF CWALINA** 我和团队中的一些开发者讨论过这条准则，他们中的许多人，包括刚开始不认同这条准则的人，都说后悔将某些 API 作为接口发布出去。我从来没有听到有人说过后悔将类型作为类发布出去。

■ **JEFFREY RICHTER** 我大体上同意 Krzysztof 的观点。然而，你也应该考虑到其他一些事情。有一些特别的基类，如 `MarshalByRefObject`。如果你的库提供了一个抽象基类，它不是派生自 `MarshalByRefObject` 的，那么从该抽象基类中派生的类型不能存在于不同的 `AppDomain` 中。

✓ **DO** 要使用抽象类而非接口来分离协议与实现。

如果正确地设计了抽象类，它将提供与接口和实现同等作用的分离。

■ **CHRIS ANDERSON** 如果严格遵循该设计准则，有可能会把你逼到死角。抽象类型更容易迭代，并且考虑到未来的可扩展性，但是它们同时也会消耗这个唯一的基类型。当你只是在定义两个对象之间的协议，并且其不会随着时间改变时，使用接口是适宜的。抽象基类型更适合定义同一组类型的共同基类型。当我们实现 .NET 时，我们对 COM 的复杂性和严格性有些抵触——接口、GUID、变量和 IDL 在当时都被看作不好的东西。我相信，今天我们对此有了更公正的看法。所有这些"COM 主义"都有属于它们的价值，实际上，你可以看到接口反过来成为 WCF 的核心概念。

■ **BRIAN PEPIN** 我已经开始做的一件事情就是，尽可能将协议"制作"成抽象类。例如，我想要为一个方法实现 4 种重载，每一个重载方法都依次增加了一系列复杂的参数。其最好的实现方式就是，在抽象类中为这些方法提供非虚方法的实现，然后让所有这些实现都路由到提供了真正实现的受保护的抽象方法。通过这种方式，你只用写一次乏味的参数检查逻辑。那些想要实现该类的开发者会因此感激你。

■ **JEREMY BARTON** Brian 描述的是"模板方法模式"（Template Method Pattern），更多的讨论在 9.9 节中。

✓ **DO** 要为具有多态结构的值类型定义接口。

值类型不能继承其他类型，但是它们可以实现接口。例如，`IComparable`、`IFormattable` 和 `IConvertible` 都是接口，所以 `Int32`、`Int64` 和其他基础类型都是可比较的、可格式化的以及可转换的。

```
public struct Int32 : IComparable, IFormattable, IConvertible {
    ...
}
public struct Int64 : IComparable, IFormattable, IConvertible {
    ...
}
```

■ **RICO MARIANI** 好的接口往往给人一种"混合"的感觉，例如，所有的对象都可以是 IFormattable，它并不限定于特定的子类型。它更像一个类型属性。其他时候，我们的接口看起来更应该使用类，此刻，IFormatProvider 浮现在我的脑海，接口名称以"er"结尾更是说明了这一点。

■ **BRIAN PEPIN** 定义良好的接口的另一个标志是，该接口只做一件事情。如果你的接口中包含了大量功能，这将是一个值得警惕的信号。你最终会为这样的设计而后悔，因为在下一版产品中，你会想要继续向这个"丰富"的接口中添加新功能，但现实是，你没有办法这样做。

✓ **CONSIDER** 建议通过定义接口来实现与多重继承类似的效果。

例如，System.IDisposable 和 System.ICloneable 都是接口，所以像 System.Drawing.Image 这样的类型，可以在继承 System.MarshalByRefObject 类的同时成为既可以被释放也可以被克隆的类型。

```
public class Image : MarshalByRefObject, IDisposable, ICloneable {
    ...
}
```

■ **JEFFREY RICHTER** 当一个类派生自一个基类时，我认为这个派生类和基类之间具有"是一个"的关系。例如，FileStream 是一个 Stream。当类实现一个接口时，我认为这个实现类和接口之间具有"可以做"的关系，例如，FileStream 可以被释放，因为它实现了 IDisposable 接口。

■ **JEREMY BARTON** 当接口以后缀"able"结尾时，即暗示它遵循了 Jeffrey 所说的"可以做"范例。例如，IDisposable 可以这样表达："它是可以进行 Dispose 操作的事物"。

如果将其与 ICryptoTransform 进行比较，ICryptoTransform 接口并未描述功能，而是定义了一组相关操作。当我们在 .NET Core 2.0 中添加 System.Span<T> 时，发现无法为对称加密添加 Span 支持，因为我们使用的是接口而不是抽象基类。尽管过了 15 年才意识到将该类型作为接口是错误的，但这依然是一个错误。

4.4　抽象类设计

✘ DON'T 不要在抽象类型中定义公开的或受保护的内部构造函数。

只有当我们需要为类型创建实例时，构造函数才应该是公开的。因为你无法为抽象类型创建实例，所以一个具有公开构造函数的抽象类型是错误的设计，它会误导用户[1]。

```
// 错误的设计
public abstract class Claim {
    public Claim() {
    }
}
```

```
// 正确的设计
public abstract class Claim {
    protected Claim() {
    }
}
```

√ DO 要在抽象类中定义受保护的构造函数或内部构造函数。

受保护的构造函数更常见，在创建子类型时，它允许基类自定义初始化逻辑。

```
public abstract class Claim {
    protected Claim() {
        ...
    }
}
```

内部构造函数可以用于将抽象类的具体实现限制为定义该类的程序集。

```
public abstract class Claim {
    internal Claim() {
        ...
    }
}
```

> **■ BRAD ABRAMS**　如果你没有定义构造函数，很多语言（如 C#）会为你自动插入一个受保护的构造函数。所以，正确的实践是在源代码中显式地定义构造函数，从而可以更容易书写文档和维护代码。

✓ DO 要为你发布的抽象类提供至少一个继承自它的具体类型。

这可以帮助你检验抽象类的设计，例如，System.IO.FileStream 就是抽象类

1　受保护的内部构造函数也是如此。

System.IO.Stream 的一个具体实现。

> ■ **BRAD ABRAMS**　我见过无数所谓"精心设计"的基类或接口，设计师花了几百个小时来讨论和调整设计，但是当第一个现实世界中的客户来使用这些设计时，它们就都现出原形了。在产品周期中，现实世界中的客户往往来得太迟，以至于没有时间进行正确的修复。所以应该强迫自己至少提供一种具体实现，这可以减小在产品周期后期发现新问题的概率。

> ■ **CHRIS SELLS**　我测试一个类型或一组类型的经验法则是，让三个人根据你所希望支持的场景编写三个应用程序。如果这三个人的代码都很漂亮，那么表明你已经做得很好了；否则，你应该考虑重构，直到能达到这种效果。

4.5　静态类设计

静态类是这样的类：它只包含静态成员（当然，除了从 System.Object 继承的实例成员，以及可能的私有构造函数）。一些语言为静态类提供了内置支持。在 C# 2.0 及之后的版本中，当一个类被声明为静态类时，它是封闭且抽象的，没有任何实例成员可以被覆写或被声明。

```
public static class File {
    ...
}
```

如果你所使用的语言没有对静态类提供内置支持，那么你可以手动声明该类，如下面的 C++ 代码所示：

```
public class File abstract sealed {
    ...
}
```

静态类是纯面向对象设计和简单性之间的折中，它们通常用于为其他操作提供快捷方式（如 System.IO.File）、作为扩展方法的持有者，或者处理不适合面向对象封装的功能（如 System.Environment）。

✓ **DO** 要尽量少地使用静态类。

静态类只应该作为框架的面向对象核心的辅助类。

✗ **DON'T** 不要将静态类视为杂物桶。

每个类都应该有明确的角色划分。如果你对类的描述包含了"和"这样的连词或者一个全新的句子，那么表明你需要另一个类。

✘ **DON'T** 不要声明或覆写静态类的实例成员。

在 C# 编译器中，这是强制的。

✓ **DO** 如果你使用的编程语言没有对静态类提供内置支持，则应该将静态类声明为封闭的、抽象的，并将构造函数声明为私有的。

> ■ **BRIAN GRUNKEMEYER** 在 .NET Framework 1.0 中，我为 System.Environment 类编写代码，它是静态类的一个绝佳示例。我搞砸了，不小心向这个类中添加了一个非静态属性（HasShutdownStarted）。因为它是类上的实例方法，而这个类永远不会被实例化，所以没有人可以调用这个方法。我们没能在 .NET Framework 1.0 版本发布之前及时发现这个问题并修复它。
>
> 　　如果我发明了一门新的语言，我将显式地将静态类的概念添加到这门语言中，以帮助人们规避这个陷阱。事实上，C# 2.0 确实这么做了，添加了对静态类的支持！

> ■ **JEFFREY RICHTER** 请确保你不会试图声明静态结构体，因为结构体（值类型）总是可以被初始化的，而不管它是什么。只有类可以是静态的。

4.6　接口设计

尽管大多数 API 都是通过类和结构体来建模的，但在某些情况下，使用接口会更合适，甚至有可能是唯一的选择。

CLR 不支持多继承（CLR 的类不能继承超过一个的基类），但是它允许类在继承一个基类之外实现一个或多个接口。因此，接口通常用于实现多继承的效果。例如，IDisposable 是一个接口，其允许类型被释放，而与它们参与的任何其他继承的层次结构无关。

```
public class Component : MarshalByRefObject, IDisposable, IComponent {
    ...
}
```

适合定义接口的另一种情况是，在创建一个通用接口时，这个接口可以由包含值类型在内的几种类型共同支持。值类型不可以继承除 System.ValueType 之外的其他类型，但是它们可以实现接口，所以要提供一个通用基类型，接口是唯一的选择。

```
public struct Boolean : IComparable {
    ...
}
public class String: IComparable {
    ...
}
```

✓ **DO** 如果需要同时为包含值类型在内的一组类型提供相同的 API 支持，则必须定义接口。

✓ **CONSIDER** 如果你需要在一个类型上支持某些功能，而该类型已经继承了其他类型，则建议使用接口。

✗ **AVOID** 避免使用标记接口（没有任何成员的接口）。

一般来说，如果你需要标记一个具有特殊性质或特征的类，则应该使用特性，而非接口。

```
// 避免
public interface IImmutable {} // 空接口
public class Key: IImmutable {
    ...
}
// 考虑
[Immutable]
public class Key {
    ...
}
```

可以通过实现以下方法来拒绝没有被特定的特性所标记的参数：

```
public void Add(Key key, object value){
    if(!key.GetType().IsDefined(typeof(ImmutableAttribute), false)){
        throw new ArgumentException("The argument must be declared
[Immutable]","key");
    }
    ...
}
```

■ **RICO MARIANI** 当然，任何这样的标记都是有代价的。特性检查比类型检查开销大得多。通过测试和观察，你或许会发现，由于性能原因而使用标记接口是必要的。我个人的经验表明，真正的标记（没有任何特性）是非常少见的。在大多数情况下，你需要一个具有实际功能的接口来完成这项工作。在这种情况下，你别无选择。

这种方式的问题是，特性检查只能发生在运行时。有时候，在编译时完成这种检查是非常重要的。例如，一个可以序列化任何类型对象的方法，在编译时可能更关注验证标记的存在，而不是具体的类型验证。在这种情况下，使用接口是可以接受的。下面的示例说明了这种设计方法：

```
public interface ITextSerializable {} // 空接口
public void Serialize(ITextSerializable item){
    // 使用反射序列化所有的属性值
    ...
}
```

✓ **DO** 要为接口提供至少一种类型实现。

这有助于验证接口的设计。例如，System.Collections.Generic.List<T> 是 System.Collections.Generic.IList<T> 接口的实现。

✓ **DO** 要为所使用的接口提供至少一个 API（一个将接口作为参数的方法或一个将接口作为类型的属性）。

这有助于验证接口的实现。例如，List<T>.Sort 使用了 IComparer<T>接口。

✗ **DON'T** 不要为已发布的接口添加成员。

这将会破坏接口的已有实现。你应该创建新的接口来避免版本管理问题。

除了上述准则中所描述的情形，一般来说，在设计可复用库的托管代码时，你应该选择类，而非接口。

4.7 结构体设计

结构体是最常规的值类型，struct 是 C# 的关键字。本节提供了常规结构体的设计准则。4.8 节提供了特殊值类型（如枚举）的设计准则。

✗ **DON'T** 不要为结构体提供默认构造函数。

许多基于 CLR 的语言都不允许开发者为结构体定义默认构造函数。这些语言的用户通常会惊讶地发现，default(SomeStruct) 和 new SomeStruct() 产生的值不一样。即使你所使用的语言允许为值类型定义默认构造函数，但由于可能会带来困扰，它也并不值得你这样做。

✗ **DON'T** 不要定义可变的值类型。

可变的值类型存在几个问题。例如，当属性获取器返回一个值类型时，调用者得到了一份拷贝。由于该拷贝是隐式创建的，开发者可能不会意识到他们修改的是这份拷贝，而不是初始值。同样，在某些语言（特别是动态语言）中，使用可变的值类型也会存在某些问题，因为在取消引用时，即使是本地变量，也会导致生成一份新拷贝。

```
// 错误的设计
public struct ZipCode {
    public int FiveDigitCode { get; set; } // 可读/可写属性
    public int PlusFourExtension { get; set; }
}

// 正确的设计
public struct ZipCode {
    public ZipCode(int fiveDigitCode, int plusFourExtension){...}
    public ZipCode(int fiveDigitCode):this(fiveDigitCode,0){}

    public int FiveDigitCode { get; } // 只读属性
    public int PlusFourExtension { get; }
}
```

✓**DO** 要用 readonly 修饰符来声明不可变的值类型。

较新的编译器能够理解值类型上的 readonly 修饰符，它能够避免在某些操作中创建额外的值拷贝，例如，在调用由 readonly 修饰符所修饰的字段上的方法时。

```
public readonly struct ZipCode {
    public ZipCode(int fiveDigitCode, int plusFourExtension){...}
    public ZipCode(int fiveDigitCode):this(fiveDigitCode,0){}

    public int FiveDigitCode { get; } // 只读属性
    public int PlusFourExtension { get; }

    public override string ToString() {
        ...
    }
}

public partial class Other {
    private readonly ZipCode _zipCode;

    ...

    private void Work() {
        // 因为 ZipCode 的声明是 readonly struct,
        // 所以调用 ToString()方法不会带来防御性的拷贝
        string zip = _zipCode.ToString();
        ...
    }
}
```

JAN KOTAS 在将一个现有的结构体标记为 readonly 时要格外小心，现有的结构体看起来可能像是不可变的，虽然不易察觉，但实际上它有可能是可变的。我们以一种很艰难的方式学习到了这个教训——当我们在 .NET Core 中将 Nullable<T>

> 标记为 readonly 时，很快发现它会破坏已有的代码——基于 GetHashCode 和 Equals 的方法实际上出于缓存的原因会修改 T，所以我们很快就回滚了这些修改。

✓ **DO** 要通过 readonly 修饰符为可变的值类型声明不可变的方法。

不论是好还是坏，.NET 中有公开的可变值类型。如同上面那条"不要定义可变的值类型"准则所说的那样，当将可变的值类型存储在一个由 readonly 修饰的字段中时，任何方法或属性的调用都是在该值的拷贝上进行的。如同顶层的 readonly 修饰符一样，方法上的 readonly 修饰符允许编译器在方法调用时跳过值拷贝。

当使用 readonly 来修饰类型时，就不必再特地用 readonly 来修饰每个方法了。C# 编译器会自动将 readonly 修饰符应用于使用自动实现的属性语法声明的每一个属性的 get 方法。

```csharp
// 使用"错误设计"的可变的 ZipCode
public struct ZipCode {
    private int _plusFour;

    // 该 get 方法是隐式只读的
    public int FiveDigitCode { get; set; }

    // 该 get 方法是显式声明只读的
    public int PlusFourExtension {
        readonly get => _plusFour;

        set {
            if (value > 9999) {
                value = -1;
            }

            _plusFour = value;
        }
    }

    // 任何不可变的方法也需要使用 readonly 修饰符
    public override readonly string ToString() { ... }
}
```

✓ **DO** 要确保实例数据上所有被设置为零值、false 或 null 的状态都是有效的。

这可以避免在创建结构体数组时意外创建无效的实例。例如，下面的结构体设计是错误的。参数化构造函数意味着要确保状态的有效性，但是在创建结构体数组时，是不会调用构造函数的。因此，实例的 value 字段被初始化为 0，对于该类型而言，这不是一个有效的值。

```
// 错误的设计
public struct PositiveInteger {
    private int _value;

    public PositiveInteger(int value) {
        if (value <= 0) throw new ArgumentException(...);
        _value = value;
    }

    public override string ToString() {
        return _value.ToString();
    }
}
```

这个问题可以通过确保类型的默认状态（在这个例子中，value 字段等于 0 时）是有效的逻辑状态来进行修复。

```
// 正确的设计
public struct PositiveInteger {
    private int _value; // 逻辑上的值是 value + 1

    public PositiveInteger(int value) {
        if (value <= 0) throw new ArgumentException(...);
        _value = value - 1;
    }

    public override string ToString() {
        return (_value + 1).ToString();
    }
}
```

✘ **DON'T** 不要定义类似于 ref struct 类型的值类型，除非是在性能至关重要的特定底层使用场景中。

ref struct 类型是一个本身带有一些限制的高阶概念。来自 ref struct 类型的值只允许存在于堆栈中，并且永远不能被装箱到堆中。所以，ref struct 类型不能作为其他类型中字段的类型使用，除非该类型也是 ref struct 类型，并且也不能被用到通过 async 关键字生成的异步方法中。

对于不那么资深的开发者，这些可用性限制是造成他们困惑和沮丧的根源，通常应该避免使用。

> ■ **JEREMY BARTON** 在讨论本书中的准则与 .NET Core 2.0（首次引入 ref struct）及更高版本的一些特性相比某些不一致之处时，我会说："是的，但 ref struct 打破了所有规则"。这不是说像 ref 一样的值类型有豁免权，可以无视这些准则，但是因为它们所具有的种种限制，有时可能会在严格遵守准则和目标场景之间

> 进行折中。
>
>   之所以 ref struct 会有一条标记为 DON'T 的准则,是出于可用性的考虑,以
> 及因为它们偶尔会与平台其他地方不一致,而且几乎每一个用到它们的地方都需要在
> API 审核中进行长时间的讨论。

✓ **DO** 要为值类型实现 IEquatable<T> 接口。

值类型上的 Object.Equals 方法会导致装箱,它的默认实现不是很高效,因为使用了反射。IEquatable<T>.Equals 是可以有更好的性能,且可以以不必装箱的方式来实现的。关于实现 IEquatable<T> 的准则,请参阅 8.6 节。

✗ **DON'T** 不要显式地继承 System.ValueType。实际上,大多数语言都这么做。

一般来说,值类型是非常有用的,但是它们应该只用于不会被频繁装箱的小的、单一的、不可变的值。

4.8 枚举设计

枚举是特殊的值类型。有两种不同类型的枚举:简单枚举和标记枚举。

简单枚举表示一个小型的封闭选项集。简单枚举的一个常见示例是如下所示的一组颜色:

```
public enum Color {
    Red,
    Green,
    Blue,
    ...
}
```

标记枚举是为了支持枚举值的位运算而设计的。标记枚举的一个常见示例是如下所示的一组选项:

```
[Flags]
public enum AttributeTargets {
    Assembly = 0x0001,
    Module = 0x0002,
    Cass = 0x0004,
    Struct = 0x0008,
    ...
}
```

■ **BRAD ABRAMS** 我们讨论过应该如何命名这种为位运算而设计的枚举，我们考虑过 bitfields、bitflags，甚至是 bitmarks，但最终选择使用标记枚举（flag enum），因为它清晰、简单，且更容易理解。

■ **STEVEN CLARKE** 我确信，即使是缺乏经验的开发者，也能够理解标记上的位运算。但是，真正的问题是，他们是否必须这样做。我在实验室中运行过的大多数 API 都不会要求他们执行这类操作，因此我有一种感觉，即与我们在最近的调研中所观察到的结果相同，他们也会有相同的体验——这不是他们习惯于做的事情，所以，他们甚至可能完全不会考虑这样做。

我认为，更糟糕的是，对于相对不那么资深的开发者，如果他们没有意识到自己正在使用一组可以相互结合的标记，他们可能只是看一眼可用列表，就认为这是他们可以访问到的所有功能了。如同我们在另一个调研中所看到的那样，如果 API 看起来像是无法实现某些特定的场景或者立即满足某些需求，那么很有可能的情况是，开发者会改变需求，去做那些看上去似乎可行的事情，他们没有足够的动力花时间去调研，为了实现原先的目标自己应该要做些什么。

出于历史原因，许多 API（如 Win32 API）都使用整型常量来代表一组值。枚举可以将这样的集合变成强类型，由此提升编译时的类型检查、可用性及可读性。

例如，使用枚举可以允许开发工具知道一个属性或者一个参数可能的值选项。

✓ **DO** 要使用枚举对代表值集合的参数、属性和返回值进行强类型化。

✓ **DO** 要使用枚举来替代静态常量。

IntelliSense 可以为枚举成员提供特定的补全支持。但是对于静态常量，就没有类似的支持。

```
// 避免使用下面的方式
public static class Color {
    public static int Red = 0;
    public static int Green = 1;
    public static int Blue = 2;
    ...
}

// 更倾向于下面的方式
public enum Color {
    Red,
    Green,
    Blue,
    ...
}
```

> ▪ **JEFFREY RICHTER**　枚举是由一组静态常量组成的结构体。要遵循该准则，原因是，相较于手动定义一个由静态常量组成的结构体，如果定义枚举，你可以获得额外的编译器及反射的支持。

✘ **DON'T** 不要使用枚举来定义开放集合（例如，操作系统版本、朋友的姓名等）。

✘ **DON'T** 不要为将来可能的使用情况而保留枚举值。

在很大程度上，你总是可以容易地为已有的枚举增加新的值。4.8.2 节为增加枚举值提供了更多的细节。保留枚举值只会污染当前的真实值集合，甚至会误导用户。

```
public enum DeskType {
    Circular,
    Oblong,
    Rectangular,

    // 下面的两个值不应该在这里
    ReservedForFutureUse1,
    ReservedForFutureUse2,
}
```

✘ **AVOID** 避免公开只有一个值的枚举类型。

为了确保 C API 在未来的可扩展性，常见的做法是，为方法签名添加保留参数。这类保留参数可以用具有单一默认值的枚举来表示。在托管 API 中，请不要遵循该做法，方法重载使我们能够在将来的发行版中添加参数。

```
// 错误的设计
public enum SomeOption {
    DefaultOption
    // 将来我们会添加更多的选项
}

...

// 不需要这个可选参数
// 将来我们总是可以通过重载来添加它
public void SomeMethod(SomeOption option) {
    ...
}
```

> ▪ **VANCE MORRISON**　虽然我同意这个示例不是一个好的实践，但是我认为，定义没有值（或只有一个"前哨"值）的枚举是可行的。关键的问题是，类型安全（不允许"偶然"使用 int）在这里是否具有价值。对于你的结构来说，如果需要将 int 值

作为向外传递的"句柄"，则选择使用枚举而不是 int 是一件真正的好事情，因为它可以防止出现错误，且更加明确地表达了 API 的意图（对于你返回给我的"句柄"，我可以进行哪些操作）。当你这样做的时候，你可能定义一个没有任何值的枚举，或者可能只有一个空值（null）。

■ **JEREMY BARTON** 我同意 Vance 的观点，对于"我为你提供了这些参数，需要你将特定的结果返回给我"这种情况，我们应该使用强类型而不是 int 或 string 提供值。但是我更推荐使用自定义的结构体而非枚举。一个自定义的结构体可以更好地进行迭代，例如，增加额外的字段、成为 IDisposable 对象等。

■ **JOE DUFFY** 使用只有单个值的枚举是一个非常糟糕的主意，仅具有两个值的枚举更为常见。如果你有一个布尔参数且觉得将来可能增加第三个可能的值，那么使用具有两个值的枚举是一个好主意，它可以有效地帮助你避免升级带来的版本管理问题。

■ **BRAD ABRAMS** 正如 Joe 所说，我认为使用仅具有两个值的枚举是一个不错且常见的实践。相较于布尔参数，我更喜欢这种方式，主要的理由是代码可读性。例如，考虑：

```
FileStream f = File.Open ("foo.txt", true, false);
```

在这种调用方式下，没有任何上下文可以帮助你理解 true/false 背后的含义。现在试想，如果是下面这种调用方式：

```
FileStream f = File.Open ("foo.txt", CasingOptions.CaseSensitive,
                          FileMode.Open);
```

✘ **DON'T** 不要在枚举中加入前哨值。

虽然某些时候前哨值对框架开发者有用，但是它们会困扰框架的用户。它们被用来跟踪枚举的状态，而不是作为枚举集合的一个有效值。下面的例子所展示的枚举，具有一个额外的前哨值用来标识枚举的最后一个值，用于枚举范围的检查。在框架设计中，这是糟糕的设计。

```
public enum DeskType {
    Circular = 1,
    Oblong = 2,
```

```
    Rectangular = 3,

    LastValue = 3 // 不应该在这里添加前哨值
}

public void OrderDesk(DeskType desk) {
    if ((desk > DeskType.LastValue) {
        throw new ArgumentOutOfRangeException(...);
    }
    ...
}
```

相较于依赖前哨值，框架开发者应该使用真正的枚举值来进行检查。

```
public void OrderDesk(DeskType desk) {
    if (desk > DeskType.Rectangular || desk < DeskType.Circular) {
        throw new ArgumentOutOfRangeException(...);
    }
    ...
}
```

■ **RICO MARIANI**　在使用枚举时，"过于聪明"可能会给你带来许多不必要的麻烦。前哨值即是一个很好的例子：当有人编写与上面所示示例类似的代码时，他们使用了前哨值 LastValue，而不是所推荐的 Rectangular。当一个新枚举值加入之后，LastValue 被相应地更新，他们的程序"自动地"做正确的事情，接收新的参数，且不会抛出 ArgumentOutOfRangeException 异常。这听起来非常棒，除了我们没有展示的部分——这部分用于完成真正的工作的代码，它们可能并不期待新值，甚至有可能完全没有去处理新值。通过避免前哨值，将迫使你重新审阅所有相关的地方，以确保新值真正发挥了作用。你花在浏览所有调用点上的一点点时间远少于你避免 bug 所花费的时间。

✓**DO** 要为简单枚举提供一个零值。

考虑某些类似于 "None" 的值，即对于特定的枚举来说，如果没有一个合适的值，那么它应该被赋予潜在的最通用的默认值。

```
public enum Compression {
    None = 0,
    GZip,
    Deflate,
}
public enum EventType {
    Error = 0,
    Warning,
    Information,
    ...
}
```

■. **JEREMY BARTON** 记住，在默认情况下，类和结构体的字段会被初始化为其零值。如果很难描述这个"默认"状态，或者调用者需要一个有意义的值，可以考虑将这个默认值命名为"Undefined"，并将它当成一个无效的值看待。

✓**CONSIDER** 建议使用 Int32（大多数编程语言中的默认类型）作为枚举的基础类型，除非遇到下列几种情况：

- 枚举是标记枚举，且有超过 32 个标记位，或者预期将来会加入更多的标记位。
- 基础类型必须不同于 Int32，以便更轻松地与需要不同大小枚举的非托管代码进行互操作。

■. **RICO MARIANI** 你是否知道 CLR 支持使用 float 或 double 作为枚举的基础类型？尽管大多数语言都没有选择公开支持这一特性，但是对于那些恰好是 float 的强类型常量（例如，不同测量系统间的一组规范转换因子）来说，这非常方便。它符合 ECMA 标准。

- 更小的基础类型可以节省大量的内存空间。如果枚举只是被用作控制流的参数，那么基础类型的大小对内存的使用几乎没有什么影响。如果是下列几种情况，所节省的内存空间将是非常显著的：
  - 该枚举被用作一个会被频繁实例化的结构体或类的字段。
  - 用户会创建基于该枚举的大型数组或集合的实例。
  - 该枚举的大量实例会被序列化。

需要注意的是，对于内存的使用，托管对象始终与 DWORD 对齐。因此，你实际上需要在一个实例中使用多个枚举，或者与其他小的结构一起来打包一个较小的枚举，才能真正产生影响，因为总的实例大小始终与 DWORD 的数目一致。

■. **BRAD ABRAMS** 请记住，一旦版本发布之后，改变枚举类型的大小就是二进制层面上的破坏性变更，所以要明智地选择——着眼于未来。我们的经验是，使用 Int32 通常是正确的选择，所以我们将它设置为默认的基础类型。

✓**DO** 要使用复数名词或复数名词短语来命名标记枚举，使用单数名词或单数名词短语来命名简单枚举。

细节请参见 3.5.3 节。

✗ **DON'T** 不要直接继承 `System.Enum`。

`System.Enum` 是 CLR 为创建用户定义的枚举所使用的特殊类型。大多数编程语言都提供了让你可以访问这项功能的编程元素。例如，在 C# 中，你可以使用 `enum` 关键字来定义一个枚举。

简单枚举适用于封闭的可选项集合。当需要同时表示多个值时，请考虑使用标记枚举（见 4.8.1 节）。当需要打开可选项集合以允许派生类型添加新功能时，请考虑 4.11 节中讨论的强类型字符串方法。

4.8.1 设计标记枚举

> ■ **JEFFREY RICHTER** 我自己在编程时会经常使用标记枚举。它们被非常高效地存储在内存中，而且操作非常快。此外，它们可以与互斥锁一起使用，使其成为解决线程同步问题的理想选择。我很高兴地看到 `System.Enum` 类型提供了许多其他方法，这些方法可以通过 JIT 编译器轻松地内联，并使得源代码更易于阅读和维护。以下是我希望能添加到 `System.Enum` 中的一些方法：`IsExactlyOneBitSet`、`CountOnBits`、`AreAllBitsOn`、`AreAnyBitsOn` 以及 `TurnBitsOnOff`。

✓ **DO** 要为标记枚举应用 `System.FlagsAttribute` 属性，不要将该属性应用到简单枚举上。

```
[Flags]
public enum AttributeTargets {
    ...
}
```

✓ **DO** 要使用 2 的幂作为标记枚举的值，这样才可以自由地使用位或运算来进行组合。

```
[Flags]
public enum WatcherChangeTypes {
    None = 0,
    Created = 0x0002,
    Deleted = 0x0004,
    Changed = 0x0008,
    Renamed = 0x0016,
}
```

> ■ **JEREMY BARTON** 在编写代码时，我发现使用左移运算符来定义标记枚举的枚举值可以使代码更加清晰，以展现我只设置了一个比特位，且按位顺序排列。

```
[Flags]
public enum WatcherChangeTypes {
    None = 0,
    // 没有值为 1 的定义 (0x1, 1 << 0)
    Created = 1 << 1,
    Deleted = 1 << 2,
    Changed = 1 << 3,
    Renamed = 1 << 4,
}
```

我发现，在将值与文件内容或内存视图进行匹配时，十六进制形式的更好，因此，在提交代码之前我通常会让 IDE 进行值的替换。

✓ **CONSIDER** 建议为常用的组合标记提供特殊的枚举值。

位运算是一个高阶的概念，对于简单的任务来说，它不是必需的。FileAccess.ReadWrite 是这种特殊值的一个示例。

```
[Flags]
public enum FileAccess {
    Read = 1,
    Write = 2,
    ReadWrite = Read | Write
}
```

✗ **AVOID** 如果枚举值的特定组合是无意义的，则应该避免创建这样的标记枚举。

System.Reflection.BindingFlags 枚举就是这样的一个反面例子，该枚举试图表达许多不同的概念，例如可见性、是否是静态成员、成员类型等。

```
[Flags]
public enum BindingFlags {
    Default = 0,

    Instance = 0x4,
    Static = 0x8,

    Public = 0x10,
    NonPublic = 0x20,
    CreateInstance = 0x200,
    GetField = 0x400,
    SetField = 0x800,
    GetProperty = 0x1000,
    SetProperty = 0x2000,
    InvokeMethod = 0x100,
    ...
}
```

值的特定组合是没有意义的。例如，`Type.GetMembers` 方法接收该枚举作为参数，但是该方法的文档警告用户："你必须指定 `BindingFlags.Instance` 或 `BindingFlags.Static` 才能得到返回值"。在应用其他一些枚举值时，也会出现类似的警告。

如果你的枚举类型也有这样的问题，你应当将该枚举类型的值拆分成两个或多个枚举，或者其他类型。例如，反射 API 本可以被设计成下面这种模式：

```
[Flags]
public enum Visibilities {
    None = 0,
    Public = 0x10,
    NonPublic = 0x20,
}

[Flags]
public enum MemberScopes {
    None = 0,
    nstance = 0x4,
    Static = 0x8,
}

[Flags]
public enum MemberKinds {
    None = 0,
    Constructor = 1 << 0,
    Field = 1 << 1,
    PropertyGetter = 1 << 2,
    PropertySetter = 1 << 3,
    Method = 1 << 4,
}

public class Type {
    public MemberInfo[] GetMembers(MemberKinds members,
                                   Visibilities visibility,
                                   MemberScopes scope);
}
```

✖ **AVOID** 避免使用标记枚举的零值，除非该值代表了"所有标记都被清除了"，且如下一条准则所规定的那样合理地被命名。

下面的示例展示了程序员用来检查一个标记位是否被设置的一段常规实现（看这个例子中的 if 语句）。这个检查对所有的标记枚举值都能正常工作，除了零值情况——其中的布尔表达式总是返回 true。

```
[Flags]
public enum SomeFlag {
    ValueA = 0,  // 这或许会使用户困扰
```

```
    ValueB = 1,
    ValueC = 2,
    ValueBAndC = ValueB | ValueC,
}

SomeFlag flags = GetValue();
if ((flags & SomeFlag.ValueA) == SomeFlag.ValueA) {
    ...
}
```

> **■ ANDERS HEJLSBERG**　请注意，在 C# 中，字面量常数 0 可以被隐式转换成任何枚举类型，所以你可以编写下面这样的代码：
>
> ```
>     if (Foo.SomeFlag == 0)...
> ```
>
> 我们支持这种特殊的转换，以便为程序员提供一致的方式来写入枚举类型的默认值。根据 CLR 的规定，对于任何的值类型，默认值皆是"所有位均为零"。

✓ **DO** 要将标记枚举的零值命名为 None。对于标记枚举来说，这个值必须总是表示"所有标记都被清除了"。

```
[Flags]
public enum BorderStyle {
    Fixed3D = 0x1,
    FixedSingle = 0x2,
    None = 0x0
}
if (foo.BorderStyle == BorderStyle.None)...
```

> **■ VANCE MORRISON**　请注意，零值是特殊的，在没有进行其他赋值的情况下，零值是被赋的默认值。因此，零值自然应该成为最通用的值。你的设计应该顺应自然。特别地，零值应为以下任意一项：
> - 特别合适的默认值（如果有的话）。
> - API 需要检查的错误值（如果没有很好的默认值，并且你要确保用户的确赋了一个值）。

4.8.2　添加枚举值

一种非常常见的情况是，你需要为已经发布的枚举添加新的值。当这个新添加的值由现有的 API 返回时，很可能会出现应用程序兼容性问题，因为编写糟糕的应用程序可能压根没办法正确处理这个新值。文档、示例和代码分析工具鼓励应用程序开发者编写可以帮助应用程序处理意外值的健壮代码，因此，向枚举中添加值通常是可以接受的。但是，与大多数准则一样，根据框架的具体情况，规则可能会有例外。

✓ **CONSIDER** 建议为枚举添加新的值，即使有可能会存在较小的兼容性问题。

如果你有真实的数据显示，由于向枚举中添加新值而导致了应用程序不兼容，那么可以考虑添加一个返回新值和旧值的全新 API，老 API 应该继续返回旧值，并且应该将老 API 标记为 deprecated 状态。这将确保已有的应用程序能保持兼容。

■ **CLEMENS SZYPERSKI** 向枚举中添加新值很有可能会破坏客户端代码。在添加新的枚举值之前，在默认情况下，客户端的异常抛出语句可能实际上从未抛出过异常，且相应的 catch 路径可能从未经过测试。现在突然出现一个新的枚举值，客户端将会抛出异常，甚至可能崩溃。

在添加枚举值时，最大的担忧是，你不知道客户端是通过 switch 语句一一列出枚举值的，还是对更广泛的代码执行渐进的情况分析的。尽管有适当的 FxCop 规则，且假设客户端代码通过了 FxCop 测试，没有发出任何警告，我们仍然不知道是否有类似于 if (myEnum == someValue) ... 这样的代码存在。

客户端可能会在其代码中执行逐点情况分析，从而导致枚举版本管理下的脆弱性。为枚举客户端代码的开发者提供特定的准则非常重要，详细说明在为他们所使用的枚举添加新元素之后，他们需要做什么。在开发时，一定要保持对未来版本的不信任态度。

■ **ANTHONY MOORE** 由于 switch 或 enum 语句的使用，由方法或属性返回的枚举值一般在发布后不应该被更改（即使通过新增的方式）。DateTimeKind 就是这样一个例子。

通常为作为输入参数的枚举添加成员是安全的，因为如果代码遵循了参数校验准则，在遇到新枚举值时，最差的情况是抛出一个 ArgumentException 异常。FileStream 上的 FileAccess 就是这样一个例子。

一般来说，为标记枚举添加新成员是安全的，与常规枚举相比，针对它们编写代码难度要大得多，因为新值的存在会破坏代码。

4.9　嵌套类型

嵌套类型是指在一个类型的作用域内定义的其他类型，这个外层的类型被称为封闭类型（enclosing type）。嵌套类型可以访问其封闭类型的所有成员。例如，它可以访问在封闭类型中定义的私有字段，还可以访问在该封闭类型的所有祖先中定义的受保护字段。

```
// 封闭类型
public class OuterType {
    private string _name;

    // 嵌套类型
    public class InnerType {
        public InnerType(OuterType outer){
            // _name 字段是私有的，但是它能正常工作
            Console.WriteLine(outer._name);
        }
    }
}
```

一般而言，出于某些原因，应当慎用嵌套类型。一些开发者并不是十分熟悉该概念，例如，这些开发者可能在声明嵌套类型的变量时遇到语法问题。同时，嵌套类型也与它们的封闭类型紧密耦合在一起，因此其不适合用作通用类型。

嵌套类型最适合封闭类型的实现细节的建模。终端用户极少需要声明嵌套类型的变量，并且几乎永远不应该显式实例化嵌套类型。例如，集合的枚举器可以是该集合的嵌套类型。枚举器通常通过其封闭类型来进行实例化，由于许多语言支持 foreach 语句，因此枚举器变量很少需要由最终用户来声明。

✓ **DO** 当嵌套类型与其外部类型之间的关系需要成员可访问性语义时，要使用嵌套类型。

例如，当嵌套类型需要访问外部类型的私有成员时。

```
public OrderCollection : IEnumerable<Order> {
    private Order[] _data = ...;

    public IEnumerator<Order> GetEnumerator(){
        return new OrderEnumerator(this);
    }

    // 这个嵌套类型可以访问其外部类型的数据数组
    private class OrderEnumerator : IEnumerator<Order> {
    }
}
```

✗ **DON'T** 不要使用公开可访问的嵌套类型来构造逻辑分组；要使用命名空间来实现。

✗ **AVOID** 避免公开嵌套类型。该准则唯一的例外是，在极少数情况下，比如在子类化或其他高级的自定义场景下，需要声明嵌套类型的变量。

▪ **KRZYSZTOF CWALINA** 该准则的主要成因是，很多初级开发者无法理解为什么有些类型名称中间有点，而有些没有。只要不需要他们手动键入类型名称，他们就不会在意这些。但是，当你要求他们声明嵌套类型的变量时，他们就会被搞晕。因此，通常来说，我们要避免使用嵌套类型，仅仅应该在开发者几乎不需要声明该类型的变量的地方（如集合枚举器）使用它们。

▪ **JEREMY BARTON** 我们在基类库中公开嵌套类型的主要场景是基于结构体的枚举器（这违背了不要创建可变的结构体这一准则）。我们认为，其总体上是可行的，因为它们通过避免基于堆的分配和接口分派来帮助提升性能；其次，它们总是被用于 foreach 语句中，大多数调用者都不会意识到结构体枚举器的介入。

✗ **DON'T** 如果该类型有可能在容器类型的外部被引用，则不要使用嵌套类型。

例如，如果将一个枚举作为类上某方法的参数，那么此枚举就不应该被定义为该类的嵌套类型。

✗ **DON'T** 如果类型需要客户端代码来进行实例化，则不要使用嵌套类型。

如果一个类型具有公开构造函数，那么它大概率不应该被嵌套。

如果一个类型可以被实例化，则表明该类型在框架中有属于它自己的位置（即使不使用外部类型，你也可以创建、使用或销毁该类型）。因此，它也不应该被嵌套。

内部类型不应该在外部类型限定的范围之外，且和外部类型没有任何关联的地方被广泛使用。

✗ **DON'T** 不要将嵌套类型定义成接口的成员。许多语言都不支持这种构造模式。

通常来说，要尽可能少地使用嵌套类型，避免将它们暴露成公开类型。

4.10 类型和程序集元数据

类型存在于程序集里，在大多数情况下，它们都以 DLL 或可执行文件（EXE）的形式进行打包。一些重要的特性应该被应用到包含公开类型的程序集中。本节将介绍与这些特性相关的准则。

✓ **DO** 要将 CLSCompliant(true) 特性应用到具有公开类型的程序集中。

```
[assembly:CLSCompliant(true)]
```

该特性声明了程序集中包含的类型都是遵从 CLS 标准[1]的，所以可以被所有的 .NET 语言[2]所使用。在一些语言中，如 C#，如果加入了该特性，则要校验是否符合 CLS 标准[3]。

例如，无符号整型不在 CLS 子集里。因此，如果你加入了一个使用 UInt32 的 API，C# 会生成一个编译警告。为了符合 CLS 标准，程序集必须提供一个符合要求的替代方案，且显式将不符合要求的 API 加上 CLSCompliant(false)。

```
public static class Console {

    [CLSCompliant(false)]

    public void Write(uint value); // 不符合 CLS 标准

    public void Write(long value); // 符合 CLS 标准的替代 API
}
```

✓ **DO** 要将 AssemblyVersionAttribute 特性 应用到具有公开类型的程序集中。

```
[assembly:AssemblyVersion(...)]
```

✓ **DO** 要将下列信息特性应用到程序集中。这些特性会被诸如 Visual Studio 这样的工具所使用，用来告知用户程序集的内容。

```
[assembly:AssemblyTitle("System.Core.dll")]
[assembly:AssemblyCompany("Microsoft Corporation")]
[assembly:AssemblyProduct("Microsoft .NET Framework")]
[assembly:AssemblyDescription(...)]
```

✓ **CONSIDER** 建议将 ComVisible(false) 应用到你的程序集中。COM 可调用的 API 需要被显式设计。根据经验，.NET 程序集对 COM 应该是不可见的。如果确实需要将 API 设计为 COM 可调用的，则应该将 ComVisible(true) 应用于单个 API 或整个程序集。

---

1 CLS 标准是框架开发者和语言开发者之间的互操作协议，表明可以在框架 API 中使用 CLR 类型系统的哪个具体子集，以便所有符合 CLS 标准的语言均可使用这些 API。
2 所有符合 CLS 标准的语言——几乎所有的 CLR 语言都符合。
3 C# 校验了绝大多数 CLS 规则，但也有些规则是不能进行自动校验的。例如，该标准并没有说程序集不能具有不符合要求的 API。相反，它只是说必须使用 CLSCompliant(false) 来标记不符合要求的 API，并且必须要存在符合要求的替代方案，但是对于不符合要求的 API，是否存在替代方案是无法自动校验的。

✓ **CONSIDER** 建议应用 `AssemblyFileVersionAttribute` 和 `AssemblyCopyrightAttribute` 特性来提供关于程序集的额外信息。

✓ **CONSIDER** 建议使用 `<V>.<S>.<B>.<R>` 这样的格式来定义程序集版本，其中 V 代表主要版本号，S 代表服务编号，B 代表构建编号（build number），R 代表修订编号（build revision number）。

例如，这是在发布 .NET Framework 3.5 时，应用于 `System.Core.dll` 的版本特性：

```
[assembly:AssemblyFileVersion("3.5.21022.8")]
```

4.11 强类型字符串

枚举为有效的输入提供了编译时保障[1]。枚举虽然基于 IntelliSense 提供了更好的 IDE 支持，但是它牺牲了可扩展性：派生类型无法为基类提供的 API 扩展其他可支持选项。

最具可扩展性的输入类型是 `Object` 和 `String`，然而，这两种类型都难以让调用者了解什么才是合法的输入值。

```
public partial class RSACryptoServiceProvider {
    // halg 参数的合法输入值是什么
    //
    // 结果，它是某些字符串值、某些 Type 类型的值，
    // 以及某些 HashAlgorithm 类型的值……
    // 但是，大多数字符串值、大多数 Type 类型的值，
    // 以及过半的内置 HashAlgorithm 类型的值都是不正确的
    public byte[] SignData(byte[] buffer, object halg) { ... }
}
```

在灵活的（但调用者难以理解）字符串输入类型和死板的（但调用者易于推断）枚举类型之间，是"强类型字符串"。强类型字符串是用值类型包装的字符串，其通过静态属性来提供最常用的值。

```
namespace System.Security.Cryptography {
    public readonly struct HashAlgorithmName :
        IEquatable<HashAlgorithmName> {

        public static HashAlgorithmName MD5 { get; } =
            new HashAlgorithmName("MD5");
```

---

1 调用者有时可以指定不允许的选项，或者最终库也没有感知到新的枚举值。但是在通常情况下，如果枚举可以被编译，则它是有效值。

```
public static HashAlgorithmName SHA1 { get; } = ...;
public static HashAlgorithmName SHA256 { get; } = ...;
public static HashAlgorithmName SHA384 { get; } = ...;
public static HashAlgorithmName SHA512 { get; } = ...;

public HashAlgorithmName(string name) {
    // 注意：没有校验，因为无论如何，我们不得不处理
    // default(HashAlgorithmName)
    Name = name;
}

public string Name { get; }

public override string ToString() {
    return Name ?? String.Empty;
}

public override bool Equals(object obj) {
    return obj is HashAlgorithmName &&
        Equals((HashAlgorithmName)obj);
}

public bool Equals(HashAlgorithmName other) {
    // 注意：有意地区分大小写，与 OS 匹配
    return Name == other.Name;
}

public override int GetHashCode() {
    return Name == null ? 0 : Name.GetHashCode();
}

public static bool operator ==(
    HashAlgorithmName left,
    HashAlgorithmName right) {
    return left.Equals(right);
}

public static bool operator !=(
    HashAlgorithmName left,
    HashAlgorithmName right) {
    return !(left == right);
}
    }
}
```

✓ **CONSIDER** 当基类支持一组固定的输入参数，但是派生类需要支持更多的参数时，建议使用强类型字符串。

当强类型字符串仅由密封类型层次结构使用时，除了预定义值，几乎没有额外需要支持的值，在这种情况下，枚举将是更一致的类型选择。

当大多数代码将强类型字符串视为枚举时，强类型字符串可以提供最大化的好处，

例如，HTTP 标头名称或加密摘要算法。当可能值的数量太大（例如，列出所有可能的文件名）时，通过类型检查，强类型字符串中的值将可以减少到参数一致性。

在 .NET 中，`JsonEncodedText` 类型使用强类型字符串的变体，其中，该类型表明所包裹的值已经由字符串转义/规范化过程处理过。这是一种有价值的方法，它能代表强类型字符串。

✓ **DO** 要将强类型字符串声明成带有字符串构造函数的不可变值类型（`struct`）。

强类型字符串类型应当遵守其他有关不可变值类型的准则。例如，要在该类型中使用 `readonly` 修饰符，要为其实现 `IEquatable<T>` 接口。

✓ **DO** 要覆写强类型字符串的 `ToString()` 方法，以返回隐含的字符串值。

✓ **CONSIDER** 建议通过一个只读属性来暴露强类型字符串所隐含的字符串值。

应该覆写 `ToString()` 方法，因为根据覆写 `ToString()` 的相关准则，隐含的字符串值显然提供了"有意义且人类可读的字符串"返回值。

由于 `ToString()` 通常用于调试和展示，而非运行时决策，因此，对于调用者而言，在需要该值时，通过属性暴露隐含的字符串值是一种更好的常规模式。例如，与使用相同字符串值的库进行互操作时，无须使用包装类型。

如果调用者很少或从来不需要使用隐含的字符串值，对于 IntelliSense 来说，不添加这样的属性将使该类型看起来更像枚举。

关于该属性的名称，没有相应的惯例或准则。如果没有明显的名称可以用来代表它自身，请记住"Value"比"String"更可取（见 3.2.3 节）。

更多关于 `ToString()` 重载的信息，请参考 8.9.3 节。

✓ **DO** 要为强类型字符串类型覆写相等运算符。

覆写相等运算符，可以让强类型字符串类型在通用代码的语言结构上看起来更像字符串或枚举。

在默认情况下，强类型字符串应利用字符串相等性来比较是否相等。但是，当特定域表示不用区分大小写的内容时，`IEquatable<T>` 可以基于其他字符串比较方式。

✓ **DO** 要允许强类型字符串的构造函数接收空白输入。

因为值类型始终可以零初始化，所以强类型字符串的构造函数不应禁止空白输入。这样可以确保逻辑上等效于副本构造函数的代码会起作用。

```
// 应该总是可以的
HashAlgorithmName newName = new HashAlgorithmName(cur.Name);
```

✓ **DO** 要将已知的强类型字符串通过静态只读属性声明到该类型上。

提供类似于枚举的 IntelliSense 体验，本就是使用强类型字符串类型的强有力动机。

✕ AVOID 避免创建跨 `System.String` 和强类型字符串的重载，除非先前版本中已经有针对 `System.String` 的重载。

由于存在接收 `System.String` 实例而非强类型字符串的重载方法，当仅有隐含的字符串值可用时，可以使调用者节约几个字符，但是这将迫使使用你的 API 的新手去了解两个方法之间的区别。

如果你新定义了一个强类型字符串类型来帮助阐明一个方法的有效输入，那么添加一个接收强类型字符串的重载方法可以提供一定的价值。在这种情况下，可以考虑将原先的基于 `System.String` 的重载方法标记为 `[EditorBrowsable (EditorBrowsableState.Advanced)]`、`[EditorBrowsable (EditorBrowsableState.Never)]` 或 `[Obsolete]`。

总结

本章所述的准则介绍了应该何时以及如何设计类、结构体和接口。下一章将进入类型设计的下一个层次——成员设计。

■5■

成员设计

方法、属性、事件、构造函数和字段都可以称为成员。成员是框架最终提供给终端用户的功能。

成员可以是虚成员，也可以是实成员，其既可以是具体的，也可以是抽象的，既可以是静态的，也可以是实例，还可以拥有不同作用域的可访问性。所有这一切为我们提供了强大的表达能力，但是与此同时，框架的设计者也需要特别加以留意。

本章提供的准则适用于任意类型的成员设计。第 6 章为需要支持可扩展性的成员提供了额外的准则。

5.1　一般成员设计准则

针对特定类型的成员设计准则会在本章的后面部分单独进行介绍。然而，一些广泛通用的设计约定可被应用于不同类型的成员，本节将讨论这些约定。

5.1.1　成员重载

成员重载意味着为同一类型创建两个或两个以上的成员，这些成员只有参数数量或参数类型的区别，名称都是一样的。例如，下面的 WriteLine 方法就被重载了：

```
public static class Console {
    public void WriteLine();
    public void WriteLine(string value);
    public void WriteLine(bool value);
    ...
}
```

因为只有方法、构造函数和索引属性有参数，所以只有这些成员可以被重载。

> ■■ **BRENT RECTOR**　从技术层面来讲，CLR 还允许其他的重载。例如，同一作用域下的不同字段可以拥有相同的名称，只要它们的类型是不同的；同一作用域下的方法可以拥有相同的名称，以及相同的参数数量和类型，只要它们的返回值类型不同就行。然而，在 IL 之上很少有语言支持这种区分。如果你创建的 API 使用了这种区分方式，那么该 API 很难被大多数编程语言所使用。因此，将关于重载的讨论限定于方法、构造函数和索引属性是很有必要的。

对于一个可复用的库来说，重载是提升可用性、生产力及可读性的最重要技术之一。参数数量上的重载，使我们可以更简便地为构造函数和一般方法提供新的版本。参数类型上的重载，使我们可以使用相同的成员名称对所选定的不同类型执行完全相同的操作。

例如，System.DateTime 有一系列构造函数的重载，其中最强大也最复杂的一个重载有 8 个参数。幸亏有构造函数重载，使得该类型能够支持简化的构造函数——只需要 3 个简单的参数：hour、minute 和 second。

```
public struct DateTime {
    public DateTime(int year, int month, int day,
                    int hour, int minute, int second,
                    int millisecond, Calendar calendar) { ... }
    public DateTime(int hour, int minute, int second) { ... }
}
```

> ■■ **RICO MARIANI**　在这种情况下，对于程序员来说，简化的 API 也会带来更好的代码——针对该库的大多数调用都不需要复杂的参数，所以大多数调用都是简写的。即使在库的内部它会被转发到更复杂的 API，转发的代码也是共用的，所以总的来说，这显著减少了代码量。更少的代码意味着更高的缓存命中率，也即更好的性能。

该节没有包含命名相似但是概念完全不同的重载方式，即运算符重载。关于运算符重载的介绍在 5.7 节。

✓**DO**　要尝试使用描述性的参数名称来表达清楚在相对更简短的重载中所使用的默认值的含义。

在不同参数数量的一组重载成员中，较长的重载应该使用合理的参数名称来表明与之相对应的较短成员所使用的默认值是什么，特别是布尔类型的参数。例如，在下面的代码中，第一个较短的重载不会做大小写敏感的查询，第二个较长的重载增加了一个布尔参数来控制该查询是否是大小写敏感的。该参数被命名为 ignoreCase，而不是 caseSensitive，以表明较长的重载应该用来忽略大小写，较短的重载可能会做与此相反的大小写敏感的查询。

```
public class Type {
    public MethodInfo GetMethod(string name); // ignoreCase = false
    public MethodInfo GetMethod(string name, Boolean ignoreCase);
}
```

✗ **DON'T** 不要在重载中任意改变参数的名称。如果一个参数在一个重载中代表的含义与另一个重载中的输入相同，则它们应该使用相同的名称。

```
public class String {
    // 正确
    public int IndexOf (string value) { ... }
    public int IndexOf (string value, int startIndex) { ... }

    // 错误
    public int IndexOf (string value) { ... }
    public int IndexOf (string str, int startIndex) { ... }
}
```

✗ **AVOID** 避免在重载成员中参数的顺序不一致。具有相同名称的参数在所有重载中都应该出现在相同的位置。

```
public class EventLog {
    public EventLog();
    public EventLog(string logName);
    public EventLog(string logName, string machineName);
    public EventLog(string logName, string machineName, string source);
}
```

在极个别的情形中，可以违背这一非常严格的准则。例如，一个通过 params 修饰符限定的参数数组必须作为参数列表的最后一项。如果通过 params 修饰符限定的参数数组出现在重载成员中，API 设计者将不得不做出某些取舍——要么使用不一致的参数顺序，要么不要使用 params 修饰符。更多关于 params 参数数组的信息，请参见 5.8.4 节。

另一个可能违背该准则的情况是，参数列表中包含了 out 参数。这类参数往往应该出现在参数列表的末尾，这意味着 API 设计者需要在具有 out 参数的重载中使用相对来说有点不一致的参数顺序。更多关于 out 参数的信息，请参见 5.8 节。

✓ **DO** 如果可扩展性是必需的，则要将最长的重载设置成虚成员。

相对较短的重载应该简单地调用较长的重载。

```
public class Encoding {
    public bool IsAlwaysNormalized(){
        return IsAlwaysNormalized(NormalizationForm.FormC);
    }

    public virtual bool IsAlwaysNormalized(NormalizationForm form){
        // 在这里做真正的工作
    }
}
```

更多关于虚成员的设计准则，详见第 6 章。

■ **BRIAN PEPIN** 记住，你也可以将该准则应用到抽象类上。在抽象类中，你可以在非虚、非抽象的方法中进行所有必需的参数检查，然后留一个单独的抽象方法给开发者来实现。

■ **CHRIS SELLS** 我中意这条准则，不仅因为它使库代码更易于推断，而且因为它使我更易于编写代码。如果我必须从头开始实现每个重载，而不是让较简单的重载来调用较复杂的重载，那么我也必须测试和维护所有复制过来的代码，而我懒得这样做。

更进一步，如果我有超过两个的重载方法，我通常让较简单的重载来调用稍微复杂一些的重载，而不是直接调用最复杂的那一个，正如上面所展示的 Encoding 的三个 IsAlwaysNormalized 重载方法。通过这种方式，我只会在一个地方硬编码默认值——如果我不得不在超过一个地方硬编码默认值，则说明我的处理方式有问题。

✗ **DON'T** 不要在重载成员中使用 ref、out 和 in 修饰符。

例如，你不应该写出下面这样的代码：

```
public class SomeType {
    public void SomeMethod(string name){ ... }
    public void SomeMethod(out string name){ ... }
}
```

某些语言不能处理类似于这样的重载。此外，这类重载通常具有完全不同的语义，且大概率完全不应该被重载，而是应该作为两个独立的方法存在。

✗ **DON'T** 对于在重载中相同位置上的参数，不要让它们具有相似的类型，却具有不同的语义。

下面的示例有些极端，但它确实说明了这一点：

```
public class SomeType {
    public void Print(long value, string terminator) {
```

```
        Console.Write("{0}{1}",value,terminator);
    }
    public void Print(int repetitions, string str) {
        for(int i=0; i< repetitions; i++) {
            Console.Write(str);
        }
    }
}
```

上面介绍的方法不应该被重载，它们应该具有不同的方法名。

在某些语言（特别是动态类型语言）中很难处理这类重载的调用。在大多数情况下，如果两个重载（一个接收数字，另一个接收字符串）会做完全相同的事情，那么无论哪个重载被调用都没有关系。例如，下面所示的重载就没问题，因为这些方法在语义上是相等的：

```
public static class Console {
    public void WriteLine(long value){ ... }
    public void WriteLine(int value){ ... }
}
```

✓ **DO** 要允许 null 作为可选参数传递。

如果方法的可选参数是引用类型的，要允许传递 null 来表明该方法应当使用默认值。这可以避免在调用 API 之前额外检查 null，如下所示：

```
if (geometry==null) DrawGeometry(brush, pen);
else DrawGeometry(brush, pen, geometry);
```

▪ **BRAD ABRAMS** 需要注意的是，该准则不是在鼓励开发者使用 null 来作为魔法常量，而是帮助他们避免进行显式检查。事实上，无论何时，当你在调用 API 时，如果不得不在代码中显式地使用字面量 null，则表明要么你的代码有错误，要么框架没有提供合适的重载。

✗ **DON'T** 如果在一个重载中使用了泛型参数，就不要在与之相对应的另一个重载中使用特定的类型。

在设计基于泛型的方法时，同时使用基于泛型的重载和基于 System.String 的重载看起来没什么问题，就像下面这个示例所示：

```
public class PrettyPrinter<T> {
    public void PrettyPrint(string format){ ... }
    public void PrettyPrint(T otherPrinter){ ... }
    public void PrettyPrint(T otherPrinter, string format){ ... }
}
```

然而，如果泛型本身是 System.String，使用泛型参数的重载将无法被调用。

```
PrettyPrinter<string> printer = new PrettyPrinter<string>();
...
// C# 重载解析规则认为这是 PrettyPrint(string)
// 而不是 PrettyPrint(T)
// 所以无法在 C# 中调用 PrettyPrint(T)
printer.PrettyPrint("hello, world");
```

■ **JEREMY BARTON** 该准则不适用于泛型方法（与泛型类型上的非泛型方法相反），因为可以通过指定泛型类型参数来显式调用泛型方法。然而这种方法仍然引入了令人不快的语法，可能无法在所有 CLR 语言中正常工作，并且在具有相同名称的两个方法之间更可能有不同的语义。

✓ **CONSIDER** 建议在一个方法的最长重载中使用默认参数。

默认参数在 C#、F# 和 VB.NET 中都是可用的，但是它并不是 CLS 兼容的，可能并不能被所有使用 .NET 库的语言所支持。

对于支持默认参数的语言来说，使用默认参数可以减少重载的数量，在使表达可选参数的每一种组合成为可能的同时，支持调用者使用最简单的方法进行调用。

```
public static BigInteger Parse(
    ReadOnlySpan<char> value,
    NumberStyles style = NumberStyles.Integer,
    IFormatProvider provider = null) { ... }
...
BigInteger val = BigInteger.Parse(input, provider: formatCulture);
```

■ **STEPHEN TOUB** 默认参数对性能的影响也值得考虑。如前面示例中所示的 Parse 方法，可能需要验证其所有参数，并且还必须校验所有必需的分支以支持这些参数的任何有效组合——即使一个调用使用的是所有可选参数的默认值，也需要执行这些过程。相比之下，如果该示例使用多个重载来实现，则恰好匹配的重载将不需要验证 style 和 provider，且当没有指定 provider 时，它可以直接委派给能够处理 NumberStyles.Integer 的内部实现。对于高性能场景中在热代码路径上调用的方法，这种性能差异是可见的。

在树摇（tree shaking）/链接的工具中，具有大量默认参数的重载也可能会引起问题。让我们假设 Parse 方法使用不同的实现来分别处理整数和十六进制数样式。链接器看到此重载时，也可能同时保留对整数和十六进制数的支持，即使我们只使用了

默认的整数参数调用。如果这是一个完全没有采用 style 参数的重载，则链接器更
有可能剥离我们没有使用的实现。

✓ **DO** 要为任何具有两个或两个以上默认参数的重载方法提供一个没有默认参数的简
版重载。

可用性调研表明，默认参数是比较高级的特性。许多开发者会为 IntelliSense 所展
示的结果感到困惑，有时候甚至会认为，他们不得不提供和 IntelliSense 所展示的
一模一样的默认参数。提供简版的重载，将使你的方法更容易被那些只需要方法默
认行为的用户所使用。

```
public static BigInteger Parse(ReadOnlySpan<char> value)
    // 因为指定了 provider，它会使用默认参数来调用重载方法
    => Parse(value, provider: null);

public static BigInteger Parse(
    ReadOnlySpan<char> value,
    NumberStyles style = NumberStyles.Integer,
    IFormatProvider provider = null) { ... }
```

✗ **DON'T** 不要在接口方法或类的虚方法上使用任何类型不为 CancellationToken
的默认参数。

接口声明和实现在默认值上的差异会给用户带来不必要的困惑。当一个虚方法和该
方法的覆写在参数的默认值上有差异时，也会产生同样的混乱。对于这个问题，最
直接的解决方案就是避免出现这种情况，只在非虚方法上使用默认参数。

CancellationToken 是这一准则的特例，因为根据针对异步方法的准则（见 9.2
节），CancellationToken 参数总是具有默认值。由于 CancellationToken 只有
一个合法的默认值——default (CancellationToken)——在实现之间不可能出
现默认值的差异。

```
public interface IExample {
    void PrintValue(int value = 5);
}

public class Example : IExample {
    public virtual void PrintValue(int value = 10) {
        Console.WriteLine(value);
    }
}
public class DerivedExample : Example {
    public override void PrintValue(int value = 20) {
        base.PrintValue(value);
    }
```

```
    }

    ...

    // 打印出来的是什么
    // 如果你不得不思考才能得到答案，那么显然该 API 不是自文档化的
    DerivedExample derived = new DerivedExample();
    Example e = derived;
    IExample ie = derived;
    derived.PrintValue();
    e.PrintValue();
    ie.PrintValue();
```

对于使用模板方法模式（见 9.9 节）的类型，其公开的非虚方法的最长重载可以适当使用默认参数，而在其相应的虚方法中则不使用默认参数。

```
public partial class Control {
    // 公开的方法使用了默认参数
    public void SetBounds(
        int x,
        int y,
        int width,
        int height,
        BoundsSpecified specified = BoundsSpecified.All) {
        ...
        SetBoundsCore(x, y, width, height, specified);
    }

    // 受保护的(或虚的)方法不使用默认参数
    protected virtual void SetBoundsCore(
        int x,
        int y,
        int width,
        int height,
        BoundsSpecified specified) {
        // 在这里做真正的工作
    }
}
```

接口方法的默认参数可以通过扩展方法来提供。

```
public interface IExample {
    void PrintValue(int value);
}

public static class ExampleExtensions : IExample {
    public static void PrintValue(
        this IExample example,
        int value = 10) {
            // 尽管这看起来像一个递归调用
            // 但是相较于扩展方法，C# 方法解析规则认为
            // 该调用和接口的实例成员更匹配
```

```
        example.PrintValue(value);
    }
}
```

关于在虚方法中不要使用默认参数的准则，一种建议的可选方式是，虚方法的覆写应该始终与原始方法声明中的默认值匹配。但是，当派生类型存在于不同的程序集中时，该准则会导致版本管理问题：

- 将最后一个必需参数改成默认参数通常不会产生不兼容问题，但是可能会要求为相关方法的覆写方法提供一组不同的默认值。
- 向现有方法添加新默认参数的准则要求从当前方法的重载中删除默认值，由于覆写可能尚未被更新，从而导致方法编译时出现歧义。

✖ **DON'T** 不要在版本发布之后改变参数的默认值。

默认参数不会在定义它们的程序集中创建逻辑上的重载，这只是一种便利机制，使编译器能够在编译时为调用的代码填充任何丢失的值。当默认值在库的两个发行版之间发生变更时，任何已经存在的调用都将使用旧值，直到重新编译为止，之后它们将切换到新值。在诊断用户提出的问题时，如果在默认值更改后用户的复现用例没有表现出不良行为，则可能会导致产生混淆。

如果你希望能够随着时间的推移而改变这个值，则应该使用一个非法的哨兵值，如零值或 -1，以表明应该使用运行时的默认值。

```
// 在这个方法中，style 参数在该库所有的后续版本中
// 都应该继续保持使用 NumberStyles.Integer
//
// 由于 provider 参数的默认值是 null
// 该库可以将默认值更改成一个具体的实现
//（假设该方法上的破坏性变更是可接受的）
public static BigInteger Parse(
    ReadOnlySpan<char> value,
    NumberStyles style = NumberStyles.Integer,
    IFormatProvider provider = null) { ... }
```

✖ **DON'T** 如果同一个方法的两个重载同时使用了默认参数，则不要让它们具有相同的必需参数。

✖ **AVOID** 避免在同一个方法的两个重载中同时使用默认参数。

✖ **DON'T** 不要在相同方法的不同重载中使用不同的默认值。

相同方法的两个重载都可拥有默认参数的唯一可行情况是，它们的必需参数部分具有不兼容的签名。两个重载所共同享有的参数应具有相同的默认值，或者没有默认值。这样就可以清楚地知道正在调用的是哪个重载。

```
// 假设这个重载已经存在
public static OperationStatus DecodeFromUtf8(
    ReadOnlySpan<byte> utf8,
    Span<byte> bytes,
    out int bytesConsumed,
    out int bytesWritten,
    bool isFinalBlock = true) { ... }

// 正确：默认参数具有相同的值
// 且方法签名是不兼容的
public static byte[] DecodeFromUtf8(
    byte[] utf8,
    out int bytesConsumed,
    bool isFinalBlock = true) { ... }

// 错误：默认参数具有不同的默认值
public static byte[] DecodeFromUtf8(
    byte[] utf8,
    out int bytesConsumed,
    bool isFinalBlock = false) { ... }

// 错误：与原始的重载方法相比
// 这个较长的重载在必需参数部分是完全相同的
public static OperationStatus DecodeFromUtf8(
    ReadOnlySpan<byte> utf8,
    Span<byte> bytes,
    out int bytesConsumed,
    out int bytesWritten,
    bool isFinalBlock = true,
    int bufferSize = 512) { ... }
```

✓ **DO** 在为现有方法添加新的可选参数时，要将所有默认参数都转移到这个新的、更长的重载中。

在上一个示例中，当通过新的重载添加 `bufferSize` 参数时，现有的 `DecodeFromUtf8` 方法不应该继续为 `isFinalBlock` 参数设置默认值。在代码升级时，除非引入运行时破坏性变更（`MissingMethodException`），否则无法删除这个方法。由于在 `out` 参数后面还有其他简单的参数，这使得 `DecodeFromUtf8` 的重载不再符合我们的设计准则，因此建议将其标记为 `[EditorBrowsable(EditorBrowsableState.Never)]`。这样一来，IntelliSense 将仅显示具有额外可选参数的新重载。

```
// 这个重载不再为 isFinalBlock 设置默认值
// 且使之在 IntelliSense 中隐藏
[EditorBrowsable(EditorBrowsableState.Never)]
public static OperationStatus DecodeFromUtf8(
    ReadOnlySpan<byte> utf8,
    Span<byte> bytes,
    out int bytesConsumed,
```

```
    out int bytesWritten,
    bool isFinalBlock) { /* 调用更长的那个重载方法 */ }

public static OperationStatus DecodeFromUtf8(
    ReadOnlySpan<byte> utf8,
    Span<byte> bytes,
    out int bytesConsumed,
    out int bytesWritten,
    bool isFinalBlock = true,
    int bufferSize = 512) { ... }
```

5.1.2 显式实现接口成员

显式的接口成员实现允许实现接口成员，只有当实例被强制转换为相应的接口类型时才可以调用该接口成员。例如，考虑下面的定义：

```
public struct Int32 : IConvertible {
    int IConvertible.ToInt32 () {..}
    ...
}

// 调用 Int32 上定义的 ToInt32 方法
int i = 0;
i.ToInt32(); // 无法编译
((IConvertible)i).ToInt32(); // 正常工作
```

一般来说，显式实现接口成员非常简单、直观，并且遵循与方法、属性和事件相同的通用准则。但是，仍有一些适用于显式实现接口成员的特定准则，如下所述。

■ **ANDERS HEJLSBERG** 在其他环境中工作的程序员一直呼吁公开内部方法，以便类可以实现某些工作程序的接口。显式的成员实现才是该类问题的正确解决方案。是的，C# 的确没有提供任何语法来调用此类成员基类上的实现，但是对于该功能来说，我所见到的实际需求非常少。

✘ **AVOID** 避免显式实现接口成员，除非你有很正当的理由一定要这样做。

显式实现的成员会给开发者造成困扰，因为这类成员不会出现在公开成员清单上，且在值类型上会导致不必要的装箱。

■ **KRZYSZTOF CWALINA** 在考虑为值类型显式实现接口成员时要特别小心，因为强制将值类型转换成接口将导致装箱。

■ **STEPHEN TOUB** 的确，强制将值类型转换成接口会导致装箱。然而，在某些情况下，运行时可以取消装箱。在其他一些情况下，装箱可以通过泛型及泛型限定来规避。考虑下面的方法：

```
public int CallToInt32<T>(T convertible) where T : IConvertible =>
    convertible.ToInt32();
```

在调用具有实现 IConvertible 接口的值类型的方法时，即使它是显式实现的，也不会被装箱。

■ **RICO MARIANI** 值类型通常是非常简单的类型，只具有一些非常简单的操作。你必须特别小心，以免在这些操作中产生额外的调度成本。如果你手头的主要工作是将一个值与另一个值进行比较，或者以另一种格式重新表达一个整数，那么函数调用的成本可能会比你必须做的实际工作的成本多。请记住这一点，否则你可能会发现，你创建的值类型根本无法用于主要（开销少的）目的。

■ **JEFFREY RICHTER** 通常来说，你想要显式实现一个接口方法的主要原因是，在你的类型中有另外一个具有相同名称和参数但是返回值类型不同的方法。例如：

```
class Collection : IEnumerable {
    IEnumerator IEnumerable.GetEnumerator() { ... }
    public MyEnumerator GetEnumerator() { ... }
}
```

Collection 类不能拥有两个名为 GetEnumerator 的方法，它们的唯一区别就是返回值，除非返回 IEnumerator 的这个版本显式实现接口方法。现在，如果有人调用 GetEnumerator，其实际调用的是返回 MyEnumerator 这个版本的方法。除了这个示例，几乎没有其他理由来显式实现接口方法。

■ **STEVEN CLARKE** 我们在 API 可用性调研中发现，许多开发人员认为，某些成员一定要被显式实现的原因是调用者不应该在常见场景中使用这些成员。因此，他们会倾向于避免使用这些显式实现的成员，并且花时间寻找其他方法来达成目的。

✓ **CONSIDER** 如果想仅通过接口来调用成员，则可以考虑显式实现接口成员。
这主要包括支持框架基础的成员，如数据绑定或序列化。例如，成员

ICollection<T>.IsReadOnly 主要是在数据绑定的基础代码中通过
ICollection<T> 接口来访问的。在使用实现该接口的类型时，几乎永远不会直接
访问成员。因此，List<T> 选择显式实现该成员。

✓ **CONSIDER** 建议显式实现接口成员来模拟差异（在"覆写"成员中更改参数或返
回类型）。

例如，在 IList 的实现中，经常通过显式实现（隐藏）松散类型成员并添加公开实
现的强类型成员来更改参数和返回值的类型，以创建强类型集合。

```
public class StringCollection : IList {
    public string this[int index]{ ... }
    object IList.this[int index] { ... }
    ...
}
```

✓ **CONSIDER** 建议通过显式实现接口成员来隐藏一个成员，并为其添加具有更合适
名称的等价成员。

你可以认为这等价于重命名一个成员。例如，System.Collections.Concurrent.
ConcurrentQueue<T>显式实现了IProducerConsumerCollection<T>.TryTake，
并将其重命名为 TryDequeue。

```
partial class ConcurrentQueue<T> : IProducerConsumerCollection<T> {
    bool IProducerConsumerCollection<T>.TryTake(out T item) =>
        TryDequeue(out item);

    public bool TryDequeue(out T result) { ... }
}
```

这种成员重命名应该尽可能少地去做。在大多数情况下，它带来的困扰远大于那些
令人不满的接口成员名称。

✗ **DON'T** 不要将显式成员当作安全边界。

对于显式成员来说，只要简单地将其强制转换为相应接口的实例，该成员就可以被
任意代码调用。

> ■ **RICO MARIANI** 一般来说，存在安全问题的对象应公开尽可能少的接口，并尽
> 可能少地继承。应该通过封装而不是继承来重用代码，并尽可能地进行密封。这些准
> 则与我个人意见最大的区别是，它们不建议如我所想的那样频繁地进行密封。在存在
> 安全问题的地方，请格外小心，并应当考虑更积极地进行密封，同时，有节制地进行
> 继承，使用你需要提供的那些接口的显式（密封）实现。

✓**DO** 要为派生类专用的功能提供一个受保护的虚成员，该虚成员提供与显式实现的成员相同的功能。

显式实现的成员不能被覆写。虽然你可以重新定义它们，但是子类型无法调用基本方法的实现。建议你使用相同的名称或在接口成员名称上附加 **Core** 来命名受保护的成员。

```
[Serializable]
public class List<T> : ISerializable {
   ...
   void ISerializable.GetObjectData(
      SerializationInfo info, StreamingContext context) {
      GetObjectData(info,context);
   }

   protected virtual void GetObjectData(
      SerializationInfo info, StreamingContext context) {
      ...
   }
}
```

> ▪ **RICO MARIANI**　设计一般类的子类需要特别小心。调用 Core 函数的时间也应该是协议的一部分，所以请在文档中注明这一点并尽量不要改变它。访问受保护的成员可能会允许部分受信任的代码对内部状态造成不良影响。所以在进行编码时，你必须对子类进行防范。

5.1.3　在属性和方法之间选择

在设计一个类型的成员时，类库设计者必须做出的最常见的决定之一是，一个成员究竟应该被定义为属性还是方法。

总的来说，就属性和方法的使用而言，API 设计有两种较通用的样式。在侧重于方法的 API 中，方法具有大量参数，而类型具有较少的属性。

```
public class PersonFinder {
   public string FindPersonsName (
      int height,
      int weight,
      string hairColor,
      string eyeColor,
      int shoeSize,
      Connection database
   );
}
```

在侧重于属性的 API 中，方法通过较少的参数和更多的属性来控制方法的语义。

```
public class PersonFinder {
    public int Height { get; set; }
    public int Weight { get; set; }
    public string HairColor { get;set; }
    public string EyeColor { get; set; }
    public int ShoeSize { get; set; }

    public string FindPersonsName (Connection database);
}
```

■ **RICO MARIANI** 请注意语义上的巨大差异。使用属性，你必须（或者说可以，如果将其看作一个优势的话）单独设置每个字段的值，且 PersonFinder 一次只能用于一个调用，因为它既用于输入，也用于保存找到的结果。使用函数式的协议，多个线程可以同时使用非常相似的查询，且只有一个方法调用。我们在这里所做的并不是一个无关紧要的决定。

■ **CHRIS ANDERSON** 我十分赞同鼓励使用属性的准则。一般来说，具有大量参数的方法必然导致大量的重载：你的方法可能会有 15 个重载以满足每一种可能的组合。这使得 API 难以被理解且不具备一致性。System.Drawing.Graphics 的 DrawRectangle 就是一个很好的例子。即使已经有很多重载，也总会有一个缺失的。当你向 API 中添加新功能时，你不得不添加更多的重载，随着时间的推移，它们将变得越来越难以理解。属性为 API 带来了自然的自我说明、更好的声明补全、渐进的理解和简单的版本控制。虽然你始终需要平衡对性能的影响，但总的来说，属性确实能够带来巨大的价值。

■ **JEREMY BARTON** 我更倾向于使用具有大量可配置属性的对象，然后将其传递到方法或构造函数中去控制行为。基本上，在同一个类型上，我很少将方法和可写属性结合在一起。

尽量避免添加属性来控制虚方法的行为，特别是在将它们添加到派生类型上时。

在所有其他条件相同的情况下，通常首选侧重于属性的设计，因为对于没有经验的开发者来说，具有大量参数的方法更加难以使用。对此，第 2 章中有详细的论述。

在适当时应当使用属性的另一个原因是，属性值会自动显示在调试器中。相比之下，检查方法的值要麻烦得多。

> ■ **CHRIS SELLS** 我尚未遇到任何喜欢将事情变得比原本所需更难的开发者。如果你能让"经验不足的开发者"更容易上手，则意味着每个人都可以更容易上手。

但是，值得注意的是，侧重于方法的设计在性能方面更具有优势，并且可能可以为高级用户提供更好的 API。

一条经验法则是，方法代表动作，属性代表数据。如果所有其他条件都一样，则属性优先于方法。

> ■ **RICO MARIANI** 与其他任何语言特性相比，属性可能导致更多的性能问题。你必须记住，对于用户而言，属性看起来像简单的字段访问，且他们内心怀着这样的想法，即属性并不会比字段访问带来更大的开销。你可以预期调用者将会编写非常直观的代码来访问属性，如果这样做会带来很大的开销，他们会感到惊讶。类似地，如果行为会随着时间的推移而改变，从而带来高昂的代价，或者对某些子类型而言会有高昂的代价，而对其他子类型则不然，他们也会感到惊讶。

> ■ **JOE DUFFY** 属性只应该包含少量代码。如果你避免使用 if 语句、try-catch 块以及调用其他方法等，并且竭力使它们只是简单的字段访问，那么 CLR 的 JIT 编译器很可能会内联对它们的所有访问。这样做有助于避免 Rico 在其评论中提到的性能问题。

> ■ **JEREMY BARTON** 一个属性在同一个调用方法中或者在一个循环中被多次读取的情况并不少见。如果你的属性获取器非常复杂，以至于在循环中调用它会导致性能问题，那么它可能应该是一个方法。

✓ **CONSIDER** 如果成员代表类型的逻辑特性，则建议使用属性。

例如，Button.Color 是一个属性，因为颜色是按钮所具有的特性。

✓ **DO** 如果属性的值被存储在进程内存中，并且该属性只提供对该值的访问，则要使用属性，而非方法。

例如，一个用于从 Customer 对象存储的字段中获取其名称的成员，应该是属性。

```
public Customer {
    public Customer(string name){
        this.name = name;
```

```
    }
    public string Name {
        get { return this.name; }
    }
    private string name;
}
```

✓**DO** 要在下列场景中使用方法，而不是属性：

● 该操作比字段访问要慢若干个数量级。如果你甚至考虑过提供异步版本的操作来避免线程阻塞的问题，则表示该操作很可能开销过大，不应该使用属性。特别是访问网络或文件系统的操作（除非只需要一次初始化），应该使用方法，而不是属性。

● 该操作是一种转换操作，如 `Object.ToString` 方法。

● 该操作在每次调用时都会返回不同的值，即使在参数没有改变的情况下。例如，`Guid.NewGuid` 方法在每次调用时都会返回不同的值。

> ■ **JEFFREY RICHTER** .NET 中的 `DateTime.Now` 属性本应该是一个方法，因为该操作每次都会返回不同的结果。

● 该操作有明显可察的副作用。需要注意的是，在内部的缓存通常不会被当作副作用。

> ■ **BRIAN PEPIN** Windows Forms 控件上的 `Handle` 属性是一个例子，它可能会带来过多的副作用。如果尚未创建控件的句柄，那么访问 `Handle` 属性将创建它。我无法告诉你，我有多少次因为在 `Handle` 属性上设置断点而导致调试会话的运行结果完全改变。调试器的断点实际上为控件创建了句柄，而这通常会隐藏你的错误。

● 该操作返回内部状态的拷贝（这并不包含栈上返回的值类型对象的拷贝）。

● 该操作返回一个数组

返回数组的属性十分具有误导性。通常，它需要返回内部数组的拷贝，这样才能保证用户不会改变内部状态。这会带来非常低效的代码。

在下面的代码中，`Employee` 属性在循环的每次迭代中都被访问了两次。即，在下面短短的一段示例代码中，将创建 $2n+1$ 份拷贝：

```
Company microsoft = GetCompanyData("MSFT");
for (int i = 0; i < microsoft.Employees.Length; i++) {
    if (microsoft.Employees[i].Alias == "kcwalina"){
```

```
        ...
    }
}
```

该问题可以用下面两种方法来解决：

- 将属性改成方法，这可以提示调用者，他们不仅仅是在访问内部字段，而且他们每次调用方法时都有可能创建一个数组。因此，用户极有可能只会调用一次方法，缓存该结果，继而使用缓存的结果。

```
Company microsoft = GetCompanyData("MSFT");
Employees[] employees = microsoft.GetEmployees();
for (int i = 0; i < employees.Length; i++) {
    if (employees[i].Alias == "kcwalina"){
        ...
    }
}
```

- 使属性返回一个集合，而非数组。你可以使用 ReadOnlyCollection<T> 为私有数组提供公开的只读访问权限。同样，你可以使用 Collection<T> 的子类来提供受控的读/写访问权限，以便当用户代码更改了该集合时通知你。更多关于使用 ReadOnlyCollection<T> 和 Collection<T> 的详情，请参考 8.3 节。

```
public ReadOnlyCollection<Employee> Employees {
    get { return roEmployees; }
}
private Employee[] employees;
private ReadOnlyCollection<Employee> roEmployees;
```

> ■ **BRAD ABRAMS**　本书中的某些准则是在辩论后才达成的共识，其他的则是在学校里学习的属于"敲黑板"强调的知识点。关于返回数组的属性这一准则，则属于"敲黑板"这一类。当我们调查 .NET Framework 1.0 中的一些性能问题时，我们注意到，有数以千计的数组在创建出来后立即被丢弃。事实证明，框架本身的许多地方也都遭遇了这种模式。无须多说，我们修复了这些实例和准则。

> ■ **RICO MARIANI**　我希望你已经读到这里——你必须真正认识到，上面的准则是为了避免一些相当显著的问题而设计的。我建议你记住这样一个简短的说法：使用属性简单地访问简单的数据或只进行简单的计算。不要偏离这种模式。

5.2　属性设计

尽管在技术层面属性和方法非常相似，但二者在使用场景上有非常大的不同。属性应当被看作更聪明的字段，它既具有字段的调用语法，也具有方法的灵活性。

✓ **DO** 如果调用者不应该具有改变属性值的能力，则应该创建只有 get 方法的属性。

如果属性的类型是可变的引用类型，那么即使属性是只读的，属性值也依然可以被改变。

✗ **DON'T** 不要提供只有 set 方法的属性，或者使设置器比获取器具有更宽泛的访问性。

例如，不要让属性具有公开的设置器和受保护的获取器。

如果无法提供属性获取器，则应该选择将该功能以方法来实现。考虑以 Set 作为方法名的开始，且紧跟着你原本想要使用的属性。例如，AppDomain 有一个名为 SetCachePath 的方法，而不是有一个名为 CachePath 的只写属性。

✓ **DO** 要为所有的属性提供合理的默认值，并确保默认值不会带来安全漏洞或糟糕的低效率代码。

✓ **DO** 要允许属性可以以任意的顺序设置值，尽管这可能会导致对象处于暂时的无效状态。

两个或多个属性被关联到一个点是很常见的，在这个点上，一个属性的某些值可能会因为同一对象上其他属性的值而无效。在这种情况下，由无效状态引起的异常应该被推迟，直到相关的属性被对象一起使用。

■ **RICO MARIANI** 在三层系统中使用的业务对象经常发生这种情况，在设置属性后，你只能做基本的验证。你必须提供某种显式的"提交"方法，以确定调用者已完全完成了更新。避免做使用本地知识无法进行的验证（例如，不要进入数据库）。请记住，人们有一个强烈的期望，设置属性不会比设置字段开销更大。

■ **BRIAN PEPIN** 在为 Windows Forms 设计器设计代码生成器时，有很多人要求我提供一种方法来告诉代码生成器如何为属性排序。每次我都坚决拒绝，因为这会给开发者增加很多复杂性。确定属性的顺序很容易，但是当引入派生类时，又该如何为属性排序呢？另外，如果向代码生成器描述如何进行排序都很复杂，那么请想象一下，向开发者去解释这一点将会有多么复杂。

> ■ **JEREMY BARTON** 与顺序相关的属性设置出现的一种情形是，在分配属性 A 时会更改属性 B。通常来说，要避免这样做，因为它所造成的混乱可能比它所避免的潜在错误状态更糟糕。

✓ **DO** 要在属性设置器抛出异常时保留之前的值。

✗ **AVOID** 避免在属性获取器中抛出异常。

属性获取器应该只涉及简单的操作，不应该具有任何前置条件。如果一个获取器会抛出异常，那么它应该被设计成方法。注意，该准则不适用于索引，在索引中我们预期结果可能会是参数校验的异常。

> ■ **PATRICK DUSSUD** 请注意，该准则仅适用于属性获取器。在属性设置器中抛出异常是完全可行的。这与设置数组元素非常像，该数组元素也可能抛出异常（不只是在检查索引绑定时，还有在检查值和数组元素类型之间的类型不匹配时）。

> ■ **JASON CLARK** Patrick 的指导说明了异常与面向对象编程环境相辅相成的一个关键原因。面向对象环境使方法的开发者对方法签名只具有有限的控制权或没有控制权。属性、事件、构造函数、虚方法覆写、运算符重载都是这方面的例子。异常所做的就是在方法调用超出签名或返回类型的限定范围时给出相应的错误响应。这为我们在任何方法中反映和响应失败提供了灵活性，无论限制签名决定的"语法糖"是什么。

> ■ **JOE DUFFY** 另一种要避免的模式是在属性内部因为 I/O 或某些同步操作而去阻塞线程。这是在属性内部"做太多工作"的极端例子。在最坏的情况（死锁）下，该属性可能永远不会真正返回到调用者。如果属性访问共享状态，则可能需要获取一个锁来安全地访问。任何更复杂的情况，比如等待 WaitHandle，都表明使用方法是更好的设计选择。

5.2.1 索引属性设计

索引属性是一种特殊的属性，它可以有参数，并且可以用特殊的语法调用，类似于数组索引。

```
public class String {
    public char this[int index] {
        get { ... }
```

```
    }
}...

string city = "Seattle";
Console.WriteLine(city[0]); // 将会打印 'S'
```

索引属性通常被称为索引器。索引器应只被使用在为逻辑集合中的元素提供访问能力的 API 中。例如，字符串是字符的集合，System.String 上的索引器就是为了访问它的字符而存在的。

■ **RICO MARIANI** 要格外小心——对它们的调用可能是在一个循环中！请确保它们始终非常简单。

✓ **CONSIDER** 建议使用索引器来提供对存储在内部数组中的数据的访问。

✓ **CONSIDER** 建议为代表元素集合的类型提供索引器。

✗ **AVOID** 避免使用超过一个参数的索引属性。

如果设计上需要多个参数，请重新考虑该属性是否真的代表逻辑集合的访问器。如果不是，就用方法来代替。考虑用 Get 或 Set 来作为方法名的开头。

✗ **AVOID** 避免使用除 System.Int32、System.Int64、System.String、System.Range、System.Index 或枚举以外的参数类型的索引器，除非是类似于字典的类型。

如果设计上需要其他类型的参数，请认真地重新评估该 API 是否真的代表逻辑集合的访问器。如果不是，就应该使用方法。考虑用 Get 或 Set 来作为方法名的开头。

✓ **DO** 要使用 Item 来为索引属性命名，除非有明显更好的名称（例如，参见 System.String 上的 Chars 属性）。在 C# 中，索引器默认被命名为 Item。可以用 IndexerNameAttribute 来自定义这个名称。

```
public sealed class String {
    [System.Runtime.CompilerServices.IndexerNameAttribute("Chars")]
    public char this[int index] {
        get { ... }
    }
    ...
}
```

✗ **DON'T** 不要同时提供具有相同语义的索引属性和方法。

在下面的示例中，索引应该用方法来代替。

```
// 错误的设计
public class Type {
    [System.Runtime.CompilerServices.IndexerNameAttribute("Members")]
    public MemberInfo this[string memberName]{ ... }
    public MemberInfo GetMember(string memberName, Boolean ignoreCase) { ... }
}
```

✘ **DON'T** 不要在一个类型中提供多于一个系列的重载索引器。

这是 C# 编译器强制的。

✘ **DON'T** 不要使用非默认的索引属性。

这是 C# 编译器强制的。

✔ **DO** 要从接收 System.Range 的索引器中返回与声明类型相同的类型。

集合上基于范围的索引器应该返回与声明它们的类型相同的集合，其中包括通过具有适当签名的 Slice 方法创建的隐式索引器。当你的目标是要创建一个不同的类型时，与其违背这条准则，不如提供一个单独的转换方法。例如，在 Range 索引器中，数组会按所要求的范围来生成相应的副本，但同时，数组也有 array.AsSpan(Range) 扩展方法来为相同的索引范围产生一个 Span<T>。

```
// 正确: 从基于范围的索引器中返回声明的类型
public partial class SomeCollection {
    public SomeCollection this[Range range] { get { ... } }
}

// 正确: 从 Slice(int, int) 中返回声明的类型,
// 它相当于 C# 中的隐式索引器
public partial class SomeCollection {
    public SomeCollection Slice(int offset, int length) { ... }
}

// 错误: 从基于范围的索引器中返回错误的类型声明
public partial class SomeCollection {
    public SomeValue[] this[Range range] { get { ... } }
}

// 错误: 从 Slice(int, int) 中返回错误的类型声明
public partial class SomeCollection {
    public SomeValue[] Slice(int offset, int length) { ... }
}
```

■ JAN KOTAS 数组中 System.Range 索引器的行为是一个长期争论的话题。它很容易产生潜在的大数组的副本，这似乎是一个性能陷阱。最终，为了一致性，我们选择了继续保留它的复制行为。未来会证明这是否是一个明智的选择。

5.2.2　属性变更通知事件

有时，提供一个事件来通知用户属性值的变化是很有用的。例如，`System.Windows.Forms.Control` 在其 `Text` 属性的值改变后会触发 `TextChanged` 事件。

```
public class Control : Component {
    string text = String.Empty;

    public event EventHandler<EventArgs> TextChanged;

    public string Text{
        get{ return text; }
        set {
            if (text!=value) {
                text = value;
                OnTextChanged();
            }
        }
    }

    protected virtual void OnTextChanged() {
        EventHandler<EventArgs> handler = TextChanged;
        if (handler!=null) {
            handler(this,EventArgs.Empty);
        }
    }
}
```

下面的准则描述了属性变更事件什么时候适用，以及对于涉及 API 准则相应的推荐设计。

■▌**RICO MARIANI**　回顾一下之前关于属性的一些规则：它们的外观和行为都应该尽可能像字段，因为库用户会把它们当作字段来使用。在这里，我们实际上保证了属性设置器有其副作用，因为我们允许任意用户代码运行。我们还造成了每一个 set 都要进行大量的函数调用。所有这些交叉在一起的对象和处理程序往往会造成所谓的"对象条条"。如果通知不是在一个足够高的抽象层次，就会有出现太频繁的情况，连接也会过于复杂，使系统既无法使用，也无法被描述。

■▌**CHRIS SELLS**　为了使数据绑定在 WPF 或 Windows Forms 中正常工作，带有属性的对象必须触发属性变更事件，且通过 INotifyPropertyChanged 触发为宜。

✓ **CONSIDER** 建议当高级 API（通常是设计器组件）中的属性值被修改时，触发变更通知事件。

如果有一个很好的场景需要让用户知道对象的某个属性何时会发生变化，那么对象应该为该属性触发一个变更通知事件。

然而，对于基类型或集合等低级 API 来说，触发这样的事件可能是不太值得的开销。例如，当一个新项被添加到列表中，并且 Count 属性发生变化时，List<T> 则不会触发此类事件。

> ■ **CHRIS SELLS**　因为 List<T> 没有为数据绑定实现任何通知 API，而且因为我喜欢数据绑定，我自己使用 ObservableCollection<T> 来代替通知 API，它实现了 INotifyCollectionChanged。

✓ **CONSIDER** 建议当一个属性的值借助外力发生变化时，触发变更通知事件。

如果一个属性的值借助某种外力（除调用对象上的方法以外的方式）发生了变化，那么触发事件就会向开发者表明该值正在改变或已经改变。一个很好的例子是文本框控件的 Text 属性。当用户在 TextBox 中输入文本时，属性值会自动改变。

5.3　构造函数设计

有两种不同类别的构造函数：类型构造函数和实例构造函数。

```
public class Customer {
    public Customer() { ... } // 实例构造函数
    static Customer() { ... } // 类型构造函数
}
```

类型构造函数是静态的，在使用类型之前由 CLR 运行。实例构造函数在创建一个类型的实例时运行。

类型构造函数不能接收任何参数，但是实例构造函数可以。不接收任何参数的实例构造函数通常被称为默认构造函数。

使用构造函数是创建类型实例最自然的方式。大多数开发者都会在考虑其他创建实例的方法（如工厂方法）之前搜索并尝试使用构造函数。

✓ **CONSIDER** 建议提供简单的，最好是默认的构造函数。

一个简单的构造函数只有非常少的参数，并且所有参数都是基础类型或枚举。这样简单的构造函数可以显著提升框架的可用性。

▪ **PHIL HAACK** 如果一个类型对另一个类型有不可避免的依赖性——也就是说，该类型的实例如果没有另一个类型的适当实例就不能工作，那么你应该允许通过构造函数参数来传递这个类型。

我认为构造函数参数列表定义了你的类型所需的依赖关系集。遵循这种方法，会使你的类型更容易被依赖注入。

同时，我认为用默认构造函数来为所需的依赖关系提供合理的默认值是一个很好的实践。

✓ **CONSIDER** 建议在下面这种情况下使用静态工厂方法而非构造函数：如果所需操作的语义不能直接映射到新实例的构建上，或者说在遵循构造函数设计准则时感到不自然。

更多关于工厂方法的设计请参考 9.5 节。

▪ **STEPHEN TOUB** 工厂方法在未来还可以提供更多的灵活性，因为它们可以返回一个由返回类型派生的类型，而不是一定要和返回类型完全一样。有一个我很熟悉的例子，那就是 Task。回过头来看，如果一切可以重来，我们就绝不会为 `System.Threading.Tasks.Task` 添加一个接受委托的构造函数。这样做，让我们在不需要委托的情况下优化 Task 变得非常困难，比如当 Task 被用作异步方法的返回类型时。如果没有这样的构造函数，而只有工厂（如 Task.Run），我们本可以把委托放到派生类型上，而不是放到基类型上，这样在所有不需要委托的其他场合下，就可以让 Task 对象变得更小。

✓ **DO** 要将使用构造函数参数作为设置主要属性的快捷方式。

在语义上，使用在空的构造函数后面跟着一些属性集和使用有多个参数的构造函数应该没有区别。以下三个代码示例是等价的：

```
// 1
var applicationLog = new EventLog();
applicationLog.MachineName = "BillingServer";
applicationLog.Log = "Application";

// 2
var applicationLog = new EventLog("Application");
applicationLog.MachineName = "BillingServer";
```

```
// 3
var applicationLog = new EventLog("Application", "BillingServer");
```

✓ **DO** 如果构造函数参数只是用于设置属性，要使构造函数参数和属性保持相同的名称。

这类参数和属性之间的唯一区别应该只有大小写。

```
public class EventLog {
    public EventLog(string logName){
        this.LogName = logName;
    }

    public string LogName {
        get { ... }
        set { ... }
    }
}
```

✓ **CONSIDER** 建议为构造函数中的每一个参数添加相应的属性。

开发者发现，当可以检查对象的状态以达到调试或记录日志的目的时，这很有帮助。虽然调试器通常可以检查对象的私有字段，但这在日志记录中并非易事。为每个构造函数参数至少暴露一个只读属性，使用户能够将对象的状态纳入其诊断流程中。

类型化为可变引用类型的构造函数参数可能不适合作为属性暴露，特别是当类型有状态时，修改该参数会使其状态无效。你也应该注意关于何时使用方法而不是属性的准则（见 5.1.3 节）。

你可能有其他的理由，比如隐藏数据，而不通过属性暴露构造函数参数。即便如此，你一般也应该从添加属性开始，然后判断为什么在上下文中这样做不合适。

✓ **DO** 要在构造函数中做最少的事情。

除了捕获构造函数参数，构造函数不应该做太多的工作。任何其他处理的开销都应被推迟到需要时。

✓ **DO** 在合适的时候，要从实例构造函数中抛出异常。

> ■ **CHRISTOPHER BRUMME**　当异常从构造函数中传播出来时，尽管 new 操作符没有返回对象引用，但对象已经被创建。如果类型定义了 Finalize 方法，那么当对象符合垃圾回收条件时，该方法将运行。这意味着你应该确保 Finalize 方法可以在部分构造的对象上运行。

■ **JEFFREY RICHTER**　你也可以在构造函数中调用 GC.SuppressFinalize 来避免调用 Finalize 方法，以提高性能。

```
// 可终结的类型构造函数可以抛出异常
public FinalizableType() {
    try{
        SomeOperationThatCanThrow();
        handle = ... // 资源分配需要被终结
    }

    catch(Exception){
        GC.SuppressFinalize(this);
        throw;
    }
}
```

■ **BRIAN GRUNKEMEYER**　请注意，即使你的构造函数抛出异常，你的类型的终结器也仍然会运行！所以在你的类型中终结器和 Dispose(false) 代码路径必须准备好去处理未初始化的状态。更糟糕的是，如果你的应用程序必须处理异步异常，如 ThreadAbortException 或 OutOfMemoryException，或者你的构造函数中途抛出了异常，那么你的终结器可能不得不处理部分初始化的状态！这个令人惊讶的事实通常很容易处理，但是你可能需要几年时间才能意识到这个错误。

■ **JOE DUFFY**　一个相关的构造函数反模式可能会导致的问题与 Chris 所描述的问题相同。如果一个构造函数过早地共享了 this 引用，那么即使对象在被完全构造之前就已经抛出了异常，它也可能被访问到。例如，这可能会发生在为静态变量或作为参数传入的对象的某个字段赋值时。请不惜一切代价来避免这样做。

✓ **DO** 要在类中显式声明公开的默认构造函数（如果你需要这样的构造函数的话）。如果你没有为类型显式声明任何构造函数，许多语言（如 C#）将会自动添加一个公开的默认构造函数（抽象类得到的是受保护的构造函数）。例如，下面的两段代码在 C# 中是等效的。

```
public class Customer {
}

public class Customer {
    public Customer(){}
}
```

在类中添加一个参数化的构造函数，编译器将不会自动添加默认构造函数。这通常会导致意外的破坏性更改。考虑如下类定义：

```
public class Customer {
}
```

该类的使用者可以调用由编译器自动添加的默认构造函数来创建一个类的实例。

```
var customer = new Customer();
```

在现有的具有默认构造函数的类型中添加参数化的构造函数是非常常见的。然而，如果在添加时不够小心，默认构造函数可能不再被触发。例如，在刚刚声明的类型中添加以下内容将"删除"默认构造函数。

```
public class Customer {
    public Customer(string name) { ... }
}
```

这将破坏依赖默认构造函数的代码，并且这样的问题不太可能在代码审查中发现。因此，最好的做法是，总是明确地指定公开的默认构造函数。

注意，这不适用于结构体。即使结构体有定义的参数化的构造函数，它也会隐式定义默认构造函数。

✘ AVOID 避免为结构体显式定义默认构造函数。

许多 CLR 语言不允许开发人员在值类型上定义默认构造函数[1]。这些语言的用户常常会惊讶于，default(SomeStruct) 和 new SomeStruct() 不一定会产生相同的值。即使你使用的语言允许在值类型上定义一个默认构造函数，与可能造成的混乱相比，这样做也不值得。

```
public struct Token {
    public Token(Guid id) { this.id = id; }
    internal Guid id;
}...
var token = new Token(); // 这里编译和执行都没有什么问题
```

运行时将会把该结构体所有的字段都初始化为它们的默认值（0、null）。

---

[1] 一个没有显式定义的构造函数的结构体，仍然会得到一个由 CLR 隐式提供的默认构造函数；它将所有字段赋值为它们的相应的"零"值（0、false、null）。

> ■ **JAN KOTAS** 结构体的默认构造函数首次在 C# 6 预览版中启用。此后，我们不断地发现无参数的结构体构造函数会导致出现行为不一致的情况，因此，我们决定将其删除。目前还不清楚其是否会再次出现。

✗ **AVOID** 避免在构造函数内部调用虚成员。

调用虚成员将导致派生最多的覆写被调用，即使派生最多的类型的构造函数还没有完全运行。

考虑下面的例子，当一个新的 `Derived` 实例被创建时，它打印出"What is wrong?"。派生类的实现者认为，在任何人调用 `Method` 之前，该值都将被正确设置。然而，事实并非如此：`Base` 构造函数在 `Derived` 构造函数完成之前被调用，因此它对 `Method` 的任何调用都可能导致对尚未初始化的数据进行操作。

```csharp
public abstract class Base {
    public Base() {
        Method();
    }
    public abstract void Method();
}

public class Derived: Base {
    private int value;

    public Derived() {
        value = 1;
    }

    public override void Method() {
        if (value == 1){
            Console.WriteLine("All is good");
        }
        else {
            Console.WriteLine("What is wrong?");
        }
    }
}
```

某些时候，从构造函数中调用虚成员所带来的好处可能会超过其风险。一个例子是，使用传递给构造函数的参数初始化虚属性的辅助构造函数。从构造函数中调用虚成员是可以接受的，但前提是要仔细分析所有的风险，并且为覆写虚成员的用户提供相应的文档。

■ **CHRISTOPHER BRUMME**   在非托管的 C++ 中，虚表是在构造过程中更新的，因此在构造过程中对虚函数的调用只能调用已经构造好的对象层次结构的级别。

根据我的经验，很多程序员都会被 C++ 的这一行为所迷惑，因为虚调用是关于管理行为的。事实上，大多数程序员不会想到虚调用在构造和销毁过程中的语义，直到他们刚刚调试完与此相关的某个错误。

无论哪种行为，对于有些项目都是合适的，而对于其他项目则是不合适的。这两种行为在逻辑上都能说得通。对于 CLR 来说，该决定归根结底是因为我们希望能够快速创建对象。

5.3.1   类型构造函数准则

类型构造函数，也叫静态构造函数，用于初始化一个类型。在创建类型的第一个实例或访问类型的任何静态成员之前，运行时会调用静态构造函数。

✓ **DO** 要将静态构造函数私有化。

静态构造函数，也叫类构造函数，用于初始化一个类型。CLR 在类型的第一个实例被创建之前或者在该类型的任何静态成员被调用之前调用静态构造函数。用户无法控制静态构造函数何时被调用。如果一个静态构造函数不是私有的，那么它可以被 CLR 以外的代码调用。这可能会导致意外的行为，其取决于在构造函数中所执行的操作。

C# 编译器强制静态构造函数是私有的。

✕ **DON'T** 不要在静态构造函数中抛出任何异常。

如果在类型构造函数中抛出异常，则会导致该类型在当前应用域中完全不可用。

■ **CHRISTOPHER BRUMME**   唯一可以在静态构造函数中抛出的情况是，该类型再也不会在这个应用域中使用。你基本上是在你抛出的应用域中禁止使用该类型，所以最好有一个好的理由——例如，一些重要的不变量被破坏了，如果允许继续使用该类型，你的应用就不再安全了。

■ **VANCE MORRISON**   要明确这条规则，它并不只适用于显式抛出的异常，而是适用于任何异常。这意味着，如果类构造函数的主体有可能进行方法调用（很可能是这种情况），你需要在类构造函数的主体周围使用 "try-catch"。

STEPHEN TOUB　除不在静态构造函数中抛出异常之外，还需要避免在静态构造函数中加锁或者采用任何其他形式的跨线程依赖。一个类型上的静态构造函数只被调用一次，这意味着，如果多个线程试图并发初始化一个类型，运行时可能需要加锁来保证程序正常运行。如果运行时在调用静态构造函数时锁住了，然后静态构造函数中的代码也锁住了，那么有可能出现锁反转，最终导致死锁。例如，下面这个看似简单的应用程序会出现死锁，永远无法结束（至少在当前的 .NET 实现上是这样的）。

```
using System.Threading;

class Test
{
    static void Main() { }

    static Test()
    {
        var t = new Thread(ThreadStart);
        t.Start();
        t.Join();
    }

    static void ThreadStart() { }
}
```

✓ **CONSIDER** 建议内联初始化静态字段，而不是显式使用静态构造函数，因为运行时能够优化没有显式定义静态构造函数的类型的性能。

```
// 未优化的代码
public class Foo {
    public static readonly int Value;
    static Foo() {
        Value = 63;
    }
    public static void PrintValue() {
        Console.WriteLine(Value);
    }
}

// 优化的代码
public class Foo {
    public static readonly int Value = 63;
    public static void PrintValue() {
        Console.WriteLine(Value);
    }
}
```

■ **CHRISTOPHER BRUMME** 请注意，内联初始化静态字段对于何时会初始化字段有非常弱的保证。可以保证的是，字段将在第一次被访问之前被初始化，但其有可能发生得更早。CLR 保留了在程序开始运行之前就进行初始化的权利（例如，使用 NGEN 技术）。显式静态构造函数可以有非常精确的保证，它们在第一个静态成员（代码或数据）被访问之前进行初始化，但不会发生得更早。

■ **VANCE MORRISON** 一般来说，在类构造函数中处理太多复杂的事务是不好的，因为一旦它失败了，就会使类不可用，而且你已经使一些非同寻常的语义效果在一个潜在的令人惊讶的时间点发生了（你的用户都清楚地知道类的构造规则吗）。因此，如果你在类构造函数中处理了复杂的事务，你应该考虑重新设计代码。初始化静态属性才是类构造函数存在的真正原因，为此你不需要 "static class" 语法（使用 `static` 初始化函数代替）。它所需的保证更少，你应该也不需要更强的保证。而你给予运行时的灵活性可以使得类的构造更高效。

■ **JAN KOTAS** 内联初始化静态字段的不可预测的时间是许多微妙的兼容性问题的无尽来源。.NET Core 运行时和最新版本的 .NET 框架不再利用宽松的保证，而是在第一次访问静态字段时精确地执行静态构造函数。内联定义字段仍然提供了性能优势，因为静态构造函数仅由静态字段的访问触发——而不会在访问其他成员时触发——但它现在没有了关于不可预测的时间的警告。

5.4 事件设计

事件是最常用的回调形式（允许框架调用用户代码的构造）。其他回调机制包括成员接受委托、虚成员和基于接口的插件。可用性调研的数据表明，大多数开发人员使用事件比使用其他回调机制更自然。事件与 Visual Studio 及许多语言都有很好的集成。

在外表之下，事件不过是具有委托类型的字段外加两个操作字段的方法。事件使用的委托（按照惯例）具有特殊的签名，被称为事件处理器。

当用户订阅一个事件时，他们将提供一个事件处理器的实例，该实例与一个方法绑定，该方法将在事件发生时被调用。用户提供的方法被称为事件处理方法。

事件处理器决定了事件处理方法的签名。按照惯例，方法的返回类型是 void。方法需要两个参数，第一个参数代表触发事件的对象，第二个参数代表触发事件的对象要传递给事件处理方法的事件相关数据。这些数据通常被称为事件参数。

```
var timer = new Timer(1000);
timer.Elapsed += new ElapsedEventHandler(TimerElapsedHandlingMethod);
...
// Timer.Elapsed 的事件处理方法
void TimerElapsedHandlingMethod(object sender, ElapsedEventArgs e) {
    ...
}
```

有两组事件：在系统状态改变前触发的事件，称为前置事件；在系统状态改变后触发的事件，称为后置事件。前置事件的一个例子是 Form.Closing，它是在表单关闭之前触发的。后置事件的一个例子是 Form.Closed，它是在表单关闭之后触发的。下面的示例显示了一个定义有 AlarmRaised 后置事件的 AlarmClock 类。

```
public class AlarmClock {
    public AlarmClock() {
        timer.Elapsed += new ElapsedEventHandler(TimerElapsed);
    }

    public event EventHandler<AlarmRaisedEventArgs> AlarmRaised;

    public DateTimeOffset AlarmTime {
        get { return alarmTime; }
        set {
            if (alarmTime != value) {
                timer.Enabled = false;
                alarmTime = value;
                TimeSpan delay = alarmTime - DateTimeOffset.Now;
                timer.Interval = delay.TotalMilliseconds;
                timer.Enabled = true;
            }
        }
    }

    protected virtual void OnAlarmRaised(AlarmRaisedEventArgs e) {
        EventHandler<AlarmRaisedEventArgs> handler = AlarmRaised;
        if (handler != null) {
            handler(this, e);
        }
    }

    private void TimerElapsed(object sender, ElapsedEventArgs e) {
        OnAlarmRaised(AlarmRaisedEventArgs.Empty);
    }

    private Timer timer = new Timer();
    private DateTimeOffset alarmTime;
}

public class AlarmRaisedEventArgs : EventArgs {
```

```
   new internal static readonly
      AlarmRaisedEventArgs Empty = new AlarmRaisedEventArgs();
}
```

✓ **DO** 要对事件使用 "raise"，而不是 "fire" 或 "trigger"。

当在文档中提及事件时，要这样表达："an event was raised"，而非 "an event was fired" 或 "an event was triggered"。

> ■ **BRAD ABRAMS** 为什么我们决定使用 "raise" 而非 "fire" 呢？在这个问题上，我们觉得 "fire" 这个词太消极了。毕竟，你可以开枪（fire a gun），或者开除（fire）一个员工。"raise" 听起来更中性。

✓ **DO** 要使用 System.EventHandler<T>，而非自定义委托并将其用作事件处理器。

```
public class NotifyingContactCollection : Collection<Contact> {
   public event EventHandler<ContactAddedEventArgs> ContactAdded;
   ...
}
```

如果你正在使用传统事件处理器来为现有的功能区添加新的事件，那么请继续使用现有的事件处理器类型，以便在功能区内保持一致。如果觉得使用通用处理器与功能区不一致，那么请使用新的自定义事件处理器类型。例如，当定义与 System.Windows.Forms 命名空间中的类型相关的新事件时，你可能希望继续使用手动创建的处理器。

> ■ **BRIAN PEPIN** 你不会相信我们为此争论了多长时间。一方面，EventHandler<T> 只能减少你的自定义事件处理器的单行声明，除此之外，不会带来更多的东西。事实上，在语法上确实有些令人迷惑。另一方面，减少代码所需加载的类的数量可以提高性能。我从来都不是为了性能而放弃易用性的人（随着时间的推移，性能会越来越好，但易用性不会）。然而，当前这里的编译器允许你省略新的 EventHandler<ContactAddedEventArgs>()，所以对易用性的影响并不大。我们还解决了最后一个障碍——让 Visual Studio 的设计人员理解通用事件——所以我很高兴这场争论终于平息了。

创建新的自定义事件处理器是很少见的，相关准则已经被归档到"附录 B"中。

✓ **CONSIDER** 建议使用 EventArgs 的子类作为事件参数，除非你对该事件永远不需要携带任何数据到事件处理方法中有绝对的把握，在这种情况下，你可以直接使用

EventArgs 类型。

```
public class AlarmRaisedEventArgs : EventArgs {
}
```

如果你直接使用 EventArgs 发布 API，你将永远无法在不破坏兼容性的情况下新增任何可与事件一起携带的数据。如果你使用一个子类，即使它最初是完全空的，你也能够在需要时向子类中添加属性。

```
public class AlarmRaisedEventArgs : EventArgs {
    public DateTimeOffset AlarmTime { get; }
}
```

✓ **DO** 要使用受保护的虚方法来触发每一个事件。这只适用于非封闭类的非静态事件——不适用于结构体、封闭类或静态事件。

对于每一个事件，要为其提供一个相应的受保护的虚方法来触发该事件。该方法的目的是为派生类提供一种使用覆写来处理该事件的途径。覆写是在派生类中处理基类事件的一种更灵活、更快速、更自然的方式。按照惯例，方法的名称应该以 "On" 开头，并在后面跟着事件的名称。

> ■ **RICO MARIANI** 请注意，使用事件处理机制可以让你在接收事件的代码方面有最大的灵活性——原则上，任何对象都可以被通知。有时，所需的只是对象本身或更一般的子类型的通知。如果是这种情况，那么事件可能是多余的，你需要的只是一个虚的受保护的 OnWhatever() 方法。与事件相比，其开销更小，也更简单。
>
> ```
> public class AlarmClock {
>     public event EventHandler<AlarmRaisedEventArgs> AlarmRaised;
>
>     protected virtual void OnAlarmRaised(AlarmRaisedEventArgs e){
>         EventHandler<AlarmRaisedEventArgs> handler = AlarmRaised;
>         if (handler != null) {
>             handler(this, e);
>         }
>     }
> }
> ```

派生类可以选择不在其覆写的方法中调用基类的实现。为此，要做好准备，不要在该方法中包含基类正确工作所需的任何处理过程。

✓ **DO** 要为触发事件的受保护的方法提供一个参数。该参数应被命名为 e，并且类型应与用作事件参数的类保持一致。

```
protected virtual void OnAlarmRaised(AlarmRaisedEventArgs e){
    AlarmRaised?.Invoke(this, e);
}
```

✖ **DON'T** 不要在触发非静态事件时将 null 作为 sender 传递。

✔ **DO** 要在触发静态事件时将 null 作为 sender 传递。

```
EventHandler<EventArgs> handler = ...;
if (handler != null) handler(null, ...);
```

✖ **DON'T** 在触发事件时，不要将 null 作为事件数据参数传递。

如果你不想将任何数据传递到事件处理方法中，你应该传递 EventArgs.Empty。开发者会认定该参数不为 null。

✔ **CONSIDER** 建议触发终端用户可以取消的事件。该准则只适用于前置事件。

使用 System.ComponentModel.CancelEventArgs 或其子类作为事件参数，允许终端用户取消事件。例如，System.Windows.Forms.Form 在表单关闭之前会触发一个 Closing 事件。用户可以取消关闭操作，如下面的示例所示：

```
void ClosingHandler(object sender, CancelEventArgs e) {
    e.Cancel = true;
}
```

5.5　字段设计

封装原则是面向对象设计中最重要的概念之一。该原则指出，只有对象本身可以访问存储在其内部的数据。

我们可以这样来解释该原则：一个类型的设计应该是这样的，在不破坏代码的情况下可以对该类型的字段进行改变（名称或类型的改变），这是类型的成员做不到的。该解释随即表明，所有字段必须是私有的。

我们将常量和静态只读字段排除在这个严格的限制之外，因为根据定义，几乎永远不会被要求去改变这类字段。

✖ **DON'T** 不要提供公开的或受保护的实例字段。

你应该提供用于访问字段的属性，而不是直接将其标记成 public 或 protected。

如下所示，这类非常简单的属性访问器可以被 JIT（Just-in-Time）编译器内联，提供与字段访问同等的性能。

```
public struct Point{
    private int x;
```

```
    private int y;

    public Point(int x, int y){
        this.x = x;
        this.y = y;
    }

    public int X {
        get { return x; }
    }

    public int Y{
        get { return y; }
    }
}
```

不要将字段直接暴露给开发人员，这样类型可以更容易地进行迭代，原因如下：

- 在保持二进制兼容性的同时，不能将一个字段改变为一个属性。
- 在 getter 和 setter 属性访问器中存在的可执行代码，允许后期进行改进，比如按需创建一个使用属性的对象，或者创建属性变更通知。

■ CHRIS ANDERSON 字段是我生活中麻烦的根源。因为反射将字段和属性视为不同的结构，所以任何遍历对象结构的系统都必须对它们进行特别处理。数据绑定总是只看属性，而运行时的序列化只看字段。事实上，我们完全没有将这两者统一起来（将属性视作智能字段），这绝对是我的一个遗憾。然而，就像 Rico Mariani 所说的那样，属性有额外的开销。而我想说的是，字段没有版本。当你想添加验证、变更通知、把它放在一个界面中时，或者在其他情形下，千万不要将一个字段提升为属性。字段是私有数据，它们是你的公有协议背后的数据存储。上述种种行为应该用属性、方法或事件来实现。

■ JEFFREY RICHTER 就我个人而言，我总是把字段设置成私有的。我甚至不把字段暴露为内部字段，因为无法给程序集中的代码提供任何保护。

✓**DO** 对于永远不会改变的常量，要使用常量字段。

编译器将 const 字段的值直接烧入调用代码中。因此，在不破坏兼容性的前提下，永远不能改变 const 的值。

```
public struct Int32 {
    public const int MaxValue = 0x7fffffff;
    public const int MinValue = unchecked((int)0x80000000);
}
```

✓ **CONSIDER** 建议使用公开的 static readonly 字段来标记预先定义的对象实例。
如果有预先定义的类型实例，则既可以选择将它们标记为公开的 static readonly
字段，也可以是只读属性。

```
public struct Color {
    public static readonly Color Red = new Color(0x0000FF);
    public static readonly Color Green = new Color(0x00FF00);
    public static readonly Color Blue = new Color(0xFF0000);
    ...
}
```

当一个类型有大量的预定义实例，但在任何应用程序中所用到的实例都很少时，你
可能更倾向于使用只读属性。因为 .NET 运行时将同时初始化所有的静态字段，所以
具有大量预定义实例的类型会有可见的启动性能问题。当以属性形式暴露时，预定
义的值可以按需构建，比如下面的 System.Text.Encoding.UTF8 的值。

```
public static Encoding UTF8 {
    get {
        return _utf8Encoding ??= new UTF8Encoding();
    }
}
```

> ■■ **JEREMY BARTON** 尽管上述示例中的 Color.Red 是 static readonly 字段，
> 但真实的 System.Drawing.Color.Red 是只读属性。对于像 Color 这样的值类型
> 来说，使用具有默认值的自动属性，与 JIT 内联调用之后的字段有一样的性能。
>
> ```
> public static Color Red { get; } = new Color(0x0000FF);
> ```

✗ **DON'T** 不要将可变类型的实例分配给公开的或受保护的 readonly 字段。

可变类型是这样一种类型，其实例在实例化后可以被修改。例如，数组、大多数集
合和流都是可变类型，但 System.Int32、System.Uri 和 System.String 都是
不可变的。引用类型字段上的 readonly 修饰符可以防止存储在字段中的实例被替
换，但并不能防止调用成员修改字段的实例数据。下面的例子展示了如何修改一个
对象的 readonly 字段的值。

```
public class SomeType {
    public static readonly int[] Numbers = new int[10];
}
...
SomeType.Numbers[5] = 10; // 改变了数组中的值
```

> ■ **JOE DUFFY** 这里展示的真正的区别是深不可变性与浅不可变性的区别。深不可变的类型是指其字段都是 readonly 类型，而且每个字段的类型本身也是深不可变的，这就保证了整个对象结构是完全不可变的。虽然深不可变性肯定是最有用的一种，但浅不可变性也是有用的。这条准则是想让你知道，不要认为你已经暴露了一个深不可变的对象，而事实上它是浅不可变的，然后在编写代码时，错误地假设整个结构是不可变的。

5.6 扩展方法

扩展方法是一种语言特性，它允许你使用实例方法调用语法来调用静态方法。这些方法必须接收至少一个参数，它代表了该方法要操作的实例。例如，在 C# 中，你可以通过在第一个参数上放置 this 修饰符来声明扩展方法。

```
public static class StringExtensions {
    public static bool IsPalindrome(this string s){
        ...
    }
}
```

该扩展方法可以这样被调用：

```
if("hello world".IsPalindrome()){
    ...
}
```

定义这种扩展方法的类必须被声明为静态类。要使用扩展方法，必须导入定义了包含扩展方法的类的命名空间。

✘ AVOID 避免草率地定义扩展方法，特别是在你的库或框架之外的类型上。

如果你拥有一个类型的源代码，则可以考虑使用常规的实例方法来代替扩展方法。

如果你不拥有该类型，但你想添加一个方法，则要非常小心。对于那些本身就不具备这些方法的类型，滥用扩展方法有可能会使 API 变得混乱。

另外，需要考虑的是，扩展方法是一种编译时特性，并不是所有语言都提供了对它的支持。对于那些使用不支持扩展方法的语言的调用者来说，他们将不得不使用常规的静态方法调用语法来调用你的扩展方法。

当然，在某些情况下，应该采用扩展方法。对于这些情况，会在接下来的准则中进行概述。

■ BRIAN PEPIN　在为 Visual Studio 实现 WPF 设计器时，我们谨慎地使用了扩展方法。在我们的代码中，有很多地方需要根据为 XAML 定义的某些属性的值来识别属性。例如，可以通过在类型上寻找 ContentPropertyAttribute 来识别控件的内容属性，然后使用该属性的值来寻找类型上的属性。到处都有这样的代码是很麻烦的，所以我们给 Type 实现了一套内部扩展方法来做这些工作。

```
internal static class XamlTypeExtensions {
    internal static PropertyInfo GetContentProperty(this Type source) {
        var attrs = source.GetCustomAttributes(typeof
                                   (ContentPropertyAttribute), true);
        if (attrs.Length > 0) {
            return source.GetProperty((((ContentPropertyAttribute)
                                   attrs[0]).Name);
        }

        return null;
    }
}
```

将这些类型的操作集中在一组内部扩展方法中，使我们的代码更加简洁，并允许我们在一个地方统一优化其实现。

✓ **CONSIDER**　建议使用扩展方法提供与接口的每个实现相关的帮助器功能。

使用该准则的典型例子是 System.Linq 命名空间。在 System.Linq.Enumerable 上定义的方法——如 Select、OrderBy、First 和 Last——都能够在任意的 IEnumerable<T> 实现上使用，并且与任意的 IEnumerable<T> 实例关联。

Enumerable 类上的许多方法都做了运行时类型检查，以使用更高效的实现。例如，IList<T> 有一个位置索引器和一个 Count 属性，所以 Last 方法可以调用该属性来执行，比对 IEnumerable<T> 中的所有元素执行 foreach 要快得多。这突出了使用扩展方法实现接口功能的主要缺点——缺乏多态性。如果多态性是使帮助器功能实用的必要条件，那么通过扩展方法提供功能只会让你的用户获得糟糕的体验。

■ RICO MARIANI　这条准则的价值怎么强调都不过分。扩展方法为你提供了一种方法，使你不仅可以给接口提供一个默认实现，而且可以给接口提供你所需的多个实现，你可以在它们之间进行选择，只需通过 using 将正确的命名空间引入词法范围即可。然而，这很容易被滥用，就像 C++ 中复杂的 #include 组合会使最终的代码难以阅读一样。

这种为类添加功能的方式的另一个有趣的特点是，出于性能的考虑，你有可能故意将同一个类的（扩展）方法分割到不同的程序集中。再强调一下，请不要轻易这样做，否则可能会造成极大的混乱。

这也是为什么我喜欢不断地引用蜘蛛侠的一句话："有了强大的力量，就有了巨大的责任"。

✓ **CONSIDER** 当实例方法会引入不必要的依赖时，建议使用扩展方法。

例如，最初引入 ReadOnlySpan<T> 类型时，它在一个独立的库中。与其等待时机，让 String 依赖 ReadOnlySpan<char> 的 AsSpan() 方法，并且这些类型之间保持很强的依赖性，不如把 String 的 AsSpan 方法写成定义 ReadOnlySpan<T> 的库中的扩展方法。

✓ **CONSIDER** 当一个泛型类型上的实例方法对所有可能的类型参数都没有很好地定义时，建议选择使用泛型扩展方法。

例如，一个整数集合对于 GetMinimumValue 这样的方法可以有很明确的行为定义，但是当集合中包含 HttpContext 值时，该方法就不那么好定义了。通过使用泛型扩展方法，GetMinimumValue 方法可以指定比一般集合类型更具限制性的类型约束。

```
// 该集合类型没有类型限制
public class SomeCollection<T> { ... }

// 非泛化的扩展类
public sealed class SomeCollectionComparisons {
    // 该方法只有当集合中的元素为可比较的值时才生效
    public static T GetMinimumValue<T>(
        this SomeCollection<T> source) where T : IComparable<T> {
        ...
    }
}
```

除了利用泛型约束来限制适用的类型，有些方法只有在特定的泛型实例上才有意义，例如 ReadOnlySpan<char> 的 IsWhiteSpace 方法。

```
public static bool IsWhiteSpace(this ReadOnlySpan<char> span) {...}
```

✓ **DO** 当扩展方法中的 this 参数为 null 时，要抛出 ArgumentNullException 异常。

在 C#和其他一些语言中，扩展方法只是加了一些额外的"语法糖"的静态方法，它们应该像其他方法一样执行参数验证。根据 7.3.5 节中关于 NullReferenceException

的准则，永远不应该从一个可公开调用的方法中抛出 NullReferenceException 异常，这也适用于扩展方法，即使是以"实例"语法调用的。

默默地对 null 输入进行操作，并且完全不抛出异常，这通常会让调试程序中"不可能"状态的开发人员感到困惑——而实际上失败的代码"显然"是无法到达的，因为如果这是一个 null 值，前一条语句就应该抛出异常。即便该方法作为一个简单的静态方法，在输入为 null 的情况下也能正常执行，但是一旦添加了 this 修饰符，该方法就应该在第一个参数为 null 时抛出异常。

```
// 它应该抛出 ArgumentNullException 异常
SomeExtensions.SomeMethod(null);

// 在运行时这是等价的
// 所以它应该抛出同样的异常
((SomeType)null).SomeMethod();
```

✖ **AVOID** 避免为 System.Object 定义扩展方法。

VB 用户将无法在 Object 引用上使用扩展方法语法，因为 VB 不支持调用这类方法。在 VB 中，将一个引用声明为 Object，则它的所有方法调用都会被强制为后期绑定（实际调用的成员是在运行时确定的），而对扩展方法的绑定是在编译时确定的（早期绑定）。例如：

```
// C# 声明了扩展方法
public static class SomeExtensions{
    static void SomeMethod(this object o){...}
}

' VB 将无法编译，因为 VB.NET 不支持调用
' Object 引用类型上的扩展方法
Dim o As Object = ...
o.SomeMethod();
```

VB 用户将不得不使用常规的静态方法调用语法。

```
SomeExtensions.SomeMethod(o)
```

请注意，本准则适用于存在相同绑定行为或不支持扩展方法的其他语言。

✔ **CONSIDER** 建议合理命名持有其功能的扩展方法的类型——例如，用"Routing"代替"[ExtendedType]Extensions"。

换句话说，像设计其他静态类一样设计存放扩展方法的静态类；然后在适当的时候，让一些方法成为扩展方法。

这样就能在没有扩展语法的语言中获得更好的体验，即使不能使用扩展语法，也能

让静态类成为使用相关方法的正确选择。

```
// 错误: 该类具有太多的意图
public static class SomeCollectionExtensions {
    public static T GetMinimumValue<T>(
        this SomeCollection<T> source) where T : IComparable<T> { ... }

    public static T GetMaximumValue<T>(
        this SomeCollection<T> source) where T : IComparable<T> { ... }

    public static SomeCollection<TNested> Flatten(
        this SomeCollection<TOuter> source)
        where TOuter : IEnumerable<TNested> { ... }
}

// 正确: 这些类每个都只具有一个意图
public static class SomeCollectionComparisons {
    public static T GetMinimumValue<T>(
        this SomeCollection<T> source) where T : IComparable<T> { ... }
    public static T GetMaximumValue<T>(
        this SomeCollection<T> source) where T : IComparable<T> { ... }
}

public static class SomeCollectionNestedOperations {
    public static SomeCollection<TNested> Flatten(
        this SomeCollection<TOuter> source)
        where TOuter : IEnumerable<TNested> { ... }
}
```

▪ **ANTHONY MOORE** 许多开发人员都喜欢扩展方法的强大和表现力, 并试图以明显违背这些准则的方式来使用它们。在很多方面, 这似乎很像 C++ 早期的运算符重载, 最初人们大力地、"创造性"地使用运算符来处理反直觉的情况, 在语言的运行时库中也是如此。

随着时间的推移, 痛定思痛, 运算符重载成为很多使用 C++ 的公司全面禁止的功能之一。它以牺牲代码未来的透明度为代价来节省一些敲键盘的时间, 但是代码被阅读的次数比被编写的次数要多得多。在接口或分层的场景之外使用扩展方法, 与这种情况非常相似。

例如, 在使用扩展方法来实现 API 的方面, 我有过一些糟糕的经历。在一个多语言项目中, 我发现, 在一种语言中非常直观且令人愉悦的对象模型, 在不支持扩展方法的语言中却很尴尬。我还曾被类型的实例所误导, 因为一些本地代码向实例中注入了扩展方法。

请谨慎使用扩展方法。

✗ DON'T 不要把扩展方法放在与扩展类型相同的命名空间中，除非是出于给接口添加方法、泛型类型限制，或者依赖管理等原因。

当然，就依赖管理而言，带有扩展方法的类型会位于不同的程序集中。

✗ AVOID 避免定义两个或多个具有相同签名的扩展方法，即使它们位于不同的命名空间中。

例如，如果两个不同的命名空间对同一个类型定义了相同的扩展方法，那么就不可以在同一个文件中导入这两个命名空间。如果其中一个方法被调用，编译器的报告就会含糊不清。

```
namespace A {
    public static class AExtensions {
        public static void ExtensionMethod(this Foo foo){...}
    }
}

namespace B {
    public static class BExtensions {
        public static void ExtensionMethod(this Foo foo){...}
    }
}
```

■ **RICO MARIANI** 可以有理由地违背该准则。例如，有一个框架，开发者可以选择

```
using SomeType.Routing.SpeedOptimized;
```

或者

```
using SomeType.Routing.SpaceOptimized;
```

在这种情况下，两个命名空间可能提供了相同的服务，开发者只需要选择他们想要使用的那一个就可以了。

这里的关键是，对于扩展的给定的消费者来说，代码存在自然的互斥，这样就可以避免歧义。如果你试图同时使用这两个命名空间，编译报错会使你意识到代码中存在冲突。

■ **MIRCEA TROFIN** 当同时使用多个第三方库时，可能会出现这种情况。要解决这个问题，可以在文件中只导入其中一个定义了类型扩展方法的命名空间，对于在不同的命名空间中针对相同的类型定义的扩展方法，可以使用完全限定的静态方法

```
调用。

    using A;
    ...
    T someObj = ...
    someObj.ExtentionMethod(); // 这将调用 AExtensions.ExtensionMethod
    // 为了避免编译错误,
    // 我们显式调用在命名空间 B 中定义的扩展方法
    B.BExtensions.ExtensionMethod(someObj);
```

✓ **CONSIDER** 如果类型是一个接口,并且扩展方法在大多数或所有情况下都会被使用,建议在与扩展类型相同的命名空间中定义扩展方法。

✓ **CONSIDER** 当类型是泛型,并且扩展方法比扩展类型应用了更强的类型参数限制时,建议在与扩展类型相同的命名空间中定义扩展方法。

下面的例子使用扩展方法为 `ReadOnlyMemory<char>` 提供了一个 `Trim` 方法,而没有为所有的 `ReadOnlyMemory<T>` 类型定义它。

```
public partial struct ReadOnlyMemory<T> { ... }

public static partial class MemoryExtensions {
    public static ReadOnlyMemory<char> Trim(
        this ReadOnlyMemory<char> memory) { ... }
}
```

该方法也适用于具有泛型限制的泛型方法。

```
public static partial class CollectionDisposer {
    public static void DisposeAll<T>(
        this List<T> list) where T : IDisposable { ... }
}
```

✗ **DON'T** 不要在通常与其他特性相关联的命名空间中定义实现特性的扩展方法。相反,应该在与其所属特性相关联的命名空间中定义它们。

类似于包含扩展方法定义的类的名称应该反映其功能的准则,选择定义类的命名空间要与功能相匹配,而不是基于它提供扩展方法的事实。

记住,不是所有的语言都能够使用扩展调用,要考虑使用静态方法调用的体验。

▪ **PHIL HAACK** 2.2.4.1 节涵盖了与命名空间分层相关的主题,我想其同样适用于扩展方法。

我见过的一种情况是把更高级或更深奥的功能放在一个单独的命名空间中。这样,对于核心场景来说,这些额外方法就不会"污染"API。知道命名空间的开发者,

> 或者需要这些另类场景的开发者，可以添加命名空间，获得对这些额外方法的访问权。当然，这样做的缺点是会导致 API 被"隐藏"，不太容易被开发者发现。

5.7　运算符重载

运算符重载可以使框架类型看起来像语言内置的基础类型一样。下面的代码片段展示了由 System.Decimal 所定义的一些重要运算符重载。

```
public struct Decimal {
    public static Decimal operator+(Decimal d);
    public static Decimal operator-(Decimal d);
    public static Decimal operator++(Decimal d);
    public static Decimal operator--(Decimal d);
    public static Decimal operator+(Decimal d1, Decimal d2);
    public static Decimal operator-(Decimal d1, Decimal d2);
    public static Decimal operator*(Decimal d1, Decimal d2);
    public static Decimal operator/(Decimal d1, Decimal d2);
    public static Decimal operator%(Decimal d1, Decimal d2);
    public static bool operator==(Decimal d1, Decimal d2);
    public static bool operator!=(Decimal d1, Decimal d2);
    public static bool operator<(Decimal d1, Decimal d2);
    public static bool operator<=(Decimal d1, Decimal d2);
    public static bool operator>(Decimal d1, Decimal d2);
    public static bool operator>=(Decimal d1, Decimal d2);

    public static implicit operator Decimal(int value);
    public static implicit operator Decimal(long value);
    public static explicit operator Decimal(float value);
    public static explicit operator Decimal(double value);
    ...
    public static explicit operator int(Decimal value);
    public static explicit operator long(Decimal value);
    public static explicit operator float(Decimal value);
    public static explicit operator double(Decimal value);
    ...
}
```

虽然在某些情况下运算符重载是允许的，其本身也很有用，但是应该谨慎使用。运算符重载经常被滥用，例如，有些操作本应是简单的方法，但是框架设计者却使用了运算符重载。下面的准则可以帮助你决定何时以及如何使用运算符重载。

> ■ CHRIS SELLS　运算符重载不会在 IntelliSense 中展示出来，所以对于大多数开发人员来说，它们是"不存在的"。在你进行复杂的练习来确保你的运算符与内置类型上的运算符具有一样的行为表现前，请首先记住这一点。

> ■ **KRZYSZTOF CWALINA** 在通常情况下，重载可以被理解为一个类型定义了一个以上名称相同但参数不同的成员。就运算符而言，尽管一个类型上可能只有一个这样的运算符成员，但它们被认为是重载的。这个术语可能会让人很迷惑，但这个看似让人迷惑的名称是有原因的。
>
> 当一个成员的添加意味着编译器除了使用成员名称，还必须使用参数列表来确定应该调用哪个成员时，就会发生重载。举例来说，当你在自定义类型中添加了一个 operator+ 时，编译器必须知道接下来调用的参数类型（操作数），才能知道需要调用哪个运算符。
>
> ```
> public struct BigInteger {
>     public static BigInteger operator+(
>         BigInteger left, BigInteger right) { ... }
> }
> ...
> // 如果 x 和 y 都是 BigInteger 类型，就会调用上面定义的运算符
> object result = x + y;
> ```

✗ **AVOID** 避免定义运算符重载，除非该类型感觉上就像基础（内置）类型。

✓ **CONSIDER** 建议为感觉上像基础类型的类型定义运算符重载。

  例如，System.String 定义有 operator== 和 operator!=。

✓ **DO** 要为代表数字的结构体定义运算符重载（例如 System.Decimal）。

✗ **DON'T** 不要为了耍酷去定义运算符重载。

  运算符重载在操作结果一目了然的情况下非常有用。例如，用一个 DateTime 减去另一个 DateTime 并得到一个 TimeSpan 是合理的。但是，使用逻辑与运算符来合并两个数据库查询，或者使用位移运算符来写入流都是不合适的。

✗ **DON'T** 除非至少有一个操作数的类型就是定义了重载的类型，否则不要提供运算符重载。

  换句话说，运算符应该在定义它们的类型上操作。C# 编译器强制执行这一准则。

```
public struct RangedInt32 {
    public static RangedInt32 operator-(RangedInt32 left, RangedInt32 right);
    public static RangedInt32 operator-(RangedInt32 left, int right);
    public static RangedInt32 operator-(int left, RangedInt32 right);

    // 下面这行违背了该准则的代码，事实上在 C# 中将无法编译
    // public static RangedInt32 operator-(int left, int right);
}
```

✓ **DO** 要对称地重载运算符。

例如，如果你重载了 operator==，则也应该重载 operator!=。同样地，如果你重载了 operator<，则也应该重载 operator>。依此类推。

> ■ **RICO MARIANI** 更一般地说，如果你还没有定义一组完整的重载（因为也许它们并不都是合理的），那么很有可能运算符重载并不是用来表达该类的最佳方式。记住，在方法调用中使用较少的字符并不是有效的加分项。

✓ **DO** 要给每个重载运算符提供相应的、具有友好名称的方法。

许多语言都不支持运算符重载。出于这个原因，建议为包含重载运算符的类型再提供一个合适的、具有特定领域名称的次要方法，用于提供等价的功能。运算符方法一般是通过调用具名方法来实现的，特别是当具名方法是虚方法时。下面的例子说明了这一点。

```
public struct DateTimeOffset {
    public static TimeSpan operator-(
        DateTimeOffset left, DateTimeOffset right)
        => left.Subtract(right);

    public TimeSpan Subtract(DateTimeOffset value) { ... }
}
```

表 5.1 列出了 .NET 中的运算符及其相应的友好的方法名称。

表 5.1　运算符及其相应的方法名称

C# 运算符符号	元数据名称	友好的名称
N/A	op_Implicit	To<TypeName> / From<TypeName>
N/A	op_Explicit	To<TypeName> / From<TypeName>
+（二元）	op_Addition	Add
-（二元）	op_Subtraction	Subtract
*（二元）	op_Multiply	Multiply
/	op_Division	Divide
%	op_Modulus	Mod 或 Remainder
^	op_ExclusiveOr	Xor
&（二元）	op_BitwiseAnd	BitwiseAnd
|	op_BitwiseOr	BitwiseOr
&&	op_LogicalAnd	And
||	op_LogicalOr	Or
=	op_Assign	Assign

续表

C# 运算符符号	元数据名称	友好的名称
<<	op_LeftShift	LeftShift
>>	op_RightShift	RightShift
N/A	op_SignedRightShift	SignedRightShift
N/A	op_UnsignedRightShift	UnsignedRightShift
==	op_Equality	Equals
!=	op_Inequality	Equals
>	op_GreaterThan	CompareTo
<	op_LessThan	CompareTo
>=	op_GreaterThanOrEqual	CompareTo
<=	op_LessThanOrEqual	CompareTo
*=	op_MultiplicationAssignment	Multiply
-=	op_SubtractionAssignment	Subtract
^=	op_ExclusiveOrAssignment	Xor
<<=	op_LeftShiftAssignment	LeftShift
%=	op_ModulusAssignment	Mod
+=	op_AdditionAssignment	Add
&=	op_BitwiseAndAssignment	BitwiseAnd
|=	op_BitwiseOrAssignment	BitwiseOr
,	op_Comma	Comma
/=	op_DivisionAssignment	Divide
--	op_Decrement	Decrement
++	op_Increment	Increment
-（一元）	op_UnaryNegation	Negate
+（一元）	op_UnaryPlus	Plus
~	op_OnesComplement	OnesComplement

5.7.1　重载 operator==

Operator== 的重载相当复杂。该运算符的语义需要和其他几个成员保持一致，例如 Object.Equals。与该主题相关的更多信息，请参考 8.9.1 节和 8.13 节。

5.7.2　转换运算符

转换运算符是一元运算符，允许将一种类型转换成另一种类型。该运算符必须被定义成被转换类型或目标类型上的静态成员。有两类转换运算符：隐式的和显式的。

```
public struct RangedInt32 {
    public static implicit operator int(RangedInt32 value){ ... }
    public static explicit operator RangedInt32(int value) { ... }
    ...
}
```

✕ DON'T 如果终端用户没有明确地期望这种转换，则不要提供转换运算符。

理想的情况应该是，你有用户研究数据表明这种转换是用户期望的，或者有先有技术的例子表明需要类似的转换。

✕ DON'T 不要在类型领域外定义转换运算符。

例如，Int32、Int64、Double 和 Decimal 都是数字类型，而 DateTime 不是，所以不应该有转换运算符将 Int64（长整型）转换成 DateTime 类型。在这种情况下，使用构造函数会更合适。

```
public struct DateTime {
    public DateTime(long ticks){ ... }
}
```

✕ DON'T 如果转换可能是有损的，则不要使用隐式转换运算符。

例如，不应该使用隐式类型转换将 Double 转换成 Int32，因为 Double 比 Int32 位数长。如果转换可能是有损的，则应该使用显式转换运算符。

✕ DON'T 如果转换需要依赖复杂的工作，则不要提供隐式转换运算符。

由于隐式类型转换在调用代码中通常是不可见的，在阅读代码时，该方法的可能的性能开销将会被隐藏。如果一个转换需要远超一般常量时间下的开销，则它应该通过具名方法暴露给用户。

✕ DON'T 不要在隐式类型转换中抛出异常。

对于终端用户来说，很难让他们明白发生了什么，因为他们可能根本意识不到发生了隐式类型转换。

> ■ **STEPHEN TOUB** 从性能开销的角度来看，隐式类型转换也应该避免空间分配或其他不一般的操作。就如开箱一样，隐式类型转换的开销很大，很有可能开发者会在毫不知情的情况下导致这些开销。

✓ DO 如果对强制转换运算符的调用导致有损转换，并且转换协议不允许有损转换，则抛出 System.InvalidCastException 异常。

```
public static explicit operator RangedInt32(long value) {
    if (value < Int32.MinValue || value > Int32.MaxValue) {
```

```
        throw new InvalidCastException();
    }
    return new RangedInt32((int)value, Int32.MinValue, Int32.MaxValue);
}
```

5.7.3 比较运算符

比较运算符（<、<=、>、>=）允许我们用代码书写简明的数学表达式。在自定义类型上这些运算符的使用应该与内置运算符保持一致。严格的比较运算符（!=）非常特别地和相等运算符（==）关联在一起，在 8.13 书中将一起进行讨论。

✓ **DO** 要仅为实现 `IComparable<T>` 的类型实现比较运算符。

✓ **DO** 要保证比较运算符的实现与 `IComparable<T>` 的实现保持一致。

因为 `IComparable<T>` 和比较运算符扮演的是相似的角色,任何定义了这些运算符的类型都自动具有该接口的基本实现。

```
public static bool operator <(SomeType left, SomeType right) =>
    left.CompareTo(right) < 0;
```

✓ **DO** 要为实现 operator<和 `IEquatable<T>`的类型实现 operator<=。

当"小于"和"等于"都被定义好时，也应当定义好"小于或等于"。

✓ **DO** 要为自定义的比较运算符返回布尔值。

✓ **DO** 要确保比较运算符与其相应的数学属性保持一致。

自定义比较运算符的行为应该与其在内置数字类型上的行为一致。

- *传递属性*：如果 a < b, b < c，则 a < c。
- *逆转属性*：如果 a < b，则 b > a。
- *非自反属性*：如果 a < a 是 false，则 a > a 也是 false。
- *非对称属性*：如果 a < b 是 true，则 b < a 是 false。

遵循这一准则，可以让开发者在使用你的运算符编写代码时，而且他们的审核人员在阅读代码时，可以像使用内置数字类型一样运用相同的分析逻辑。

将比较运算符用于投影图，或者用于数学概念上的布尔比较以外的任何目的，都会使代码更难以理解。

```
// 在这里，几乎每个人都会认为 x 是布尔类型
// 因此，它应该适用于你定义的任何比较运算符
var x = a < b;
```

✗ **AVOID** 避免为不同的类型定义比较运算符。

根据比较运算的逆转属性,如果任何 a < b 返回 true,则 b > a 也应该返回 true。

因此，为了保证比较行为的一致，你需要定义 ThisType < ThatType 和 ThatType > ThisType。根据非对称属性，以及要对称实现运算符的准则，你也必须定义 ThisType > ThatType 和 ThatType < ThisType。根据传递属性，你不得不定义 ThisType > ThisType 和 ThisType < ThisType（如果你还没有这么做的话）。最终，根据实现 IComparable<T> 的准则，ThisType 和 ThatType 都应该是对方及其自身的 IComparable<T> 实现。为了满足上述所有条件，ThisType 和 ThatType 只可能是相同的汇编类型。

相较于实现 6 种不同的运算符（如果支持 <= 的话，则需要更多），对于两个接口和两个方法，可以考虑使用转换运算符（见 5.7.2 节），或者使用可以将一个类型转换成另一个类型的属性或方法。例如，DateTimeOffset 和 DateTime 可以通过下面的方式进行比较：

```
DateTimeOffset a = GetDateTimeOffset();
DateTime b = GetDateTime();
// 可以成功编译且行为与预期的一致
if (a < b) {
   ...
}
```

DateTimeOffset 并没有定义 operator< 与 DateTime 进行比较，但是它具有一个隐式转换运算符，可以将 DateTime 转换成 DateTimeOffset 以及 operator<来比较两个 DateTimeOffset 值。

```
public partial struct DateTimeOffset {
   public static implicit operator DateTimeOffset(DateTime dateTime) {...}

   public static operator <(DateTimeOffset left, DateTimeOffset right){...}
}
```

DateTimeOffset 值也可以通过使用 DateTimeOffset.UtcDateTime 属性与 DateTime 值进行比较。

```
public partial struct DateTimeOffset {
   public DateTime UtcDateTime { get { ... } }
}
```

5.8　参数设计

本节为参数设计提供了大量的准则，甚至包括参数检查的相关准则。此外，你应该参考第 3 章中有关参数命名的准则。

✓**DO** 要使用能提供成员所需功能的最小派生参数类型。

例如，假设你想要设计一个方法来遍历一个集合，然后将它的每一个元素打印到控制台。该方法应该使用 IEnumerable<T> 作为参数，而不是 List<T> 或 IList<T>。示例如下：

```
public void WriteItemsToConsole(IEnumerable<object> items) {
    foreach(object item in items) {
        Console.WriteLine(item.ToString());
    }
}
```

在该方法中，不需要使用任何 IList<T> 特定的成员。使用 IEnumerable<T> 作为参数，允许任何终端用户传入仅实现了 IEnumerable<T> 的集合，而非实现了 IList<T> 的集合。

▪ **RICO MARIANI** 接口并不是一切。如果你的算法需要一个更特别的类型来获得不错的性能，那么假装只需要基类型是没有意义的。最好把你的需求说清楚——要得到设计行为所需的类型。同样，如果你的方法需要某些由子类型所提供的线程安全或安全特性，就在接口协议中坚持这些特性。允许用户进行不起作用的调用毫无意义。

✗**DON'T** 不要使用保留参数。

如果一个成员在后续版本中需要更多的参数，则可以添加新的重载。例如，像下面的代码一样使用保留参数是不好的行为。

```
public void Method(SomeOption option, object reserved);
```

更佳的方式是在后续版本中添加新的重载，如下所示：

```
public void Method(SomeOption option);
```

```
// 在后续版本中添加
public void Method(SomeOption option, string path);
```

✗**DON'T** 不要在公开暴露的方法中使用指针、指针数组或多维数组作为参数。

指针和多维数组相对来说很难被正确地使用。在绝大多数情况下，API 都可以避免采用这些类型作为参数。

▪ **RICO MARIANI** 有时人们会尝试做这类事情来榨取更好的性能。请记住，即使这样做速度很快，但如果几乎不可能被用户正确使用，也无法帮助到任何人。

✓**DO** 要将所有的 out 参数放到按值传递的参数和 ref 参数的后面（除参数数组之外），即使这会导致重载的参数顺序不一致（见 5.1.1 节）。

out 参数可以被看作额外的返回值，将它们聚合到一起可以使方法签名更易理解。例如：

```
public struct DateTimeOffset {
    public static bool TryParse(string input, out DateTimeOffset result);
    public static bool TryParse(string input, IFormatProvider
formatProvider, DateTimeStyles styles, out DateTimeOffset result);
}
```

✓**DO** 在覆写成员或实现接口成员时，要保持参数命名的一致。

这样可以更好地传达方法之间的关系。

```
public interface IComparable<T> {
    int CompareTo(T other);
}

public class Nullable<T> : IComparable<Nullable<T>> {
    // 正确
    public int CompareTo(Nullable<T> other) { ... }
    // 错误
    public int CompareTo(Nullable<T> nullable) { ... }
}

public class Object {
    public virtual bool Equals(object obj) { ... }
}

public class String {
    // 正确; 基本方法的参数名称是 'obj'
    public override bool Equals(object obj) { ... }
    // 错误; 参数名称应该是 'obj'
    public override bool Equals(object value) { ... }
}
```

5.8.1 在枚举参数和布尔参数之间选择

一个框架设计者经常必须决定什么时候使用枚举、什么时候使用布尔来作为参数。一般来说，如果使用枚举可以提高客户端代码的可读性，尤其是在常用的 API 中，则倾向于使用枚举。如果使用枚举会增加不必要的复杂性，且实际上会损害可读性，或者如该 API 很少被使用，则可以使用布尔来代替。

✓**DO** 当成员可能具有两个或更多的布尔参数时，要使用枚举。

在图书、文档、源码评审中，枚举的可读性更强。例如，看下面的方法调用：

```
Stream stream = File.Open("foo.txt", true, false)
```

该调用没有给读者提供任何上下文来理解其中 `true` 和 `false` 的含义。如果使用枚举，该调用将更加可用。例如：

```
Stream stream = File.Open("foo.txt", CasingOptions.CaseSensitive,
    FileMode.Open);
```

> ■ **ANTHONY MOORE**　有人问，为什么我们对整数、浮点数等类型没有设置类似的准则？我们是否也应该想办法给它们"命名"呢？数字类型和布尔值之间有很大的区别。你几乎总是使用常量和变量来传递数值，因为这是很好的编程实践，你不会希望使用"魔数"。然而，如果你看一看现实中的源代码，就会发现布尔值几乎从来不会被这样使用。在 80% 的情况下，布尔参数都是作为一个字面常量进行传递的，它的目的是打开或关闭一个行为。当然，我们也可以尝试建立这样一条编码准则，即永远不允许将一个字面值传递给方法或构造函数，但我个人认为这并不实用。我显然不想预先为每一个需要传入的布尔参数定义一个常量。

> ■ **JON PINCUS**　比如前面第一个例子中的方法，是具有两个布尔参数的方法，如果开发者在无意中交换了参数，编译器和静态分析工具将无法帮助你发现这个错误。即使只有一个参数，我也倾向于相信使用布尔参数更容易出错——让我们想一想，`true` 在这里是大小写敏感的还是大小写不敏感的？

> ■ **STEVEN CLARKE**　我过去不得不处理的关于布尔参数的最糟糕的例子是 MFC 中的 `CWnd::UpdateData` 方法。它需要一个布尔参数来表明一个对话框是否正在被初始化或数据正在被检索。每次调用这个方法时，我总是要查找文档看应该传递 `true` 还是 `false` 给它。同样地，每次我读到调用该方法的代码时，我都要查一下它的含义。

> ■ **STEPHEN TOUB**　该准则是在 C# 支持函数调用者使用参数名称前写下的。诚然，代码
>
> ```
> Stream stream = File.Open("foo.txt", true, false)
> ```
>
> 没有提供上下文来让读者明白这些布尔参数的含义。但是在代码

```
File.Open("foo.txt", caseSensitive: true, create: false);
```
中，参数名称使其含义更加清楚。我仍然认同该一般准则，但是违背它的后果已经不
像以前那么糟糕了。

✗ DON'T 不要使用布尔参数，除非你百分之百确定该参数不会需要两个以上的值。
枚举给你提供了一些在未来添加值的空间，但是你应该认识到向枚举中添加新值的
所有影响，如 4.8.2 节所述。

■ **BRAD ABRAMS** 我们在框架中看到了几个地方，我们在一个版本中添加了一个
布尔值，而在下一个版本中被迫添加了另一个布尔值选项，它本该是一个可预见的变
化。不要让这种情况发生在你身上：如果将来有可能需要提供更多的选项，那么从现
在就开始使用枚举吧。

✓ CONSIDER 建议在参数真正只有两个状态或只是用来初始化布尔属性的情况下，
才在构造函数的参数中使用布尔值。

■ **ANTHONY MOORE** 对于映射到属性上的构造函数参数，有关该准则，一个有
意思的说明是，如果该值通常是在构造函数中设置的，那么最好使用枚举值；如果该
值通常是使用属性设置器设置的，则使用布尔值更好。这个思路帮助我们明确了一个
CodeDom 工作项，具体是在 CodeTypeReference 上增加 IsGlobal。在这种情况
下，应该使用枚举值，因为它通常是在构造函数中设置的，但 CodeTypeDeclaration
上的 IsPartial 属性应该是一个布尔值。

5.8.2 参数验证

对传递给成员的参数进行严格的检查，是现代可复用库中的一个不可或缺的要素。
虽然参数检查可能会对性能产生轻微的影响，但一般来说，终端用户愿意为更好的错误
报告付出相应的代价。如果参数在调用栈中尽可能高层级的位置得到验证，终端用户就
能得到更好的错误报告。

■ **RICO MARIANI** 对于我来说，这里的关键词是"调用栈中高层级的位置"。当验
证在调用栈中处于很低的层级时，函数所做的工作就很少了，以至于参数验证成了性

能的重要因素，甚至是主导因素。这时，它就是一个糟糕的买卖。在这种情况下，我倾向于让运行时抛出异常而不是进行预验证。在通常情况下，在比较函数以及哈希函数中——你可以预料到这些函数会被经常调用，而且有严格的要求。定期衡量性能，将有助于你发现堆栈中处于过低层级位置的任何验证。

✓ **DO** 要验证传递给公开成员、受保护成员或显式实现成员的参数。如果验证失败，则抛出 System.ArgumentException 或它的一个子类。

```
public class StringCollection : IList {
    int IList.Add(object item) {
        string str = item as string;
        if(str==null) throw new ArgumentNullException(...);
        return Add(str);
    }
}
```

请注意，实际的验证不一定发生在公开成员或受保护成员本身，它可以发生在较低层级的一些私有程序或内部程序中。关键点是，对暴露给终端用户的整个表面区域都要进行参数验证。

✓ **DO** 如果接收到一个 null 参数且成员本身不支持 null 参数，则要抛出 **ArgumentNullException** 异常。

✓ **DO** 要验证枚举参数。

不要假设枚举参数只会在枚举预先定义好的范围内。CLR 允许将任意整型值强制转换成枚举值，即使该值并没有在枚举中定义。

```
public void PickColor(Color color) {
    if(color > Color.Black || color < Color.White){
        throw new ArgumentOutOfRangeException(...);
    }
...
}
```

■ **VANCE MORRISON** 我不是那种总是验证 [Flags] 枚举的信徒。在通常情况下，你能做的事情就是确认"未使用"的标志没有被使用，但这也会让你的代码变得不必要的脆弱（现在添加新的标志位就是一种破坏性变更！）。你的代码会"自然"地忽略未使用的标志，我认为这是一个合理的语义。然而，如果某些标志的组合就是非法的，那么当然应该进行检查并抛出适当的错误。

✗ **DON'T** 不要使用 Enum.IsDefined 来验证有效枚举范围。

■ **BRAD ABRAMS**　Enum.IsDefined 其实有两个问题。首先，它加载了反射和一堆不常用的类型元数据，使它成为一个出奇昂贵的调用。其次，还会导致版本问题。考虑用另一种方式来验证枚举值。

```
public void PickColor(Color color) {
    // 下面的验证不正确
    if (!Enum.IsDefined (typeof(Color), color) {
        throw new InvalidEnumArgumentException(...);
    }

    // 问题：绝对不要传递负的颜色值
    NativeMethods.SetImageColor (color, byte[] image);
}

// 调用者
Foo.PickColor ((Color) -1); // 抛出 InvalidEnumArgumentException 异常
```

这看起来很不错，即使你知道这个（并不存在的）原生 API 在传递一个负的颜色值时会导致缓存区溢出。你知道这一点，是因为你知道枚举只定义了正值，而且你确信传递的任何值都是枚举中定义的值之一，对吗？嗯，只对了一半。你不知道在枚举中定义了什么值。在你写这段代码的时候检查是不够完备的，因为 IsDefined 在运行时会取出枚举的值。所以，如果后来有人给枚举添加了一个新值（比如 Ultraviolet = -1)，IsDefined 就会开始允许值 -1 通过。无论枚举是在与方法相同的程序集中定义的，还是在另一个程序集中定义的，这都是一样的。

```
public enum Color {
    Red = 1,
    Green = 2,
    Blue = 3,
    Ultraviolet = -1, // 该版本中引入的新值
}
```

现在，在相同的调用位置不再抛出异常。

```
// 导致 NativeMethods.SetImageColor() 缓存区溢出
PickColor ((Color) -1);
```

这个故事的寓意有两点。首先，当你在代码中使用 Enum.IsDefined 时要非常小心。其次，当你设计一个 API 来简化某一个问题时，要确保用来修复问题的版本不会比当前的问题更糟糕。

▪ **BRENT RECTOR** Enum.IsDefined 的开销出奇的大。然而，我认为当你想确定一个值是否等于枚举类型中的定义时，使用 Enum.IsDefined 是合适的——但这并不是前面的例子所要做的。

在前面的例子中，问题是在调用原生的 SetImageColor 方法之前必须满足一个条件，即 Color 参数不能是负值。正如 Brad 所提到的，在枚举类型中定义的值可能会在编译过程中发生变化。换句话说，对于在枚举类型中定义的值来说，适用于参数值的约束（必须不是负值）不一定会随着时间的推移而变化。因此，通过测试 Color 参数的值是否与枚举类型中的定义相匹配来验证 Color 参数不是负值，根本就不是正确的验证。

这是一个很好的例子，因为它展示了你是多么容易无意中滥用 Enum.IsDefined，所以要谨慎使用它。

✓ **DO** 要意识到可变参数可能在被验证之后发生改变。

如果成员对安全非常敏感，你最好先做一个副本，然后再验证和处理参数。

▪ **RICO MARIANI** 这是你可以有效利用 CLR 字符串是不可变对象这一事实的众多地方之一；在安全敏感的操作中不需要复制它们。

5.8.3 参数传递

从框架设计者的角度来看，主要有 4 组参数：按值传递的参数、ref 参数、in（ref readonly）参数和 out 参数。

当一个参数按值传递时，成员会收到实际传递进来的参数的副本。如果参数是值类型，则参数的副本被放在堆栈上；如果参数是引用类型，则引用的副本被放在堆栈上。大多数流行的 CLR 语言，如 C#、VB.NET 和 C++，默认按值传递参数。

```
public void Add (object value) {...}
```

▪ **PAUL VICK** 当迁移到 .NET 时，VB 将参数的默认按引用传递改为按值传递。我们之所以这样做，是因为绝大多数参数都是按值传递的，默认按引用传递意味着参数很容易产生无意的副作用。因此，默认按值传递是一个更安全的选择，这意味着选择按引用传递的语义是一个有意的，而非偶然的决定。

当一个参数通过 ref 参数传递时，成员会收到实际传递进来的参数的引用。如果参数是值类型，则参数的引用会被放在堆栈上；如果参数是引用类型，则将该引用的引用放在堆栈上。ref 参数可以允许成员修改调用者传递的参数。

```csharp
public static void Swap(ref object obj1, ref object obj2) {
    object temp = obj1;
    obj1 = obj2;
    obj2 = temp;
}
```

in 参数也被称作 ref readonly 参数，与"一般"的 ref 参数相似。它与 ref 参数最显著的区别是，其接收参数的方法不能重新为参数赋一个新值。对于引用类型来说，默认按引用传递和使用 in 参数修饰符没有功能上的区别——使用 in 参数会使所有成员的访问都变得更慢一些。对于值类型来说，方法不能为 in 参数的字段赋值，编译器会在调用方法或属性前防御性地复制参数，除非该类型、方法或属性访问器使用了 readonly 修饰符来声明（见 4.7 节）。这些防御性的副本确保调用方法不会直接或间接地修改调用者传入的值。

out 参数与 ref 参数相似，只有一些小小的区别。这类参数最初被认为是未赋值的，并且在被赋值之前不能在成员体中读取。而且，在成员返回之前，必须给该参数赋值。例如，下面的例子将无法编译，并产生编译器错误："使用了未赋值的 out 参数 'uri'"。

```csharp
public class Uri {
    public bool TryParse(string uriString, out Uri uri) {
        Trace.WriteLine(uri);
        ...
    }
}
```

■ **RICO MARIANI** out 与 ref 机制相同，但适用不同的（更强的）校验规则，因为编译器和运行时都有明确的意图。

✗ **AVOID** 避免使用 out 或 ref 参数，除非是在实现需要它们的模式中，如 Try 模式（见 7.5.2 节）。

使用 out 或 ref 参数需要使用者有使用指针的经验，能够理解值类型和引用类型的不同，以及知道如何处理多个返回值。此外，out 和 ref 参数之间的区别还没有被广泛理解。如果是为一般用户做框架设计，框架设计师不应该期待用户能掌握如何使用 out 或 ref 参数。

■ **ANDERS HEJLSBERG**　在通常情况下，我对在 API 中使用 ref 和 out 参数不太感冒。这样的 API 可组合性非常糟糕，迫使你声明临时变量。我更喜欢函数式的程序设计，在返回值中传递整个结果。

■ **BRIAN PEPIN**　如果你需要从一个调用中返回多条数据，就把这些数据封装到一个类或结构体中。例如，.NET 有一个 API 来执行控件的命中测试，它就返回一个 HitTestResult 对象。

■ **JASON CLARK**　泛型和 ref/out 参数的交互非常好。在通常情况下，用于 ref 调用的变量必须是完全匹配的类型，这可能会很不方便。但是，如果方法是用一个泛型参数来定义的，而这个泛型参数只约束了所需的基类型，那么派生类型的变量也就可以用于调用了。同时，编译器的推导使得调用者不会被方法的泛型语法所影响。这简直太棒了。

✖ **DON'T** 不要通过引用（ref 或者 in）来传递引用类型。

这条准则只有有限的例外，比如当一个方法可以用来交换引用时。没有理由传递一个带有 in 修饰符的引用类型（ref readonly 语义）。

```
public static class Reference {
    public void Swap<T>(ref T obj1, ref T obj2){
        T temp = obj1;
        obj1 = obj2;
        obj2 = temp;
    }
}
```

■ **CHRIS SELLS**　交换引用总是在这类讨论中出现，但我从大学到现在就没有正儿八经写过交换函数。除非你有非常强的理由，否则要避免使用 out 和 ref。

✖ **DON'T** 不要通过只读引用（in）来传递值类型。

通过只读引用传递值类型的主要好处是，减少当类型比较大时复制值的开销。根据值类型的准则，它们应该是很小的（见 4.2 节），所以在性能上收益是微不足道的。

相反，如果你的方法在一个 in 参数上读取一个属性或调用一个方法——在没有适当的 readonly 修饰符的前提下，你最终会不知不觉地付出代价。一旦编译器做了两个防御性的拷贝（如果类型很小，则做一个拷贝），现在，你的 API 就会因为修饰符导致性能损失，而非得到性能提升。

这种性能损失的风险，再加上一些 CLR 语言的按引用传递不那么令人愉快的语法，意味着你应该尽可能少（如果有的话）在公开的或受保护的方法中使用 in 修饰符。

> **▪ JEREMY BARTON** in 修饰符与大型结构一样，在私有代码或内部代码中都是有用的。在私有代码中可以发现这个修饰符的边缘情况和漏洞，并将其改为按值传递或"完整"的 ref。由于公开的（和受保护的）成员不能自由地将 in 改成 ref——或者将 in 改成按值传递——当性能测试要这样做时，我们建议不要在这类成员中使用 in 修饰符。

5.8.4 参数数量可变的成员

接收可变参数数量的成员通过提供一个参数数组来表示。例如，String 提供了下面的方法：

```
public class String {
    public static string Format(string format, object[] parameters);
}
```

使用者可以像下面这样调用 String.Format 方法：

```
String.Format("File {0} not found in {1}",
    new object[]{filename,directory});
```

将 C# 的 params 关键字添加到一个数组参数前面，将该参数改变为所谓的参数数组，并提供一个创建临时数组的捷径。

```
public class String {
    public static string Format(string format, params object[] parameters);
}
```

这么做可以让使用者直接通过在参数列表中传递数组元素来调用该方法。

```
String.Format("File {0} not found in {1}", filename, directory);
```

请注意，params 关键字只能被添加到参数列表中的最后一个参数上。

✓ **CONSIDER** 建议为数组类型的参数添加 params 关键字，前提是终端用户只会传递较少数量的数组元素。

如果在常见的场景中可能会传递很多元素，那么使用者可能无论如何都不会内联传递这些元素，在这种情况下就没有必要使用 params 关键字了。

> ▪ **BRIAN PEPIN** 在框架中，有多个地方我们没有这样去做，每当我不得不写一堆用于创建临时数组的代码时，我还是会感到很不爽。在很多情况下，我们可以在后续版本中添加 params 关键字，但在其他一些情况下，添加 params 关键字会使方法看起来变得模棱两可，而且这是一种破坏性变更。

✖ **AVOID** 避免使用参数数组，如果调用者的输入在大多数情况下都是数组的话。

例如，如果成员的参数类型是字节数组，那么现实中几乎不会通过传递单个字节来进行调用。出于这个原因，.NET 中的字节数组参数不使用 params 关键字。

✖ **DON'T** 如果接收参数数组的成员会修改这个数组，则不应该使用参数数组。

因为很多编译器在调用时都会将成员的参数变成一个临时数组，正由于数组可能是一个临时对象，因此任何对数组的修改最终都会丢失。

✓ **CONSIDER** 建议在简单的重载中使用 params 参数，尽管在更复杂的重载中可能无法使用。

问一下自己，用户是否会希望在一个重载中拥有参数数组，即使它不存在于所有的重载中。参考下面的重载方法：

```
public class Graphics {
    FillPolygon(Brush brush, params Point[] points) { ... }
    FillPolygon(Brush brush, Point[] points, FillMode fillMode) {
        ...
    }
}
```

第二个重载的数组参数不是参数列表中的最后一个参数，所以不能使用 params 关键字。这并不代表不应该在第一个重载中使用 params 关键字，在第一个重载中，数组参数是最后一个参数。如果第一个重载使用得更频繁，用户应该会感激你添加了该关键字。

✓ **DO** 要尝试调整参数顺序，以便于更好地使用 params 关键字。

细想 PropertyDescriptorCollection 的以下重载：

```
Sort()
Sort(IComparer comparer)
Sort(string[] names, IComparer comparer)
Sort(params string[] names)
```

由于第三个重载的参数顺序原因，其失去了使用 params 关键字的机会。它的参数顺序应该做如下调整，以使得后面的两个重载都可以使用这个关键字。

```
Sort()
Sort(IComparer comparer)
Sort(IComparer comparer, params string[] names)
Sort(params string[] names)
```

✓ **CONSIDER** 建议为少数参数提供特殊的重载和代码路径，用于那些对性能极其敏感的 API 调用中。

这样就可以避免在调用 API 时为少数参数创建数组对象。可以采用数组参数名称的单数形式，并为其添加数字后缀来命名各个参数。

```
void Format (string formatString, object arg1)
void Format (string formatString, object arg1, object arg2)
...
void Format (string formatString, params object[] args)
```

只有当你打算将整个代码路径作为特殊情况处理时，才应该这样做，而不是仅仅创建一个数组并调用更通用的方法。

> ■ **RICO MARIANI** 如果你想在某些时候对代码路径进行特别处理，也可以这样做，即使你不能在代码的第一个版本中这样做。这样一来，你就可以改变你的内部实现，而不需要客户重新编译，同时可以先去做最重要的特别处理工作。

✓ **DO** 要意识到 null 可以作为参数数组的参数。

你应该在处理数组之前先验证它是否为 null。

```
static void Main() {
    Sum(1, 2, 3, 4, 5); //result == 15
    Sum(null);
}

static int Sum(params int[] values) {
    if(values==null) throw ArgumentNullException(...);
    int sum = 0;
    foreach (int value in values) {
        sum += value;
    }
    return sum;
}
```

> ■ **RICO MARIANI** 对于非常低阶的函数（那些只做少量工作的函数）来说，创建临时数组和对数组进行验证是一个很大的负担。所有这些，都表明你应该在堆栈的更高层级中使用参数数组结构——在那些工作量更大的函数中。

✗ DON'T 不要使用 varargs 方法，也就是所谓的省略号。

一些 CLR 语言，如 C++，支持另一种传递可变参数列表的记号，被称作 varargs。你不应该在框架中使用该记号，因为它是不符合 CLS 的。

> ■ **RICO MARIANI** 当然，这里的"不要"是指不在框架 API 中——varargs 并不是被随便添加到 C++ 中的。如果 varargs 对你的内部实现有帮助，请务必使用它。只是你要记住，它是不符合 CLS 标准的，所以在公开 API 中使用它是不好的。

> ■ **JAN KOTAS** 运行时对 varargs 的支持，仅仅可以让托管的 C++ 代码在 Windows 平台上运行。它的性能不是很好，而且还没有针对非 Windows 平台的实现。基于这些原因，我不建议使用它，即使是内部实现。有几个团队用它做过实验，发现它的性能在各个方面都比其他的替代选项要差。

5.8.5 指针参数

一般来说，指针不应该出现在一个设计良好的托管代码框架的公开 API 中。在大多数情况下，指针应该被封装起来。然而，由于互操作性的原因，有时我们需要指针，在这种情况下使用指针是合适的。

Span<T> 和 ReadOnlySpan<T> 类型统一了本机内存和托管数组，并且可以通过 C# 中的 fixed 关键字固定到指针上。在可能的情况下，最好使用 Span 而不是指针。更多关于 Span 的信息，请参见 9.12 节。

✓ DO 要为任何接收指针参数的成员提供替代选项，因为指针是不符合 CLS 标准的。

```
[CLSCompliant(false)]
public unsafe int GetBytes(char* chars, int charCount,
    byte* bytes, int byteCount);

public int GetBytes(char[] chars, int charIndex, int charCount,
    byte[] bytes, int byteIndex, int byteCount)

// 考虑使用 Span<T> / ReadOnlySpan<T>
// 来代替接收指针的方法，或作为补充
public int GetBytes(ReadOnlySpan<char> source, Span<byte> destination);
```

✗ AVOID 避免为指针参数做开销大的参数验证。

一般来说，参数验证是非常有价值的，但是对于那些对性能要求很高，需要使用指针的 API 来说，这种开销往往是不值得的。

> ■ **RICO MARIANI** 这与我的一般建议是一致的。把参数验证放在抽象堆栈的正确层级，这可以让你以最小的开销来获得最佳的诊断。在如此接近核心之后，那些额外的测试可能会成为你手头工作的大头。

✓ **DO** 要在设计基于指针的成员时遵循与指针相关的通用约定。

例如，没有必要传入开始索引，因为通过简单的指针运算就可以达到相同的效果。

```
// 错误的实践
public unsafe int GetBytes(char* chars, int charIndex, int charCount,
    byte* bytes, int byteIndex, int byteCount)
```

```
// 更好的实践
public unsafe int GetBytes(char* chars, int charCount,
    byte* bytes, int byteCount)
```

```
// 调用示例
GetBytes(chars + charIndex, charCount, bytes + byteIndex, byteCount);
```

> ■ **BRAD ABRAMS** 对于使用基于指针的 API 的开发者来说，用面向指针的思维方式来思考世界是更加自然的。虽然传递索引在"安全"的托管代码中很常见，但在基于指针的代码中是不常见的，使用指针运算更自然。

5.9 在成员签名中使用元组

宽泛地讲，元组是异构类型实例的任何有序集合。如果我们只考虑强类型（见 2.2.3.3 节）的异构结构，那么 C#（和其他 .NET 语言）有 4 种不同的机制来提供这个定义下的元组：System.Tuple<T1,T2> 类（包括其他数量的泛型参数）、System.ValueTuple<T1,T2>结构体（包括其他数量的泛型参数）、具有语言特性的"具名元组"和描述性类型。

为了突出这 4 种选项的主要特点，我们将展示如何分别使用它们将人定义为一个具有名字、姓氏和年龄的简单实体。

1. System.Tuple<T1, ...> 类

```
public Tuple<string, string, int> GetPerson() {
    return Tuple.Create("John", "Smith", 32);
}
```

2. `System.ValueTuple<T1, ...>` 结构体

```
public ValueTuple<string, string, int> GetPerson() {
    return ValueTuple.Create("John", "Smith", 32);
}
```

3. 具名元组

```
public (string FirstName, string LastName, int Age) GetPerson() {
    return ("John", "Smith", 32);
}
```

4. 描述性类型

```
public struct Person {
    public string FirstName { get; }
    public string LastName { get; }
    public int Age { get; }

    public Person(string firstName, string lastName, int age) {
        FirstName = firstName;
        LastName = lastName;
        Age = age;
    }
}

public Person GetPerson() {
    return new Person("John", "Smith", 32);
}
```

声明只是一个值的一部分。现在假设以 220 次/分钟的辅助值减去人的年龄为一个人的目标心率，对于前面的每一个声明，我们构建一条消息，打印出人的目标心率。

1. `System.Tuple<T1, ...>` 类

```
Tuple<string, string, int> person = GetPerson();
string message = $"{person.Item1} {person.Item2}'s target heart
rate is {220 - person.Item3}."
```

2. `System.ValueTuple<T1, ...>` 结构体

```
ValueTuple<string, string, int> person = GetPerson();
string message = $"{person.Item1} {person.Item2}'s target heart
rate is {220 - person.Item3}."
```

3. 具名元组

```
(string FirstName, string LastName, int Age) person = GetPerson();
string message = $"{person.FirstName} {person.LastName}'s target
heart rate is {220 - person.Age}."
```

```
// 下面的语法同样适用于具名元组
// string message = $"{person.Item1} {person.Item2}'s target heart
// rate is {220 - person.Item3}."
```

4. 描述性类型

```
Person person = GetPerson();
string message = $"{person.FirstName} {person.LastName}'s target
heart rate is {220 - person.Age}."
```

当使用 System.Tuple<T1,T2,T3> 或 System.ValueTuple<T1,T2,T3> 时，枚举对象上暴露的成员是 "Item1"、"Item2" 和 "Item3"。这些名称无助于传达值的目的（当两个或多个元素的类型相同时，问题就更大了）。相反，对于描述性类型和具名元组来说，通过 IntelliSense 显示的名称是更有表达力的 "FirstName"、"LastName" 和 "Value"。

除了该示例所展示的优点，描述性类型还有许多额外的益处。

* 在构造函数中可以做数据校验或其他自定义逻辑。
* 在类型上可以定义方法。
* 未来可以添加更多的字段和属性。
* 程序分析器可以跟踪类型，看在什么地方生成了实例，又在什么地方接收该类型作为输入。
* 描述性类型为文档提供了一个目标。
* 描述性的名称在所有 CLR 语言中都可以使用。

.NET 运行时认为两个基础名称相同但泛型参数数量不同的泛型类型是不同的类型，所以将返回 Tuple<T1,T2> 改为 Tuple<T1,T2,T3> 就像把返回类型从 String 改为 Int32 一样，是一种破坏性变更。

✓ **DO** 要更多地使用描述性类型，相对于元组、System.Tuple<T1,...> 和 System.ValueTuple<T1,...>，它们在代码中更容易被发现，并且可以更好地随时间演进。

> ■ **STEPHEN TOUB** 对于内部实现来说，可发现性和演进都不是特别重要。但是请记住，这里的准则是关于公开 API 的。元组（以及 C# 为它们提供的语法）在实际使用中真的很方便——可以很方便地传递多条相关数据，也可以从方法中提供多个返回值。

✓ **DO** 要尽可能使用具名元组，而不是未命名的元组（包括 System.Tuple<T1,...> 和 System.ValueTuple<T1,...>）。

前面介绍了为什么在公开 API 中使用描述性类型比具名元组要好，以及为什么具名元组比未命名元组好。然而，偶尔也会有这种特别的 API，修改其返回的数据没有任何意义，一个自定义的描述性类型只会被解构到本地，而且方法名对于文档来说完全够用了。当上述这些条件对于一个方法的返回类型都为真的时候，使用一个具名元组可能更有意义。例如，.NET Standard 2.1 增加了 System.Range，它提供了一个实用的方法来计算一个范围的总长度和初始偏移量。

```
public partial struct Range {
    public (int Offset, int Length) GetOffsetAndLength(int length);
}
```

✓ **DO** 要使用 PascalCasing 格式来命名具名元组的元素，就如同它们是属性一样。

在 C# 中，具名元组允许通过与访问描述性类型上的属性或字段相同的语法来访问它们的元素，因此它们应该以相同的方式来命名。

✗ **DON'T** 不要使用超过三个字段的元组。

元组是一种以便捷的方式来表示数据对或三元体的结构，这些数据对或三元体将被分离成各个字段，例如通过 C# 的语言特性——解构。一旦需要将三个以上的字段一起返回，看起来这些值就更有可能被聚合在一起，并被传递给其他方法或存储在一个查找表中——这类角色更适合描述性类型。

> ■ **JAN KOTAS** 具名元组内部表示为结构体。如果有三个以上的字段，则往往会使具名元组实例过大，对性能产生负面影响。

✗ **DON'T** 不要使用元组作为方法的参数。

当将元组用作参数时，它同时为方法声明和调用者引入了额外的语法，但并没有提供同等的价值回报。

接收一个基于元组的集合（如 (string FirstName,string LastName,int Age)[]people）比接收一个单一的元组值参数更合理。然而，集合上操作的复杂程度也表明描述性类型会更加合适——构造函数中的校验、实例方法，以及在不引入破坏性变更的情况下扩展类型。方法的调用者也可能被迫使用笨拙的语法，来保证其传入的数据拥有正确的格式。

这条准则并不意味着软件库的作者应该不惜一切代价禁止将具名元组或未命名元组限定为泛型参数，尽管这有可能导致泛型替换后违反泛型本身的限定。

```
// 可行
public static T Max(IComparer<T> comparer, T first, T second, T third) {...}
```

```
// 可行
var first = (Base: 1, Exponent: 2);
var second = (Base: 2, Exponent: 1);
var third = (Base: 3, Exponent: -5);
(int Base, int Exponent) max = Max(comparer, first, second, third);

// 如果以下面这种方式定义，则是不行的
public static (int Base, int Exponent) Max(
    IComparer<(int Base, int Exponent)> comparer, ...) { ... }
```

✘ DON'T 不要为元组定义扩展方法。

这是不要将元组作为方法参数的特例，但是值得单独拿出来说一说。

假设我们要定义一个方法来计算用于表示 *X-Y* 平面上向量的两个元组的点积。

```
public static int DotProduct(this (int X, int Y) first,
(int X, int Y) second) {
    return first.X * second.X + first.Y * second.Y;
}
```

这个扩展方法还将在 IntelliSense 中显示前面例子中的 (int Base,int Exponent) 变量，于是就会出现下面的代码：

```
(int Base, int Exponent) value = (2, 20);
ValueTuple<int, int> otherValue = ValueTuple.Create(5, 7);
int dotProduct = value.DotProduct(otherValue);
```

这是因为 C# 语言（和 VB.NET）认为所有的元组以及 System.ValueTuple <T1,...>，如果它们的元素类型的排序列是相同的，它们就是相同的类型。

✓ CONSIDER 建议为任何作为元组替代方案的类型添加一个适当的 Deconstruct 方法。

通过在 Person 类上添加一个名为 Deconstruct 的 void 方法，我们可以使用 C# 7.0 的解构特性。

```
public partial struct Person {
    public void Deconstruct(out string firstName, out string lastName,
out int age) {
        firstName = FirstName;
        lastName = LastName;
        age = Age;
    }
}
```

通过该 Deconstruct 方法，我们可以用下面的代码来构建目标心率信息。

```
(string firstName, string lastName, int age) = GetPerson();
```

```
string message = $"{firstName} {lastName}'s target heart rate is {220 - age}."
```

同样的代码对 Person 的 4 种表示方式都有效，因为 System.Tuple<T1,...>、System.ValueTuple<T1,...> 和具名元组都有类似的 Deconstruct 方法，而且解构语言特性不要求 out 参数名称和局部变量名称保持一致。

解构语法对于元组来说特别的好，因为元组缺乏一般方法，这意味着对元组进行任何逻辑操作都必须先将它分解为它的一些（或所有）元素值。如果一个元组是一个方法的返回类型的可选项，那么即使使用了描述性类型，调用者可能的常见操作也是将类型分解为它的元素值。

总结

本章提供了有关一般成员设计的综合指南。正如注解所表明的那样，成员设计是框架设计中最复杂的部分之一。这是成员设计相关概念丰富的自然结果。

下一章将介绍与可扩展性有关的设计问题。

■ 6 ■

可扩展性设计

设计框架很重要的一个方面是确保框架的可扩展性，这已被仔细考量过。这就要求你了解与各种可扩展性机制相关的成本和收益。本章将帮助你决定哪种可扩展性机制——子类、事件、虚成员、回调等——最能满足你的框架的要求。本章不涉及这些机制的设计细节。其设计细节将在本书的其他部分讨论，本章只是提供了描述这些细节的章节的交叉引用。

对 OOP 有良好的理解是设计一个高效的框架，特别是理解本章所讨论的概念的必要前提。虽然如此，但是本书中并不会涵盖面向对象的基础知识，因为已经有一些优秀的图书专门讨论了这个主题。

6.1 可扩展性机制

在框架中引入可扩展性的方法有很多，包括从功能较少、成本较低的方法到功能非常强大但成本较高的方法。对于任何给定的可扩展性需求来说，你都应该选择满足需求且成本最低的可扩展性机制。请牢记，通常来说，我们可以在将来添加更多的可扩展性，但永远不能在不引入破坏性变更的情况下将其取消。

本节将详细讨论一些框架的可扩展性机制。

6.1.1 非密封类

密封类不可以被继承，因此它们杜绝了可扩展性。相反，可以被继承的类被称作非密封类。

```
// String 不可以被继承
public sealed class String { ... }

// TraceSource 可以被继承
public class TraceSource { ... }
```

子类可以添加新的成员，应用新特性，并实现额外的接口。虽然子类可以访问受保护的成员和覆写虚成员，但这些可扩展性机制带来了明显不同的成本和收益。6.1.2 节和 6.1.4 节描述了子类。如果没有特别注意，在类中添加受保护的成员和虚成员可能会带来代价高昂的后果。所以，如果你正在寻找简单、廉价的方式来增加可扩展性，那么使用不声明任何虚成员或受保护成员的非密封类就是一种很好的方式。

✓ **CONSIDER** 建议使用不具备虚成员或受保护成员的非密封类，这是为框架提供廉价但值得嘉许的可扩展性的一种好方法。

通常来说，开发者希望继承非密封类，以便添加合适的成员，如自定义的构造函数、新方法或方法重载[1]。例如，System.Messaging.MessageQueue 是非密封的，因此允许用户创建默认为特定队列路径的自定义消息队列，或者添加自定义方法，以简化特定场景下的 API。在下面的例子中，是一个向队列发送 Order 对象的方法的场景。

```
public class OrdersQueue : MessageQueue {
    public OrdersQueue() : base(OrdersQueue.Path){
        this.Formatter = new BinaryMessageFormatter();
    }

    public void SendOrder(Order order){
        Send(order, order.Id);
    }
}
```

> **■ PHIL HAACK** 由于测试驱动开发在 .NET 开发者社区中火了起来，许多开发者希望继承非密封类（通常是动态地使用模拟框架），以便于在测试中代替真正的实现。
>
> 如果你在类解封的过程中遇到很多困难，则至少可以考虑让关键的成员虚化，或许通过模板方法模式（Template Method Pattern），为用户提供更多的控制权。

在大多数编程语言中，在默认情况下，类都是没有密封的，这也是框架中推荐的大多数类的默认设置。由于非密封类型的测试成本相对较低，所以非密封类型所提供的可

---

1 也可以通过扩展方法为某些密封类型添加合适的方法。

扩展性深受框架用户的喜爱，而且成本也相当低廉。

> ▪ **VANCE MORRISON**　该条建议的关键词是"CONSIDER"。请记住，你总是可以选择以后去解封一个类（这不是一种破坏性变更）；但是，一旦解封，这个类就必须保持解封状态。此外，解封确实会妨碍一些优化（例如，将虚调用转换为更高效的非虚调用，然后再内联）。
>
> 　　最后，只有当你的用户控制了类的创建时，解封才能帮助到他们（有时是真的，有时不是）。简单来说，设计只有在很少数的情况下才会"意外"地带来有用的可扩展性。解封是一个类和它的用户协议的一部分，就像关于协议的一切一样，它理应是设计者有意识的、慎重的选择。

6.1.2　受保护的成员

受保护的成员本身并不提供任何可扩展性，但它们可以通过子类来使其可扩展性更加强大。它们可以用来暴露高阶定制选项，同时不会使主要的公开接口不必要地复杂化。例如，SourceSwitch.Value 属性之所以被保护，是因为只打算将其用于高阶定制场景中。

```
public class FlowSwitch : SourceSwitch {
    protected override void OnValueChanged() {
        switch (this.Value) {
            case "None" : Level = FlowSwitchSetting.None; break;
            case "Both" : Level = FlowSwitchSetting.Both; break;
            case "Entering": Level = FlowSwitchSetting.Entering; break;
            case "Exiting" : Level = FlowSwitchSetting.Exiting; break;
        }
    }
}
```

框架设计者需要谨慎对待受保护的成员，因为"受保护"会给人一种错误的安全感。任何人都可以对非密封类进行子类化并访问受保护的成员，所以所有用于公开成员的防御性编程实践都适用于受保护的成员。

✓ **CONSIDER**　建议使用受保护的成员来满足高阶定制。

受保护的成员是提供高阶定制的好方法，而且不会使公开接口复杂化。

✓ **DO**　为了安全、文档化和兼容性分析等，要将非密封类中受保护的成员视为公开的。

任何人都可以继承该类并访问受保护的成员。

▪ **BRAD ABRAMS**　受保护的成员和公开成员一样，都是可公开调用接口的一部分。在设计框架时，我们认为受保护的成员和公开成员大致相当。我们通常在受保护的 API 中做与公开 API 相同级别的审查和错误校验，因为它们可以在任何子类代码中被调用。

6.1.3　事件和回调

回调是可扩展的点，它使得框架通过委托来回调用户代码。这些委托通常作为方法的参数传递给框架。

```
List<string> cityNames = ...
cityNames.RemoveAll(delegate(string name) {
    return name.StartsWith("Seattle");
});
```

事件是特殊的回调，它支持通过方便且一致的语法来提供委托（事件处理器）。此外，Visual Studio 的语句补全和设计器可以在使用基于事件的 API 方面提供额外的帮助。

```
var timer = new Timer(1000);
timer.Elapsed += delegate {
    Console.WriteLine("Time is up!");
};
timerStart();
```

有关一般事件设计的讨论在 5.4 节。

回调和事件可以用来提供相当强大的可扩展性，与虚成员相媲美。同时，回调——更多地说是事件——对于更多的开发者来说更容易使用，因为它们不需要对面向对象设计有透彻的理解。另外，回调可以在运行时提供可扩展性，而虚成员只能在编译时自定义。

回调的主要缺点是，它们比虚成员更重。通过委托进行调用的性能要比调用虚成员的性能差。此外，委托是对象，所以使用它们会影响内存的消耗。

同时，你也应该意识到，通过接受和调用委托，将会在框架的上下文中执行任意代码。因此，你需要从安全性、正确性和兼容性等角度对所有这些回调进行仔细分析。

✓ **CONSIDER** 建议使用回调，这允许用户提供可以被框架执行的自定义代码。

✓ **CONSIDER** 建议使用事件而非虚成员，这允许用户在无须深入理解面向对象设计的情况下自定义框架的行为。

✓ **CONSIDER** 建议使用事件而非普通的回调，因为对于更多的开发者来说，他们对事件更熟悉，并且事件与 Visual Studio 的语句补全集成在一起。

✕ AVOID　避免在对性能要求高的 API 中使用回调。

> **■ KRZYSZTOF CWALINA**　在 CLR 2.0 中，委托调用的速度要快得多，但它们仍然比直接调用虚成员的速度要慢 50%左右。此外，在内存使用方面，基于委托的 API 通常效率较低。尽管如此，但这些差异相对较小，只有在 API 被频繁调用的情况下才会有影响。

> **■ STEPHEN TOUB**　在一个对性能要求很高的方法中，你要考虑所有形式的可扩展性，以及它们对吞吐量可能产生的影响。这超出了委托的范围。事实上，在某些情况下，使用委托而不是虚方法可能对更普遍的使用情况会更好。例如，考虑这样一个设计，你想要一个默认的行为，如果通过委托，那么只有在提供了委托的情况下这个行为才有可能被替换掉。但是，如果你把这个功能变成了虚拟的，那么不管是否进行替换，你都要为虚拟调度买单（除非 JIT 可以为调用去虚拟化）。但是有了委托，你可以有一个非虚的、可内联的实现，它只需对委托实例进行空值检查，且只在确实有其他非默认行为的任务要做时才需要去支付委托调用的开销。

✓ DO　在定义基于委托的 API 时要尽可能使用 Func<...>、Action<...> 或 Expression<...> 类型，而非自定义委托。

Func<...> 和 Action<...> 代表了泛型委托，下面展示了 .NET 是如何定义它们的：

```
public delegate void Action()
public delegate void Action<T1, T2>(T1 arg1, T2 arg2)
public delegate void Action<T1, T2, T3>(T1 arg1, T2 arg2, T3 arg3)
public delegate void Action<T1, T2, T3, T4>(T1 arg1, T2 arg2,
    T3 arg3, T4 arg4)
public delegate TResult Func<TResult>()
public delegate TResult Func<T, TResult>(T arg)
public delegate TResult Func<T1, T2, TResult>(T1 arg1, T2 arg2)
public delegate TResult Func<T1, T2, T3, TResult>(T1 arg1, T2 arg2,
    T3 arg3)
public delegate TResult Func<T1, T2, T3, T4, TResult>(T1 arg1, T2 arg2,
    T3 arg3, T4 arg4)
```

可以像下面的示例一样使用它们：

```
Func<int,int,double> divide = (x,y)=>(double)x/(double)y;
Action<double> write = (d)=>Console.WriteLine(d);
```

```
write(divide(2,3));
```

Expression<...> 代表可以在运行时被编译并随后被调用的函数定义，同时也可以被序列化并传递给远程进程。继续我们的例子：

```
Expression<Func<int,int,double>> expression =
    (x,y)=>(double)x/(double)y;
Func<int,int,double> divide2 = expression.Compile();
write(divide2(2,3));
```

请注意，构建 Expression<> 对象的语法与构建 Func<> 对象的语法非常相似。事实上，唯一的区别是变量的静态类型声明（是 Expression<>，而不是 Func<...>）。

▪ **STEPHEN TOUB** 　一般来说，如果可以使用这些泛型委托类型，那么我们就应该使用它们。然而，有一些相对罕见的情况不能使用这些泛型委托。其中一种情况是，当一个类型作为参数或返回值来传递时，其不能再被用作泛型类型的参数，例如指针类型或 ref struct 类型。另一种情况是，当参数或返回值需要按值以外的方式传递时——例如，当你希望一个参数是 ref 时。在这种情况下，你需要找到一个已经声明了适当签名的现有委托（泛型或其他），或者定义一个新的委托。

▪ **JAN KOTAS** 　Action 和 Func 委托不允许命名参数。这使得将这些委托用于具有更复杂签名的回调是不切实际的，在这种情况下，参数的含义并不明显。为了清晰起见，命名参数很重要。例如，System.Runtime.InteropServices.DllImportResolver 委托就出于该原因而违反了这条规则。

▪ **RICO MARIANI** 　大多数时候，如果只需要运行一些代码，你就会想要使用 Func 或 Action。当代码需要在运行前被分析、序列化或优化时，你需要 Expression。Expression 是用来分析代码的；Func/Action 是用来运行代码的。

✓ **DO** 如果想评估或理解性能上的影响，就应该使用 Expression<...>；反之，请使用 Func<...> 和 Action<...> 委托。

在大多数情况下，Expression<...> 类型在逻辑上等同于 Func<...> 和 Action<...> 委托。它们之间的主要区别是：Func<...> 和 Action<...> 委托是为了在本地进程中使用；Expression<...> 是为了利于或使之有可能在远程进程或机器中执行表达式。

RICO MARIANI　远程执行在某种程度上说是次要的。关于 Expression 的主要使用场景是，当你需要对要执行的代码进行推理时，你就会使用它们。通常是对表达式的组合进行推理，比如在 LINQ 查询中，在考虑了表达式整体和执行选项之后，你可以创建某种优化计划来完成工作。这就是 LINQ to SQL 是如何从一个松散的表达式组合中创建一个单一的 SQL 片段的。

这种计划很容易出错。你可能对表达式做了太多的分析，也可能做得过少。你可能用太多的空间来保存表达式树，或者也有可能避开所有的分支，导致你发现它的性能很差，因为这里有如此之多小的匿名委托。

如果你看一下 .NET 中实现 LINQ 所使用的模式，你就会发现有几种很好的方法来利用这些结构。

- 只有在需要"分析"代码时，才去使用表达式，不要直接去运行它们。
- 如果你在运行前"分析"过代码，请不要盲目地组合和运行明显可以优化的表达式。
- 不要在运行表达式前做过多的优化，直接运行未优化的表达式的效率可能比优化后的还要高。
- 优化不是表达式树唯一的作用，但是它是其中很重要的一个。

✓**DO** 要理解：在调用委托时，程序实际上是在执行任意代码，这可能会对安全性、正确性和兼容性等产生影响。

BRIAN PEPIN　Windows Forms 团队在编写 SystemEvents 的一些底层代码时就遇到了这个问题。SystemEvents 定义了一个静态的 API，因此它需要是线程安全的。在内部，它使用锁来确保线程安全。在早期的 SystemEvents 的代码中，它会抓取一个锁，然后触发一个事件。下面是一个例子：

```
lock(someInternalLock) {
    if(eventHandler!=null) eventHandler(sender, EventArgs.Empty);
}
```

这很糟糕，因为你完全不知道在事件处理器中会有什么样的用户代码。如果用户代码向线程发一个信号，然后等它自己的锁被释放，就有可能导致死锁。下面是更好的代码实现：

```
EventHandler localHandler = eventHandler;
if(localHandler != null) localHandler(sender, EventArgs.Empty);
```

通过这种方式，由于你的内部实现，用户代码将永远不会引入死锁。请注意，托管代码中的赋值是原子性的，在这种情况下，完全不需要在代码中加锁。但这并非永远都是正确的，例如，如果你的代码需要检查超过一个的变量，就仍然需要锁：

```
EventHandler localHandler = null;
lock(someInternalLock) {
    if (eventHandler != null && shouldRaiseEvents) {
        localHandler = eventHandler;
    }
}
if(localHandler!=null) localHandler(sender,EventArgs.Empty);
```

▪ JEREMY BARTON　C# 6 中引进的 null 条件运算符可以用来简化事件触发代码。

```
eventHandler?.Invoke(sender, EventArgs.Empty);
```

这在 Brian 的第二个示例中（在锁外面触发事件）也有一样的作用，只从"eventHandler"值中读取了一次。

```
EventHandler localHandler = eventHandler;
if(localHandler != null) localHandler(sender, EventArgs.Empty);
```

▪ JOE DUFFY　除死锁之外，在这样的锁下调用回调也会导致重入。CLR 中的锁支持递归获取，因此，如果回调以某种方式设法回调到启动回调的同一个对象，结果往往都是不好的。锁通常被用于隔离暂时被破坏的不变性，然而，这种做法会在可重入的边界上把它们暴露出来。不用说，这很容易导致奇怪的异常和出乎意料的行为。

也就是说，有时这种做法是必要的。如果回调是用来做决定的——如同做预测一样——而这个决定需要在锁下做出，那么你将别无选择。当在锁下调用回调是不可避免的时候，一定要仔细在文档中写清楚限制（没有线程间通信，不会重入）。你还必须确保，如果开发者违反了这些限制，其结果不会导致安全漏洞的出现。这里的风险通常比回报要大。

▪ STEPHEN TOUB　从 API 设计的角度来看，整个讨论真的很有趣，因为它适用于兼容性。你可能会发现自己处于这样一种情况：你在持有锁的同时调用了一个用户提供的回调，而你决定通过采用上述方法来"修复"它。然而，在这样做时，会影响到潜在的可见行为。调用将不再与其他可能使用了同一个锁的东西保持同步。用户的

> 回调有可能实际上是依靠这种同步来保证安全的，不管他们是否真的了解。
>
> 可扩展性是很难的。

6.1.4 虚成员

虚成员可以被覆写，从而改变子类的行为。就其提供的可扩展性而言，它们与回调非常相似，但在执行性能和内存消耗方面的表现更好。另外，利用虚成员来创建现有类型的特殊子类型感觉更自然。

虚成员的主要缺点是，虚成员的行为只能在编译时修改。而回调的行为可以在运行时修改。

虚成员与回调一样（也许比回调更甚），设计、测试和维护的成本都很高，因为对虚成员的任何调用都可能以不可预测的方式被覆写，这意味着程序会执行任意代码。另外，通常需要做更多的工作来明确定义虚成员的工作，所以设计和记录它们的成本更高。

> ■ **KRZYSZTOF CWALINA** 我经常被问到的一个问题是，在虚成员的文档中是否应该说明覆写必须调用基类实现。答案是，覆写应该保留基类的工作。它们可以通过调用基类实现或其他方式来做到这一点。很少有成员能够宣称（在覆写中）保留其工作的唯一方式是调用它。在很多情况下，调用基类实现可能是保留其原有工作最简单的方式（文档应该指出这一点），但很难说这是绝对必要的。

从风险和成本出发，应该考虑限制虚成员的可扩展性。今天，通过虚成员来实现可扩展性应该被限制在那些明确需要扩展的场景之中。本节介绍了应该何时允许、何时限制以及如何限制的相关准则。

✗ DON'T 不要将成员变成虚成员，除非你有一个很好的理由需要这样做，并且你知道有关设计、测试和维护虚成员等所有一切加在一起的成本。

在不破坏兼容性的情况下，对虚成员进行修改相对比较困难。此外，它们的执行速度比非虚成员慢，主要是因为对虚成员的调用不会被内联。

> ■ **RICO MARIANI** 在你以可扩展性的名义做出决定之前，要确保你完全理解可扩展性要求。一个常见的错误是在类中撒满虚方法和属性，结果发现仍然无法实现所需的可扩展性，并且所有一切都（永远地）变得更慢了。

> ■ **JAN GRAY** 小心：如果你发布了具有虚成员的类型，那么你将承诺永远会遵守微妙而复杂的可观察行为和子类交互。我认为框架设计者低估了它们的危险性。例如，我们发现 ArrayList 元素的枚举在每个 MoveNext 和 Current 上都调用了几个虚方法。修复这些性能问题，可能会（但也可能不会）破坏 ArrayList 类上用户自定义的依赖虚方法调用顺序和调用频率的虚成员的实现。

✓ **CONSIDER** 建议通过使用 9.9 节中描述的模板方法模式，将可扩展性限制在绝对必要的范围内。

✓ **DO** 要优先选择将虚成员的可访问性设置成 protected ，而不是 public。如果需要的话，公开成员应该通过调用受保护的虚成员来提供可扩展性。

一个类的公开成员应该为该类的直接消费者提供正确的功能集。虚成员的设计是为了在子类中被覆写，而受保护的可访问性是一个很好的方法，可以将所有虚拟的可扩展性限制在它们刚好可以被使用的地方。

```
public Control {
    public void SetBounds(...){
        ...
        SetBoundsCore (...);
    }

    protected virtual void SetBoundsCore(...){
        // 在这里进行真正需要的工作
    }
}
```

本书 9.9 节将为该主题提供更多的见解。

> ■ **JEFFREY RICHTER** 为了方便调用者，为一个类型定义多个重载方法是很常见的。这些重载方法通常允许调用者为原方法传递更少的参数，然后在内部，该方法去调用一个更复杂的方法，传递具有合适默认值的额外参数。如果你的类型提供了这类方便的方法，那么这些方法不应该是虚的，但是在内部，它们应该调用一个虚方法，这个虚方法包含了该方法的实际实现（它可以被覆写）。

6.1.5　抽象（抽象类和接口）

抽象是一种描述契约的类型，但不提供该契约的完整实现。抽象通常以抽象类或接口的形式呈现，它们带有一套定义明确的参考文档，描述实现契约的类型所需的语义。.NET 中一些最重要的抽象包括 Stream、IEnumerable<T> 和 Object。本书 4.3 节讨论了在设计抽象时如何在接口和类之间做出选择。

你可以通过实现支持某个抽象契约的具体类型来扩展框架，然后将这个具体类型用于消费（操作）该抽象的框架 API。

设计一个有意义的、有用的、能够经受住时间考验的抽象概念是非常难的。主要困难是要确保有正确的成员集——不能多也不能少。如果一个抽象有太多的成员，它就会变得很难甚至无法实现。对于其承诺的功能来说，如果它的成员太少，那么在许多有意思的场景中就会变得毫无用处。另外，如果没有一流的文档来清楚地说明所有的前置条件和后置条件，那么从长远来看，抽象往往都会以失败而告终。正因为如此，抽象有很高的设计成本。

> **JEFFREY RICHTER** ICloneable 接口是一个非常简单的抽象，但有关它的契约从未被明确地梳理成文档。一些实现了这个接口的 Clone 方法的类型会执行对象的浅层拷贝，而另一些实现会执行深层拷贝。因为这个接口的 Clone 方法应该做什么从未被文档化，所以当使用一个实现了 ICloneable 的类型的对象时，你永远不知道自己会得到什么。这使得这个接口毫无用处。

一个框架中有太多的抽象也会对框架的可用性产生负面影响。如果不了解一个抽象是如何融入具体实现所处的大环境的，以及操作抽象的 API，那么理解一个抽象往往是相当困难的。另外，抽象本身和其相应成员的命名也必然是抽象的，在没有首先了解其使用的主要上下文的情况下，这往往使它们显得神秘且无法接近。

然而，抽象提供了极其强大的可扩展性，这通常是其他可扩展性机制无法比拟的。它们是许多架构模式的核心，如插件、控制反转（IoC）、管道等。它们对于框架的可测试性也极为重要，好的抽象使我们有可能为了单元测试而剔除沉重的依赖关系。总而言之，抽象造就了现代面向对象框架广受欢迎的丰富性。

- ✗ **DON'T** 不要提供抽象，除非已经通过开发一些具体的实现以及用于消费它们的 API 测试过这些抽象。

- ✓ **DO** 在设计抽象时，要在抽象类和接口之间小心选择。该主题的更多细节请参考 4.3 节。

- ✓ **CONSIDER** 建议为抽象的具体实现提供参考测试。这类测试应该让用户可以测试他们的实现是否正确地实现了抽象。

▪ **JEFFREY RICHTER** 我喜欢 Windows Forms 团队的做法：他们定义了一个名为 System.ComponentModel.IComponent 的接口。当然，任何类型都可以实现这个接口。但 Windows Forms 团队也提供了一个 System.ComponentModel.Component 类，它实现了 IComponent 接口。因此，一个类型可以选择从 Component 派生，免费获得接口的实现，或者选择从不同的基类派生，然后手动实现 IComponent 接口。通过提供一个接口和一个基类，开发者可以选择最适合他们的方式。

▪ **STEPHEN TOUB** 在发布一个抽象概念之前，你应该计划通过构建至少两到三个不同的实现和在至少两到三个不同的消费者中使用该抽象来验证它。这些测试将为你提供更多的信心，你所构建的东西实际上是可用的，而且根据我的经验，这最有可能帮助你找到在发布前需要首先解决的问题。

6.2　基类

严格来说，当从一个类派生出另一个类时，该类就成为基类。然而，在本节中，基类被定义为，主要是为了提供一个共同的抽象或让其他类通过继承来重用一些默认的实现而设计的类。基类通常位于继承层次结构的中间位置，介于层次结构根部的抽象和底部的几个自定义实现之间。

基类被用作实现抽象的辅助工具。例如，.NET 中项目的有序集合的抽象之一是 IList<T> 接口。实现 IList<T> 并非易事，所以框架提供了几个基类，如 Collection<T> 和 KeyedCollection<TKey, TItem>，作为实现自定义集合的辅助工具。

```
public class OrderCollection : Collection<Order> {
    protected override void SetItem(int index, Order item) {
        if(item==null) throw new ArgumentNullException(...);
        base.SetItem(index,item);
    }
}
```

通常来说，基类自身并不适合用作抽象，因为它们往往包含太多的实现。例如，Collection<T> 基类包含了大量的实现，因为它（为了更好地与非泛型的集合集成）实现了非泛型的 IList 接口，以及它是保存在其自身中的一个字段中的元素的集合。

> ■. **KRZYSZTOF CWALINA** Collection<T> 可以被直接使用，不需要创建任何基类，但是它的主要意图仍是提供一种简单的方式来实现自定义集合。

如前文所述，基类可以为需要实现抽象的用户提供宝贵的帮助，但同时它们也可能是一个明显的负担。它们添加了表面区域，增加了继承层次的深度，从而在概念上使框架复杂化。出于这个原因，只有当基类为框架的用户提供了重要的价值时才可以使用。如果它们只为框架的实现者提供价值，就应该避免使用基类，在这种情况下，强烈建议委托给内部实现，而不是从基类继承。

✓ **CONSIDER** 建议将基类变成抽象类，即使它们不包含任何抽象成员。这清楚地告诉用户，该类被设计成只能是被继承的。

> ■. **JEREMY BARTON** 我对这一准则的解释是，即使没有抽象成员，将类声明成抽象类也是可以的，但你仍然需要一个理由。如果该类本身可以正常工作，它应该就是可实例化的。

✓ **CONSIDER** 建议将基类放在与主线场景类型分开的命名空间中。根据定义，基类是为高级可扩展性场景准备的，大多数用户对此并不感兴趣。详见 2.2.4 节。

✗ **AVOID** 如果你希望在公开 API 中使用基类，则应该避免使用"Base"后缀来命名它。

例如，尽管 Collection<T> 被设计成可被继承的，但许多框架还是将基类用作 API 的类型，而不是其子类，这主要是因为新的公开类型所带来的成本问题。

```
public Directory {
    public Collection<string> GetFilenames(){
        return new FilenameCollection(this);
    }

    private class FilenameCollection : Collection<string> {
        ...
    }
}
```

Collection<T> 是基类的事实与 GetFilename 方法的用户无关，所以"Base"这个后缀只会给该方法的用户带来不必要的困扰。

6.3 密封

面向对象框架的特点之一是，开发者可以以出乎框架设计者预料的方式对其进行扩展和定制。这既是可扩展设计的力量，也是其危险所在。你在设计框架时，非常重要的一点是，在需要可扩展性的时候要小心设计，在危险的地方要限制可扩展性。

> █ **KRZYSZTOF CWALINA** 有时框架设计者希望将类型层次的可扩展性限制在一组固定的类中。例如，假设你想创建一个活体生物的层次结构，它被分成两个且只有两个子类：动物和植物。一种方法是让 LivingOrganism 的构造函数成为内部函数，然后在同一个集合中提供两个子类（Plant 和 Animal），并给它们提供受保护的构造函数。因为 LivingOrganism 的构造函数是内部的，所以第三方可以扩展 Animal 和 Plant，但不能扩展 LivingOrganism。
>
> ```
> public class LivingOrganism {
>     internal LivingOrganism() {}
>     ...
> }
>
>  public class Animal : LivingOrganism {
>      protected Animal() {}
>      ...
> }
> public class Plant : LivingOrganism {
>     protected Plant() {}
>     ...
> }
> ```

密封是限制可扩展性的强有力机制。你既可以密封类，也可以密封单独的成员。密封一个类可以阻止用户继承这个类，密封一个成员可以阻止用户覆写这个特定的成员。

```
public class NonNullCollection<T> : Collection<T> {
    protected sealed override void SetItem(int index, T item) {
        if(item==null) throw new ArgumentNullException();
        base.SetItem(index,item);
    }
}
```

因为框架的一个关键区别点是它们提供了某种程度的可扩展性，所以密封类和成员很可能会遭到使用框架的开发者的厌恶。因此，只有当你有充分的理由这样做时，你才应该进行密封。

✘ **DON'T** 不要在没有充分理由的情况下密封类。

因为你想不出可扩展性的情况而密封一个类并不是一个好的理由。框架用户喜欢出于各种非显而易见的原因继承类，比如增加便利的成员。参见 6.1.1 节，了解用户出于非显而易见的原因而想继承一个类的例子。

下面罗列了一些需要密封一个类的好理由：

- 该类是静态类。更多关于静态类的信息，参见 4.5 节。
- 该类继承了许多虚成员，单独一个个去密封它们不如直接密封这个类。
- 该类是一个特性（Attribute），需要非常快的运行时查询速度。密封的特性比非密封的特性有稍微好一点的性能。更多关于特性的设计，参考 8.2 节。

■ **BRAD ABRAMS** 拥有可以进行某种程度的定制的类是框架和库的核心区别之一。对于一个 API 库（如 Win32 API），你仅仅得到了你所得到的。扩展数据结构和 API 都是非常困难的。有了 MFC 或 AWT 这样的框架，客户可以扩展和定制这些类。这种灵活性带来的生产力提升是显而易见的。

■ **KRZYSZTOF CWALINA** 人们经常问到密封单个成员的成本。这个成本相对较小，但它不是零，应该被考虑在内。有开发成本（在覆写中打字）、测试成本（你是否从覆写中调用了基类）、程序集大小成本（新的覆写方法），以及整个工作集的成本（如果覆写和基类实现都被调用的话）。

✗ DON'T 不要为密封类型声明受保护的成员或虚成员。

根据定义，密封类型不能被继承。这意味着密封类型上的受保护成员不能被调用，密封类型上的虚方法也不能被覆写。

✓ CONSIDER 建议密封覆写的成员。

```
public class FlowSwitch : SourceSwitch {
    protected sealed override void OnValueChanged() {
        ...
    }
}
```

引入虚成员可能导致的问题（在 6.1.4 节中讨论过）也同样适用于覆写，尽管程度略低。密封覆写的成员，可以使你从继承层次结构中的这个点开始避免这些问题。

简而言之，可扩展性设计的一部分是要知道什么时候需要限制它，而密封类型是使你可以做到这一点的机制之一。

总结

可扩展性设计是框架设计的一个重要方面。了解各种可扩展性机制的成本和收益，就可以设计出灵活的框架，同时避免许多可能会导致日后麻烦的陷阱。

7

异常

相较于基于返回值的错误报告，异常处理有许多优点。优秀的框架设计可以帮助应用程序的开发者认识到异常的益处。本章将讨论异常的好处并罗列出让你能有效使用异常的准则。

异常处理提供了如下好处：

- 异常与面向对象语言结合紧密。面向对象语言倾向于对成员签名施加限制，而在非面向对象语言中，函数并没有被强加这样的签名限制。例如，就构造函数、运算符重载和属性而言，开发者无法选择返回值。出于这个原因，对于面向对象的框架来说，基于返回值的错误报告是不可能标准化的。作为错误报告方法，只有像异常一样，超出方法签名限定的范围，才是唯一可行的选择。

> **JEFFREY RICHTER** 在我看来，这是必须使用异常来报告问题的最重要原因。在一个 OO 系统中（如 .NET），某些结构不能使用返回码，必须使用一种约束外的机制。现在的问题是，是对所有东西都使用异常，还是只对特殊的结构使用异常，同时对方法使用返回码。显然，有两种截然不同的错误报告机制比只有一种更糟糕，所以很明显，应该使用异常来报告所有代码结构的所有错误。

> **CHRIS SELLS** Jeff 说的完全正确：应该总是使用异常来传达错误信息，且不应该为任何其他目的而使用异常。

- 异常促进了 API 的一致性，因为它们只被设计用于错误报告。相比之下，返回值有很多用途，错误报告只是其中的一个子集。出于这个原因，尽管异常可以被限制在特定的模式中，然而通过返回值报告错误的 API 很可能会利用大量的模式。Win32 API 就是这种不一致的一个典型例子：它使用了 BOOL、HRESULTS 和 GetLastError 等。

- 在基于返回值的错误报告中，错误处理代码总是被放置在靠近故障点的地方。然而，对于异常处理，应用程序的开发者可以有自己的选择，他们既可以在故障点附近捕获异常，也可以将错误处理代码集中在调用栈的更上方。

- 错误处理代码更容易被本地化。如果通过返回值报告错误的代码非常健壮，则往往意味着几乎每一行功能代码中都有一个 if 语句。这些 if 语句用于处理失败的情况。有了基于异常的错误报告，通常可以这样书写健壮的代码：顺序执行多个方法或操作，然后在 try 语法块后面按组去处理错误，甚至可以在调用栈的更高层级位置处理错误。

> **■ STEVEN CLARKE**　在我们的一项 API 可用性调研中，开发者必须调用 Insert 方法向数据库中插入一条或多条记录。如果该方法没有抛出任何异常，就意味着这些记录已经被成功插入。然而，调研中的参与者并不清楚这一点，他们希望该方法能返回成功插入的记录数量。尽管返回码不应该被用来表示失败，但你仍然可以考虑在操作成功的情况下返回状态信息。

- 错误码很容易被忽略掉，并且在大多数情况下都是如此。相比之下，异常在你的代码流中扮演了一个积极的角色，这使得通过异常报告的故障不可能被忽视，随后精确的故障处理可提高代码的健壮性。

> **■ JEFFREY RICHTER**　需要指出的是，这意味着在测试代码的时候可以捕获更多的 bug，从而使得发布出去的代码更加健壮。而且，由于发布出去的代码更加健壮，当这些代码运行在外部环境下时，可能只会抛出为数不多的异常。

例如，Win32 API 的 CloseHandle 很少失败，所以对于许多应用程序来说，忽略它的返回值是很常见的（也是合适的）。然而，如果任何应用程序有一个 bug，导致 CloseHandle 在同一个句柄上被调用两次，这个错误会很隐蔽，除非特地写代码来检查返回值。就这种情况而言，等价的托管 API 会抛出一个异常，而未处理的异常处理器将会报告相应的失败，使开发者发现该 bug。

▪ **BRAD ABRAMS**　在基于返回码的错误处理模式下，如果你调用的 API 发生错误，程序就会带着不正确的结果继续运行，继而导致你的程序崩溃或在未来的某个时刻得到不可靠的数据。在异常处理模式下，当错误发生时，线程会被暂停，给予调用代码处理异常的机会。如果执行该调用的方法没有处理异常，就交由调用该方法的方法去处理异常。当堆栈中没有一个方法去处理该异常时，你的应用程序就被中止了。中止应用程序比让它继续运行要好——至少错误最终会被修复。

▪ **JEFFREY RICHTER**　我完全同意 Brad 的观点。如果让一个程序在发生故障后继续运行，可能会出现潜在的安全问题。我知道有很多程序员不希望他们的程序在运行的时候崩溃，他们几乎愿意做任何事情来阻止这种情况的发生——比如吞掉异常，让程序继续运行，但这绝对是错误的做法。相较于使程序在可能出现不可预测的行为和潜在的安全漏洞的情况下继续运行，让程序直接崩溃要好得多。

还有许多其他的例子。例如，Windows 发生蓝屏是由于内核模式代码中出现了未处理的异常。如果一个内核模式的操作意外失败（一个未处理的异常），这时 Windows 不想再继续运行，蓝屏就会发生，所有的应用程序都被停止，内存中的所有数据都会丢失。事实上，所有的微软应用程序，如 Microsoft Office 和 Visual Studio，在遇到未处理的异常时都会显示对话框，并中止应用程序。操作系统和这些应用程序都在做正确的事情：不要让你的应用程序在出现意外故障的情况下继续运行。

▪ **BRENT RECTOR**　对前面观点的一个推论是，你的应用程序应该只处理它理解的那些异常。一般来说，在"某物"出问题之后，几乎不可能把应用程序从可能已被破坏的状态恢复到正常状态，此时只需处理那些你的应用程序可以合理响应的异常。对于其他所有的异常，无须处理，操作系统可中止你的应用程序。

- 异常携带的丰富信息可描述导致错误的原因。

▪ **JEREMY BARTON**　我在调试器中花了大量的时间来追踪 E_FAIL、ERROR_INVALID_PARAM 或 Win32 中其他不太明显的错误代码的来源。如果我可以拿到异常中最有价值的部分——调用栈信息，就可以节省很多时间。

- 异常允许面向未经处理异常的处理器。在理想情况下，每个应用程序都应该可以智能地处理所有形式的故障。然而，这是不现实的，因为开发者不可能知道所有形式的故障。通过错误代码，意外故障会很轻易地被调用代码所忽略，而程序将继续带着未定义的结果运行。通过高质量的基于异常的代码，所有预期之外的失败最终都会调用面向未经处理异常的处理器。这个处理器可以被设计来记录故障，也可以选择关闭应用程序。这比带着不确定的结果运行要好得多，而且还提供了日志记录，使得为之前发生的意外情况添加更有意义的错误处理程序成为可能。例如，Microsoft Office 使用一个面向未经处理异常的处理器优雅地恢复和重新启动应用程序，同时向微软公司发送错误信息以改进产品。

> **CHRISTOPHER BRUMME** 只有当处理程序中应用程序有特定的工作要做时，你才应该自定义未经处理异常的处理器。如果你只是想生成错误报告，运行时将自动为你处理这项任务，你不需要（也不应该）使用未经处理异常的过滤器（UEF, unhandled exception filter）。应用程序只有在它能够提供高于系统和运行时自带的标准错误报告的功能时，才应该注册一个 UEF。

> **JEFFREY RICHTER** 除了 Chris 所说的，只有应用程序才应该考虑使用 UEF，组件根本就不应该使用其中的任何一个。UEF 总是受应用程序模型的限定。换句话说，一个 Windows Form 应用程序可能会弹出一个窗口，一个 Windows NT 服务可能会记录到事件日志，而一个 Web 服务可能会发送一个 SOAP 故障。组件不知道它是在哪种应用程序模型中被使用的，所以组件应该把这个决定权留给使用组件的应用程序开发者。

- 异常促进工具的发展。异常是一种定义明确的方法失败模型。正因为如此，调试器、分析器、性能计数器等工具才有可能密切关注异常。例如，性能监控器会跟踪异常统计，调试器被指示在抛出异常时中断。返回失败的方法不能共享各种工具的好处。

> **BRAD ABRAMS** 值得注意的是，异常处理特性可以轻易地被设计糟糕的框架打败。如果框架设计者选择使用返回码来处理错误，那么所有的好处都不适用了。

7.1 抛出异常

本节描述的抛出异常的准则对执行失败的含义有一个很好的定义：只要一个成员不能做到它被设计去做的（成员名称所暗示的）事情，就会发生执行失败。例如，如果 OpenFile 方法不能向调用者返回一个被打开的文件句柄，就得认为执行失败。

> **KRZYSZTOF CWALINA** 关于异常的最大误解之一是，它们是为"特殊情况"服务的。现实情况是，它们是用来交流错误情况的。从框架设计的角度来看，不存在所谓的"特殊情况"。一种情况是否特殊取决于使用的环境，但可复用的库很少知道它们将被如何使用。例如，OutOfMemoryException 对于一个简单的数据输入程序来说可能是特殊的；而对于自己做内存管理的程序（如 SQL Server）来说，它就不是那么例外了。换句话说，一个人的特殊情况可能对另一个人而言就是长期性的状况。

大多数开发者已经习惯于使用异常来处理使用错误，如除零或空引用。在 .NET 中，异常被用来处理所有的错误情况，包括执行错误。起初，接受异常处理作为报告所有故障的手段可能会很困难。然而，将一个框架的所有公开方法设计成通过抛出异常来报告方法失败是很重要的。

我们可以为不使用异常提供各种各样的借口，下面两种看法占据大多数：异常处理的语法不尽如人意，返回错误码在某种程度上更可取；抛出异常的性能不如返回错误码。对性能的担忧将在 7.5.1 节和 7.5.2 节中进行讨论。与语法有关的问题主要是熟悉程度的问题。我们了解到，刚接触异常的开发者会觉得其语法很别扭，但随着时间的推移，开发者习惯了异常处理，这个问题就会大大减少。

> **JEFFREY RICHTER** 除此之外，不同的编程语言会提供不同的语法来让开发者进行异常处理。即使是现有的语言，例如 C#，将来也有可能提供新的语法。或者通过代码编辑器输出代码，使编码工作不那么烦琐。当然，我同意语法不应该是决定是否使用异常的因素。

✗ DON'T 不要返回错误码。

在框架中，异常是报告错误的主要手段。本章的开头详细描述了异常的好处。

> **KRZYSZTOF CWALINA** 异常拥有一个返回某种错误码的属性是可以的，但是对此我会非常小心。每个异常都可以携带两个主要的信息：异常信息，向开发者解释

出了什么问题，以及如何解决；异常类型，应该由处理程序根据不同的异常类型来决定采取何种程序化行动。如果你认为自己需要异常有一个返回额外错误码的属性，那么问问你自己这个错误码是为谁准备的——是为开发者还是为异常处理器？如果是为开发者准备的，就在消息中添加额外的信息；如果是为处理器准备的，就添加一个新的异常类型。

CHRISTOPHE NASARRE　当你需要将问题与外部文档绑定时，`System.Exception` 中的错误码属性是非常有用的，它可以详细说明如何解决这个问题。这对于一个框架的不同分层尤其重要，因为上层并不总是（也不应该）知道下层是如何实现的。例如，一个 Web 服务调用可能会收到一个异常，因为服务器上的相关数据库没有启动。在这种情况下，你不要指望客户端代码能解释如何在捕获异常时重新启动数据库。相反，你可以提供一个指向文档正确部分的指针，它解释了整个重启过程。

✓**DO** 要通过抛出异常来报告执行失败。

如果一个成员不能成功完成它被设计去做的工作，这种情况就应该被认为是执行失败并抛出相应的异常。

JASON CLARK　一个好的经验法则是，如果一个方法没有做到它的名称所暗示的事情，那么它应该被认为是一个方法级别的失败，并会抛出异常。例如，对于一个名为 `ReadByte` 的方法，如果流中没有更多的字节可供读取，它就应该抛出异常。而一个名为 `ReadChar` 的方法在到达流的末端时不应该抛出异常，因为 EOF（在大多数字符集中）是一个有效的字符，在这种情况下可以被返回，同时仍然可以实现方法名称所暗示的目标。所以一个字符可以在流的末端被成功地"读"出来，而一个字节则不行。

✓**CONSIDER** 如果你的代码需要立即中止进程，建议通过调用 `System.Environment.FailFast` 来中止进程，而不是抛出一个异常。

CHRISTOPHER BRUMME　操作系统执行快速失败（fail fast）的一个例子是，堆栈被损坏，以至于操作系统无法通过它传播异常。在这种情况下，应用程序的不变的需求（例如，异常传播）不能再被满足，所以应用程序必须中止。

　　CLR 执行快速失败的一个例子是，垃圾回收器（GC）堆损坏到我们无法再跟踪被管理的对象。在这种情况下，一个进程的资源需要被进一步处理，但它现在已经损坏，无法恢复到可使用的状态。

　　快速失败的类似合理理由也可能出现在托管代码中。例如，如果应用程序不能恢复一个线程上的安全模拟（即从 WindowsImpersonationContext.Dispose 抛出异常），那么这个线程一定是注定失败的。但是，如果应用程序没有好的方法来确保不会有更多的代码在这个线程上运行——也许因为它是 Finalizer 线程或 ThreadPool 线程，那么这个进程必须被销毁。Environment.FailFast 正可用于此目的。

■ JEREMY BARTON　Environment.FailFast 是一把非常大的锤子，不应该贸然挥舞它。FailFast 将导致所有线程和 I/O 立即中止，这可能会留下只写了一半的文件或导致其他数据损坏，服务器进程将立即停止回复其客户端。如果你以某种方式检测到跨租户分区泄露数据，也许它是值得立即关闭的。

✖ DON'T　不要在正常的控制流中抛出异常（如果可能的话）。在普通情况下，更倾向于使用测试者-执行者模式或 Try 模式，而非抛出异常。

　　除系统故障和有潜在竞态条件的操作外，框架设计者应该这样设计 API，使用户可以编写不会抛出异常的代码。例如，你可以提供一种方法，在调用成员之前检查先决条件，这样用户就可以写出免于抛出异常的代码了。

```
ICollection<int> collection = ...
if(!collection.IsReadOnly){
    collection.Add(additionalNumber);
}
```

　　用于检查另一个成员的先决条件的成员通常被称为测试者，而实际进行工作的成员被称为执行者。关于测试者-执行者模式的更多信息参见 7.5.1 节。

　　有时，测试者-执行者模式可能会带来不可接受的性能开销。面对这种情况，考虑使用 Try 模式来替代（更多信息参见 7.5.2 节）。

■ JEFFREY RICHTER　应该小心使用测试者-执行者模式。当有多个线程同时访问一个对象时，可能会发生潜在的问题。例如，一个线程执行了测试者方法，报告一切正常，然而在执行者方法执行之前，另一个线程可能改变了该对象，导致执行者执行失败。尽管该模式可能会提升性能，但是它引入了竞态条件，因此必须非常谨慎地使用。

✓ **CONSIDER** 建议考虑抛出异常带来的性能影响。

当抛出异常的频率高于每秒 100 个时，极有可能会带来显著的性能影响。详情参见 7.5 节。

✓ **DO** 要用文档记录下所有因违反成员契约（而不是系统故障）而由可公开调用的成员抛出的异常，并将其作为契约的一部分。

作为契约一部分的异常不应该发生从一个版本到另一个版本的变化（即，异常类型不应该改变，也不应该增加新的异常）。

✗ **DON'T** 不要基于某些设置来决定公开成员是否抛出异常。

```
// 错误的设计
public Type GetType(string name, bool throwOnError)
```

■ **BRAD ABRAMS**　像这样的 API 通常反映了框架设计者没有能力做出决定。一个方法要么成功，要么不成功，在这种情况下，它应该抛出异常。不做决定就迫使 API 的调用者做出决定，而调用者很可能对 API 的实现细节没有足够的了解，无法做出明智的决定。

✗ **DON'T** 不要让公开成员返回异常作为返回值或者作为 out 参数。

从公开 API 返回异常类型而非直接抛出异常，消除了许多基于异常的错误报告带来的好处。

```
// 错误的设计
public Exception DoSomething() { ... }
```

✓ **CONSIDER** 建议使用异常构建器。

从不同的地方抛出相同的异常是一种常见的做法。为了避免代码臃肿，建议使用辅助方法来创建异常并初始化其属性。

另外，抛出异常的成员不太可能被内联。将异常抛出语句移到构建器内可能使成员被内联。例如：

```
class File {
   string fileName;

   public byte[] Read(int bytes) {
      if (!ReadFile(handle, bytes)) ThrowNewFileIOException(...);
   }

   void ThrowNewFileIOException(...) {
      string description = // 构建本地化字符串
```

```
        throw new FileIOException(description);
    }
}
```

✖ DON'T 不要从异常过滤块中抛出异常。

当一个异常过滤器引发异常时，该异常将由 CLR 捕获，并且该过滤器将返回 false，该行为无法和过滤器执行并显式返回 false 区分开，因此很难进行调试。

```
' VB 示例
' 这是糟糕的设计。当 InnerException 属性返回 null 时，
' 该异常过滤器（When 语句）可能会抛出异常。
Try
    ...
Catch e As ArgumentException _
When e.InnerException.Message.StartsWith("File")
...
End Try
```

✖ AVOID 避免从 finally 块中显式抛出异常。从调用的方法中隐式抛出异常是可以接受的。

这一节介绍了关于抛出异常的一般问题。下一节将讨论如何决定抛出哪种类型的异常。

7.2 选择抛出正确的异常类型

当你决定什么时候需要抛出异常后，下一步就是挑选正确的异常类型抛出。本节提供了相关准则。

首先，你需要决定该异常代表的是使用错误还是执行错误。

使用错误意味着可以通过修改 API 的调用代码来避免发生错误。没有理由以编程的方式处理使用错误；相反，应该修改调用代码。例如，如果一个程序因为其中一个参数传入了空值而发生错误（这种错误情况通常由 ArgumentNullException 表示），则可以修改调用代码以确保永远不会传入空值。换句话说，使用错误可以在编译时修复，开发者可以确保它们不会在运行时出现。

执行错误不能完全通过写"更好的"代码来避免。例如，当 File.Open 尝试打开一个不存在的文件时会抛出 FileNotFoundException。虽然 API 的调用者在调用 File.Open 之前检查了文件是否存在，但在调用 File.Exists 和调用 File.Open 之间，文件可能被删除或已损坏。执行错误需要被进一步划分为两组：程序错误（program error）和系统故障（system failure）。

　　程序错误是指可以通过编程方式处理的执行错误。例如，如果 `File.Open` 抛出 `FileNotFoundException`，调用代码可以捕获这个异常，并通过创建一个新的文件来处理它。这与前面描述的使用错误的例子相反，你永远不会编写这样的代码，先把一个参数传给一个方法，捕获 `ArgumentNullException`，再在处理程序中用一个非空的参数调用这个方法。

　　系统故障是指不能以编程方式处理的执行错误。例如，事实上，你无法处理因即时编译器（JIT）耗尽内存而导致内存不足的异常[1]。

✘ DON'T 不要创建新的异常类型来传达使用错误。相反，应该抛出基类库中已经存在的异常。有关常见的标准异常类型的详细使用准则，参见 7.3 节。

　　使用错误需要传达给调用 API 的开发者，不应该在代码中直接处理。对于试图修复其代码的开发者来说，异常类型通常没有消息字符串那么重要。因此，对于那些由于使用错误而抛出的异常，你应该集中精力设计一个真正适合的（即解释性的）异常消息，并使用这些 .NET 框架异常类型：`ArgumentNullException`、`ArgumentException`、`InvalidOperationException`、`NotSupportedException` 等。

✓ CONSIDER 如果一个程序错误可以用不同于其他已有异常的方式进行编程处理，则建议创建并抛出自定义异常，否则抛出一个已有的异常。关于如何创建自定义异常，参见 7.4 节。

　　程序错误是指可以（而且经常是）在代码中处理的错误。处理这种错误的方法是捕获异常并执行一些"补偿"逻辑。捕获语句是否执行是由捕获块声称它能处理的异常类型决定的。因此，在程序错误中异常类型很重要。实际上，这是唯一看重异常类型的错误情况。在这种情况下，你应该考虑创建一个新的异常类型。

　　如果你认为自己正在处理一个程序错误，请通过编写真实的代码或者精确地描述捕获程序在捕获异常时将做什么来验证该想法，以使程序能够继续运行。如果你不能描述它，或者如果错误可以通过修改调用代码来避免，那么你可能是在处理一个使用错误或系统故障。

✘ DON'T 如果一个异常不需要与框架已有的异常分开处理，则不要创建新的异常类型。在这种情况下，应该抛出框架已有的异常。有关常见的标准异常类型的详细使用准则，参见 7.3 节。

　　当然，对于上述错误情况来说，现有的异常类型必须合理。例如，你不会希望从一

1　因此，在这样的情况下，CLR 默认会停止进程，而不是抛出异常。

个与访问文件无关的 API 中抛出 FileNotFoundException。

另外，要确保复用异常不会使错误条件变得模糊不清。也就是说，要确保处理特定错误的代码总是能够分辨出抛出异常是因为这个错误，还是因为其他错误碰巧使用了相同的异常。例如，你不想从一个调用内置文件 I/O API 的例程中抛出（或复用）FileNotFoundException，因此可以抛出相同的异常，但前提是，无论是你的代码还是底层框架方法抛出该异常，对调用代码都不重要。

✓ **DO** 要创建新的异常类型来传达框架已有异常类型无法传达的特殊程序错误。关于如何创建自定义异常，参见 7.4 节。

> ■ **KRZYSZTOF CWALINA** 请记住，将代码抛出的异常变更为该异常的子类型，并不是一种破坏性变更。例如，如果你的框架第一个版本抛出 FooException，在该库的任何后续版本中，你都可以抛出 FooException 的子类型，而且不会破坏针对库的前一个版本编译的代码。这意味着，当有疑虑时，我会考虑先不去创建新的异常类型，直到确定自己需要它们。在这一点上，你可以通过继承当前抛出的类型来创建一个新的异常类型。有时，这可能会形成稍显奇怪的异常继承结构（例如，继承自 InvalidOperationException 的自定义异常），但与使你的库具有不必要的异常类型相比，这并不是什么大问题，这些不必要的异常类型使库更加复杂，增加了开发成本，增加了工作集，等等。

✘ **AVOID** 避免创建调用时可能导致系统故障的 API。如果的确会出现这样的故障，则应该调用 Environment.FailFast，而不是在系统故障发生时抛出异常。

系统故障是指开发者或程序无法处理的错误。好一点的是，在可复用的库中，系统故障十分罕见。它们大多是由执行引擎引起的。在这种情况下，停止进程的最好方法是调用 Environment.FailFast，它记录了系统的状态——这对问题诊断非常有用。

✘ **DON'T** 不要为了使特征名称可以出现在异常类型或命名空间的名称中而创建和抛出新的异常。

✓ **DO** 要合理地抛出最具体（派生最末端）的异常。

例如，如果在参数中传入了空值，则应该抛出 ArgumentNullException，而不是它的基类型 ArgumentNullException。

▪ **JEFFREY RICHTER**　直接抛出 System.Exception——它是所有符合 CLS 标准的异常的共同基类——始终都是不正确的。

▪ **BRENT RECTOR**　正如后面详细描述的那样,直接捕获 System.Exception 几乎都是错误的行为。

现在你已经选择了正确的异常类型,你可以专注于确保你的异常传递的错误消息是自己需要表达的内容。

7.2.1　错误消息设计

本节中的准则定义了创建异常消息文本的最佳实践。

✓ **DO**　要在抛出异常时,为开发者提供丰富且有意义的消息文本。

该消息应该解释导致异常的原因,并且应该清楚地阐明避免该异常的方法。

▪ **BRAD ABRAMS**　本准则适用于框架。在应用程序代码中,面向管理员甚至最终用户的异常消息是很合适的。更抽象地说,消息文本应该面向那些不得不去解析它的人。

✓ **DO**　要确保异常消息的语法是正确的。

最上层的异常处理器可能会把异常消息展示给应用程序的终端用户。

✓ **DO**　要确保消息文本的每一句话都以句号结束。

这样一来,向用户显示异常消息的代码就不必再去处理开发者忘记最后一个句号的情况,这种处理相对来说是很麻烦且昂贵的。

✗ **AVOID**　避免在异常消息中使用问号和感叹号。

✗ **DON'T**　不要在异常消息中暴露敏感的安全信息。

✓ **CONSIDER**　如果你的组件会被使用不同语言的开发者使用,则建议本地化从组件中抛出的异常消息。

▪ **JEFFREY RICHTER**　异常消息在异常被处理时并没有实质价值;只有在异常没有被处理时才会发挥作用。未处理的异常表明应用程序中有一个真正的 bug,因为应用程序将被中止。现在修复应用程序的唯一方法是:报告故障,修改和重新编译源代码,并更新部署的程序。因此,错误消息应该专注于帮助开发人员修复其代码中的 bug。

终端用户不应该看到这些消息。

　　当 Microsoft Office 应用程序收到一个未处理的异常时，对话框显示的内容是这样的：“Microsoft Word 遇到了一个问题，需要关闭。我们对造成的不便感到抱歉。”这条消息中还有一些其他内容，但其中没有任何计算机术语。用户可以选择点击一个按钮，它将显示发送回微软的错误报告中的内容，这里面具体的内容就非常“极客”了。

7.2.2　异常处理

　　在确定了何时抛出异常、它们的类型以及消息的设计之后，接下来要关注的便是如何处理异常。首先，我们来定义一些术语。当你有一个针对特定异常类型的捕获块，并且完全了解执行捕获块后继续执行应用程序的影响时，你就处理了一个异常。例如，你试图打开一个配置文件，当文件不存在时，捕获 FileNotFoundException，并回退到默认配置。当你捕获一个非常通用的异常类型，并且没有完全理解或响应失败时，继续执行应用程序，你就吞掉了一个异常。

✖ **DON'T** 不要在框架代码中通过捕获非特定的异常——如 System.Exception、System.SystemException 等——吞掉错误。

```
try{
    File.Open(...);
}
catch(Exception e){ } // 吞掉“所有”异常—不要这么做!
```

捕获一个非特定异常的合理场景是，你可以将该异常转移到另一个线程。例如，当 GUI 应用程序将一个操作转移到 UI 线程时，当进行异步编程时，当使用线程池操作时，等等，都可能会发生这种情况。很明显，如果把一个异常转移到另一个线程，那么你实际上并没有吞掉它。

JOE DUFFY　当跨线程转移异常时，必须要有保障措施，防止异常被遗漏。例如，如果你捕获异常并把它塞进一个列表中，而系统中没有其他线程进行检查，那么你基本上就是把它吞掉了。这样做的后果可能是灾难性的，就像在 Win32 中忽略了一个错误代码一样。

✖ **AVOID** 避免在应用程序代码中通过捕获非特定的异常——如 System.Exception、System.SystemException 等——吞掉错误。

在某些情况下，在应用程序代码中吞掉错误是可以接受的，但是这种情况非常少见。如果你决定要吞掉异常，则必须意识到，你将无法清楚地知道到底是哪里出错了。所以，一般来说，你将无法预测现在是什么状态不一致。通过吞掉异常，你可以权衡在这个应用程序域或进程中继续运行代码的价值是否超过了出现不一致时运行代码的风险。因为安全攻击可能会利用这些不一致的地方，你在这里的决定会产生深远的影响。

■ **VANCE MORRISON**　在捕获异常时，除非你知道以下内容，否则几乎什么都做不了：

- 异常具体是什么组件抛出的，契约是怎样的（该对象处于什么状态）。
- 抛出者和捕获者之间完整的调用栈，你已经确定该堆栈中的每个方法在返回之前都正确地清理了任何全局状态的变化。

如果你不了解上面两项，那么你就无法了解某些全局状态是否处于"半完成"的状态。如果这个问题继续存在，则可能会导致奇怪的错误。对于 `OutOfMemoryException`、`StackOverflowException` 和 `ThreadAbortException` 等异常尤其如此，这些异常可能在很多地方发生。

在实践中，除非调用者和抛出者紧挨着，否则你不可能知道整个调用栈。这意味着，如果你试图捕获"任何"异常，你就不应该继续执行。你应该只做错误记录和持久化关键信息这样的事情，作为关闭（也可能是重新启动）进程的前奏。后面的这些操作最好在 finally 块中进行。

✗ **DON'T**　不要在以转移异常为目的的捕获块中剔除任何特定的异常。

```
catch (Exception e) {
    // 错误的代码
    // 不要这样做!
    if (e is OutOfMemoryException ||
      e is AccessViolationException
    ) throw;
    ...
}
```

✓ **CONSIDER**　如果你明白为什么会在某个特定的环境下抛出特定的异常，并且能以编程方式对失败做出响应，则建议捕获该异常。

■ **JEFFREY RICHTER**　只有当你知道你可以优雅地从异常中恢复时，你才应该捕获这个异常。在执行某些操作时，你可能知道为什么会抛出一个异常，但如果不知道如何从这个异常中恢复，就不要捕获它。

✗ **DON'T** 不要过度捕获异常。异常往往应该被允许在调用栈上传播。

■ **JEFFREY RICHTER**　这一点怎么强调都不为过。我见过太多次由于开发者捕获异常，而导致程序中的一个 bug 被隐藏。不要捕获异常！在测试过程中把 bug 解决掉，然后推出一个更好、更强大的产品。

■ **ERIC GUNNERSON**　在默认情况下，异常处理是健壮的——每一个被抛出的异常都会向上传播，寻找处理器。你写异常处理器的每个地方都有从系统中移除健壮性的风险，而且如果你犯了一个错误，则往往很难追踪到。所以要尽量减少异常捕获。

✓ **DO** 要使用 try-finally 并避免使用 try-catch 来清理代码。在写得好的异常处理代码中，try-finally 比 try-catch 常见得多。

起初，这可能是反直觉的，但在很多情况下，catch 块是不需要的。然而，你始终应该考虑 try-finally 是否可以用于清理代码，以确保在抛出异常时系统状态的一致性。在通常情况下，清理逻辑会回滚资源分配。

```
FileStream stream = null;
try{
    stream = new FileStream(...);
    ...
} finally {
    if(stream != null) stream.Close();
}
```

C# 和 VB.NET 提供了 using 语句，它可以用来替代纯粹的 try-finally 语句来清理实现了 IDisposable 接口的对象。

```
using(var stream = new FileStream(...)){
    ...
}
```

■ **CHRISTOPHER BRUMME**　如果你使用 catch 子句进行清理，则应该知道，在 catch 语句结束后出现的任何代码都可能不会被执行。在 CLR 2.0 中，finally 块和 catch 块得到了特殊的保护，可以防止线程中止。而 catch 之后的代码则不会。

■ **BRENT RECTOR** 不要使用 catch 块来清理代码。应该将 catch 块用于错误恢复代码，将 finally 块用于清理代码。catch 块只在 try 块中发生特定类型的异常时运行。finally 块总是会运行。如果你总是需要进行清理（典型的情况），则需要在 finally 块中执行该逻辑。

■ **JEFFREY RICHTER** 我完全同意该准则。我建议将几乎所有的清理代码都放在 finally 块内，而且很方便的是，C# 和 VB.NET 提供了许多语言结构，可以自动为你触发 try-finally 块。例如，C#/VB 的 using 语句、C#的 lock 语句、VB 的 SyncLock 语句、C# 的 foreach 语句，以及 VB 的 For Each 语句。此外，当你在 C# 中定义一个终结器时，编译器会将基类的 Finalize 调用放在 finally 块中，以确保它一定会被调用。事实上，我自己已经设计了许多类型，它们具有返回 IDisposable 对象的方法，这样它们就可以很容易地与 C#/VB 的 using 语句一起使用了。

✓**DO** 要在捕获和重新抛出异常时，更多地使用空抛出[1]。这是保留异常调用栈的最好方法。

```
public void DoSomething(FileStream file){
    long position = file.Position;
    try {
        ... // 对文件做某些读取操作
    } catch {
        file.Position = position; // 出错之后重置 position
        throw; // 再次抛出
    }
}
```

■ **CHRISTOPHER BRUMME** 每当你捕获、抛出和重新抛出异常时，都会影响系统的可调试性。对异常的调试基于这样的概念：我们在第一次传递期间检测到异常未被处理，此时状态没有发生变化。通过在那时附加一个调试器，我们可以看到异常被抛出时的状态。如果堆栈上有一系列的捕获、抛出和重新抛出异常的程序段，那么调试可能只检查最后一个程序段。这与原始故障位置之间可能有任意距离。相同的状态变化会降低 Watson 转储的有效性。

---

1 译者注：即 throw 后面不跟随任何异常。

> ■ **JEFFREY RICHTER**　此外，当你抛出一个新的异常（而不是重新抛出原来的异常）时，你所报告的故障与实际发生的故障不同。这也损害了你调试应用程序的能力。因此，应该总是倾向于重新抛出异常，而不是抛出新的异常，并且应该尽量避免捕获、抛出以及重新抛出异常。

✘ **DO** 当从不同的环境中重新抛出异常时，要使用 ExceptionDispatchInfo。

如果需要将一个异常转移到不同的线程，或者对于其他任何会阻止空抛出的情况，ExceptionDispatchInfo 类会在重新抛出的过程中持续保存调用栈。

```
private ExceptionDispatchInfo _savedExceptionInfo;

private void BackgroundWorker() {
    try {
        ...
    } catch (Exception e) {
        _savedExceptionInfo = ExceptionDispatchInfo.Capture(e);
    }
}

public object GetResult() {
    if (_done) {
        if (_savedExceptionInfo != null) {
        _savedExceptionInfo.Throw();
        // 该方法抛出了异常，
        // 但是编译器不能理解，
        // 所以需要额外的 return 语句
        return null;
        }
        ...
    }
    ...
}
```

✘ **DON'T** 不要使用无参数的 catch 块来处理不符合 CLS 标准的异常（不是从 System.Exception 派生的异常）。

支持非 Exception 派生的异常的语言可以自由地处理这些异常。

```
try{ ... }
catch{ ... }
```

经过 CLR 2.0 的修改，将不符合要求的异常以 RuntimeWrappedException 包装传递给符合标准的 catch 块。

7.2.3　包装异常

　　有时，下层抛出的异常传播到上层后会失去其意义。在这种情况下，有时将下层的异常包装成对上层用户有意义的异常是有益的。例如，如果从事务管理 API 抛出 FileNotFoundException，那是完全没有意义的。事务管理 API 的用户甚至可能不知道可以将事务存储在文件系统上。在其他情况下，实际的异常类型并不重要，重要的是，它是在某些特定的代码路径中产生的。例如，即使是从静态构造函数中抛出的一个良性的异常，其类型在当前的应用程序域中也是无法使用的。在这种情况下，向用户说明在构造函数中出现的异常比引起异常的原因要重要得多。因此，CLR 将所有从静态构造函数中抛出的异常包装成 TypeInitializationException。

> **▪ STEVEN CLARKE**　确保错误消息中的术语在其被使用的环境中是合理的。在我们的一项 API 可用性调研中，该 API 的底层细节已经被剔除，因此开发者只接触到上层的详情。遗憾的是，异常从底层抛出，在上层被捕获。错误消息所描述的概念，只有实现 API 底层的人才能理解，因此不能很好地传达导致问题的原因。

✓ **CONSIDER**　如果下层只是操作细节的实现，那么建议将从下层抛出的特定异常包装在一个更合适的异常中。

　　在特定的框架中，这类包装应该少之又少，因为它有可能为调试代码带来负面影响。

```
try {
    // 读取事务文件
}
catch(FileNotFoundException e) {
    throw new TransactionFileMissingException(...,e);
}
```

> **▪ RICO MARIANI**　Chris Brumme 的前一条有关重新抛出异常的注解在这里也同样适用。所举的例子很好地说明了这一点：为了使重新抛出异常真正有帮助，初始的异常环境必须几乎毫无意义，而且调试时也肯定不会对其感兴趣。在我看来，原始的调用栈无意义是这里的控制要素。就这个例子而言，没有人认为文件打开服务有什么问题——你不妨重新抛出一些更有意义的东西，指出打开文件哪里有问题，以及试图打开的是什么文件。

> ■ **ERIC GUNNERSON** 另一种表述方式是："如果用户想要查看内部异常，就不要包装了。"到目前为止，最糟糕的情况是必须查看内部异常，并根据内部异常的类型来决定你的后续行为。

✗ **AVOID** 避免捕获和包装非特定的异常。

捕获并包装的实践通常来说是不可取的，它只是以另一种形式吞掉错误。这条规则的例外情况包括：通过包装异常来传达一种更严峻的状况，对于调用者来说，它会比原始异常的实际类型更具吸引力。例如，`TypeInitializationException` 包装了所有从静态构造函数中抛出的异常。

✓ **DO** 在包装异常时，要指定内部异常。

```
throw new ConfigurationFileMissingException(..., e);
```

> ■ **JEFFREY RICHTER** 这一点怎么强调都不为过，我们需要仔细地考量。如果在过程中有疑虑，就不要用另一个异常来包装了。在 CLR 中，一个众所周知的因包装引起各种麻烦的例子是反射。当你使用反射调用一个方法时，如果该方法抛出一个异常，CLR 会捕获它并抛出一个新的 `TargetInvocationException`。这真是令人难以置信的烦人，因为它隐藏了实际的方法和方法中出现问题的位置。因为这个异常包装，我浪费了大量时间来调试代码。

7.3　使用标准异常类型

本节将介绍 .NET 提供的标准异常及其使用细节。这里提供的列表不是详尽的。请参阅 .NET 的 API 参考文档，了解框架其他异常类型的用法。

7.3.1　Exception 和 SystemException

✗ **DON'T** 不要直接抛出 `System.Exception` 和 `System.SystemException`。

✗ **DON'T** 不要在框架代码中捕获 `System.Exception` 和 `System.SystemException`，除非你打算重新抛出。

✗ **AVOID** 除非是在最上层的异常处理器中，否则应该避免捕获 `System.Exception` 和 `System.SystemException`。

7.3.2　ApplicationException

✘ **DON'T** 不要抛出或继承 System.ApplicationException。

> ▪ **JEFFREY RICHTER**　System.ApplicationException 类本不应该成为 .NET 的一部分。最初的想法是，从 SystemException 派生的类将表示从 CLR（或系统）本身抛出的异常，而非 CLR 异常将从 ApplicationException 派生。然而，很多异常类并没有遵循这种模式，例如，TargetInvocationException（由 CLR 抛出）就派生自 ApplicationException，所以 ApplicationException 类失去了所有的意义。从这个基类派生是为了让调用栈中更高层级的一些代码能够捕获基类，现在再也不可能捕获所有的应用程序异常了。

7.3.3　InvalidOperationException

✔ **DO** 如果当前对象处于无效状态，则要抛出 InvalidOperationException。
如果一个属性设置或方法调用在对象当前的状态下是无效的，就应该抛出 System.InvalidOperationException 异常。这方面的一个例子是，向已被打开仅用于读取数据的 FileStream 中写入数据。

> ▪ **KRZYSZTOF CWALINA**　InvalidOperationException 和 ArgumentException 的区别在于，ArgumentException 并不依赖除参数本身之外的任何其他对象的状态来决定是否需要抛出它。例如，如果客户端代码试图访问不存在的资源，则应该抛出 InvalidOperationException。从另一方面来说，如果客户端代码试图使用一个错误的标识符来访问资源，则应该抛出 ArgumentException。

7.3.4　ArgumentException、ArgumentNullException 和 ArgumentOutOfRangeException

✔ **DO** 要在成员被传入错误的参数时抛出 ArgumentException 或其子类型。
✔ **DO** 要在抛出 ArgumentException 的子类时为其设置 ParamName 属性。
这个属性代表了导致异常被抛出的参数名称。注意，该属性可以使用构造函数的一个重载来设置。

```
public static FileAttributes GetAttributes(string path){
    if (path == null) {
        throw new ArgumentNullException(nameof(path), ...);
    }
}
```

✓**DO** 要使用 value 作为属性设置器的隐含值参数的名称。

```
public FileAttributes Attributes {
    set {
        if(value == null) {
            throw new ArgumentNullException(nameof(value),...);
        }
    }
}
```

■ **JEFFREY RICHTER** 捕获这些参数异常的代码是非常罕见的。当这些异常被抛出时，你几乎总是需要立即停止应用程序，然后去查看异常的堆栈信息，修正源代码使之能传递正确的参数，重新编译代码，重新测试。

■ **JASON CLARK** Jeffrey 在这里说的非常正确。正是由于这些异常类型被捕获的频率不高，才使得在代码中广泛地复用这类异常抛出是安全的。

7.3.5 NullReferenceException、IndexOutOfRangeException 和 AccessViolationException

✗**DON'T** 不要允许可公开调用的 API 显式或隐式抛出 NullReferenceException、AccessViolationException 或 IndexOutOfRangeException。这些异常是由平台保留并抛出的，在大多数情况下表明程序有 bug。

做好参数检查来避免抛出这些异常。抛出这些异常会暴露方法的实现细节，而这些细节可能会随着时间的推移而改变。

7.3.6 StackOverflowException

✗**DON'T** 不要显式地抛出 StackOverflowException。该异常只应该由 CLR 抛出。

✗**DON'T** 不要捕获 StackOverflowException。

几乎不可能写出在任意堆栈溢出发生后还能保持一致的托管代码。CLR 的非托管部分通过使用探测器将堆栈溢出转移到定义好的地方，而不是通过撤出任意堆栈溢出来保持一致。

> ■ **CHRISTOPHER BRUMME** 一般来说，你不应该对 StackOverflowException 进行特殊处理。CLR 2.0 中的默认策略会在堆栈溢出时快速关闭进程。这个决定是出于很强的安全性和可靠性方面的原因。在一般的进程中，堆栈溢出甚至得不到一个可管理的异常。

7.3.7 OutOfMemoryException

✘ **DON'T** 不要显式地抛出 OutOfMemoryException。该异常只应该由 CLR 抛出。

> ■ **CHRISTOPHER BRUMME** 一方面，OutOfMemoryException 可能是由于未能成功获得 12 字节来进行隐式自动装箱，或者未能即时编译（JIT）某些恢复操作所需的代码而造成的。这些失败都是灾难性的，在理想情况下会导致进程中止。另一方面，OutOfMemoryException 可能是由于一个线程请求 1GB 字节数组而造成的。这次内存分配失败的事实，对进程其余部分的一致性和可行性没有影响。
>
> 遗憾的是，CLR 2.0 无法进行任何区分。在大多数托管进程中，所有的 OutOfMemoryException 都被认为是等价的，它们都会导致一个托管异常在线程中传播。不过，你不能依赖恢复代码的执行，因为我们可能无法对你的某些恢复方法进行即时编译，或者我们也可能无法执行恢复方法所需的静态构造函数。
>
> 此外，请记住，如果没有足够的内存去实例化其他异常对象，那么所有其他异常都可能被折叠成 OutOfMemoryException。另外，如果可以的话，我们会给你一个独特的具有自己的堆栈信息的 OutOfMemoryException。但如果内存非常紧张，你将得到与该进程中所有资源共享的全局实例。
>
> 我的最佳建议是，你应该像对待其他应用程序异常一样来对待 OutOfMemoryException。你要尽最大努力来处理它，并保持一致。在未来，我希望 CLR 能够更好地区分灾难性的 OOM 和 1GB 字节数组的情况。如果是这样，我们可能会在灾难性的情况下中止进程，而让应用程序去处理风险较小的情况。通过将所有的 OOM 情况视作风险较小的情况来处理，你正在为这一天做准备。

> ■ **JAN KOTAS** 在与非托管代码互操作时，常见的做法是显式地抛出 OutOfMemoryException，以便将非托管的错误代码转换为托管异常。这也许是唯一可以接受的显式抛出 OutOfMemoryException 的情况。

7.3.8 ComException、SEHException 和 ExecutionEngineException

✗ **DON'T** 不要显式地抛出 ComException、SEHException 和 ExecutionEngineException。这些异常只应该由 CLR 抛出。

> **CHRISTOPHER BRUMME** 如果你看到 ExecutionEngineException 被抛出，请像对待其他框架异常一样来对待它。它是从一个 CLR 实际上并非处于无效状态的地方抛出的。例如，安全代码中的一些无效操作会抛出该异常，而向后兼容的要求使我们无法改变该异常类型。

7.3.9 OperationCanceledException 和 TaskCanceledException

✓ **DO** 要抛出 OperationCanceledException 来表明调用者发起了中止或取消操作。

✓ **DO** 要倾向于捕获 OperationCanceledException，而不是 TaskCanceledException。TaskCanceledException 派生自 OperationCanceledException。该类型由 Task 执行引擎在内部使用，但在其他方面与父类型几乎没有区别。需要对 TaskCanceledException 进行特殊处理的 catch 块一般也应该对 OperationCanceledException 进行处理。

7.3.10 FormatException

✓ **DO** 要抛出 FormatException 来表明文本解析方法中的输入字符串不符合要求或指定的格式。

✓ **DO** 要抛出 FormatException 来表明文本解析方法或文本格式化方法中用于限定格式的字符串是无效的。

DateTimeOffset.Parse(string input) 抛出一个 FormatException 作为执行错误，表明 input 值（通常是作为数据读入的）不能被解析成 DateTimeOffset 值。相反，DateTimeOffset.ToString(string format) 抛出一个 FormatException 来作为使用错误，表明所指定的格式通常是在调用代码中明确指定的值，不是一个支持的值。对于 DateTimeOffset.ParseExact(string input, string format, IFormatProvider formatProvider) 这样的方法来说，该异常的双重用法可能会产生歧义，但只有当 input 值和 format 值都作为数据被读取时才会如此。当 format 值在调用代码中被显式指定时，开发者可以使用该消息来调试所指定的格式，之后所有在未来导致 FormatException 的调用都是 input 值的结果。

7.3.11 PlatformNotSupportedException

✓ **DO** 要抛出 PlatformNotSupportedException 来表明在当前的运行时环境下无法完成操作，但在不同的运行时或操作系统上可以完成。

PlatformNotSupportedException 是当声明交叉编译库中的方法在当前的构建配置中不能被实现时，为了避免 CLR 的 MissingMethodException 异常所使用的主要异常。当方法的实现需要比当前操作系统更新的版本时，或依赖特殊硬件但这些硬件并不存在时，通常也会抛出这个异常。

7.4 设计自定义异常

在某些情况下，无法使用现有的异常（7.2 节详细描述了如何进行这种判断）。在这些情况下，你需要自定义异常。本节中的准则为你提供了这方面的帮助。

✓ **DO** 要从 System.Exception 或其他通用的基础异常中派生新的异常。

✗ **AVOID** 避免过深的异常层次结构。

在有限的情况下，创建一个更复杂的异常层次结构是一个好主意，但这是极其罕见的。原因是，处理异常的代码基本上完全不关心层次结构，因为它几乎从不会想要一次处理一个以上的错误。如果两个或多个错误可以用同样的方式处理，就不应该用不同的异常类型来表达。当然，这个规则也有例外，在某些情况下，创建一个更深的层次结构可能会更好。

✓ **DO** 要以"Exception"后缀作为异常名称的结尾。

✓ **DO** 要使异常可以在运行时序列化。一个异常必须是可序列化的，以便在应用程序域中和远程调用时正确工作。

✓ **DO** 要为所有的异常提供（至少是）这些通用的构造函数。

请确保参数的名称和类型与下面的例子中所展示的完全一致。

```
public class SomeException: Exception, ISerializable {
    public SomeException();
    public SomeException(string message);
    public SomeException(string message, Exception inner);

    // 这个构造函数是序列化所需要的
    protected SomeException(SerializationInfo info, StreamingContext context);
}
```

✓ **CONSIDER** 建议提供异常属性，以便于以编程方式访问与异常相关的额外信息（除了消息字符串）。

7.5　异常和性能

一个常见的与异常有关的顾虑是，如果将异常用于经常会失败的代码，那么最后实现的性能将是不可接受的。这是合理的顾虑。当成员抛出一个异常时，其性能可能会降低几个数量级。不过，在严格遵守不允许使用错误码这条准则的同时，也有可能实现良好的性能。本节中描述的两种模式提出了实现这一目标的方法。

✗ **DON'T** 不要因为顾及异常会对性能带来负面影响而选择使用错误码。

为了提升性能，既可以使用测试者-执行者模式，也可以使用 Try 模式，在接下来的两节中将详细进行阐述。

7.5.1　测试者-执行者模式

有时，通过将一个抛出异常的成员分成两部分，可以提高其性能。让我们看一下 ICollection<T> 接口的 Add 方法。

```
ICollection<int> numbers = ...
numbers.Add(1);
```

如果集合是只读的，Add 方法会抛出一个异常。在方法调用经常失败的情况下，这种行为可能会带来性能问题。缓解这个问题的一个方法是，在尝试添加一个值之前，先测试集合是否是可写的。

```
ICollection<int> numbers = ...
...
if(!numbers.IsReadOnly) {
    numbers.Add(1);
}
```

用来测试一个条件的成员——在我们的例子中，IsReadOnly 属性——被称为"测试者"。用于执行潜在的抛出操作的成员——在我们的例子中，Add 方法——被称为"执行者"。

✓ **CONSIDER** 对在常见情况下可能抛出异常的成员，建议采用测试者-执行者模式，以规避与异常有关的性能问题。

▪ **RICO MARIANI** 只有在 "测试" 比 "执行" 开销小得多的时候才考虑这一点。

▪ **JEFFREY RICHTER** 这一模式需要谨慎使用。当有多个线程同时访问该对象时，就会出现一个潜在的问题。例如，一个线程可能执行了测试者方法，报告一切正常，而在执行者方法被执行之前，另一个线程可能改变了对象，导致执行者执行失败。虽然这种模式可能会提高性能，但是它引入了竞态条件，因此必须非常谨慎地使用。

▪ **VANCE MORRISON** Jeff 的关于竞态的评论是正确的，但只有在少数情况下它才会影响你的设计。原因是，除非你特别将类设计成线程安全的（在多个线程同时使用它的情况下正常运行），否则它几乎肯定不会。在 .NET 的数千个类中，只有少数被设计成线程安全的（这一点在文档中要特别指出）。如果你的类不是（默认）线程安全的，任何用户都必须使用锁来确保每次只有一个线程使用它。只要 "测试" 和 "执行" 是在同一个锁下完成的（这通常是自然发生的），就不会有问题。

7.5.2 Try 模式

对于那些对性能极其敏感的 API，应该使用比 7.5.1 节中所描述的测试者-执行者模式更快速的模式。这种模式需要调整成员名称，使定义良好的测试用例成为成员语义的一部分。例如，DateTime 定义了一个 Parse 方法，如果解析字符串失败，就会抛出一个异常。它还相应地定义了一个 TryParse 方法，试图进行解析，但如果解析不成功，则返回 false，并使用 out 参数返回成功解析的结果。

```
public struct DateTime {
    public static DateTime Parse(string dateTime){
        ...
    }
    public static bool TryParse(string dateTime, out DateTime result){
        ...
    }
}
```

对于线程安全的类型来说，这种模式可以很好地解决测试者-执行者模式中固有的竞态条件问题。ConcurrentDictionary 类有一个 TryAdd 方法，可以用于解决测试者-执行者模式中的竞态条件问题，以及在普通操作中抛出异常所带来的性能问题。

```
public partial class ConcurrentDictionary<TKey, TValue> {
    public bool TryAdd(TKey key, TValue value) {
        ...
```

```
    }
  }
```

✓ **CONSIDER** 建议对那些在常见情况下可能抛出异常的成员采用 Try 模式，以避免产生与异常相关的性能问题。

> ■ **JEFFREY RICHTER** 我非常喜欢这一准则，它同时解决了竞态条件问题和性能问题。除了 DateTime.TryParse, Dictionary 类还有一个 TryGetValue 方法。

✓ **DO** 要在实现 Try 模式时，使用 "Try" 作为前缀，并将 Boolean 用作返回类型。

✓ **DO** 要选择一种原因来解释为什么你的 Try 方法会返回 false，对其他类型的失败原因统统选择抛出异常。

许多方法只有一种失败：一个字符串要么代表 DateTime，要么不代表；在使用 Dictionary 时，键要么存在，要么不存在；ConcurrentQueue 要么为空，要么非空。然而，在 CountdownEvent 类中，AddCount 方法有几种可能的错误：对象可能已经完成倒数；所要求的增量可能造成计数器溢出；或者对象可能已经被释放——所有这些都会导致使用错误。其中最有可能的错误是计数器已经达到零，这是唯一会使 OutOfMemoryException 返回 false 的错误。调用该方法的开发者可以为该失败情况写一个处理程序，并理解它所代表的状态，同时，对那些不太可能的错误，则继续抛出异常。

✓ **DO** 要为每个使用 Try 模式的成员提供等价抛出异常的成员。

```
public struct DateTime {
    public static DateTime Parse(string dateTime){ ... }
    public static bool TryParse(string dateTime, out DateTime result) { ... }
}
```

> ■ **RICO MARIANI** 不要提供没有人可以合理使用的成员。没有理由给你的客户提供一个性能肯定会很差的 API，从而使他们陷入失败之中。最明显的使用方式也应该是最好的方式。

7.5.2.1 Try 方法的值生成

✓ **DO** 要通过 out 参数 "返回" Try 方法的值。

不同于 CountdownEvent.TryAddCount，大多数 Try 方法都希望从该方法中产生一个额外的值——等价抛出异常的替代成员的返回值。由于 Try 模式将返回值用于报告成功或失败，额外的值必须通过 out 参数返回（更多关于 out 参数的信息，请参见 5.8 节）。

✓**DO** 要在 Try 方法返回 false 时，将 default(T) 赋值给 out 参数。

```csharp
public partial class HashSet<T> {
    public bool TryGetValue(T equalValue, out T actualValue) {
        Node node = FindNode(equalValue);
        if (node != null) {
            actualValue = node.Item;
            return true;
        }
        actualValue = default(T);
        return false;
    }
}
```

✗**AVOID** 避免在抛出异常时向 Try 方法的 out 参数写入数据。

因为异常表明发生了错误，所以不应该再产生额外的值。如果 Try 方法在失败时"泄露"了一个部分完整的值，那么调用者就有可能依赖这个部分完整的值来进行错误恢复或用于其主程序流。一旦调用者依赖你的方法的内部状态，要想变更方法的私有实现细节而不会导致某人的运行时被破坏就变得更加困难。当调用者将 out 写入静态字段时，情况就更复杂了，因为如果异常被处理了，这个值就会一直存在。

```csharp
public static bool TryDecode(byte[] data, out ParsedType value) {
    // 小心：调用者可能会依赖这个值
    // 在 LoadFields 的异常中不为空
    value = new ParsedType();
    if (!LoadFields(value, data)) {
        value = null;
        return false;
    }
    return true;
}
```

```csharp
public static bool TryDecode(byte[] data, out ParsedType value) {
    // 该变量隐藏了实现细节
    ParsedType parsedType = new ParsedType();
    if (!LoadFields(parsedType, data)) {
        value = null;
        return false;
    }
    value = parsedType;
    return true;
}
```

7.5.2.2 静态的 TryParse(string, out T) 方法

✓ **DO** 在方法的输入为空的情况下，要为 `static bool TryParse(string, out T value)` 这种形式的方法返回 `false`。

所有只接收单一字符串输入的静态 `TryParse` 方法失败的常见原因是，"输入不是这种类型的有效字符串表示"。.NET BCL 类型中的所有静态 `TryParse` 方法都将空输入视为"不是有效的字符串表示"，而不是一个使用错误。为了与 .NET 的其他部分保持一致，你的静态 `TryParse` 方法也应该这样做。

在 `TryParse` 方法的重载中，仍然应该对除主字符串输入参数以外的其他任何参数进行参数验证。

总结

在设计框架时，使用异常作为错误处理机制是很重要的，本章详述了所有原因。最终，它将使你和你的用户的工作都更加轻松。

8 使用准则

本章包含在可公开访问的 API 中使用常见类型的准则。它涉及内置框架类型（如 Collection<T>，序列化特性）的直接使用、通用接口的实现，以及常见基类的继承。本章的最后一节讨论常见运算符的重载。

8.1 数组

本节介绍在可公开访问的 API 中使用数组的准则。

✓ **DO** 在公开 API 中要使用集合而不是数组。8.3.3 节提供了有关如何在集合和数组之间进行选择的细节。

```
public class Order {
    public Collection<OrderItem> Items { get { ... } }
    ...
}
```

✓ **DO** 要记住：数组是可变类型——即使它是不可变类型的数组。

人们很容易陷入这样的错误推论中："Int32 是不可变的，所以 new Int32[] { 1, 2 } 也是不可变的"，特别是当涉及 readonly 字段修饰符时。但是 readonly 只是阻止整个数组被替换，通过索引修改单个元素的值仍然是可能的。

这个例子展示了使用只读数组字段的陷阱：

```
// 错误的代码
public sealed class Path {
```

```
public static readonly char[] InvalidPathChars =
    { '\"', '<', '>', '|'};
}
```

这使得调用者可以通过如下方式修改数组中的值：

```
Path.InvalidPathChars[0] = 'A';
```

反之，你可以使用一个只读集合（只有在元素是不可变的情况下），或者在返回数组之前先克隆它。

```
public static ReadOnlyCollection<char> GetInvalidPathChars() {
    return Array.AsReadOnly(badChars);
}

public static char[] GetInvalidPathChars() {
    return (char[])badChars.Clone();
}
```

另一个可用于不可变元素类型的选项是 ReadOnlySpan<T>。9.12 节讨论了 Span 类型以及与之相关的准则。

✘ AVOID 避免使用数组类型的属性。

基于数组的属性 get 方法可以通过 4 种基本方式来实现：直接返回状态、直接不可靠返回（direct unauthoritative return）、浅拷贝和深拷贝。这 4 种实现方式只在调用者会对返回的数组进行写入操作或者修改通过数组暴露的对象时才有区别。

- 直接返回被用于 ArraySegment<T>.Array。这与 ArraySegment 的目的是一致的，即有效地将界限与数组联系起来。

  ```
  public T[] Array => _array;
  ```

- 直接不可靠返回意味着该属性使用了计算后的数组，它可以在两次连续的调用中返回相同的数组——假设在两次调用之间没有发生对象变更。调用者回写数组并不会改变对象上其他属性和方法的行为，但对于其他的调用者来说，确实损坏了该属性。这种方式被 NameValueCollection.AllKeys 所使用。

  ```
  public string[] AllKeys {
      get {
          if (_allKeys == null) {
              _allKeys = new string[_entries.Count];
              for (int i = 0; i < _entries.Count; i++) {
                  _allKeys[i] = _entries[i].Key;
              }
          }
          return _allKeys;
      }
  }
  ```

- 浅拷贝属性在每次被调用时都会返回一个新的数组，但是该数组中的引用类型不会生成全新的副本。如果元素类型是一个可变的引用类型，对象的状态仍然可以被修改，但是替换数组内的值对对象没有影响。这种方式被 `DataTable.PrimaryKey` 所使用。

```
private List<Calendar> _calendars;
public Calendar[] ShallowCalendars => _calendars.ToArray();
```

- 深拷贝属性在每次被调用时都会返回一个新的数组，并且新数组中的每一个元素都是原先引用类型值的新实例。深拷贝的目的通常是为了从根本上避免调用者的修改影响对象的状态。深拷贝在 .NET 中是很少见的。事实上，从技术上来说，少数执行了深拷贝的属性，本质上是在访问器方法中使用 `String.Substring` 带来的副作用。

```
private List<Calendar> _calendars;
public Calendar[] DeepCalendars {
    get {
        Calendar[] calendars = new Calendar[_calendars.Count];
        for (int i = 0; i < _calendars.Count; i++) {
            calendars[i] = (Calendar)_calendars[i].Clone();
        }
        return calendars;
    }
}
```

- 当数组元素的类型完全不可变时，浅拷贝可以和深拷贝一样有效地保护对象状态，而且浅拷贝的内存和 CPU 开销更低。`NumberFormatInfo.NumberGroupSizes` 使用了"值拷贝"这一深拷贝/浅拷贝混合技术。

```
private int[] _numberGroupSizes;
public int[] NumberGroupSizes {
    get => (int[])_numberGroupSizes.Clone();
}
```

`set` 方法同样可以通过这 4 种方式中的任意一种来实现。

根据属性应该和字段访问差不多一样快的准则（见 5.1.3 节），直接返回和直接不可靠返回是属性仅应该使用的技术。尽管如此，在 .NET Standard 2.0 中，有一半多一点的基于数组的属性实现都会返回一种或另一种形式的拷贝。鉴于数组的不一致性，建议使用基于集合的属性、`ReadOnlyMemory<T>`（见 9.12 节）或方法——像 "GetRawBuffer" 这样的名称可以表达出直接返回了数组。

如果你定义了一个数组传输类型，比如 **ArraySegment\<T\>**，那么直接返回数组的属性是将数组暴露出来的最自然的方式。

✓ **CONSIDER** 建议使用锯齿状数组来替代多维数组。

锯齿状数组是一个元素也是数组的数组。构成元素的数组可以有不同的大小，与多维数组相比，对于某些数据集（如稀疏矩阵）来说，浪费的空间更少。此外，CLR 优化了锯齿状数组的索引操作，所以在某些情况下，它可能会表现出更好的运行时性能。

```
// 锯齿状数组
int[][] jaggedArray = {
    new int[] {1,2,3,4},
    new int[] {5,6,7},
    new int[] {8},
    new int[] {9}
};

// 多维数组
int [,] multiDimArray = {
    {1,2,3,4},
    {5,6,7,0},
    {8,0,0,0},
    {9,0,0,0}
};
```

■ **BRAD ABRAMS** 一般来说，我发现非 SZ（一维，零下界）数组在主流公开 API 中的使用是非常少见的。它们的使用应该被限制在那些本质上适合多维情况的问题领域（比如矩阵乘法）。其他所有的使用都应该倾向于定义一个自定义的数据结构或传递多个数组。

8.2 特性

System.Attribute 是用来定义自定义特性的基类。下面是自定义特性的一个示例：

```
[AttributeUsage(...)]
public class NameAttribute : Attribute {
    public NameAttribute (string userName) {..} // 必需参数
    public string UserName { get{..} }
    public int Age { get{..} set{..} } // 可选参数
}
```

特性是可以添加到编程元素如程序集、类型、成员和参数等中的注解。它们被存储在程序集的元数据中，并且可以在运行时使用反射 API 进行访问。例如，.NET 定义了 ObsoleteAttribute，它可以被应用于类型或成员，以表明该类型或成员已被废弃。

特性可以有一个或多个属性，携带与该特性相关的额外数据。例如，ObsoleteAttribute 可以携带有关类型或成员在哪个版本被废弃，以及用于替代废弃 API 的新 API 的描述信息等。

当应用特性时，必须指定特性的一些属性。这些属性被称为必需属性或必需参数，因为它们表现为构造函数参数。例如，ConditionalAttribute 的 ConditionString 属性即是一个必需属性。

```
public static class Trace {
    [Conditional("TRACE")]
    public static void WriteLine(string message) { ... }
}
```

在应用特性时，不是必须要指定的属性被称为可选属性（或可选参数）。它们表现为可写属性。在应用特性时，编译器提供了特殊的语法来设置这些属性。例如，AttributeUsageAttribute.Inherited 属性即是一个可选参数。

```
[AttributeUsage(AttributeTargets.All, Inherited = false)]
public class SomeAttribute : Attribute {
}
```

以下是设计自定义特性的准则。

✓ **DO** 要以"Attribute"后缀来命名自定义特性类。

```
public class ObsoleteAttribute : Attribute { ... }
```

✓ **DO** 要将 AttributeUsageAttribute 应用到自定义特性上。

```
[AttributeUsage(...)]
public class ObsoleteAttribute{}
```

✓ **DO** 要为可选参数提供可写属性。

```
public class NameAttribute : Attribute {
    ...
    public int Age { get{..} set{..} } // 可选参数
}
```

✓ **DO** 要为必需参数提供只读属性。

✓ **DO** 要提供构造函数参数来初始化与必需参数相对应的属性。每个参数都应该与相对应的属性有相同的名称（尽管大小写不同）。

```
[AttributeUsage(...)]
public class NameAttribute : Attribute {
    public NameAttribute(string userName){..} // 必需参数
    public string UserName { get{..} } // 必需参数
        ...
}
```

> **KRZYSZTOF CWALINA**　这条准则同样适用于对大小写敏感和对大小写不敏感的语言。例如，如果使用对大小写不敏感的 VB.NET 来定义该属性，会是这样的效果：
>
> ```
> Public Class FooAttribute
>     Dim nameValue As String
>     Public Sub New(ByVal name As String)
>         nameValue = name
>     End Sub
>
>     Public ReadOnly Property Name() As String
>         Get
>             Return nameValue
>         End Get
>     End Property
> End Class
> ```

✘ **DON'T** 不要提供与可选参数相对应的构造函数参数。

换言之，不要让属性可以同时通过构造函数和设置器来设置。这条准则明确地指出哪些参数是可选的，哪些参数是必需的，它避免了用两种方式来做同一件事。

✘ **AVOID** 避免重载自定义特性的构造函数。

当只有唯一的构造函数时，才可以向用户清楚地传达出哪些参数是必需的，哪些参数是可选的。

✓ **DO** 在可能的情况下，要密封自定义特性类。这可以使特性的查找速度变得更快。

```
public sealed class NameAttribute : Attribute { ... }
```

> **JASON CLARK**　在异常部分，我告诫大家不要复用别人的异常类型。在这里，我对自定义特性做同样的告诫。不要复用别人的自定义特性，除非其含义完全相同，否则会使你们的共同客户处于尴尬的境地，他们不得不在避免使用你的 API 和应用共同的特性之间做出选择，这可能会为使用该特性的原始代码带来意料之外或预期之中（但不受欢迎）的副作用。

8.3　集合

任何类型，如果专门被设计来操作一组具有某些共同特征的对象，则可以认为它是一个集合。这类类型几乎总是适合实现 IEnumerable 或 IEnumerable<T> 接口。因此，在本节中，我们认为实现了其中一个接口或两个接口的类型就是集合。

✘ **DON'T** 不要在公开 API 中使用弱类型集合。

代表集合元素的所有返回值的类型和参数的类型都应该是准确的元素类型，而不是它的任何基类型（这只适用于集合的公开成员）。例如，一个用于存储 Component 的集合不应该有一个接收 object 作为参数的 Add 方法或一个返回 IComponent 的公开索引器。

```
// 错误的设计
public class ComponentDesigner {
    public IList Components { get { ... } }
    ...
}
// 正确的设计
public class ComponentDesigner {
    public Collection<Component> Components { get { ... } }
    ...
}
```

✘ **DON'T** 不要在公开 API 中使用 ArrayList 或 List<T>。

这些类型是为内部实现而设计的数据结构，不应该用于公开 API 中。List<T> 是以牺牲 API 的干净程度和灵活性为代价来优化性能和功能的。例如，如果返回 List<T>，当客户端代码更新该集合时，你将永远无法收到通知。另外，List<T> 暴露的许多成员，比如 BinarySearch，在大多数情况下是没有用的，也不适用。8.3.1 节和 8.3.2 节介绍了专门为公开 API 设计的类型（抽象）。

与其使用这些具象的类型，不如考虑 Collection<T>、IEnumerable<T>、IList<T>、IReadOnlyList<T> 或其他集合的抽象。

```
// 错误的设计
public class Order {
    public List<OrderItem> Items { get { ... } }
    ...
}

// 正确的设计
public class Order {
    public Collection<OrderItem> Items { get { ... } }
    ...
}
```

```
// 也是正确的设计
public class Order {
    public IList<OrderItem> Items { get { ... } }
    ...
}
```

✗ **DON'T** 不要在公开 API 中使用 Hashtable 或 Dictionary<TKey,TValue>。
这些类型是为内部实现而设计的数据结构。公开 API 应该使用 IDictionary、
IDictionary <TKey, TValue>，或实现了其中一个接口或两个接口的自定义类型。

✗ **DON'T** 不要使用 IEnumerator<T>、IEnumerator 或其他任何实现这些接口的类
型，除非是作为 GetEnumerator 方法的返回类型。

> **ANTHONY MOORE**　自从有了 LINQ，我看到了很多违背这一准则的情况。评审
> 机构做出了明确的决定，即 LINQ 不应该改变这一准则。如果你的调用者选择不使
> 用 LINQ 或者使用不支持 LINQ 的语言，他们最终只会得到一个笨拙的对象模型。

从 GetEnumerator 之外的方法返回枚举器的类型不能与 foreach 语句一起使用。

✗ **DON'T** 不要在同一个类型上同时实现 IEnumerator<T> 和 IEnumerable<T>。这
同样适用于非泛型的接口 IEnumerator 和 IEnumerable。

换句话说，一个类型要么是一个集合，要么是一个枚举器，但不能同时既是集合又
是枚举器。

8.3.1　集合参数

本节描述使用集合作为参数的准则。

✓ **DO** 要使用可能的最泛化的类型作为参数类型。大多数接收集合作为参数的成员都
使用 IEnumerable<T> 接口。

```
public void PrintNames(IEnumerable<string> names) {
    foreach(string name in names){
        Console.WriteLine(name);
    }
}
```

> **ANTHONY MOORE**　在设计会议上，我们经常会用这样一句话来描述这套准则，
> 你应该"要求你需要的最基础的类型，并返回你拥有的最强的类型"。
>
> 人们有时会忽略一个不明显的例子，那就是"out"参数，它实际上更像是返回
> 值，而不是输入参数，因此与强类型的对象一起工作会更好一些。

　　一个不太显眼的例子是关于接口或抽象基类型的返回值的属性。在这种情况下，它们既是输入又是输出。这些属性通常在弱类型中工作得更好，因为它们给实现留下了更多的可能性。

STEPHEN TOUB 当然，你所拥有的最强的类型通常是像 T[] 或 List<T> 这样的类型，根据前面的准则，建议不要返回。这是一种平衡。

JAN KOTAS 如果 API 返回的实际类型是比签名声明的类型更强的公开类型，那么 API 的消费者将倾向于依赖更强的类型。我们遇到过很多情况，改变 API 返回的实际类型会破坏真实的代码。

✗ AVOID 如果仅是为了访问 Count 属性，则要避免使用 ICollection<T> 或 ICollection 作为参数。

相反，可以考虑使用 IEnumerable<T> 或 IEnumerable，并动态地检查对象是否实现了 ICollection<T> 或 ICollection。

```
public List(IEnumerable<T> collection){
    // 检查参数是否实现了 ICollection
    if (collection is ICollection<T> col) {
        this.Capacity = collection.Count;
    }

    foreach(T item in collection){
        Add(item);
    }
}
```

8.3.2　集合属性和返回值

本节提供从方法和属性获取器中返回集合的准则。

✗ DON'T 不要提供可写的集合属性。

用户可以通过先清除集合中的内容，再添加新的内容来替换集合中的内容。如果替换整个集合是一种常见的情况，则可以考虑在集合上提供 AddRange 方法。

```
// 错误的设计
public class Order {
    public Collection<OrderItem> Items { get { ... } set { ... } }
    ...
}
```

```
// 正确的设计
public class Order {
    public Collection<OrderItem> Items { get { ... } }
    ...
}
```

✓ **DO** 要使用 Collection<T>或 Collection<T> 的子类来表示可读/写集合的属性或返回值。

```
public Collection<Session> Sessions { get; }
```

如果 Collection<T> 不满足某些要求（例如，集合肯定没有实现 IList），则使用实现了 IEnumerable<T>、ICollection<T> 或 IList<T> 接口的自定义集合。

✓ **DO** 要使用 ReadOnlyCollection<T>、ReadOnlyCollection<T> 的子类，或者在少数情况下使用 IEnumerable<T> 来表示只读集合的属性或返回值。

```
public ReadOnlyCollection<Session> Sessions { get; }
```

一般来说，首选 ReadOnlyCollection<T>。如果它不满足某些要求（例如，集合肯定没有实现 IList），则使用实现了 IEnumerable<T>、ICollection<T> 或 IList<T> 接口的自定义集合。如果你的的确确实现了一个自定义的只读集合，那么请实现 ICollection<T>.ReadOnly 并返回 false。

```
public class SessionCollection : IList<Session> {
    bool ICollection<Session>.IsReadOnly { get { return false; } }
    ...
}
```

在你确定自己唯一想要支持的场景是仅向前迭代的情况下，你可以简单地使用 IEnumerable<T>。

> ■ **CHRIS SELLS** 我最喜欢的 IEnumerable<T> 实现之一有时被称为生成器。生成器是一个迭代器类或方法，它可以在运行中生成集合成员。当你不希望预先计算一些东西，然后可以很方便地访问缓存时，这真的很有用。例如，下面是一个生成器方法，它可以从斐波那契数列中计算出你想要的数字，它被包装在一个 IEnumerable 中，以便通过 foreach 轻松地访问或传递给以 IEnumerable 作为输入的方法。
>
> ```
> class FibonacciGenerator {
>     public static IEnumerable<long> GetSequence(int count){
>         long fib1 = 0;
>         long fib2 = 1;
>         yield return fib1;
>         yield return fib2;
> ```

```
            // 假设他们至少想要 2 个值,
            // 否则还有什么意思
            while(--count!= 1) {
                long fib3 = fib1 + fib2;
                yield return fib3;
                fib1 = fib2;
                fib2 = fib3;
            }
        }
    }

    class Program {
        static void Main() {
            foreach(long fib in FibonacciGenerator.GetSequence(100)){
                Console.WriteLine(fib);
            }
        }
    }
```

✓ **CONSIDER** 建议使用泛型的基础集合的子类，而不是直接使用集合。

这样可以提供更好的名称，并允许添加基础集合类型上没有的辅助成员。这特别适用于高级 API。

```
public TraceSourceCollection : Collection<TraceSource> {
    // 可选辅助方法
    public void FlushAll {
        foreach(TraceSource source in this){
            source.Flush();
        }
    }
    // 另一个通用的辅助方法
    public void AddSource(string sourceName){
        Add(new TraceSource(sourceName));
    }
}
```

✓ **CONSIDER** 建议为非常常用的方法和属性返回 Collection<T> 或 ReadOnlyCollection<T> 的子类。

```
public class ListItemCollection : Collection<ListItem> {}
public class ListBox {
    public ListItemCollection Items { get; }
}
public class XmlAttributeCollection: ReadOnlyCollection<XmlAttribute>{}
public class XmlNode {
    public XmlAttributeCollection Attributes { get; }
}
```

这使得你在将来添加新的辅助方法或改变集合的实现成为可能。

✓ **CONSIDER** 如果在集合中存储的元素有唯一键（例如，名称、ID），则建议使用一个带键的集合。带键的集合是可以同时使用整数和键值进行索引的集合，通常可以通过继承 KeyedCollection<TKey,TItem> 来实现。

例如，某个路径下文件的集合可以用 KeyedCollection<string, FileInfo> 的子类来表示，其中 string 表示文件名。然后，该集合的使用者可以使用文件名来进行索引。

```
public class FileInfoCollection : KeyedCollection<string,FileInfo> {
    ...
}

public class Directory {
    public Directory(string root);
    public FileInfoCollection GetFiles();
}
```

带键的集合通常会占用较多的内存，如果内存开销超过了使用键值的好处，则不应该使用该类型。

✗ **DON'T** 不要从集合属性或返回集合的方法中返回 null 值。用返回一个空的集合或一个空的数组来代替。

集合属性的使用者通常会假设下面的代码总是可以正常运行：

```
IEnumerable<string> list = GetList();
foreach(string name in list){
    ...
}
```

一般的规则是，null 和空（零元的）集合或空数组应该被同等对待。

8.3.2.1 快照集合与动态集合

代表某个时间点的状态的集合被称为快照集合。例如，一个包含从数据库查询中返回的数据行的集合就是一个快照。始终代表当前状态的集合被称为动态集合。例如，ComboBox 所含元素的集合就是一个动态集合。

✗ **DON'T** 不要从属性中返回快照集合。属性应该返回动态集合。

```
public class Directory {
    public Directory(string root);
    public IEnumerable<FileInfo> Files { get {...} } // 动态集合
}
```

属性获取器应该是非常轻量级的操作。返回快照通常需要使用 $O(n)$ 复杂度的操作创建一个内部集合的副本。

✓ **DO** 要使用快照集合或动态 IEnumerable<T>（或其子类型）来表示易变的集合（即，无须显式修改集合就可能发生改变）。

一般来说，所有代表共享资源的集合（例如，目录中的文件）都是不稳定的。这样的集合很难或不可能被实现为动态集合，除非实现是简单的仅向前枚举器。

```
public class Directory {
    public Directory(string root);
    public IEnumerable<FileInfo> Files { get; } // 动态集合
        // 或
    public FileInfoCollection GetFiles(); // 快照集合
}
```

8.3.3　在数组和集合之间选择

框架设计者经常需要选择使用数组还是集合。这两种方法有非常相似的用法，但在性能特征、可用性和版本影响等方面有些许不同。

✓ **DO** 要倾向于使用集合而非数组。

集合提供了更多的对内容的控制，可以随着时间的推移而发展，并且更有使用价值。此外，不鼓励在只读的情况下使用数组，因为克隆数组的成本过高。可用性调研表明，一些开发者对使用基于集合的 API 感到更舒适。

然而，如果你正在开发低级 API，在读/写场景中使用数组参数可能会更好。数组占用的内存较小，这有助于减小工作集，而且对数组中元素的访问也更快，因为它由运行时优化。

✓ **CONSIDER** 建议在低级 API 中使用数组来减少内存消耗，并使性能最优化。

✓ **DO** 要使用字节数组，而不是字节集合。

```
// 错误的设计
public Collection<byte> ReadBytes() { ... }

// 正确的设计
public byte[] ReadBytes() { ... }

// 性能更优的设计（参见 9.12 节）
public int ReadBytes(byte[] destination) { ... }
public int ReadBytes(Span<byte> destination) { ... }
```

✗ **DON'T** 如果每次调用属性获取器时，该属性都必须返回一个新的数组（例如，一个内部数组的副本），则不要使用数组作为属性。

这样可以确保使用者不会写出下面这种低效的代码：

```
// 错误的设计
for(int index = 0; index < customer.Orders.Length; index++) {
    Console.WriteLine(customer.Orders[i]);
}
```

8.3.4　实现自定义集合

在实现自定义集合时，遵循下面这些准则是一个好主意。

✓ **CONSIDER** 建议在设计新的集合时，继承 Collection<T>、ReadOnlyCollection<T> 或 KeyedCollection<TKey,TItem>。

```
public class OrderCollection : Collection<Order> {
    protected override void InsertItem(int index, Order item) {
        ...
    }
}
```

✓ **DO** 要在设计新的集合时为其实现 IEnumerable<T>。在合理的情况下，考虑实现 ICollection<T>、IReadOnlyList<T>，甚至是 IList<T>。

```
public class TextDecorationCollection : IList<TextDecoration> ... {
    ...
}
```

在实现这样一个自定义集合时，要尽可能遵循由 Collection<T> 和 ReadOnlyCollection<T> 所建立的 API 模式。也就是说，显式地实现相同的成员，以这两个集合命名参数的方式来命名它们，等等。换句话说，只有当你有很好的理由时，才可以让自定义集合与这两个集合不同。

✓ **CONSIDER** 建议在将集合经常传递给以非泛型的集合接口（IList 和 ICollection）作为输入的 API 的情况下，为其实现这些非泛型接口。

```
public class OrderCollection : IList<Order>, IList {
    ...
}
```

✗ **AVOID** 避免在具有与集合概念无关的复杂 API 的类型上实现集合接口。

换言之，集合应该是简单类型，仅仅应该用于存储、访问及修改集合元素，不应该承担更多的任务。

✗ **DON'T** 不要继承非泛型的基础集合，如 CollectionBase。使用 Collection<T>、ReadOnlyCollection<T> 和 KeyedCollection<TKey,TItem> 来代替。

8.3.4.1 命名自定义集合

创建集合（实现 IEnumerable 的类型）主要有两个原因：①创建一个新的数据结构，该结构具有特定的操作，其性能特征往往与现有的数据结构不同（例如，List<T>、LinkedList<T>、Stack<T>）；②创建一个专门的集合，用于保存一组特定的元素（例如，StringCollection）。数据结构最常被用于应用程序和库的内部实现。专门的集合主要是为了（作为属性和参数类型）在 API 中公开。

✓ **DO** 要在实现 IDictionary 和 IDictionary<TKey,TValue> 的抽象名称中使用"Dictionary"后缀。

✓ **DO** 要在实现 IEnumerable（和任何它的后代）和表示元素列表的类型名称中使用"Collection"后缀。

```
public class OrderCollection : IEnumerable<Order> { ... }
public class CustomerCollection : ICollection<Customer> { ... }
public class AddressCollection : IList<Address> { ... }
```

✓ **DO** 要对自定义数据结构使用适当的名称。

```
public class LinkedList<T> : IEnumerable<T> ,... { ... }
public class Stack<T> : ICollection<Customer> { ... }
```

✘ **AVOID** 避免在集合抽象的名称中使用任何意味着特定实现的后缀，如"LinkedList"或"Hashtable"。

✓ **CONSIDER** 建议在集合名称前加上元素类型的名称。例如，存储 Address 类型（实现 IEnumerable<Address>）元素的集合应该被命名为 AddressCollection。如果元素类型是一个接口，元素类型的"I"前缀可以省略。因此，IDisposable 元素的集合可以被命名为 DisposableCollection。

✓ **CONSIDER** 如果只读集合对应的可写集合可能被添加到框架中，或者已经存在于框架中，建议为只读集合的名称添加"ReadOnly"前缀。
例如，只读字符串集合可以叫作 ReadOnlyStringCollection。

8.4 DateTime 和 DateTimeOffset

在 .NET 中表示时间点的原始类型是 DateTime 结构体，它将时间存储为本地系统时间或 UTC。DateTimeOffset 结构体存储的数据与 DateTime 相似，但增加了相对 UTC 的偏移量，因此它是一个更精确的时间点表示方法。

> **■ ANTHONY MOORE** 这是基础类库历史上最难命名的类型之一。考虑其命名方式是 Date+Time+Offset。然而，这个名称让人感到困惑，因为乍一看，它就像是与偏移量这一块相关的类型。人们讨论了许多其他选项，但认为它们的问题比这个还要严重。

下面展示了 `DateTime` 和 `DateTimeOffset` 的主要属性。

```csharp
public struct DateTime {
    public DateTime Date { get; }
    public DateTimeKind Kind { get; }
    public DayOfWeek DayOfWeek { get; }
    public int Day { get; }
    public int DayOfYear { get; }
    public int Hour { get; }
    public int Millisecond { get; }
    public int Minute { get; }
    public int Month { get; }
    public int Second { get; }
    public int Year { get; }
    public long Ticks { get; }
    public TimeSpan TimeOfDay { get; }

    ...
}

public struct DateTimeOffset {
    public DateTime Date { get; }
    public DateTime DateTime { get; }
    public DateTime LocalDateTime { get; }
    public DateTime UtcDateTime { get; }
    public DayOfWeek DayOfWeek { get; }
    public int Day { get; }
    public int DayOfYear { get; }
    public int Hour { get; }
    public int Millisecond { get; }
    public int Minute { get; }
    public int Month { get; }
    public int Second { get; }
    public int Year { get; }
    public long Ticks { get; }
    public long UtcTicks { get; }
    public TimeSpan Offset { get; }
    public TimeSpan TimeOfDay { get; }

    ...
}
```

✓ **DO** 要使用 `DateTimeOffset` 来表示确切的时间点。例如，用它来计算"现在"、交易时间、文件更改时间、日志事件时间等。如果不知道时区，就用 UTC。这些用

法比首选 `DateTime` 的场景更常见，所以应该将其视为默认用法。

✓ **DO** 要在绝对时间点不适用的任何情况下使用 `DateTime`，例如，适用于跨时区的商店营业时间。

✓ **DO** 要在时区不详或有时不详时使用 `DateTime`。这类情况可能来自遗留数据源。

✗ **DON'T** 不要在可以使用 `DateTimeOffset` 的情况下使用 `DateTimeKind`。`DateTimeKind` 是存储在 `DateTime` 中的枚举，用来指明实例表示 UTC、本地时间或未限定的时区。

✓ **DO** 要使用时间段为 00:00:00 的 `DateTime` 而非 `DateTimeOffset` 来表示完整的日期，例如出生日期。

✓ **DO** 要使用 `TimeSpan` 来表示没有日期的时间。

> ▪ **ANTHONY MOORE** 我们考虑过在未来的 .NET 版本中增加 Date 和 Time 类型。尽管这个想法并没有完全被放弃，但是我们担心这样的增加会使框架复杂化，其提供的价值不足以抵消其负面作用。

8.5 ICloneable

`ICloneable` 接口只包含一个 `Clone` 方法，用于创建当前对象的拷贝。

```
public interface ICloneable {
    object Clone();
}
```

有两种实现克隆的方式——深拷贝和浅拷贝。深拷贝递归地克隆对象和该对象所有的引用，直到图中所有的对象都被拷贝。浅拷贝只拷贝对象图中的一部分。

因为 `ICloneable` 的契约中没有指定满足契约所需的克隆实现方式，所以不同的类对该接口有不同的实现。消费者不能依靠 `ICloneable` 来判断一个对象是否被深度拷贝。因此，我们建议不要实现 `ICloneable`。

> ▪ **KRZYSZTOF CWALINA** 这个故事的寓意是，如果你没有接口的相应实现和消费者，就不应该发布接口。在 `ICloneable` 的例子中，我们在发布它时并没有消费者。我搜索了框架的源代码，甚至找不到把 `ICloneable` 作为参数的地方。

✗ **DON'T** 不要实现 `ICloneable`。

✘ **DON'T** 不要在公开 API 中使用 ICloneable。

✔ **CONSIDER** 建议在需要克隆机制的类型上定义 Clone 方法。确保在文档中明确说明是深拷贝还是浅拷贝。

```
public class Customer {
    public Customer Clone();
    ...
}
```

8.6 IComparable<T> 和 IEquatable<T>

IComparable<T> 和 IEquatable<T> 可以由支持顺序比较或相等判断的类型实现。IComparable<T> 确定顺序（小于、等于、大于），主要用于排序。IEquatable<T> 确定相等性，主要用于查询。

```
public interface IComparable<T> {
    // 如果这个值比另一个值小，则返回负值
    // 如果这个值和另一个值相等，则返回 0
    // 如果这个值比另一个值大，则返回正值
    public int CompareTo(T other);
}

public interface IEquatable<T> {
    public bool Equals(T other);
}
```

✔ **DO** 要为值类型实现 IEquatable<T>。

值类型上的 Object.Equals 方法会导致装箱，因为它使用了反射，它的默认实现不是很高效。IEquatable<T>.Equals 可以提供更好的性能，并且可以在不引起装箱的情况下实现它。

```
public struct Int32 : IEquatable<Int32> {
    public bool Equals(Int32 other){ ... }
}
```

✔ **DO** 在实现 IEquatable<T>.Equals 时，要遵循与覆写 Object.Equals 相同的准则。

关于覆写 Object.Equals 的详细准则，参见 8.9.1 节。

✔ **DO** 要在实现 IEquatable<T> 的同时覆写 Object.Equals。

Equals 方法的两个重载应该具有完全相同的语义。

```
public struct PositiveInt32 : IEquatable<PositiveInt32> {
    public bool Equals(PositiveInt32 other) { ... }
    public override bool Equals(object obj) {
        if (!obj is PositiveInt32) return false;
        return Equals((PositiveInt32)obj);
    }
}
```

✓ **CONSIDER** 建议在实现 IEquatable<T>的同时重载 operator==和 operator!=。

```
public struct Decimal : IEquatable<Decimal>, ... {
    public bool Equals(Decimal other){ ... }
    public static bool operator==(Decimal x, Decimal y) {
        return x.Equals(y);
    }
    public static bool operator!=(Decimal x, Decimal y) {
        return !x.Equals(y);
    }
}
```

更多关于实现相等运算符的细节，参见 8.10 节。

✓ **DO** 要在实现 IComparable<T> 的同时实现 IEquatable<T>。

注意，条件反过来是不对的，并不是所有的类型都支持排序。

```
public struct Decimal : IComparable<Decimal>, IEquatable<Decimal> {
    ...
}
```

✓ **CONSIDER** 建议在实现 IComparable<T> 的同时重载比较运算符（<、 >、
<=、 >=）。

```
public struct Decimal : IComparable< Decimal >, ... {
    public int CompareTo(Decimal other){ ... }
    public static bool operator<(Decimal x, Decimal y) {
        return x.CompareTo(y)<0;
    }
    public static bool operator>(Decimal x, Decimal y) {
        return x.CompareTo(y)>0;
    }
    ...
}
```

更多关于何时重载运算符的细节，参见 5.7 节。

8.7 IDisposable

IDisposable 以 Dispose 模式而知名，在 9.3 节中将进行讨论。

8.8 Nullable<T>

Nullable<T> 是在 .NET Framework 2.0 中加入的简单类型。该类型被设计为能够表示具有 "null" 值的值类型。

```
Nullable<int> x = null;
Nullable<int> y = 5;
Console.WriteLine(x == null); // 打印 true
Console.WriteLine(y == null); // 打印 false
```

请注意，C# 为 Nullable<T> 提供了特殊的支持，其形式是为可空类型提供别名、提升运算符和 null 结合运算符。

```
int? x = null; // Nullable<int> 的别名
long? d = x; // 调用强制类型转换将 Int32 转换成 Int64
Console.WriteLine(d??10); // 结合；打印 10，因为 d == null
```

✓ **CONSIDER** 建议使用 Nullable<T> 表示可能不存在的值（如可选值）。例如，当从数据库中返回一条强类型的记录时，使用它作为记录的属性，代表一个可选的表列。

✗ **DON'T** 不要使用 Nullable<T>，除非你以类似的方式使用一个引用类型，利用引用类型的值可以为 null 的事实。

```
// 错误的设计
public class Foo {
    public Foo(string name, int? id);
}
```

```
// 正确的设计
public class Foo {
    public Foo(string name, int id);
    public Foo(string name);
}
```

✗ **AVOID** 避免使用 Nullable<bool> 表示一般的具有三个状态的值。Nullable<bool> 应该只用来表示真正的可选布尔值：true、false 和不可用。如果你只是想表示三个状态（例如，是、否、取消），则可以考虑使用枚举。

✗ **AVOID** 避免使用 System.DBNull。使用 Nullable<T> 来替代。

■ **PABLO CASTRO** 一般来说，Nullable<T> 是可选数据库值的更好的表示。但有一点需要考虑，虽然 Nullable<T> 为你提供了表示 null 值的能力，但你并没有得到数据库为 null 的操作语义。具体来说，你不能通过运算符和函数来传输 null 值。如果你非常关心传输语义，则可以考虑坚持使用 DBNull。

8.9　Object

System.Object 有几个通常被覆写的成员。

下面的章节描述了何时以及如何覆写这些成员。

8.9.1　Object.Equals

如果被比较的值的所有字段都是相等的，那么 Object.Equals 在值类型上的默认实现将返回 true。我们将这种相等称为"值相等"。该实现使用反射来访问这些字段，因此，它的效率往往低得令人无法接受，应该被覆写。

如果被比较的两个引用指向同一个对象，那么 Object.Equals 在引用类型上的默认实现将返回 true。我们称这种相等为"引用相等"。某些引用类型覆写了默认实现来提供值相等的语义。例如，字符串的值是基于字符串的字符，所以对于任何两个以相同顺序包含相同字符的字符串实例，String 类的 Equals 方法返回 true。

下面的准则描述了应该何时以及如何覆写 Object.Equals 方法的默认行为。

✓ **DO** 在覆写方法时，要遵守为 Object.Equals 定义的契约。

为了方便起见，这里提供了直接取自 System.Object 文档的内容。

- x.Equals(x) 返回 true。
- x.Equals(y) 和 y.Equals(x) 的返回值应该一模一样。
- 如果 (x.Equals(y) && y.Equals(z)) 返回 true，则 x.Equals(z) 返回 true。
- 只要 x 和 y 的值没有被修改过，所有 x.Equals(y) 的后续调用就应该返回相同的值。
- x.Equals(null) 返回 false。

✓ **DO** 在每次覆写 Equals 方法时，都要同时覆写 GetHashCode 方法。

Equals 和 GetHashCode 是相互依赖的。更多相关信息，请参阅 8.9.2 节中有关实现 GetHashCode 的内容。

✓**CONSIDER** 建议每次覆写 `Object.Equals` 时，都要同时实现 `IEquatable<T>` 接口。

✗**DON'T** 不要在 `Equals` 中抛出异常。

两个对象要么相等，要么不相等。因此，即使传入 `Equals` 的参数是 `null`，返回 `false` 也比抛出异常更合理。

8.9.1.1　值类型上的 Equals

✓**DO** 要覆写值类型上的 `Equals` 方法。

默认的实现使用反射来访问和比较所有的字段，因此，它的效率往往低得不可接受。

✓**DO** 要通过实现 `IEquatable<T>` 来提供接收值类型参数的 `Equals` 重载。

这提供了一种无须对传递给 `Equals` 的参数进行装箱就可以比较两个值类型的方法。

```
public struct MyStruct {
    public bool Equals (MyStruct value) { ... }
    ...
}
```

8.9.1.2　引用类型上的 Equals

✓**CONSIDER** 当一个引用类型实际上代表一个值时，建议覆写 `Equals` 来提供值相等。例如，你可能想在代表数字或其他数学实体的引用类型中覆写 `Equals`。

✗**DON'T** 不要为可变的引用类型实现值相等。

实现值相等的引用类型（如 `System.String`）应该是不可变的。例如，当具有值相等的可变引用类型的值（以及哈希码）发生变化时，它们可能会在哈希表中"丢失"。

8.9.2　Object.GetHashCode

哈希函数用于生成一个数字（哈希码），该数字对应于一个对象的身份，由相关的相等实现决定。哈希码是由哈希表使用的，因此，了解哈希表的工作方式对于正确实现哈希函数是很重要的。

✓**DO** 在覆写 `Object.Equals` 方法时，要同时覆写 `GetHashCode` 方法。

这可以确保被认为是相等的两个对象具有相同的哈希码。下面的准则提供了更多的信息。

✓**DO** 要确保：对于任意两个对象，如果 `Object.Equals` 方法返回 `true`，则 `GetHashCode` 方法也返回相同的值。

对于不遵循该准则的类型，当被用作哈希表的键值时可能无法正确工作。

▪ **CHRISTOPHER BRUMME** 这意味着，如果 obj1.Equals(obj2) 返回 true，那么这两个对象应该有相同的哈希码。如果这两个对象不相等，那么它们可能有，也可能没有相同的哈希码。严格来说，所有对象的哈希码都可以是 1。当然，从性能的角度来看，在哈希表中查找这些元素时，这真的会是一场灾难。

✓ **DO** 要竭尽所能保证 GetHashCode 为类型上的所有对象返回均匀的数字分布。
这会减小哈希表冲突的概率，提升性能。

例如，根据 String.Equals 实现的定义，如果两个字符串代表相同的字符串值，那么它们将返回相同的哈希码。另外，该方法使用字符串中的所有字符来生成合理的均匀分布的输出，即使输入集中在某些范围内（例如，尽管一个字符串可以包含数千个 Unicode 字符中的任何一个字符，但许多用户的字符串可能只包含前 128 个 ASCII 字符）。

内置的 HashCode 类允许为 GetHashCode() 提供简单的实现，并具有良好的分布特性。

```
public partial struct Size {
    public override readonly int GetHashCode() =>
        HashCode.Combine(Width, Height);
}
```

✓ **DO** 无论对一个对象做出何种修改，都要确保 GetHashCode 始终返回完全相同的值。
请注意，整本书中有几条相关的准则。特别地，一些准则建议不要使用可变的值类型，而另一些准则建议不要使用实现值相等的可变的引用类型。参见 8.9.1.2 节和 4.7 节。

▪ **BRIAN PEPIN** 这已经不止一次让我犯难了：确保 GetHashCode 在一个实例的生命周期内总是返回相同的值。记住，在大多数哈希表的实现中，哈希码是用来识别"桶"的。如果一个对象的"桶"改变了，可能就无法再通过哈希码找到这个对象了。这些可能是很难发现的 bug，所以第一次就要把它做好。

✗ **AVOID** 避免在 GetHashCode 中抛出异常。

8.9.3 Object.ToString

`Object.ToString` 方法旨在用于一般的显示和调试。默认的实现只提供了对象的类型名称。默认的实现不是很有用，建议覆写该方法。

✓ **DO** 要在任何可以提供有意义的人类可读字符串的情况下覆写 `ToString` 方法。

默认的实现不是很有用，自定义的实现总是可以提供更多的价值。

■ **CHRIS SELLS**　我认为 `ToString` 是为 UI 泛型类型提供的一个特别危险的方法，因为它很可能是为了某些特定的 UI 实现的，而对其他的 UI 需求毫无用处。为了避免被这种情况迷惑，我宁愿让 `ToString` 的输出尽可能怪异，以强调唯一应该看到输出的"人类"是"开发者"。

■ **BRIAN PEPIN**　我倾向于小心对待 `ToString`。我把它当作一个诊断性的 API，很少用它的结果给用户展示，除非我知道它是如何工作的。当我在处理 Expression Blend 的源代码时，有一个对象的实例代表转换为字符串的值，没有明显的 API 来返回字符串——但你知道吗？`ToString` 正是我所需要的！事实证明我错了：`ToString` 在大多数时候返回的调试信息看起来就是我想要的值，但在其他时候，它却返回不同的诊断信息，并破坏了我的代码。教训是只在诊断时使用 `ToString`，并为终端用户显式定义一个单独的方法。

■ **VANCE MORRISON**　`ToString` 最重要的价值在于，调试器将其作为显示对象的默认方式，这真的很有价值且值得这样做。可悲的是，我们经常不这样做，导致代码的可调试性受到影响。在我自己的代码中，对于不重要的类型，我发现写一些类似于 XML 片段的东西是非常有用的（它不是含糊的，程序员能理解其语法）。

✓ **DO** 要尽量使 `ToString` 返回的字符串足够短小。

调试器使用 `ToString` 来得到一个对象的文本表示，用于显示给开发者。如果字符串长于调试器可以显示的长度（通常小于一个屏幕的长度），就会妨碍调试的体验。

■ **CHRISTOPHE NASARRE**　就调试经验而言，除了为这个特殊目的而覆写了 `ToString` 方法，你应该使用 `DebuggerDisplayAttribute` 来装饰类型。

✓ **CONSIDER** 建议返回与实例相关联的具有唯一性的字符串。

✓ **DO** 要倾向于使用友好的名称，而非唯一且不具可读性的 ID。

✓ **DO** 在返回依赖于本地化的信息时，要基于当前线程的本地化信息来格式化 ToString() 的输出。

> ■ **CHRISTOPHE NASARRE** 更明确地讲，使用线程的 CurrentCulture 属性返回的 CultureInfo 实例来格式化任何数值或日期，使用 CurrentUICulture 属性返回的 CultureInfo 实例来查询任何资源。人们经常混淆这两个属性。

✓ **DO** 如果从 ToString() 返回的字符串对本地化敏感，或者可以使用各种方法来格式化字符串，要重载 ToString(string format) 或实现 IFormattable。例如，DateTime 提供了重载并实现了 IFormattable。

✗ **DON'T** 不要从 ToString 中返回空字符串或 null。

✗ **AVOID** 避免在 ToString 中抛出异常。

✓ **DO** 要确保 ToString 方法没有明显的副作用。

其中一个原因是 ToString 在调试时会被调试器调用，而这样的副作用会使调试变得困难。

✓ **CONSIDER** 建议让 ToString 的输出成为该类型上任何解析方法的有效输入。

例如，DateTime.ToString 返回的字符串可以被 DateTime.Parse 成功地解析。

```
DateTime now = DateTime.Now;
DateTime parsed = DateTime.Parse(now.ToString());
```

8.10 序列化

序列化是将一个对象转换为可以随时保存或传输的格式的过程。例如，你可以序列化一个对象，使用 HTTP 在互联网上传输它，并在目标机器上反序列化它。

.NET 有许多内置的序列化技术，每种技术都针对不同的序列化场景进行了优化。本书第 2 版提供了关于当时 .NET 中内置的序列化技术的准则。然而，由于序列化格式的变化相当快，而且很少有序列化器能优雅地处理多种格式，所以大部分有关序列化的准则都已被移到"附录 B"中。

✗ **AVOID** 避免在通用库中的公开类型上使用序列化特性或接口，但是需要支持跨 AppDomain 的序列化的类型除外——如 Exception 类型。

一般来说，如果你的类型本身或其成员需要设置特性来使其可以很好地在特定的序列化技术下工作，那么该类型也将需要为大多数其他的序列化技术设置特性。如果你支持用户不使用（或不能使用）的一些序列化技术，而不支持他们正在使用的技术，则可能会使他们失望。

支持特定的序列化器往往需要添加原本并不需要的程序集引用。对于那些不使用你所选择的序列化器的应用程序，这可能导致不必要的应用程序的臃肿。

通用库中的通用类型应该专注于编程环境中的功能和可用性，而将序列化技术的决定权留给应用程序的开发者。

Exception 类型和其他明确支持跨 AppDomain 的序列化的类型——在每个进程支持多个 AppDomain 的 .NET 运行时中——应该继续使用 [Serializable] 特性。

✓ **DO** 在创建和变更可序列化的类型时，要考虑前向兼容和后向兼容。

请记住，你的类型的未来版本的序列化流可以被反序列化为该类型的当前版本，反之亦然。

请确保你理解你的序列化器的版本含义。例如，一些序列化器使用反射来序列化字段。如果你的类型支持这类序列化器中的一种，那么当你反序列化来自前一个版本的序列化数据时，即使是私有字段的重命名（可能还有重新排序），也会导致错误。

前向兼容也很重要，但却是一个经常被忽视的领域。当遇到一个未知的属性时，你应该忽略它，还是应该使应用程序失败退出？遗憾的是，答案通常是针对具体环境的，并且取决于该属性代表什么。最保守的答案是，对于未知数据的失败，采取这样的立场：一旦你发布了一个可序列化的类型，就不能再对它进行添加了。

在对可序列化的类型进行修改时，测试序列化的兼容性。在你认为的用户所需的范围内，试着将新版本反序列化为旧版本，反之亦然。

✓ **DO** 在实现 ISerializable 时，要使(SerializationInfo info,StreamingContext context) 序列化构造函数成为受保护的构造函数（对于密封类型，则应该为私有的）。

```
[Serializable]
public class Person : ISerializable {
    protected Person(SerializationInfo info, StreamingContext context) {
        ...
    }
}
```

✓ **DO** 要显式实现 ISerializable 接口。

```
[Serializable]
public class Person : ISerializable {
```

```
    void ISerializable.GetObjectData(...) {
        ...
    }
}
```

✓ **DO** 对 `ISerializable.GetObjectData` 的实现，要应用链接要求。这确保只有完全受信任的程序集和运行时序列化器能够访问该成员。

```
[Serializable]
public class Person : ISerializable {
    [SecurityPermission(
    SecurityAction.LinkDemand,
    Flags = SecurityPermissionFlag.SerializationFormatter)
    ]
    void ISerializable.GetObjectData(...) {
        ...
    }
}
```

> ■ **JEREMY BARTON**　链接要求是现已被废除的代码访问安全（CAS）系统的一部分。对于这条准则可能觉得过时了，但由于支持 CAS 的平台和支持 AppDomain 的平台是一样的，所以在使用 `ISerializable` 接口时，你仍然应该这样做。

8.11　Uri

　　`System.Uri` 是可以用来表示统一资源标识符（Uniform Resource Identifier，URI）的类型。这些概念也可以用字符串来表示。本节中一些最重要的准则可以帮助你在 `System.Uri` 和 `System.String` 之间选出合适的 URI 表示方式。

✓ **DO** 要使用 `System.Uri` 来代表 URI 和 URL 的数据。

　　该准则适用于参数类型、属性类型和返回值类型。

```
public class Navigator {
    public Navigator(Uri initialLocation);
    public Uri CurrentLocation { get; }
    public Uri NavigateTo(Uri location);
}
```

> ■ **MARK ALCAZAR**　`System.Uri` 是一种更安全、更丰富的 URI 表示方式。使用普通字符串对 URI 相关数据进行大量操作，已经被证明会导致很多安全性和正确性问题。

✓ **CONSIDER** 对于那些常用的接收 System.Uri 参数的成员，建议为其提供基于字符串的重载。

如果从用户那里接收字符串是一种普遍的使用情况，那么你应该考虑添加一个方便的接收字符串的重载。基于字符串的重载应该用基于 Uri 的重载来实现。

```
public class Navigator {
    public void NavigateTo(Uri location);
    public void NavigateTo(string location) {
        NavigateTo (new Uri(location));
    }
}
```

✗ **DON'T** 不要盲目地为所有基于 Uri 的成员提供一个接收字符串的重载版本。

一般来说，基于 Uri 的 API 是首选的。基于字符串的重载是为了给最常见的情况提供帮助。因此，你不应该盲目地为基于 Uri 的成员的所有变体提供基于字符串的重载。相反，要有选择性，只为最常用的变体提供这样的帮助器。

```
public class Navigator {
    public void NavigateTo(Uri location);
    public void NavigateTo(Uri location, NavigationMode mode);
    public void NavigateTo(string location);
}
```

8.11.1 System.Uri 的实现准则

本节中的准则有助于使用 System.Uri 的代码实现。

✓ **DO** 要在可能的情况下调用基于 Uri 的重载。

✗ **DON'T** 不要将 URI/URL 数据存储在字符串中。

当你接收一个 URI/URL 字符串输入时，你应该将这个字符串转换成 String.Uri 并保存这个 System.Uri 的实例。

```
public class SomeResource {
    Uri location;
    public SomeResource(string location) {
        this.location = new Uri(location);
    }
    public SomeResource(Uri location){
        this.location = location;
    }
}
```

8.12　System.Xml 的使用

本节讨论System.Xml命名空间中的几种类型的用法，它们可以用来表示XML数据。

✘ **DON'T** 不要使用 XmlNode 或 XmlDocument 来表示 XML 数据。相反，应优先使用 IXPathNavigable、XmlReader、XmlWriter 的实例，或者 XNode 的子类型。XmlNode 和 XmlDocument 不是为了在公开 API 中暴露数据而设计的。

```
// 错误的设计
public class ServerConfiguration {
    ...
    public XmlDocument ConfigurationData { get { ... } }
}
// 正确的设计
public class ServerConfiguration {
    ...
    public IXPathNavigable ConfigurationData { get { ... } }
}
```

✓ **DO** 要使用 XmlReader、 IXPathNavigable，或者 XNode 的子类型作为接收或返回 XML 数据的成员的输入或输出。

使用这些抽象而不是 XmlDocument、XmlNode 或 XPathDocument，因为这会使得方法与内存中 XML 文档的具体实现解耦，并允许它们与暴露了 XNode、XmlReader 或 XPathNavigator 的虚拟 XML 数据源一起工作。

✘ **DON'T** 不要为了创建一个代表底层对象模型或数据源的 XML 视图的类型而创建 XmlDocument 的子类。

这条准则意味着 XmlDataDocument 是一个不应该出现的类型。

■ **DARE OBASANJO** 像 XmlDataDocument 这样的实现有几个问题。第一个问题是效率低下。因为 XmlNode 需要是可区分的对象，这样的实现会导致大量的内存消耗。第二个问题是 DataSet 的数据模型与 XML 的数据模型不能一一对应。当人们在 XmlDataDocument 中插入注释、PI 或 CDATA 部分时，有各种各样的边界情况。

实现一个自定义的 XPathNavigator 可以解决效率低下的问题，因为该导航器是一个游标，不需要为树中的每个节点创建对象。它还减少了数据/XML 数据不匹配的问题。因为 XmlDataDocument 的主要目标是使用者能够将 DataSet 写作 XML 数据或者用 XPath 进行查询，所以不需要通过 DOM 来支持可编辑性。此外，XPathNavigator 的更简单的数据模型使得在将数据模型映射到 XML 数据时有更少的边界情况。

8.13 相等运算符

本节讨论相等运算符的重载。这里把 `operator==` 和 `operator!=` 统称为相等运算符。

✗ DON'T 不要只重载其中一个相等运算符而不重载另一个。

如果开发者发现一个类型只重载了其中一个运算符，他们定会感到非常吃惊。

✓ DO 要确保 `Object.Equals` 与相等运算符具有一样的语义和相近的性能。

这意味着在重载相等运算符时，需要同时覆写 `Object.Equals` 方法。

```
public struct PositiveInt32 : IEquatable<PositiveInt32> {
    public bool Equals(PositiveInt32 other) { ... }
    public override bool Equals(object obj) { ... }
    public static bool operator==(PositiveInt32 x, PositiveInt32 y){
        return x.Equals(y);
    }
    public static bool operator!=(PositiveInt32 x, PositiveInt32 y){
        return !x.Equals(y);
    }
    ...
}
```

✗ DON'T 不要在相等运算符中抛出异常。

例如，当其中一个参数是 null 时，返回 false，而不是抛出 NullReferenceException。

✓ DO 对于定义了 `operator==` 的任何类型，要实现 `IEquatable<T>`，且其行为应该与运算符保持一致。

关于 `IEquatable<T>` 的更多信息，请参见 8.6 节。

✓ DO 要使 `operator==` 的实现具有数学上的自反属性和传递属性。

数学上的自反属性指出，当 a == b 时，b == a。当你针对另一个类型定义相等运算符时，为了保持自反属性，你需要定义它两次——一次是将这个类型作为第一个参数，另一次是将这个类型作为第二个参数。当然，你还需要确保这些值是相同的。

```
// 错误: 定义了 (SomeType == int), 而没有定义 (int == SomeType)
public partial struct SomeType {
    public static bool operator==(SomeType left, int right){ ... }
}
// 正确: (int == SomeType) 和 (SomeType == int) 都有定义
// 正确: 两个运算符都为相同的输入值返回相同的值
// 错误: 不可传递（接下来会解释）
public partial struct SomeType {
    public static bool operator==(SomeType left, int right){ ... }

    public static bool operator==(int left, SomeType right)
```

```
       => right == left;
}
```

数学上的传递属性指出，当 a == b 且 b == c 时，a == c。当你针对另一个类型定义相等运算符时，为了保持传递属性，你还需要定义一个重载，对所定义类型的两个实例进行比较。

在前面的例子中，如果我们有两个 SomeType 实例，则可以通过间接比较一些 Int32 值来进行相互比较，该值至少对一个实例返回 true，但我们应该能够直接比较这两个 SomeType 的实例。

```
// 正确：现在 == 既具有传递属性，又具有自反属性
// operator!= 的定义留给读者去练习
public struct SomeType {
    public static bool operator==(SomeType left, int right){ ... }

    public static bool operator==(int left, SomeType right)
        => right == left;

    public static bool operator==(SomeType left, SomeType right) { ... }
}
```

✗ **AVOID** 避免使用不同类型的参数来定义 operator==。

增加一个不同类型的相等运算符应该伴随着自反变体、所定义类型中实例的 Equals 方法、被比较类型的实例（或扩展）的 Equals 方法，以及两个不相等运算符。

与其定义 6 个方法，不如考虑定义一个转换运算符（见 5.7.2 节），或通过属性公开比较值。例如，DateTime 值和 DateTimeOffset 值之间的相等比较是可能的，因为有一个从 DateTime 到 DateTimeOffset 的转换运算符，或者更明确地说，因为 DateTimeOffset 有一个属性来返回相等的 DateTime 值（UtcDateTime）。

```
// 为什么要做这么多工作
public partial struct DateTimeOffset {
    public static bool operator==(
        DateTimeOffset left, DateTime right) => left.Equals(right);

    public static bool operator==(
        DateTime left, DateTimeOffset right) => right.Equals(left);

    public static bool operator!=(
        DateTimeOffset left, DateTime right) => !left.Equals(right);

    public static bool operator!=(
        DateTime left, DateTimeOffset right) => !right.Equals(left);

    public bool Equals(DateTime other) { ... }
```

```
   }

   public static partial class DateTimeOffsetComparisons {
       public static bool Equals(
           this DateTime left, DateTimeOffset right)=> right.Equals(left);
   }

   // 你实际上可以做这些工作
   public partial struct DateTimeOffset {
       public DateTime UtcDateTime { get { ... } }
   }

   // 或者这些工作
   public partial struct DateTimeOffset {
       public static implicit operator DateTimeOffset(DateTime value) { ... }
   }
```

8.13.1　值类型上的相等运算符

✓ **DO** 要在相等比较有意义时重载相等运算符。

在大多数编程语言中，值类型没有默认的 `operator==` 实现。

8.13.2　引用类型上的相等运算符

✘ **AVOID** 避免为可变的引用类型重载相等运算符。

对于引用类型来说，大多数语言都有内置的相等运算符支持。内置运算符通常实现了引用相等。如果默认行为变成了值相等，许多开发者会感到诧异。

这个问题在不可变的引用类型中得到了缓解，因为不可变性使得人们更难注意到引用相等和值相等之间的区别。

✘ **AVOID** 避免在实现的速度显著慢于引用相等的情况下为引用类型重载相等运算符。

下一章将讨论一套用于 .NET 中类型设计的设计模式，我们认为这对其他框架设计者会有帮助。

■9■

通用设计模式

市面上已经有许多关于软件模式、模式语言和反模式的图书在探讨模式这个非常宽泛的主题。因此，本章提供的准则和讨论仅限在 .NET API 设计中经常使用的一些模式。

9.1 聚合组件

外观类型（facade type）作为那些更复杂但也更强大 API 的简化视图，许多功能领域都能够从一个或多个外观类型中受益。一个支持面向组件设计（见 9.1.1 节）的外观类型也被称为聚合组件。

聚合组件将多个较底层的因子类型（factored type）捆绑到较高层的组件中，以支持常见的场景，这也是开发者探索其命名空间的入口。一个例子是电子邮件组件，它将简单邮件传输协议（SMTP）、套接字、编码等联系在一起。重要的是，聚合组件要提供更高的抽象层次，而不仅仅是一种不同的使用方式。

对于那些不想学习该功能所涉及的所有知识，只需要完成他们的（通常是非常简单的）任务的开发者来说，提供简化的高阶操作是至关重要的。

> ■ **KRZYSZTOF CWALINA** System.Net.Http.HttpClient 是一个聚合组件的例子，它为 System.Net 命名空间中的简单场景提供了 API。这类组件的其他例子包括 System.Messaging.MessageQueue、System.IO.SerialPort 和 System.Diagnostics.EventLog。

聚合组件，作为高级 API，应该被这样实现，即它的用户不会意识到某些时候底层实际上发生了很复杂的事情，对于他们来说，它只是"神奇地"可以正常工作。我们往往把这个概念称为 "It-Just-Works"。例如，EventLog 组件隐藏了这样一个事实：日志需要打开一个读句柄和一个写句柄。但是用户需要关心的只是，该组件可以被实例化，属性可以被设置，以及日志事件可以被写入。

有时也需要更多的透明度。如果需要用户在某操作后采取明确的行动，我们建议相应地提高操作的透明度。例如，隐式地打开一个文件，然后要求用户显式地关闭它，这可能与 It-Just-Works 原则有一点距离。

> ■ **KRZYSZTOF CWALINA** 一个重要的 API 设计原则是，复杂性应该被完全（或非常接近于完全）隐藏，或者不对它做任何隐藏。你所做的最糟糕的事情就是设计一个看起来很简单的 API，但当开发者开始使用它时，他们（通常是以艰难的方式）发现它并不简单。

我们通常可以设计出巧妙的解决方案，甚至能做到隐藏这些复杂性。例如，读取文件可以被实现为单一的操作：打开文件，读取文件内容，然后关闭文件，从而使用户可以避开所有与打开和关闭文件句柄有关的复杂情况。

```
string[] lines = File.ReadAllLines("foo.txt");
```

框架设计者不应该要求聚合组件的使用者实现任何接口、修改任何配置文件等。框架设计者应该为他们声明的所有接口提供默认的实现。所有的配置都应该是可选的，并且有合理的默认值。对于所有超出编写常规简单代码行数的一般开发任务，都应该考虑工具和 IDE 的功能。换句话说，框架设计者应该提供完整的端到端解决方案，而不仅仅是提供 API。

> ■ **KRZYSZTOF CWALINA** System.ServiceProcess 命名空间大大简化了 Windows 服务应用程序的开发。如果编写服务只与事件处理器挂钩，而不需要开发者覆写方法的话，那么该 API 将会在更广大的开发者群体中被成功应用。

聚合组件经常通过实现 IComponent 接口或派生 UI 的一个 Element 类与 Visual Studio 设计器集成。

下一节将介绍面向组件的设计，这是设计高级 API 的一个重要概念，特别是在设计聚合组件时。

9.1.1　面向组件的设计

面向组件的设计是一种将 API 作为类型暴露出来的设计，其中有构造函数、属性、方法和事件。实际上，它与 API 的使用方式有更大的关系，而不是单纯地包含构造函数、方法、属性和事件。面向组件的设计遵循这样一种模式：用默认或相对简单的构造函数实例化一个类型，设置一些实例属性，然后调用简单的实例方法。我们把这种模式称为"创建-设置-调用"模式。

```
' VB.NET 示例代码
' 实例化
Dim t As New T()

' 设置属性/选项
t.P1 = v1
t.P2 = v2
t.P3 = v3

' 调用方法，并有选择地在调用之间变更选项值
t.M1()
' t.P3 = v4
t.M2()
```

一个展示"创建-设置-调用"使用模式的具体例子如下：

```
' 实例化
Dim queue As New MessageQueue()

' 设置属性
queue.Path = queuePath
queue.EncryptionRequired = EncryptionRequired.Body
queue.Formatter = New BinaryMessageFormatter()

' 调用方法
queue.Send("Hello World")
queue.Close()
```

所有的聚合组件都支持这种模式，这一点非常重要。"创建-设置-调用"模式是使用聚合组件的用户所期望的，而且 IntelliSense 和设计器这类工具也为之做了优化。

■ **STEVEN CLARKE** 我们的可用性实验室对这种设计模式做了大量调研。调研结果强调，这种模式对一些开发者来说十分关键。没有它，阅读、编写和调试代码都会变得更加困难，因为要了解一个方法所接收的每个参数的目的相对来说会更加困难。

面向组件设计的一个问题是，它有时会为类型带来工作状态，或者使类型处于无效

的状态。例如，默认的构造函数允许用户在未提供有效路径的情况下实例化一个 MessageQueue 组件。另外，属性可以独立设置，有时不能强制对对象的状态进行一致的和原子的改变。对于主线场景 API 来说，面向组件设计的好处往往超过了这些缺点，例如聚合组件，可用性才是最重要的。

　　另外，有些问题可以而且应该通过适当的错误报告来缓解。当使用者调用了某个方法，而这个方法在对象的当前状态下操作无效时，应该抛出 InvalidOperationException 异常。异常的消息应该清楚地解释需要改变哪些属性才能使对象进入有效状态。

> **■ STEVEN CLARKE**　遵循这种模式意味着，通过实际使用，可以很容易学会如何使用 API，从而不需要借助文档。

　　在通常情况下，API 的设计者试图在设计类型时，使对象不可能出现无效的状态。这可以通过以下方式来实现：将所有需要的设置作为构造函数的参数，为那些在实例化后不能改变的设置项设置只读属性，并将功能拆分成独立的类型，以使属性和方法互不重叠。强烈推荐将这种方法用于因子类型（见 9.1.2 节），但对聚合组件不起作用。对于聚合组件，我们建议依靠明确的异常向用户传达无效的状态。异常应该在执行操作时被抛出，而不是在组件初始化时被抛出（也就是说，不要在构造函数中或设置属性时抛出异常）。对于避免无效状态是暂时的，并且可以在后续代码中进行"修复"的情况来说，这非常重要。

```
var workingSet = new PerformanceCounter();
workingSet.Instance = process.ProcessName;
// 即使这里计数器处于无效状态（没有指定计数器），
// 也没有立即抛出异常

workingSet.Counter = "Working Set"; // 状态在这里被"修复"
workingSet.Category = "Process";

Debug.WriteLine(workingSet.NextValue());
```

> **■ CHRISTOPHE NASARRE**　我们不建议使用相反的模式："创建-调用-获取"来定义一个类。例如，不要定义一个提供了 Login 方法的 Session 类，该方法会弹出一个对话框，终端用户在其中输入其凭证。例如，用户名的 Get 属性只有在调用 Login 方法后才有效。相反，你应该实现 Login 方法以返回另一个包含凭证细节的类型。如果该类提供的其他方法依赖按特定顺序调用的方法顺序，如 GetSessionInfo，只有在 Login 方法已经被调用的情况下才有效，情况会更加糟糕。

聚合组件是满足以下额外要求的基于面向组件设计的外观类型。

- **构造函数**：聚合组件应该提供简单的构造函数。
- **构造函数**：所有构造函数的参数都应该有对应的属性并且被用来初始化属性。
- **属性**：大多数属性都应该有 getter 和 setter。
- **属性**：所有属性都应该有合理的默认值。
- **方法**：如果（在主要场景中）参数指定的是在整个方法调用中始终保持不变的选项，那么方法就不应该接收参数。这类选项应该使用属性来指定。
- **事件**：方法不应该接收委托作为参数，所有的回调都应该通过事件来暴露。

9.1.2 因子类型

如上一节所述，聚合组件为大多数常见的高阶操作提供了快捷方式，并且通常作为一组更复杂但也更丰富的类型的一个外观类型。我们把这些被聚合的内部类型称为因子类型（factored type）。

因子类型不应该有工作状态，但应该有非常明确的生命周期。聚合组件可能通过一些属性或方法提供对其内部的因子类型的访问。用户会在进阶场景或需要与系统的不同部分集成的场景中访问内部的因子类型。下面的例子展示了一个聚合组件（SerialPort）通过 BaseStream 属性暴露其内部的因子类型（一个串行端口 Stream）。

```
var port = new SerialPort("COM1");
port.Open();
GZipStream compressed;
compressed = new GZipStream(port.BaseStream,
    CompressionMode.Compress);
compressed.Write(data, 0, data.Length);
port.Close();
```

> ▪ **PHIL HAACK** 由于因子类型有明确的生命周期，实现 IDisposable 接口可能是很合理的要求，这样开发者就可以使用 using 语句了。这里的示例代码可以被重构为
>
> ```
> using(SerialPort port = new SerialPort("COM1")) {
>     port.Open();
>     GZipStream compressed;
>     compressed = new GZipStream(port.BaseStream,
>         CompressionMode.Compress);
>     compressed.Write(data, 0, data.Length);
> }
> ```

9.1.3 聚合组件准则

下面的准则适用于设计聚合组件。

✓ **CONSIDER** 考虑为常用的功能领域提供聚合组件。

聚合组件提供高阶功能，是探索特定技术的起点。它们应该为常见的操作提供快捷方式，并在因子类型已经提供的功能的基础上增加更多的价值。它们不应该简单地复制功能。许多主要场景的示例代码应该以聚合组件的实例化开始。

> ■ **KRZYSZTOF CWALINA**　提高聚合组件可见性的一个简单技巧是为该组件选择"最有吸引力"的名称，并为相应的因子类型选择不那么有吸引力的名称。例如，一个众所周知的系统实体的名称，如 File，就会比 StreamReader 吸引更多用户的注意力。

✓ **DO** 要用聚合组件建模高阶的抽象概念（物理对象），而不是系统级别的任务。

例如，这些组件应该为文件、目录和驱动器建模，而不是为流、格式化器和比较器建模。

✓ **DO** 要通过给聚合组件起一个与系统中那些众所周知的实体相对应的名字，如 MessageQueue、Process 或 EventLog，来提高聚合组件的可见性。

✓ **DO** 要使设计出的聚合组件在非常简单的初始化后就能使用。如果某些初始化是必要的，那么对于那些由于没有初始化组件而产生的异常，应该解释清楚仍需要做些什么。

✗ **DON'T** 不要要求聚合组件的使用者在单一场景下显式地创建多个对象。

简单的任务应该只通过一个对象来完成。其次是最好以一个对象为起点，然后创建其他支持性的对象。在你的用于展示聚合组件如何使用的前 5 个场景示例中，不应该使用超过一个的 new 语句。

```
var queue = new MessageQueue();
queue.Path = ...;
queue.Send("Hello World");
```

> ■ **KRZYSZTOF CWALINA**　图书出版商说，一本书的销售数量与书中方程式的数量成反比。将这个定律应用于 API 设计，可以表述为：使用 API 的开发者的数量与在简单场景中 new 语句的数量成反比。

✓ **DO** 要确保聚合组件支持"创建–设置–调用"使用模式，开发者期待通过实例化组件、设置其属性和调用简单的方法来实现大多数场景。

✓ **DO** 要为所有的聚合组件提供默认的构造函数或简单的构造函数。

```
public class MessageQueue {
    public MessageQueue() { ... }
    public MessageQueue(string path) { ... }
}
```

✓ **DO** 要为聚合组件构造函数的所有参数提供相应的具有 getter 和 setter 的属性。

相较于调用一个带参数的构造函数，使用者应该总是可以使用默认的构造函数，然后设置某些属性。

```
public class MessageQueue {
    public MessageQueue() { ... }
    public MessageQueue(string path) { ... }

    public string Path { get { ... } set { ... } }
}
```

✓ **DO** 要在聚合组件中使用事件，而不是基于委托的 API。

聚合组件是为了更易于使用而优化的，事件比基于委托的 API 更容易使用。更多细节见 5.4 节。

✓ **DO** 要在聚合组件中使用事件，而不是使用需要被覆写的虚成员。

✗ **DON'T** 不要要求聚合组件的用户在常见情况下继承、覆写方法或实现任何接口。

组件应该主要依靠属性及其组合作为修改其行为的手段。

✗ **DON'T** 不要要求聚合组件的用户在常见情况下做除编写代码外的任何事情。例如，用户不应该在配置文件中配置组件、生成任何资源文件，等等。

✓ **CONSIDER** 建议使聚合组件的工作状态自动发生改变。例如，`MessageQueue` 的实例可以用来发送和接收消息，但是用户不应该注意到正在发生工作状态切换。

✗ **DON'T** 不要设计具有工作状态的因子类型。

因子类型应该有一个明确定义的生命周期，将其限定到单一的工作状态中。例如，`Stream` 的实例可以用于读取或写入，并且已经打开 `Stream` 的实例。

✓ **CONSIDER** 建议将聚合组件和 Visual Studio 设计器集成在一起。

集成允许将组件放在 Visual Studio 工具箱上，并增加对拖放、属性网格、事件挂钩等的支持。集成很简单，可以通过实现 `IComponent` 或继承实现该接口的类型，如 `Component` 或 `Control` 来完成。

✓ **CONSIDER** 建议将聚合组件和因子类型分开，放入不同的程序集中。

这允许组件聚合由因子类型提供的任意功能，而不会出现循环的依赖关系。

✓ **CONSIDER** 建议将聚合组件的内部因子类型暴露给外部访问。

因子类型是整合不同功能领域的理想选择。例如，`SerialPort` 组件公开了对其数据流的访问，从而允许与可复用的 API 集成，例如，可以对数据流进行操作的压缩 API。

9.2　异步模式

具有 I/O 功能的操作（文件、网络、进程间通信、外部硬件或其他任何"转移控制和等待"模型）通常可以受益于异步 API。异步 API 可以更有效地使用线程，因此是高并发应用程序的更好选择。

.NET 有三种不同的 API 模式来构建异步 API：经典异步模式［又称异步模式、开始/结束模式、IAsyncResult 或异步编程模型（APM）］、基于事件的异步模式（又称 EAP 或组件的异步模式）和基于任务的异步模式。

9.2.1　选择异步模式

过往，当只有经典异步模式和基于事件的异步模式可用时，这两种模式的主要区别是：基于事件的异步模式是面向可用性以及与视觉设计者的整合而进行优化的，经典异步模式是面向更强的表达能力以及对用户来说更少的代码量而进行优化的。

特别是当与 C#、Visual Basic 和 F# 语言的支持相结合时，基于任务的异步模式提供了三种异步方法模式中最好的可用性和最少的代码量。因此，我们现在认为基于事件的异步模式和经典异步模式是遗留模式，不适合在新类型上使用。

✓ **DO** 要使用基于任务的异步模式来实现新的异步 API。

✓ **CONSIDER** 建议将经典异步模式或基于事件的异步模式的 API 升级为基于任务的异步模式。

我们可以使用 `TaskFactory` 和 `TaskFactory<TResult>` 类型包装现有的经典异步模式和基于事件的异步模式的 API，以提供基于任务的异步模式方法。然而，.NET 中提供的基于任务的异步模式的 API 使得直接编写新的基于任务的异步模式方法非常容易，并且可以在新方法中继续支持旧模式中遗留的异步方法。

```
// 同步方法
public ParsedData Parse(string filename) { ... }
```

```
// 经典异步模式
public IAsyncResult BeginParse(
    string filename,
    AsyncCallback callback,
    object state) { ... }

public ParsedData EndParse(IAsyncResult asyncResult) { ... }

// 基于任务的异步模式
//
// 包装一个现有的经典异步模式的方法
// 不支持取消
public Task<ParsedData> ParseAsync(string filename) {
    if (filename == null)
        throw new ArgumentNullException(nameof(filename));

    return TaskFactory<ParsedData>.FromAsync(
        BeginParse, EndParse, filename, null);
}

// 基于事件的异步模式
public event EventHandler<ParseEventArgs> ParseCompleted;

// 调用这个新的基于任务的异步模式方法
public void ParseAsync(string filename, object userState) {
    ParseAsync(filename).
        ContinueWith(
            FireEapEvent,
            AsyncOperationManager.CreateOperation(userState));
}

private void FireEapEvent(Task<ParsedData> task, object userState){
    EventHandler<ParseEventArgs> completed = ParseCompleted;

    if (completed != null) {
        AsyncOperation op = (AsyncOperation)userState;
        ParseEventArgs args;

    if (task.IsFaulted) {
        args = ParseEventArgs.FromException(
            task.Exception.InnerException, op.UserSuppliedState);
    } else {
        args = ParseEventArgs.FromResult(
            task.Result, op.UserSuppliedState);
    }

    op.PostOperationCompleted(
        a => completed(this, (ParseEventArgs)a), args);
    }
}
```

9.2.2 基于任务的异步模式

基于任务的异步模式是一种命名、方法签名以及行为惯例，用于提供可执行异步操作的 API。该模式主要基于 .NET 中的两个类型：System.Threading.Tasks.Task，用于不需要返回结果的方法；System.Threading.Tasks.Task<TResult>，用于返回 TResult 类型结果的方法。基于任务的异步模式可以直接使用这些类型手动实现，或者结合语言特性支持（如 C# 中的 async/await、Visual Basic .NET 中的 async/Await，以及 F# 中的 async/let!/use!/do!）。该模式由以下元素组成：

- "-Async" 方法，用于初始化一个异步操作。
- Task（或者 Task<TResult>）对象，它从 "-Async" 方法中返回，并提供了一种方式来获取操作状态、结果或可能的异常。
- 可选的 CancellationToken 输入参数，允许调用者提前中止该操作。

```
public partial class File {
    public Task<byte[]> ReadAllBytesAsync(
        string path,
        CancellationToken cancellationToken = default) { ... }
}
```

JEREMY BARTON 使用 C# 的 async 关键字创建一个方法并不足以确保它符合基于任务的异步模式，但它是一个好的开始。该关键字将方法的返回类型限制为适当的值（除了不太合适的 void），禁止将 ref struct 类型作为参数，并禁止使用 ref 和 out 参数修饰符。但是这个关键字并没有强制命名、使用异常处理、参数与同步方法变体对齐、取消或其他细微差别。

✓ **DO** 要使用 "Async" 后缀来命名异步方法。

"Async" 后缀为调用者和代码审查者提供了一个明确的标识，表明该方法是异步的，因此需要特殊处理。当两个方法有相同的参数列表时，这个后缀还可以用于区分相同功能的同步变体和异步变体（例如，在同步方法接收 CancellationToken 的情况下）。

不应该使用"Async"后缀来命名类型，因为即使是一个主要为异步操作设计的类型，也有可能拥有用于配置实例的同步方法。

JEREMY BARTON 我听到的不需要 "Async" 后缀的一个原因是，从用法上看很明显，如果你忘记了 await 结果，编译就会失败。但是，用户很容易错误地在返回的类 Task 的值上读取一个名为 IsCompleted 或 Exception 的属性，或调用一个名为 Dispose 或 Wait 的方法，而不是在本应该由 await 产生的值上做这些操作。

✓ **CONSIDER** 建议为异步方法添加同步变体。

```
// 异步方法

public Task<ParsedData> ParseAsync(
    string filename,
    CancellationToken cancellationToken = default) { ... }

// 同步变体
public ParsedData Parse(string filename) { ... }
```

现有的代码库中可能已经有了大量的同步方法，并且与你的组件所提供的功能价值相比，将它们转换为支持异步调用可能不是那些开发者的首要任务。如果你只提供异步操作，那么同步调用者就会被迫调用阻塞的 GetResult() 方法，从而产生一种被称为 "异步之上的同步"（sync-over-async）的情况。更多信息见 9.2.5.3 节。

✓ **DO** 要在异步方法中接收 CancellationToken 参数，并将其命名为 "cancellationToken"。

长时间运行的操作通常需要 "中止" 选项，并且异步操作往往是长时间运行的。基于任务的异步模式使用 System.Threading.CancellationToken 类型来控制取消操作。

```
// 错误：调用者没有办法取消该操作
public Task WriteAsync(string text) { ... }

// 正确：支持 Cancellation 作为可选参数
public Task WriteAync(
    string text,
    CancellationToken cancellationToken = default) { ... }
```

✓ **DO** 要为 CancellationToken 参数提供默认值。

✓ **CONSIDER** 建议将 CancellationToken 作为最后一个参数，这样可以更好地与同步版本的方法对齐。

最后一个参数的规则是方法重载的正常规则的一个例外，即重载的附加参数排在最后。C# 语言要求所有的可选参数（任何有默认值的参数）要在所有的必需参数之后，CancellationToken 规则的组合很好地符合了这一要求。

例如，下面的例子涉及的 CancellationToken 的重载是错误的——即使你很小心地避免了使用默认值。

```
public Task WriteAsync(
    string text,
    CancellationToken cancellationToken) { ... }

public Task WriteAsync(
    string text,
    CancellationToken cancellationToken,
    Encoding encoding) { ... }
```

正确的重载应该是下面这样的。

```
public Task WriteAsync(
    string text,
    CancellationToken cancellationToken) { ... }

public Task WriteAsync(
    string text,
    Encoding encoding,
    CancellationToken cancellationToken) { ... }
```

✓ **CONSIDER** 建议在需要长时间运行或阻塞的同步方法中接收 CancellationToken 参数。

CancellationToken 类型与异步执行或 Task 无关，所以它同样适用于那些将从基于超时或用户发起的中止信号中受益的同步操作。暂停直到其他动作完成的同步方法，即所谓的阻塞方法，通常需要 CancellationToken。两个最常见的阻塞操作是等待线程同步和 I/O 操作，如文件下载。

例如，BlockingCollection<T> 类支持可取消版本的 Add 方法：

```
public partial class BlockingCollection<T> {
    public void Add(T item) {}
    public void Add(T item, CancellationToken cancellationToken) {}
}
```

可取消的 Add 重载不是一个异步操作：它使用同步的 Wait() 而不是异步的 yield 来暂停，直到集合中有空间为止。同一类型的可取消支持适用于长时间运行的非阻塞操作，如素数分解。

✘ **DON'T** 不要从长时间运行的同步方法中返回 Task。

如果一个方法没有使用异步 yield（要么是一个长时间运行的计算，要么是使用了同步阻塞），它就不应该返回 Task 对象或使用 "Async" 后缀。由于同步方法不是基于任务的异步模式的一部分，因此将 CancellationToken 参数作为最终参数的准则和为该参数提供默认值的准则都不再适用。

> **■ STEPHEN TOUB**　与此相关的是，我们强烈建议你不要暴露那种只是通过排队调用同步方法的方式包装的返回 Task 的同步方法——这样做会让你的 API 的消费者更难选出最适合其需求的方法。该准则主要的例外情况是，你把异步版本暴露为虚成员，并期望派生的覆写能够提供真正的异步实现。

因为前面例子中的 BlockingCollection<T>.Add 使用了同步的 Wait()，所以它没有遵循基于任务的异步模式是正确的。

✘ **DON'T** 不要在异步方法中使用 ref 或 out 参数修饰符。

.NET 运行时只允许堆栈上的值引用（方法参数或本地变量），如果一个异步方法需要让渡当前执行，便无法继续维持值引用。C# 编译器了解这个限制，所以在使用 async 关键字的方法上声明一个 ref 或 out 参数会导致编译错误，但对任意返回 Task 的方法，它并不会报错。

```
public Task<bool> TryParseAsync(
    TextReader reader,
    out ParsedData value) {
    Task<ParsedData> parseTask = ParseAsync(reader);

    // 该方法实际上不是异步的，
    // 它是同步的等待!
    parseTask.Wait();

    if (parseTask.IsFaulted) {
        value = default;
        return Task.FromResult(false);
    }

    value = parseTask.Result;
    return Task.FromResult(true);
}
```

为了能写入 out 参数，TryParseAsync 方法成了一个伪装成异步方法的具有阻塞性的同步方法。这不仅误导了该方法的调用者，而且由于使用了 Task.Wait()，还可能导致死锁（更多信息见 9.2.5.3 节）。

✘ **DON'T** 不要在虚的或抽象的异步方法中使用 in（ref readonly）参数修饰符。

✘ **AVOID** 避免在非虚的异步方法中使用 in（ref readonly）参数修饰符。

对于带有 async 关键字的方法，如果在方法签名中使用了 in 参数修饰符，C# 编译器将报错，这可以阻止开发者通过覆写异步方法这样的语法支持来扩展该类型。当使用模板方法模式（见 9.9 节）实现虚异步方法时，具有 in 修饰符的参数不会导致编译时错误。请注意，如果参数类型不是 readonly struct，调用者可能期望异步方法可以对其修改的值做出响应；但是，由于在公开方法和受保护的方法之间进行了值拷贝操作，异步操作将不会响应调用者所做的变更。由于 readonly struct 不能被修改，不存在混淆的可能性，所以可以酌情使用 in 修饰符。

关于何时适合使用 in 修饰符，更多信息请参见 5.8.3 节。

```
public Task WriteParametersAsync(
    string filename,
    in RSAParameters rsaParameters) {

    if (rsaParameters.Modulus == null) {
        throw new ArgumentException(
            "Modulus is required.",
            nameof(rsaParameters));
    }

    // 这里 rsaParameters 发生了值拷贝
    return WriteParametersAsyncCore(filename, rsaParameters);
}

protected abstract Task WriteParametersAsyncCore(
    string filename,
    RSAParameters rsaParameters);

...

RSAParameters rsaParameters = GetRSAParameters();
// 为了清楚起见，这里展示了可选的 in 关键字
Task saveToFile = WriteParametersAsync(filename, in rsaParameters);

// 因为结构体通过 in 传入，Task 背后的代码
// 可以响应这里的变更，是这样吗（不是的）
rsaParameters.Exponent = s_someOtherExponent;
await saveToFile;
```

■ **JEREMY BARTON** 这里的例子只是一个简单的线性流程，如果可变的 struct 是一个字段，并且应用程序是多线程的，事情就会变得更加棘手。在参数验证阶段和 Core 方法的值拷贝之间可能会有并发写入发生，这就违背了基类试图维护的契约。这种情况只有在无视反对公开可变值类型的准则（见 4.7 节）和反对在公开 API 中使用 in（ref readonly）参数的准则（见 5.8.3 节）时才会出现，我希望没有人在使用你的库时遇到这种情况。

9.2.3　异步方法的返回类型

C# 的 async 关键字要求方法返回类 Task 的类型[1]，在 .NET 中有 4 种预定义的可选项。

- System.Threading.Tasks.Task：引用类型，表示操作没有返回值。
- System.Threading.Tasks.Task<TResult>：引用类型，表示操作将返回一个 TResult 类型的值。
- System.Threading.Tasks.Task.ValueTask：值类型，表示操作没有返回值。
- System.Threading.Tasks.Task.ValueTask<TResult>，值类型，表示操作将返回一个 TResult 类型的值。

在引入 ValueTask<TResult>[2]之前，选择适当的返回类型是很容易的。当同步的等效方法的返回值为 void 时，异步变体应该使用 Task，否则就使用 Task<TResult>。尽管在泛型类型和非泛型类型之间进行选择很容易，但在 Task<TResult> 和 ValueTask<TResult> 之间进行选择就不那么简单了。

加入 ValueTask<TResult> 类型主要是为了在调用恰好能够同步完成的异步方法时减少内存分配。遗憾的是，它虽然通过减少内存使用带来了性能优势，但是却导致了可用性和实用性的降低。ValueTask 最明显的可用性问题是基类库中的许多方法，如 Task.WaitAny(Task[])，不能直接接收 ValueTask 或 ValueTask<TResult>。另外，ValueTask 和 ValueTask<TResult> 更容易被误用，这一点在 9.2.5.4 节中进行讨论。

确定最恰当的返回值类型的简单流程如下：

- 如果你的方法不会有任何返回值：Task。
- 如果你的方法通常都是同步完成的：ValueTask<TResult>。
- 其他：Task<TResult>。

这一流程将在随后的准则和解释中得到证明。

✓ **DO** 对于不具有返回值的异步方法，要使用（非泛型的）Task 作为首选的返回值类型。

Task 类比 ValueTask 结构体有更好的可用性，对于使用 async 关键字生成的方法来说，这两种类型具有差不多的性能。

1　使用 async 关键字构建的方法也可以使用 void 作为返回类型。这类 async void 方法更接近于基于事件的异步模式，而不是基于任务的异步模式，因此不建议在公开代码中使用。

2　Task<TResult> 是在 .NET Framework 4.0（2010）中引入的，ValueTask<TResult> 是在 .NET Core 1.0（2016）中引入的。

✓**DO** 对于具有返回值的异步方法，要使用 Task<TResult> 作为首选的返回值类型。由于 Task<TResult> 类是一个引用类型，而且在每次调用异步方法时，它所携带的值都可能是不同的，所以与 ValueTask<TResult> 相比，它的内存分配成本很小。通常，额外的内存分配并不重要，由于 Task<TResult> 类具有更好的可用性，因此它是更好的默认类型。

> ■ **JEREMY BARTON** 对于使用 async 关键字构建的方法，Task<TResult>的同步成功缓存数量有限。对于 .NET Core 3.1，有布尔值 true 和 false、Int32 值的 -1~9，以及 Byte、SByte、Int16、UInt16、UInt32、Int64、UInt64、IntPtr、UIntPtr 和 Char 的 0 值。
>
> 一些手动构建的异步方法也会缓存自己的常用返回值，以提供良好的关键路径性能和更好的 Task<TResult>的可用性。

✓**CONSIDER** 如果你的异步方法通常都是同步完成的，建议使用 ValueTask<TResult>。

对 System.IO.Stream 行为的分析表明，在很多情况下，由于缓冲的原因，当 ReadAsync 方法被调用时，已经有数据可用；因此，该方法经常同步返回。由于同步 Read 方法返回的是 Int32，它通常可以避免在数据已经可用时产生任何内存影响，但 ReadAsync 方法需要返回一个 Task<int> 来报告读取的字节数。由此产生的微小的内存影响在循环中有可能会变得很明显。

当 Stream 上较新的 ReadAsync 重载遇到 System.Memory<byte> 时，会返回一个 ValueTask<int>，因此当数据已经可用时，异步方法同样不会对内存产生影响。

```
public partial class Stream {
   // 老式的，.NET Standard 1.0 版本
   public virtual Task<int> ReadAsync(
      byte[] buffer, int offset, int count) { ... }

   public virtual Task<int> ReadAsync(
      byte[] buffer, int offset, int count,
      CancellationToken cancellationToken) { ... }

   // 较新的，.NET Standard 2.1 版本
   public virtual ValueTask<int> ReadAsync(
      Memory<byte> buffer,
      CancellationToken cancellationToken = default);
}
```

ValueTask<TResult> 并不见得总是会比 Task<TResult> 提供更好的性能。当

ValueTask<TResult> 被一个用 async 关键字构建的方法返回时，如果该方法没有同步完成，则会创建一个新的 Task<TResult> 实例来跟踪该操作的剩余部分。对于经常需要异步完成的操作，返回 ValueTask<TResult> 会导致可用性的下降，给调用者造成轻微的性能损失，却没有带来明显的收益。因此，对于那些不被期望会同步完成的方法，建议返回引用类型，即 Task<TResult>。

■ **STEPHEN TOUB**　这条准则可能会让你质疑为什么非泛型的 ValueTask 会存在。它的存在是对关键路径方法的性能优化，这些方法经常以异步方式完成，并且实现能够采用某种对象重用来避免分配。

9.2.4　为现有的同步方法制作一个异步变体

严格来说，方法重载只适用于同一类型上的同名方法。然而，.NET API 设计审核时经常将同步方法的异步版本称为"异步重载"。这确实扩展了方法重载的定义，在对方法的行为进行建模时，即使名称不同，将其视为重载也是有意义的。

✓**DO** 要尽可能在一个方法的同步版本和相应的异步变体中保持相同的参数顺序。

当同步方法中没有参数以 out 或 ref 形式传递，并且返回值或任何参数都不是类 ref 值的类型（ref struct 类型）时，你可以通过添加 "Async" 后缀，将返回类型改为适当的类 Task 类型（见 9.2.3 节），并且接收 CancellationToken 参数来声明异步变体。例如：

```
public partial class XDocument {
    public static XDocument Load(
        TextReader textReader, LoadOptions options) { ... }

    // 现实中的 XDocument.LoadAsync 并未设置 cancellationToken 的
    // 默认值，该版本更符合本节中描述的准则
    public static Task<XDocument> LoadAsync(
        TextReader textReader, LoadOptions options,
        CancellationToken cancellationToken = default) { ... }
}
```

✓**DO** 要根据需要转换签名，以便从一个异步方法中删除 ref 或 out 参数。

如果该方法有一个单独的 out 参数，并且没有返回值，那么你可以通过简单地返回一个类 Task 类型的返回值来定义异步变体。

```
public void CalculateValue(int input, out int result) { ... }
public Task<int> CalculateValueAsync(
    int input,
```

```
CancellationToken cancellationToken = default) { ... }
```

如果有一个已经存在的返回值或者具有一个以上的 out 参数，那么你可以创建一个
新的类型来描述这个更复杂的返回值。

```
public partial class SomeClass {
    public int Divide(int divisor, int dividend, out int remainder);

    public Task<DivisionResult> DivideAsync(
        int divisor, int dividend,
        CancellationToken cancellationToken = default);
}
public readonly struct DivisionResult {
    public int Quotient { get; }
    public int Remainder { get; }

    public DivisionResult(int quotient, int remainder) { ... }
}
```

■. **JEREMY BARTON** 如果方法被设计成既要写入 out 参数，又要抛出一个异常，
那么这种对 out 参数的替换策略就不起作用了。这通常被认为是糟糕的设计，但它
仍然可以通过替换成 ref 引用包装器来进行处理。

ref 参数更难替换，因为它描述了零个或多个值的读取以及零个或多个值的写入。
如果该方法的意图是单次读取、单次写入，那么一种可行方案是将该参数逻辑地分成两
个参数——一个简单的输入参数和一个 out 参数，然后应用建议的 out 参数替换策略。

```
public partial class SomeClass {
    public int SomeMethod(ref string value) { ... }

    // 逻辑上的中间替换方法，
    // 并不需要真实地给出该方法的定义
    // public int SomeMethod(string value, out string updatedValue);

    // 基于参数切分的异步变体
    public Task<SomeResult> SomeMethodAsync(
        string value,
        CancellationToken cancellationToken = default);
}
public readonly struct SomeResult {
    public int CalculatedResult { get; }
    public string UpdatedValue { get; }

    public DivisionResult(int result, string updatedValue) { ... }
}
```

如果你认为该方法中 ref 的读/写会与另一个线程交互，并且中间的写操作对其他

线程是可见的，或者只是想避免创建一个新的返回类型，你可以把值包装在一个引用类型中。

```
public bool ContrivedMethod(
    byte[] data, ref string value, out int valueUtf8Length) { ... }

public Task<bool> ContrivedMethodAsync(
    byte[] data, RefWrapper<string> value,
    RefWrapper<int> valueUtf8Length,
    CancellationToken cancellationToken = default) { ... }

public class RefWrapper<T> {
    public T Value { get; set; }
    ...
}
```

对于虚方法，可能很难评估实现者和调用者所期望的读/写模型是什么。

最终的替换策略是对于特别麻烦的方法，不要将其转换为异步方法。结合 5.8.3 节中的参数相关准则，建议避免使用 ref 和 out。我们应该设计一个新的同步方法来避免传递这些参数，并为该新方法制作一个异步版本。

> ■ **JEREMY BARTON**　本节中所有的例子都是臆想出来的。我查看了 .NET Standard 2.1 中的所有类型和成员，没有找到任何有代表性的例子。我能提供的最好的例子是，在从经典异步模式到基于任务的异步模式的转变过程中，System.Net.Socket 将异步完成值从一个返回值加两个 out 参数简化为只有一个返回值。
>
> 再加上 .NET 中没有公开的 RefWrapper<T> 类型，因此可以说 BCL 团队通常的选择就是重新设计这个方法。

✓ **CONSIDER** 建议在异步方法中使用异步回调代替同步回调，或通过重载同时接收两者。

给定一个接收同步回调的方法，如 public void DoWork(Action<State> callback)，你需要了解调用者在回调中做同步还是异步的操作。如果回调的目的是保存数据，而且 DoWorkAsync 将异步调用回调，那么 DoWorkAsync 可能只需要异步回调。相反，加载保存状态的进度通知回调可能只需要同步回调。如果不清楚，则可以考虑同时提供。

```
// 初始的同步方法
public void DoWork(Action<State> callback) { ... }

// 具有同步回调的异步变体
```

```
public void DoWorkAsync(
    Action<State> callback,
    CancellationToken cancellationToken = default) { ... }

// 具有异步回调的异步变体
public void DoWorkAsync(
    Func<State, CancellationToken, Task> asyncCallback,
    CancellationToken cancellationToken = default) { ... }
```

9.2.5　异步模式一致性的实现准则

使用两个制表符的缩进、GNU 风格的大括号，或者只使用单字母的变量名，这些都不是调用者可以察觉到的，但是返回为 null 的 Task 是可以被观察到的。本节的重点是在方法实现中可被调用代码观察到的部分，这些可观察的效果应该与其他基于任务的异步模式的方法保持一致。

✗ **DON'T** 不要为 Task 或 Task<TResult> 返回 null。

很少有调用者会检查一个异步方法是否返回 null。与其返回 null，不如考虑这个值意味着什么，再做出更好的选择。例如，如果一个异步方法不能被启动，它应该抛出一个异常（见 9.2.6.5 节）。此外，如果工作已经完成，则可以返回 Task.CompletedTask 或者 Task.FromResult(result)。

9.2.5.1　Task.Status 的一致性

大多数与 System.Threading.Tasks.Task 实例交互的方法并不会直接与 Status 属性交互。然而，对于驱动 Task 的执行引擎来说，Status 的值与操作所处的状态相匹配是很重要的。

✗ **DON'T** 不要返回处于 Created 状态的任务。

用 Task 构造函数直接创建的 Task 值处于 Created 状态，这允许在 Task 开始工作之前进行定制。如果一个 Task 在 Created 状态下被返回（并且该对象后来没有被其他线程启动），那么任何等待该 Task 的调用者都将无限期地等待下去。

编译器通过 async 关键字创建的任务总是在它们被返回之前启动，与来自 Task.Run(...) 和 Task.Factory.StartNew(...) 的任务一样。

■ **STEPHEN TOUB** Created 状态是一个很好的例子，它是一个可能就不应该存在的公开 API。在极少数情况下，将创建任务的能力与启动任务的能力分开有助于实现细节。为了满足暴露 Created 状态、相关构造函数和 Start 方法的需求，我们

> 最终创造了一个开发者很容易陷入的陷阱，同时也使我们更难于优化某些常见的用例。实际上，减少暴露的功能可以带来更多的好处，这即是一个例子。

✓ **DO** 当任务因为 CancellationToken 而中断时，要抛出 OperationCanceledException。任务执行引擎处理 OperationCanceledException 并更新任务，使其处于 Canceled 状态。等待处于 Canceled 状态的任务会抛出另一个 OperationCanceledException，这通常会导致级联，并以程序中止或调用者显式处理 Canceled 状态而结束。

如果你使用 CancellationToken.IsCancellationRequested 值从一个用 async 关键字创建的方法中提前返回，那么你的方法的任务就会转变为 RanToCompletion 状态，而不是 Canceled 状态——任何等待任务的调用者都会继续下去，就像该方法已经成功完成一样。这种行为通常是错误的根源。

确保正确行为的最简单方法是调用 CancellationToken 上的 ThrowIfCancellation Requested() 方法，但手动抛出一个 OperationCanceledException 实例也是可以的。

```csharp
try {
    await SaveData(data, cancellationToken);
    QueueNotification("Data saved successfully!");
} catch (OperationCanceledException) {
    QueueNotification("Save was canceled.");
}
...
private async Task SaveData(
    byte[] data, CancellationToken cancellationToken) {

    // 错误: 这会产生任务成功的消息
    if (cancellationToken.IsCancellationRequested) {
        return;
    }

    // 正确: 这会为调用者提供任务已取消的消息
    if (cancellationToken.IsCancellationRequested) {
        throw new OperationCanceledException(cancellationToken);
    }

    // 正确: 这会为调用者提供任务已取消的消息
    cancellationToken.ThrowIfCancellationRequested();
    ...
}
```

9.2.5.2　等待正确的上下文

✓ **DO** 在等待一个异步操作时，要使用 `await task.ConfigureAwait(false)`，除非是在依赖同步上下文的应用程序模型中。

在默认情况下，.NET 使用 `SynchronizationContext.Current` 来决定如何继续处理该任务。在一个控制台应用程序中，默认的 `SynchronizationContext` 将任务发送到后台线程上执行，没有特殊处理。

在图形用户界面（GUI）应用程序模型中——如 WinForms 或 WPF——默认的 `SynchronizationContext` 将所有任务完成的回调分派给 UI 线程，以使其更容易与 UI 元素交互。由于 GUI 应用程序中的 `SynchronizationContext` 使用单线程执行，这种行为会导致吞吐量的减小，并使死锁成为可能。除非你的方法与 UI 元素交互，或者你知道需要同步上下文的另一个组件是什么，否则你应该使用 `await task.ConfigureAwait(false)` 来避免不必要地捆绑 UI 线程。

> ■ **STEPHEN TOUB**　许多与 `ConfigureAwait` 有关的错综复杂的问题没有在这个简短的总结中体现出来。

> ■ **JEREMY BARTON**　请注意，`ConfigureAwait` 返回的是一个围绕任务的包装器——它并不修改任务。除非你 `await` 该表达式，或先将其保存到本地，然后再应用 `await`，否则它没有任何作用。
>
> ```
> Task t = SomeAsync(cancellationToken);
> // 该操作没有任何作用，其结果并没有被等待
> t.ConfigureAwait(false);
> // 它仍将回到被捕获的上下文中
> await t;
> ```

9.2.5.3　避免死锁

✗ **DON'T** 不要在异常方法中调用 `Task.Wait()` 或读取 `Task.Result` 属性；相反，要使用 `await`。

`await` 关键字可以将任务让渡出来，允许其他任务继续执行。而 `Task.Wait()` 方法和 `Task.Result` 属性则是做阻塞性的同步等待，这是低效的，在某些情况下会导致死锁。

✓ **DO** 要在异步方法的实现中调用异步方法变体，而不是同步方法变体。

一般来说，如果一个方法既有同步变体又有异步变体，那么同步方法有可能导致阻

塞，而异步方法则能让渡执行。从异步方法中调用一个阻塞方法是低效的，并可能导致资源耗尽和死锁。

9.2.5.4 正确处理 ValueTask 和 ValueTask\<TResult>

✗ **DON'T** 不要对 ValueTask 或 ValueTask\<TResult> 的实例进行一次以上的操作，或者保存它；只应该 await 或返回它。

正如在 9.2.3 节中所提到的，ValueTask 或 ValueTask\<TResult> 有可能在某些情况下提供性能优势，但代价是牺牲一些健壮性和可用性。

与 Task 和 Task\<TResult> 不同，两次 await 同一个 ValueTask 或 ValueTask\<TResult> 是不安全的，并且伴随未定义的行为。这个"未定义的行为"可以延伸到任何用来观察 ValueTask\<TResult> 结果的东西，例如，读取 Result 属性或调用 ToString()方法。如果你需要做任何比简单的 await 或返回更复杂的事情，则可以考虑从 AsTask() 方法中获得一个 Task（或 Task\<TResult>），并忽略 ValueTask。

> ■ **JEREMY BARTON** 一种极简表达是"永远不要有 ValueTask 或 ValueTask\<TResult>局部变量"。如果你需要一个值，则可以使用类似于下面这样的代码：
>
> ```
> Task<int> task = SomeMethodAsync(...).AsTask();
> // 将复杂的部分放到这里
> ```

9.2.5.5 异步方法的异常

✓ **DO** 要直接从异步方法中抛出使用错误异常，以帮助调试。

使用错误异常（见 7.2 节）表明调用代码中存在错误。如果直接从被调用的方法中抛出使用错误异常，则与将异常包装在任务中相比，具有如下好处：

1. 调用栈非常清楚地显示了使用错误的来源，使调用者更容易诊断和修复。
2. 即使任务从未被等待，也不会忽略这个异常。
3. 无效的输入最终不会使任务机制运行。

该准则的一个影响是，不应该从 public async 或 protected async 方法中抛出使用错误异常。相反，应该在公开的（或受保护的）方法中进行使用校验，然后转交给非公开的异步方法（或异步的局部函数，或其他分离"内部"和"外部"任务的手段）。

```
// 错误：异常是在 Task 中抛出的
// 调用栈不会那么清晰
public async Task SaveAsync(string filename) {
    if (filename == null)
        throw new ArgumentNullException(nameof(filename));
    ...
}

// 正确：直接抛出异常而非返回 Task 类型
public Task SaveAsync(string filename) {
    if (filename == null)
        throw new ArgumentNullException(nameof(filename));
    return SaveAsyncCore(uri);
}

private async Task SaveAsyncCore(string filename){ ... }
```

✓ **DO** 要从异步方法返回的类 Task 值中抛出执行错误异常。

执行错误异常可能是无效数据导致的结果，这些数据可能只有在嵌套的异步操作完成后才能得到。由于这些"迟到"的执行错误异常会在任务中被捕获，最一致的模式是确保所有的执行错误异常都被保存在任务中。

这个例子可能会错误地抛出 FileNotFoundException，这是一个执行错误异常，无法在 Task<byte[]> 中捕获。

```
public static Task<byte[]> ReadAllBytesAsync(string path) {
    // 也许可以让 OpenRead 为我们抛出 ArgumentNullException
    Stream stream = File.OpenRead(path);

    // 遗憾的是，它也可能抛出 AccessDeniedException、FileNotFoundException，
    // 以及其他一些基于执行错误的异常
    return ReadAllBytesAsyncCore(stream);
}
```

9.2.6 经典异步模式

对于新的 API，不再推荐使用经典异步模式。如果需要向实现了经典异步模式的现有类型添加新的异步功能，建议将现有的 API 升级到基于任务的异步模式，并且只使用基于任务的异步模式来实现新的功能。

出于历史原因，之前版本中这一节的内容已被移至"附录 B"的 B.9.2.2 节中。

```
// 经典异步模式
// 该模式已经过时
// 使用基于任务的异步模式代替
public IAsyncResult BeginParse(
    string filename,
```

```
        AsyncCallback callback,
        object state) { ... }

    public ParsedData EndParse(IAsyncResult asyncResult) { ... }
```

9.2.7 基于事件的异步模式

不再推荐将基于事件的异步模式用于新的 API。如果需要向已实现了基于事件的异步模式的现有类型添加新的异步功能，建议将现有的 API 升级到基于任务的异步模式，并且只使用基于任务的异步模式来实现新的功能。如果基于事件的异步模式和基于任务的异步模式的混合看起来很混乱，或者你认为调用者可能会被已有的事件模型和新引入的 API 搞昏头，那么引入一个新的类型来承载基于任务的异步模式 的 API 可能更合理。然后根据个人的判断能力来决定新的功能是否应该只适用于新的基于任务的异步模式的类型，或者是否也需要通过基于事件的异步模式为现有的类型提供新的功能。

出于历史原因，之前版本中这一节的内容已被移至"附录 B"的 B.9.2.4 节中。

```
// 基于事件的异步模式
// 该模式已经过时
// 使用基于任务的异步模式代替
public event EventHandler<ParseEventArgs> ParseCompleted;
public void ParseAsync(string filename, object userState) { ... }
```

9.2.8 IAsyncDisposable

IAsyncDisposable 是与 IDisposable 和 Dispose 模式一起讨论的（见 9.4 节）。IAsyncDisposable 的具体内容在 9.4.4 节中。

9.2.9 IAsyncEnumerable<T>

IAsyncEnumerable<T> 接口主要用于生成异步迭代器，也被称为"异步流"，用于 C# 8.0 的 await foreach 语句。

✓ **DO** 要为返回 IAsyncEnumerable<T> 的方法使用"Async"后缀。

返回 IAsyncEnumerable<T> 的方法遵循与使用基于任务的异步模式返回任务的方法相同的命名约定，包括在使用模板方法模式时使用组合的后缀"AsyncCore"（见 9.9 节）。

✓ **DO** 要将 [EnumeratorCancellation] 特性添加到使用 yield return 的 IAsyncEnumerable<T> 方法的 CancellationToken 参数中。

[EnumeratorCancellation] 特性表示编译器应将调用 GetAsyncEnumerator 的 CancellationToken 值绑定到具有该属性的参数上，或者将来自 GetAsyncEnumerator 的 CancellationToken 值和作为参数传递给 IAsyncEnumerable<T> 方法的 token 结合起来。如果没有指定该特性，那么来自 GetAsyncEnumerator 的 CancellationToken 值在编译器生成的实现中会被忽略。

```
// 错误
public static async IAsyncEnumerable<int> ValueGenerator(
    int start,
    int count,
    CancellationToken cancellationToken = default) {

    int end = start + count;
    for (int i = start; i < end; i++) {
        await Task.Delay(i, cancellationToken).ConfigureAwait(false);
        yield return i;
    }
}
```

```
// 正确
public static async IAsyncEnumerable<int> ValueGenerator(
    int start,
    int count,
    [EnumeratorCancellation]
    CancellationToken cancellationToken = default) {

    int end = start + count;
    for (int i = start; i < end; i++) {
        await Task.Delay(i, cancellationToken).ConfigureAwait(false);
        yield return i;
    }
}
```

✖ **DON'T** 除非是作为 GetAsyncEnumerator 方法的返回类型，否则不要使用 IAsyncEnumerator<T>，或者其他任何实现或扩展该接口的类型。

✖ **DON'T** 不要为同一个公开类型同时实现 IAsyncEnumerator<T> 和 IAsyncEnumerable<T>。

这些准则是 8.3 节中 IEnumerator<T> 和 IEnumerable<T> 准则的异步版本。更多信息请参见 8.3 节。

9.2.10 await foreach 的使用准则

✓ **DO** 当将 await foreach 作用于 IAsyncEnumerable<T> 参数时，要使用 WithCancellation 修饰符，以便在枚举器中使用 CancellationToken。

IAsyncEnumerable<T> 接口在调用 GetAsyncEnumerator 时接收了一个
CancellationToken，但 async foreach 语句没有任何地方可以直接接收
CancellationToken 值。WithCancellation 扩展方法产生了一个值，它包装了
IAsyncEnumerable<T> 值，并传递了适当的 CancellationToken 值。

在下面的第一个例子中，MaxAsync 方法正确地接收了一个 CancellationToken
值，但它在 async foreach 过程中没有使用 CancellationToken。第二个例子
纠正了这个错误。

```
// 错误
public Task<int> MaxAsync(
    IAsyncEnumerable<int> source,
    ancellationToken cancellationToken = default) {

    int max = int.MinValue;
    bool hasValue = false;

    // cancellationToken 没有被使用
    async foreach (int value in source.ConfigureAwait(false)) {
        hasValue = true;
        if (value > max) {
            max = value;
        }
    }

    return hasValue ? max : throw new InvalidOperationException();
}

// 正确
public Task<int> MaxAsync(
    IAsyncEnumerable<int> source,
    CancellationToken cancellationToken = default) {

    int max = int.MinValue;
    bool hasValue = false;

    // cancellationToken 被传入了迭代器中
    async foreach (int value in source.WithCancellation(cancellationTo ken).
    ConfigureAwait(false)) {
        hasValue = true;
        if (value > max) {
            max = value;
        }
    }

    return hasValue ? max : throw new InvalidOperationException();
}
```

当对一个接收了 `CancellationToken` 的方法的结果直接使用 `await foreach` 时，就没有必要也没有任何价值再去调用 `WithCancellation` 了。当然，除代码更长之外，也没有什么明显的问题。

```
// 不需要 WithCancellation(cancellationToken),
// 因为它已经被传入 ValueGenerator 中
async foreach (int value in
    ValueGenerator(10, 5, cancellationToken).ConfigureAwait(false)) {
    ...
}
```

✓ **DO** 要在使用 `await foreach` 时使用 `ConfigureAwait` 修改器，与使用 `await` 时相同。

`IAsyncEnumerable<T>` 的 `ConfigureAwait` 扩展方法将产生一个值，它有效地代理了对 `MoveNextAsync()` 的每个调用的 `ConfigureAwait`。你应该以与任务的 `ConfigureAwait` 修改器相同的方式和情况来使用它（见 9.2.5.2 节）。

9.3 依赖属性

依赖属性（Dependency Property，DP）是一种常规的 .NET 属性，它将值存储在一个属性仓库中，而不是存储在一个字段中。

附加属性，它被建模为静态的 `Get` 和 `Set` 方法，描述对象与其容器之间关系的"属性"（例如，`Panel` 容器中 `Button` 对象的位置）。

本节介绍在什么情况下这可能是有用的，以及与这种属性的设计有关的准则。

✓ **DO** 如果你需要属性来支持 WPF 的功能，如样式、触发器、数据绑定、动画、动态资源和继承，则要提供依赖属性。

在下面的例子中，`TextButton.Text` 属性是一个支持 WPF 风格触发器的依赖属性。

```
<Style TargetType="TextButton">
    <Setter Property="Text" Value="Move here and click" />
    <Style.Triggers>
      <Trigger Property="IsMouseOver" Value="True">
        <Setter Property="Text" Value="Now click" />
      </Trigger>
    </Style.Triggers>
</Style>
```

下面是在数据绑定中使用该属性的例子：

```
<TextButton Text="{Binding FirstName}" />
```

9.3.1　依赖属性设计

下面的准则详细描述了如何设计依赖属性。

✓ **DO** 在实现依赖属性时，要继承 DependencyObject 或其子类型之一。该类型提供了一个非常高效的属性存储实现，并且自动支持 WPF 数据绑定。

✓ **DO** 要提供一个常规的 CLR 属性和公开的静态只读字段，为每个依赖属性存储一个 System.Windows.DependencyProperty 的实例。

```
public class TextButton : DependencyObject {

    public string Text {
        get { return (string)GetValue(TextProperty); }
        set { SetValue(TextProperty, value); }
    }

    public static readonly DependencyProperty TextProperty =
        DependencyProperty.Register(
        "Text",
        typeof(string),
        typeof(TextButton));
}
```

✓ **DO** 要通过调用 DependencyObject.GetValue 和 DependencyObject.SetValue 实例方法来实现依赖属性。

```
public class TextButton : DependencyObject {

    public string Text {
        get { return (string)GetValue(TextProperty); }
        set { SetValue(TextProperty, value); }
    }

    public static readonly DependencyProperty TextProperty = ...
}
```

✓ **DO** 在命名依赖属性的静态字段时，要以属性名称加上 "Property" 后缀作为其名称。DependencyProperty.Register 方法的第一个参数应该是属性名称。

```
public class TextButton : DependencyObject {
    public static readonly DependencyProperty TextProperty =
        DependencyProperty.Register(
            "Text",
```

```
        typeof(string),
        typeof(TextButton));
}
```

✗ DON'T 不要在代码中显式地为依赖属性设置默认值；相应地，应该在元数据中进行设置。

如果你显式地设置了属性的默认值，那么该属性极有可能无法再通过某些隐式方式进行设置，比如样式。

```
public class TextButton : DependencyObject {

    public TextButton(){
        // 不要显式设置依赖属性的默认值
        Text = String.Empty; // 这是错误的做法
    }

    public static readonly DependencyProperty TextProperty =
        DependencyProperty.Register(
            "Text",
            typeof(string),
            typeof(TextButton),
            new PropertyMetadata(String.Empty)); // 这是正确的做法
}
```

✗ DON'T 除了访问静态字段的标准代码，不要将其他代码放在属性的访问器中。

如果该属性是通过隐式方式设置的，比如样式，该代码就不会执行，因为样式直接使用静态字段。

```
public string Text {
    get { return (string)GetValue(TextProperty); }
    set {
        SetValue(TextProperty, value);
        DoWorkOnTextChanged(); // 这是错误的做法
    }
}
```

✗ DON'T 不要使用依赖属性来存储与安全相关的数据，即使是私有的依赖属性也可以被公开访问。

```
public class BadType : DependencyObject {
    // 不要这样做，这是不安全的
    private static readonly DependencyProperty SecretProperty =
        DependencyProperty.Register(
            "Secret",
            typeof(string),
            typeof(BadType));

    public BadType() {
```

```
        SetValue(SecretProperty, "password");
    }

    private static void Main() {
        var b = new BadType();
        var enumerator = b.GetLocalValueEnumerator();
        while (enumerator.MoveNext()) {
            Console.WriteLine("{0}={1}",
                enumerator.Current.Property,
                enumerator.Current.Value);
        }
    }
}
```

9.3.2　附加属性的设计

上一节介绍的依赖属性代表声明类型的内在属性；例如，Text 属性是 TextButton 的一个属性，它由 TextButton 声明。附加属性是一种特殊的依赖属性。依赖属性的准则也适用于附加属性，但是在实现附加属性时，还有一些额外的准则需要考虑。本节就来介绍这些准则。

附加属性是这样的属性：它们在一个类型上声明，但是却可以在另一个类型的对象上设置。

▌ CHRISTOPHE NASARRE 这与 Windows Forms 中 PropertyExtender 实现的效果非常接近。

附加属性的一个典型例子是 Grid.Column 属性。该属性表示 Button（而不是 Grid）的列位置，但它只有在 Button 被包含在 Grid 中时才具有相关性，所以它是通过 Grid "附加" 给 Button 的。

```
<Grid>
    <Grid.ColumnDefinitions>
        <ColumnDefinition />
        <ColumnDefinition />
    </Grid.ColumnDefinitions>

    <Button Grid.Column="0">Click</Button>
    <Button Grid.Column="1">Clack</Button>
</Grid>
```

附加属性的定义方式和常规的依赖属性的定义方式看起来非常相似，除了访问器是静态的 Get 和 Set 方法。

```
public class Grid {

    public static int GetColumn(DependencyObject obj) {
        return (int)obj.GetValue(ColumnProperty);
    }

    public static void SetColumn(DependencyObject obj, int value) {
        obj.SetValue(ColumnProperty, value);
    }

    public static readonly DependencyProperty ColumnProperty =
        DependencyProperty.RegisterAttached(
            "Column",
            typeof(int),
            typeof(Grid));
}
```

9.3.3　依赖属性校验

属性经常会实现校验逻辑。当试图改变一个属性的值时，就会立即执行校验逻辑。下面的例子显示了典型的校验代码，确保一个属性永远不会被设置为空。

```
public string Text {
    get { ... }
    set {
        if (value == null) {
            throw new ArgumentNullException(nameof(value));
        }
        ...
    }
}
```

遗憾的是，依赖属性的访问器不能包含任意的校验代码。相反，依赖属性的校验逻辑需要在属性注册时指定。

✖ **DON'T** 不要在依赖属性的访问器中添加任何校验逻辑。相反，应该在 `DependencyProperty.Register` 方法中提供校验回调。

```
public static readonly DependencyProperty TextProperty =
    DependencyProperty.Register(
        "Text",
        typeof(string),
        typeof(TextButton),
        new PropertyMetadata(string.Empty),
        value => value != null); // 校验
```

9.3.4　依赖属性变更通知

与上一节中介绍的校验逻辑类似，依赖属性的访问器不应该有用于触发属性变更通知事件的自定义代码，因为通过 XAML 生成的代码不会调用这些访问器。

```
public string Text {
    set {
        if(_text != value) {
            _text = value;
        }
        OnTextChanged(); // 错误的
    }
}
```

✗ **DON'T** 不要在依赖属性的访问器中实现变更通知逻辑。依赖属性有内置的变更通知功能，可以通过向 PropertyMetadata 提供一个变更通知回调来使用。

```
public static readonly DependencyProperty TextProperty =
DependencyProperty.Register(
    "Text",
    typeof(string),
    typeof(TextButton),
    new PropertyMetadata(
        string.Empty,
        (obj, args) => {
            // 属性变更
            ...
        }));
```

9.3.5　依赖属性中的值强制

当给定的属性设置器的值在实际存储之前被设置器修改时，就会发生属性强制。下面的例子展示了简单的强制逻辑。

```
public string Text {
    set {
        if (value == null) {
            value = string.Empty;
        }

        _text = value;
    }
}
```

与上面章节中介绍的校验逻辑和变更通知逻辑相似，依赖属性必须在属性注册时指定强制逻辑，而不是在属性设置器中直接指定。

✗ **DON'T** 不要在依赖属性的设置器中实现强制逻辑。依赖属性具有内置的强制功能，可以通过向 PropertyMetadata 提供一个强制回调来使用。

```
public static readonly DependencyProperty TextProperty =
```

```
DependencyProperty.Register(
    "Text",
    typeof(string),
    typeof(TextButton),
        new PropertyMetadata(
            string.Empty,
            (obj, args) => {
                // 变更通知回调
            },
            (obj, value) => value ?? string.Empty)); // 强制
```

9.4 Dispose 模式

所有程序在执行过程中都会获取一个或多个系统资源，如内存、系统句柄或数据库连接。开发人员在使用这些系统资源时必须谨慎，因为它们在获取和使用后必须被释放。

CLR 提供了自动内存管理的支持。托管内存（使用 C# 操作符 new 分配的内存）不需要显式释放，它由垃圾回收器（GC）自动释放。这将开发人员从释放内存的烦琐和管理内存的困境中解放出来，是 .NET 提供前所未有的生产力的主要原因之一。

遗憾的是，托管内存只是许多类型的系统资源中的一种。除了托管内存，其他资源仍然需要显式释放；因此，它们被称为非托管资源。GC 不是专门为管理这种非托管资源而设计的，这意味着管理这些非托管资源的责任在开发者的手中。

CLR 为释放非托管资源提供了一些帮助。System.Object 声明了一个虚方法 Finalize［也称为终结器（finalizer）］，在对象的内存被 GC 回收之前被 GC 调用；这个方法可以被覆写用于释放非托管资源。覆写终结器的类型被称为可终结的（finalizable）类型。

尽管终结器在某些资源清理的场景中非常高效，然而它有两个显著的缺点：

- 当 GC 检测到一个对象有资格被回收时，将调用终结器。这发生在资源不再需要后的某个不确定的时间段。在需要大量地获取稀缺资源（容易耗尽的资源）的程序中，或者在资源的使用成本很高的情况下（例如，占用大量内存的非托管的内存缓冲区），开发者可以（或希望）释放资源的时间与资源实际被终结器释放的时间之间的延迟可能是不可接受的。

- 当 CLR 需要调用一个终结器时，它必须将对象的内存回收推迟到下一轮的垃圾回收（终结器在两次回收之间运行）。因此，该对象的内存（以及它所引用的所有对象）将在较长的时间内不会被释放。

出于上述原因，在许多情况下，完全依靠终结器可能并不合适，因为尽快回收非托管资源是很重要的。在处理稀缺资源时，或者在高性能的场景下，终结器所增加的 GC 开

销是不可接受的。

　　.NET 提供了 System.IDisposable 接口，你应该实现该接口，为开发者提供手动模式，一旦不再需要非托管资源，就立即释放它们。它还提供了 GC.SuppressFinalize 方法，可以告诉 GC 一个对象已经被手动释放，不再需要被终结，在这种情况下，该对象的内存可以被提前回收。实现了 IDisposable 接口的类型被称为可处置类型。

■ **BRIAN PEPIN** Dispose 方法背后的想法是，你可以调用它来释放稀缺的或非托管的资源。我们的设计是，如果你不调用 Dispose 方法，该对象将在最后终结时释放资源。我们最终仍会帮你清理资源，这看上去很好，但实际上，如果你在用完一个对象后没有处置它，则很可能会带来 bug。一个例外情况是，当你的代码与其他代码共享一个对象时，例如，具有 ImageList 属性的 Windows Forms 控件从不释放 ImageList，因为它们不知道它是否被其他控件所使用。

■ **JOE DUFFY** 我给的建议大致是：当一个类型实现了 IDisposable，并且所有权很明显时，你应该尽可能在处理完对象后调用 Dispose。但如果所有权变得棘手（例如，因为该对象在多个地方被引用或在不同线程之间共享），忽略 Dispose 调用不会有任何坏处。这与上面 Brian 所说的思路一致。遗憾的是，在 .NET 中，在一些情况下，不调用 Dispose 会导致意料之外的行为。例如，FileStream 将保持文件句柄一直打开，直到最终结束。如果该句柄是以独占的写模式打开的，那么在终结器运行之前，机器上没有其他人能够打开该文件。此外，写入的内容在那之前不会被刷入磁盘。这是一个不确定的事件，依靠它来保证正确性是很糟糕的。

　　Dispose 模式的目的是规范终结器和 IDisposable 接口的使用与实现。这种模式的主要目的是降低 Finalize 和 Dispose 方法实现的复杂性。这种复杂性源于这些方法只共享了一些代码路径，而不是全部的代码路径（其差异将在本章后面进行介绍）。此外，该模式的一些元素也有历史遗留的因素，与语言对确定性资源管理支持的演变有关。

✓ **DO** 要为包含可处置类型实例的类型实现基本 Dispose 模式。关于基本 Dispose 模式的细节，请参见 9.4.1 节。

　　如果一个类型负责其他可处置对象的生命周期，那么开发者也需要一种方法来释放它们。使用容器的 Dispose 方法是实现这一目的的方便途径。

✓ **CONSIDER** 考虑在那些本身不持有，但其子类型可能会持有非托管资源或可处置对象的类上实现基本 Dispose 模式。

在这方面，一个很好的例子是 System.IO.Stream 类。尽管它本身是一个不持有任何资源的抽象基类，但它的大多数子类都持有资源——正因为如此，它实现了这种模式。

9.4.1 基本 Dispose 模式

该模式的基本实现包括实现 System.IDisposable 接口，并声明一个 Dispose(bool) 方法，该方法实现了在 Dispose 方法和可选的终结器之间共享的所有资源清理逻辑。请注意，本节并不讨论如何提供一个终结器。终结器是这种基本模式的扩展，将在 9.4.2 节中讨论。

下面的例子展示了基本模式的简单实现。

```csharp
public class DisposableResourceHolder : IDisposable {

    private SafeHandle _resource; // 资源句柄

    public DisposableResourceHolder() {
        _resource = ... // 分配资源
    }

    public void Dispose() {
        Dispose(true);
        GC.SuppressFinalize(this);
    }

    protected virtual void Dispose(bool disposing) {
        if (disposing) {
            _resource?.Dispose();
        }
    }
}
```

> ■ **HERB SUTTER** 如果使用 C++，只需编写一般的析构器（~T()），编译器将自动实现本节后面介绍的所有机制。在极少数情况下，如果你也想写一个终结器(!T())，推荐的共享代码的方式是，在终结器能够处理的范围内，把尽可能多的工作放到终结器中（例如，终结器不能可靠地接触其他对象，所以不要把需要使用其他对象的代码放到那里），把剩下的放到析构器中，并让析构器显式调用终结器。

布尔参数 disposing 表明该方法是由 IDisposable.Dispose 的实现调用的还是由终结器调用的。Dispose(bool) 实现应该在访问其他引用对象（例如，前面例子中的资源字段）之前检查该参数。只有当该方法从 IDisposable.Dispose 的实现中调用时

（当 disposing 参数等于 true 时），这些对象才能被访问。如果该方法是从终结器中调用的（disposing 为 false），则不应该访问其他对象。理由是，对象被回收的顺序是不可预测的，所以它们本身或者它们的任何依赖关系都可能已经被回收了。

此外，本节内容还适用于基类尚未实现 Dispose 模式的类。如果你继承了一个已经实现该模式的类，则只需要覆写 Dispose(bool) 方法，以提供额外的资源清理逻辑。

✓**DO** 要声明一个受保护的虚方法 void Dispose(bool disposing)，来集中与释放托管资源和非托管资源有关的所有逻辑。

所有的资源清理都应该发生在这个方法中。该方法被终结器和 IDisposable.Dispose 方法调用。如果从终结器或 DisposeAsync() 内部调用，该参数将为 false。它应该被用来确保在回收过程中运行的任何代码不会访问其他可回收的对象。实现终结器的细节将在 9.4.2 节中介绍。

```
protected virtual void Dispose(bool disposing) {
    if (disposing) {
        _resource?.Dispose();
    }
}
```

▪ **JEFFREY RICHTER** 这里的想法是，Dispose(bool) 清楚地知道调用它是为了显式清理资源（布尔值为 true），还是仅仅由于垃圾回收（布尔值为 false）。这种区分是有意义的，因为当被显式调用时，Dispose(bool) 方法可以安全地使用引用其他对象的引用类型字段来执行代码，因为它可以肯定这些对象还没有被最终释放。但是当布尔值为 false 时，Dispose(bool) 方法不应该执行带有引用类型字段的代码，因为这些对象可能已经被终结了。

▪ **JOE DUFFY** Jeff 的评论乍一看可能不太对——也就是说，你难道不能安全地访问还没有被终结的引用类型对象吗？答案是肯定的，但前提是你必须确定该对象不依赖终结状态本身。这不是一个简单的问题，而且结果会随着版本的变化而变化。除非你能百分之百确定，例如，也许你自己就是该类型的所有者，否则请一定不要这样做。

✓**DO** 要通过简单地调用 Dispose(true) 和 GC.SuppressFinalize(this)来实现 IDisposable 接口。

对 SuppressFinalize 方法的调用只有在 Dispose(true) 成功执行之后才会被触发。

```
public void Dispose() {
    Dispose(true);
    GC.SuppressFinalize(this);
}
```

■ **BRAD ABRAMS** 我们对 Dispose() 方法中调用的相对顺序进行了相当多的讨论。我们选择让 SuppressFinalize 在 Dispose(bool) 之后被调用，它确保 GC.SuppressFinalize() 只有在 Dispose 操作成功完成之后才会被调用。

■ **JEFFREY RICHTER** 我也曾在这些调用的顺序上纠结。最初，我觉得 SuppressFinalize 应该在 Dispose 之前被调用。我的想法是这样的：如果 Dispose 抛出一个异常，那么当 Finalize 被调用时，它也会抛出同样的异常——这没有任何好处，应该避免第二个异常。然而，后来我改变了主意，我现在完全同意这条准则，即 SuppressFinalize 应该在 Finalize 之后被调用。原因是 Dispose() 调用 Dispose(true)，可能会抛出异常，但是当后面的 Finalize 被调用时，会调用 Dispose(false)。这可能与之前的代码路径不同，如果这个不同的代码路径能执行，那就没问题了。此外，在不同的代码路径下可能就不会抛出该异常了。

✗ **DON'T** 不要将无参数的 Dispose 方法实现为虚方法。

Dispose(bool) 方法才是应该由子类覆写的方法。

```
// 错误的设计
public class DisposableResourceHolder : IDisposable {
    public virtual void Dispose() { ... }
    protected virtual void Dispose(bool disposing) { ... }
}
```

```
// 正确的设计
public class DisposableResourceHolder : IDisposable {
    public void Dispose() { ... }
    protected virtual void Dispose(bool disposing) { ... }
}
```

■ **BRIAN PEPIN** 如果仔细观察，就会发现框架中仍然有一些地方我们没有遵循这种模式。当我们最终确定 Dispose 模式的时候，框架中已经有相当多的内容被写好了。尽管我们尽最大努力去清除所有错误，但仍有一些从夹缝中溜走了。

✗ **DON'T** 除了 Dispose() 和 Dispose(bool)，不要再声明 Dispose 方法的任何重载。

Dispose 应该被视为一个保留字，以帮助规范这种模式，并防止实现者、用户和编译器之间的混淆。一些语言可能会选择在某些类型上自动实现这种模式。

✓ **DO**　要允许 Dispose(bool) 方法被多次调用，该方法可以选择在第一次调用之后就什么都不做了。

```
public class DisposableResourceHolder : IDisposable {

    bool _disposed = false;

    protected virtual void Dispose(bool disposing) {
        if (_disposed) {
            return;
        }
        // 清理
        ...
        _disposed = true;
    }
}
```

✗ **AVOID**　避免从 Dispose(bool) 中抛出异常，除非是在进程被破坏的关键情况下（例如，内存泄漏、不一致的共享状态等）。

在用户的预期中，调用 Dispose 方法不会抛出任何异常。例如，请考虑下面代码片段中的手动 try-finally 语句：

```
TextReader tr = new StreamReader(File.OpenRead("foo.txt"));
try {
    // 进行某些操作
}
finally {
    tr.Dispose();
    // 进行更多的操作
}
```

如果 Dispose 抛出一个异常，finally 块中后面的清理逻辑将不会执行。为了解决这个问题，用户需要将对 Dispose 的每一次调用（在 finally 块内）都包装在另一个 try 块中，这将导致非常复杂的清理处理程序。如果执行 Dispose(bool disposing) 方法，当 disposing 为 false 时，千万不要抛出任何异常。如果在终结器的上下文中执行，这样做将会中止进程。

✓ **DO**　如果任何成员在对象被释放后不能被继续使用，则应该抛出 ObjectDisposedException 异常。

```
public class DisposableResourceHolder : IDisposable {
    bool _disposed = false;
    SafeHandle _resource; // 资源句柄
```

```
public void DoSomething() {
    if (_disposed) {
        throw new ObjectDisposedException(...);
    }
    // 调用某些原生方法来使用资源
    ...
}

protected virtual void Dispose(bool disposing) {
    if (_disposed) {
        return;
    }
    // 清理资源
    ...
    disposed = true;
}
}
```

✗ AVOID 在调用 Dispose() 方法后，要避免对象重新获得有意义的状态。

对象的"再水化"（rehydration）经常会产生难以诊断的性能问题，特别是当对象重要的待释放部分是被惰性创建时，很容易产生 bug。当一个对象被释放时，它通常应该保持在被释放状态。然而，如果该类型有一个明确表明新资源正在被获取的方法，例如"Open"，那么该对象不再抛出 ObjectDisposedException 并恢复运行可能是合理的。

```
public partial class ImplicitRehydration : IDisposable {
    private SafeHandle _resource;
    private string _resourceId;

    public ImplicitRehydration(string resourceId) {
        _resourceId = resourceId;
    }

    public int Size {
        get {
            // 因为 Dispose 会将 _resource 重新设置成 null,
            // 并且没有检查对象是否被释放,
            // 读取该属性将意外地重新打开该资源
            return GetSize(EnsureResource());
        }
    }

    private SafeHandle EnsureResource() {
        if (_resource == null) {
            _resource = ...;
        }
        return _resource;
    }
}
```

```
    protected virtual void Dispose(bool disposing) {
        if (disposing) {
            _resource?.Dispose();
            _resource = null;
        }
    }
}
```

在非密封类型上，再水化特别容易造成问题，因为派生类型可能有一个终结器，现在被抑制了。当使一个可终结的对象再水化时，一定要调用 GC.ReRegisterForFinalize(this)，以便撤销来自 Dispose() 的 GC.SuppressFinalize(this)。

```
public partial class ExplicitRehydration : IDisposable {
    private IntPtr _resource;

    ~ExplicitRehydration() {
        Dispose(false);
    }

    public ExplicitRehydration(...) {
        _resource = ...;
    }

    public int Size {
        get {
            if (_resource == IntPtr.Zero) {
                throw new ObjectDisposedException(...);
            }
            return GetSize(_resource);
        }
    }

    public void Open(...) {
    ...
    GC.ReRegisterForFinalize(this);
    }
}
```

■ **JEREMY BARTON** 遵循第 6 章中的可扩展性原则，在某些情况下，使非密封类型的对象再水化，确实是你不得不去做的设计。Dispose 方法清除了派生类型所需的最终处理标记。如果可再水化，派生类型如何知道？如果没有某种事件，派生类型很容易处于损坏的状态。最简单的解决方法是，不要让你的公开类型是可再水化的。不过，内部类型可以自由支配。

✓ **CONSIDER** 如果 "close" 是该领域的标准术语，那么除了 Dispose() 方法，还要提供一个 Close() 方法。

在提供该方法时，重要的是你要使 Close 的实现与 Dispose 的相同，并考虑显式实现 IDisposable.Dispose 方法。关于显式实现接口的准则，参见 5.1.2 节。

```
public class Stream : IDisposable {
    IDisposable.Dispose() {
        Close();
    }

    public void Close() {
        Dispose(true);
        GC.SuppressFinalize(this);
    }
}
```

■ **JEFF PROSISE** 实现 Close 和 Dispose，使它们在语义上等同，有助于避免很多混乱。不止一次有开发者告诉我，不应该在 using 语句中实例化一个 SqlConnection，因为由此产生的代码会调用 Dispose 而不是 Close。实际上，将 using 和 SqlConnection 结合起来是没有问题的，因为 SqlConnection.Dispose 会调用 SqlConnection.Close。

9.4.2 可终结类型

可终结类型是通过覆写终结器并在 Dispose(bool) 方法中提供最终处理的代码路径来扩展基本 Dispose 模式的类型。

终结器是出了名的难以正确实现，主要是因为你不能在其执行过程中对系统的状态做出某些（通常是有效的）假设。我们应该仔细考虑下面的准则。

请注意，一些准则不仅适用于 Finalize 方法，而且适用于被终结器调用的任意代码。在基本 Dispose 模式下，这意味着当 disposing 参数为 false 时，在 Dispose(bool disposing) 内部执行的逻辑。

如果基类已经是可终结的，并且实现了基本 Dispose 模式，你就不应该再覆写 Finalize 方法，而是应该直接覆写 Dispose(bool) 方法来提供额外的资源清理逻辑。

■ **HERB SUTTER** 如果可能的话，你不会真的想要写一个终结器。除了本章前面提到的问题，在类型上写一个终结器会使该类型的使用成本更高，即使终结器从未被调用。例如，分配一个可终结的对象是比较昂贵的，因为还必须将它放在一个可终结对象的列表中。这个开销是无法避免的，即使在构建对象的过程中立即抑制了其最终化（比如在 C++ 中手动在堆栈上创建一个托管对象）。

下面的代码展示了一个可终结类型的例子：

```
internal class ComplexResourceHolder : IDisposable {

    private IntPtr _buffer; // 非托管的内存缓冲区
    private SafeHandle _resource; // 资源的可处置句柄

    public ComplexResourceHolder() {
        _buffer = ... // 分配内存
        _resource = ... // 分配资源
    }

    protected virtual void Dispose(bool disposing) {
        if (_buffer != IntPtr.Zero) {
            ReleaseBuffer(_buffer); // 释放非托管内存
            _buffer = IntPtr.Zero;
        }
        if (disposing) { // 释放其他可处置的资源
            _resource?.Dispose();
        }
    }

    ~ComplexResourceHolder() {
        Dispose(false);
    }

    public void Dispose() {
        Dispose(true);
        GC.SuppressFinalize(this);
    }
}
```

✖ **DON'T** 不要让公开类型成为可终结类型。

持有可终结资源的公开类型应该使内部或私有嵌套的类型成为可终结资源的持有者。要优先使用现成的资源包装器，如 SafeHandle，尽可能地封装非托管资源。

```
// 错误的设计
public partial class NetworkCard : IDisposable {
    private IntPtr _deviceHandle;

    ~NetworkCard() {
        Dispose(false);
    }

    public bool Dispose() => Dispose(true);

    protected bool Dispose(bool disposing) {
        if (_deviceHandle != IntPtr.Zero) {
            Interop.CloseHandle(_deviceHandle);
            _deviceHandle = IntPtr.Zero;
```

```
            }
        }
    }

    // 正确的设计
    public partial class NetworkCard : IDisposable {
        private SafeDeviceHandle _deviceHandle;

        public bool Dispose() => Dispose(true);

        protected bool Dispose(bool disposing) {
            if (disposing) {
                _deviceHandle?.Dispose();
            }
        }
    }

internal sealed class SafeDeviceHandle :
    SaveHandleZeroOrMinusOneIsInvalid {

    internal SafeDeviceHandle()
        : base(ownsHandle: true)
    {
    }

    protected override bool ReleaseHandle() {
        return Interop.CloseHandle(_handle);
    }
}
```

✔ **DO** 在每个可终结类型上实现基本 Dispose 模式。关于基本 Dispose 模式的细节，参见 9.4.1 节。

这给该类型的使用者提供了一种方式，让他们可以明确地对那些应当由终结器负责的相同资源进行确定性清理。

对内部可终结类型一致地使用基本 Dispose 模式，可以让使用你的代码库的新开发者在不同的项目之间转移他们的技能，并与 .NET 中少数的公开可终结类型更好地进行互动。

✘ **DON'T** 不要访问终结器代码路径中任何可终结的对象，因为有很大的风险，它们可能已经被终结了。

例如，如果一个可终结的对象 A 有对另一个可终结的对象 B 的引用，就不能可靠地在 A 的终结器中使用 B，反之亦然。终结器的调用顺序是随机的（缺少对关键终结调用的弱排序保证）。

另外，要注意存储在静态变量中的对象会在应用程序域卸载过程中或退出进程时的某个时候被回收。如果 Environment.HasShutdownStarted 返回 true，那么访问指向可终结对象的静态变量（或调用可能使用静态变量的静态方法）可能是不安全的。

> **JAN KOTAS** 在程序关闭过程中对所有对象的最终处理，是 .NET 框架中那些难以解决的可靠性问题的一个来源。在 .NET Core 中删除了在进程退出期间对所有对象的强行最终处理。AppDomain.ProcessExit 事件仍可用于在程序关闭过程中执行显式清理。

> **JEFFREY RICHTER** 请注意，访问未装箱的值类型字段是可以的。

- ✕ **DON'T** 不要在终结器逻辑中抛出异常，除非是系统关键性的故障。

  如果一个终结器抛出异常，CLR 将关闭整个进程，阻塞其他终结器的执行和资源的可控释放。

- ✕ **DON'T** 如果非密封的公开类型具有终结器，就不要移除它。

  本书前几版中的准则建议，当已知一个基类型已经通过基本 Dispose 模式实现了终结器时，不要重新定义终结器。一旦一个类型具有这种依赖性，移除终结器就会导致终结者不能在该类型上运行，这可能造成难以诊断的资源泄漏。

  由于密封的类型不可能有继承者，移除终结器就不会有如此严重的后果。对于内部类型，你有权检查任何派生类型，并适当地移动终结器。

9.4.3　限定作用域的操作

在 .NET 中定义的大多数操作都是一次性的操作，比如计算一个单一的值、批量处理一个列表中的内容，以及设置一个单一的属性。然而，有一些操作天然地具有作用域：获得一个锁和释放一个锁，开始记录一个请求以及记录该请求已经完成，增加记录器的缩进以及恢复到之前的缩进。IDisposable 接口和 C# 的 using 语句允许将逻辑作用域和方法作用域对齐，调用者可以不用再提供与"开始"方法相对应的"结束"方法，以此来简化调用者的体验。

- ✓ **CONSIDER** 考虑返回一个可处置的值，而不是让调用者手动管理"开始"方法和"结束"方法。

  IndentedTextWriter 类允许通过设置一个属性来增加和减少缩进的程度。一种非常常见的模式是增加缩进，执行一些操作，然后恢复缩进。

```
public void WriteMethod(
```

```
    MethodData method,
    IndentedTextWriter writer) {

    WriteMethodDeclaration(method, writer);
    if (!method.IsAbstract) {
        writer.Indent += 4;
        WriteStatements(method.Statements, writer);
        writer.Indent -= 4;
        writer.WriteLine('}');
    }
}
```

如果 IndentedTextWriter 有一个返回可处置实例的方法，比如 OpenScope，那么调用者的代码可以将词法代码作用域和逻辑操作作用域更紧密地映射到一起。

```
public void WriteMethod(
    MethodData method,
    IndentedTextWriter writer) {

    WriteMethodDeclaration(method, writer);
    if (!method.IsAbstract) {
        using (writer.OpenScope(4)) {
            WriteStatements(method.Statements, writer);
        }
        writer.WriteLine('}');
    }
}
```

当为作用域内的操作创建一个可处置的值时，重要的是仍然要遵循与用于资源清理的 Dispose 方法一致的准则——例如，可以安全地多次调用这些方法。这里提供 OpenScope 的一个可能实现作为例子：

```
public partial class IndentedTextWriter {
    public IndentationScope OpenScope(int indentAmount) {
        if (indentAmount < 0) {
            throw new ArgumentOutOfRangeException(nameof(indentAmount));
        }
        Indent += indentAmount;
        return new IndentationScope(this, Indent, indentAmount);
    }

    public readonly struct IndentationScope : IDisposable {
        private IndentedTextWriter _writer;
        private int _pushedIndent;
        private int _indentAmount;

        internal IndentationScope(...) { ... }

        public void Dispose() => Dispose(true);

        protected void Dispose(bool disposing) {
```

```
        // default(IndentationScope)
        if (_writer == null) {
            return;
        }
        if (_writer.Indent == _pushedIndent) {
            _writer.Indent -= _indentAmount;
        }
        if (_writer.Indent > _pushedAmount) {
            throw new InvalidOperationException(...);
        }
    }
}
```

IndentationScope 的实现使用了一个除 Dispose 方法之外没有任何其他公开成员的值类型来跟踪可处置的作用域。它可以使用一个嵌套类型，因为绝大多数的调用者都会把 OpenScope 调用放在 using 语句中，而不是显式地保存成局部变量。这个特殊的实现，在缩进比它应该有的缩进更深时抛出一个异常，但是当缩进比预期的更小时忽略这个状态——这就避免了在两次 Dispose() 调用中的第二次发生异常。当然，其他的实现也是可能的。

✓ **CONSIDER** 为了程序的正确性，当"结束"方法必须位于 finally 块中时，考虑返回一个可处置的值，而不是让调用者手动管理"开始"方法和"结束"方法。

在前面的 IndentedTextWriter 的例子中，忽略了调用"结束"操作（将 Indent 属性还原为之前的值），只是导致了一个功能错误。但是对于某些操作，如加锁，不调用"结束"方法会导致死锁或其他难以解决的程序状态。

在下面的例子中，开发者没有考虑到这样一种可能性：如果获取锁和释放锁之间的代码抛出一个异常，那么锁就永远不会被释放。

```
public void DoStuff () {
    _lock.EnterReadLock();
    DoStuffCore();
    // 如果 DoStuffCore 抛出异常，我们永远无法到达这里……
    _lock.ExitReadLock();
}
```

C# 的 using 语句，以及其他 .NET 语言中的等价语句，都是在一个 finally 块中调用 Dispose() 方法的。如果我们假设一般的调用者使用 using 语句——或者除了手动调用 Dispose()，那么使用可处置的操作返回值会使调用者更加可靠地在 finally 块中释放锁。

```
public void DoStuff () {
    // 扩展版本，在 IL 中，
```

```
    // 将在 finally 块中调用 Dispose 方法
    using (_lock.GetReadLock()) {
        DoStuffCore();
    }
}
```

下面是一个基于可处置值的 GetReadLock 实现示例，它使用一个引用类型来实现
IDisposable 操作类型，并通过将返回类型声明为 IDisposable 来简化调用者的
理解。

```
public partial class ReaderWriterLockSlim {
    public IDisposable GetReadLock() {
        HeldLock lock = new HeldLock();
        lock.EnterReadLock(this);
        return lock;
    }

    private sealed class HeldLock : IDisposable {
        private ReaderWriterLockSlim _lock;

        internal void EnterReadLock(ReaderWriterLockSlim lock) {
            _lock = lock;
            lock.EnterReadLock();
        }

        public void Dispose() {
            ReaderWriterLockSlim lock =
            Interlocked.Exchange(ref _lock, null);

            lock?.ExitReadLock();
        }
    }
}
```

> **JEREMY BARTON**　由于锁定是一个常见的、低级别的操作，如果可处置的值是
> 一个公开的值类型，则会更好，原因与在 IndentedTextWriter 的例子中描述的一
> 样。完成一个功能正确的实现，且不涉及可变的值类型或每个操作的分配，还要保证
> 执行恰好发生一次，这是困难的，但也是可能的。作为一个说明用的例子，它无法做
> 得更好，而且修复印刷图书中的错误是很难的，所以这里的例子尽可能地保持简单，
> 即使我们在 BCL 中从未这样写过。

9.4.4　IAsyncDisposable

IAsyncDisposable 接口提供与 IDisposable 接口相同的资源清理和操作终止，
但是当 Dispose() 的工作涉及 I/O 或其他阻塞操作时，IAsyncDisposable 接口允许

实现使用异步方法。

✓**DO** 在实现 `IAsyncDisposable` 时，除非另有说明，否则应遵循异步设计（见 9.2 节）和同步 Dispose（见 9.4 节）中的准则。

`IAsyncDisposable` 继承了其名称中的 "Async" 和 "Disposable" 两部分的准则。例如，该方法应该可以安全地多次调用（见 9.4 节），除非是为需要使用环境任务调度器的应用程序模型设计的，否则应该使用 `ConfigureAwait(false)`（见 9.2.5.2 节），并且在 `Dispose` 后，对于该类型的多数成员的访问应该抛出 `ObjectDisposedException` 异常（见 9.4.1 节）。

✗**DON'T** 不要为 `DisposeAsync()` 声明任何重载。

同步 Dispose 推荐使用基本 Dispose 模式（见 9.4.1 节），将 `Dispose()` 延迟到 `Dispose(disposing: true)`，以便允许在 `Dispose()` 和该类型上任何潜在的终结器之间统一清理代码。由于终结器总是在同步上下文中执行，它应该只调用同步的 `Dispose` 变体。

✓**DO** 要将 `DisposeAsync` 实现为只调用并等待 `DisposeAsyncCore()`，调用 `Dispose(false)`，以及调用 `GC.SuppressFinalize(this)`，依次进行——但在密封类型上除外。

在基本 Dispose 模式中（见 9.4.1 节），零参数的 `Dispose()` 方法唯一的代码是对 `GC.SuppressFinalize(this)` 的调用。通过模板方法模式（见 9.9 节）提供虚的 `DisposeAsync`，你可以确保当涉及可终结的类型时，`DisposeAsync` 作为等价的异步操作，保持 `Dispose` 和 `DisposeAsync` 分别作为同一功能的同步版本和异步版本。对 `Dispose(false)` 的调用确保任何混杂在基类的 `Dispose` 实现中的特定终结器代码仍然会被调用。在大多数的类型层次结构中，它不会有任何影响，但它必须具备同步 `Dispose` 的等价功能。

```
public partial class SomeType : IDisposable, IAsyncDisposable {
    public void Dispose() {
        Dispose(true);
        GC.SuppressFinalize(this);
    }

    protected virtual void Dispose(bool disposing) { ... }

    public async ValueTask DisposeAsync() {
        await DisposeAsyncCore();
        Dispose(false);
        GC.SuppressFinalize(this);
    }
```

```
        protected virtual ValueTask DisposeAsyncCore() { ... }
    }
```

9.4.4.1　await using 的使用准则

✓**DO** 在使用 await using 时，要使用 ConfigureAwait 修改器，这与使用 await 的方式相同。

IAsyncDisposable 的 ConfigureAwait 扩 展 方 法 产 生 了 一 个 值，它 将 ConfigureAwait 修改器代理给 DisposeAsync()。你应该按照与 Task 的 ConfigureAwait 修改器相同的方式和情况来使用它（见 9.2.5.2 节）。

调用 ConfigureAwait 意味着你不能使用 await using 的变量赋值语法。相反，你必须先将值保存到一个局部变量中。

```
// （大概率是）错误的
await using (var value = new SomeType()) {
    ...
}

// （大概率是）正确的
// 添加额外的大括号来保证 "value" 变量的限定范围
{
    var value = new SomeType();
    using (value.ConfigureAwait(false)) {
        ...
    }
}
```

请注意，如果在局部变量赋值和 await using 语句之间抛出了一个异常，DisposeAsync 方法将不会被调用。从 C# 8.0 开始，没有简单方法可以在调用 ConfigureAwait 修改器的同时获得堆叠 using 语句的逐语句安全支持。不包含代码块的"简化 using"语法最接近于这个目标。

```
// （可能）不正确：没有使用 ConfigureAwait
await using (var value1 = new SomeType())
// 如果这条语句抛出异常，value1 依然会调用 DisposeAsync
await using (var value2 = ValueFactory.BuildSomeOtherType()) {
    ...
}

// 使用 ConfigureAwait，但是当 ValueFactory.BuildSomeOtherType()
// 抛出异常时，不会调用 value1.DisposeAsync
{
    var value1 = new SomeType();
    var value2 = ValueFactory.BuildSomeOtherType();
```

```
    using (value.ConfigureAwait(false))
    using (value.ConfigureAwait(false)) {
        ...
    }
}

// 修复不会调用 value1.DisposeAsync 的问题,
// 但是可能会违背项目的风格指南
{
    var value1 = new SomeType();
    await using var ignored = value1.ConfigureAwait(false);
    var value2 = ValueFactory.BuildSomeOtherType();
    await using (value2.ConfigureAwait(false)) {
        ...
    }
}
```

9.5 工厂

创建类型实例的最常见且最具一致性的方法是通过其构造函数来创建。然而,某些时候,工厂模式会是一个更好的选择。

工厂可以是单个操作或者操作的集合,它为用户抽象出对象的创建过程,为对象的实例化提供专门的语义以及更细粒度的控制。简单地说,工厂的主要目的是生成并向调用者提供对象的实例。

主要有两类工厂:工厂方法和工厂类型(也被称为抽象工厂)。

下面的 File.Open 和 Activator.CreateInstance 是工厂方法的例子。

```
public class File {
    public static FileStream Open(String path, FileMode mode) { ... }
}

public static class Activator {
    public static object CreateInstance(Type type){ ... }
}
```

工厂方法通常位于需要创建的实例的类型上,且通常是静态的。这样的静态工厂方法通常只限于创建在编译时即确定的特定类型的实例(构造函数也是如此)。这种行为在大多数情况下是够用的,但有些时候需要返回一个动态的子类。

工厂类型可以解决这种情况。这类特殊用途的类型将工厂方法实现为虚的(通常也是抽象的)实例方法。

例如,考虑以下场景,在这种情况下,从 StreamFactory 继承的工厂类型可以用来动态地挑选 Stream 的实际类型。

```
public abstract class StreamFactory {
    public abstract Stream CreateStream();
}

public class FileStreamFactory: StreamFactory {
    ...
}

public class IsolatedStorageStreamFactory: StreamFactory {
    ...
}
```

✓ **DO** 与工厂相比，我们要优先考虑构造函数，因为它们通常比专门的构造机制更可用、更一致，也更易用。

工厂为了实现灵活性而牺牲了可发现性、可用性以及一致性。例如，IntelliSense 会引导用户使用构造函数来完成一个新对象的实例化，但它不会为用户指出工厂方法这条路。

■ **KRZYSZTOF CWALINA** 我经常听到有人批评我们在做 API 设计决策时把工具支持考虑在内。为了回答这个问题，我不得不说，我坚信一个现代框架不仅仅是一段独立的可重用的代码，它是一个由运行时、语言、文档包、网络支持以及工具组成的大型生态系统的一部分。生态系统的各个部分必须相互影响，以提供一个最佳的解决方案。一个在其生态系统之外设计的现代框架会失去竞争潜力。

✓ **CONSIDER** 相较于构造函数，如果你需要对创建出的实例进行更多的控制，则可以考虑使用工厂。

例如，考虑 Singleton、Builder 或其他类似的模式，这些模式限制着对象的创建方式。对于这些模式，构造函数可以提供的能力非常有限，而工厂方法可以很容易地执行对象的缓存、节流和共享。

■ **ANDERS HEJLSBERG** 工厂模式的好处是，SomeClass.GetReader 可以在运行时返回派生自 SomeReader 类型的对象。

```
SomeClass c = new SomeClass(...);
SomeReader r = c.GetReader(...);
```

在实际运行时中，对类型的选择可以基于 SomeClass 实例的状态，以及传递给

GetReader 的参数。例如，SomeClass 可以代表一个本地文件或一个 URL。然后 GetReader 可以返回 FileReader 或 UrlReader 的实例，这两个实例都是由 SomeReader 派生的。人们将托管的 XmlReader 和 XmlWriter 从 .NET Framework 1.1 中的构造函数转换到 .NET Framework 2.0 中的工厂模式，正是出于这个原因。工厂模式的另一个优点是，GetReader 不需要返回一个新的实例，它可以缓存对象并返回先前分配的实例。

构造函数模式的优点是简单性和可扩展性（前面已经讲过）。大多数用户认为构造函数模式更简单，更容易被发现，因为他们已经习惯了通过构造函数来创建对象。它的缺点是你不能动态地决定所返回的对象的运行时类型，也不能返回先前已经分配的实例。如果你确信自己永远不会需要这些功能，那么构造函数可能是更好的选择。简单永远是一件好事。

简单来说，工厂模式给你更多的自由，但是构造函数对使用者来说更简单。

现在，交由你来做出选择！

■ **STEPHEN TOUB** 在性能方面，工厂既有优势也有劣势。就优势而言，工厂使开发者能够创建针对特定场景的自定义实现；例如，System.Threading.Channels 库使用工厂方法来创建 Channel 实例，该实例根据调用者指定的各种约束条件进行优化，而且该库未来的实现可以通过额外的具体实现来完成更多的专业化组合。就缺点而言，像树摇/链接器这样的工具可能很难准确地确定工厂内部的哪些代码路径是可以到达的，从而确定哪些具体类型是应用程序实际使用的；当通过这样的工具来移除所有未使用的代码路径以最小化代码体积时，使用工厂可能会导致应用程序的体积相对更大一些。

✓**DO** 在开发者可能不知道该构建哪种类型的情况下使用工厂，例如，在针对基类型或接口进行编码时。

工厂通常可以使用参数和其他基于上下文的信息，为使用者做出决定。

```
public class Type {
    // 该工厂方法返回了大量类型的实例，
    // 包括 PropertyInfo、ConstructorInfo、MethodInfo 等
    public MemberInfo[] GetMember(string name);
}
```

✓**CONSIDER** 如果有一个具名方法是可以使操作不言自明的唯一方法，那么可以考虑使用工厂。

构造函数不能有名称，而且有时构造函数缺乏足够的上下文信息来告知开发者一个操作的语义。例如，考虑这条语句：

```
public String(char c, int count);
```

这个操作生成了一个字符重复的字符串。如果提供一个静态工厂，那么它的语义会更清晰，因为方法名称使操作不言自明。例如：

```
public static String Repeat(char c, int count);
```

> ■ **BRAD ABRAMS** 事实上，这正是我们在 ArrayList 中对相同概念所使用的模式。

✓ **DO** 要使用工厂进行转换式的操作，如 Parse 或 Decode。

例如，考虑在基础值类型上可用的标准 Parse 方法：

```
int i = int.Parse("35");
DateTime d = DateTime.Parse("10/10/1999");
```

Parse 操作的语义是这样的：信息从值的一种表示法转换为另一种表示法。事实上，这根本不像是在构造一个新的实例，而像是从一个现有的状态（字符串）中再水化一个实例。System.Convert 类暴露了许多这样的静态工厂方法，这些方法将一种表示法的值类型转换为另一种值类型的实例，在此过程中保留了相同的逻辑状态。构造函数与调用者之间有非常严格的契约：将创建、初始化并返回一个特定类型的唯一实例。

✓ **DO** 要优先考虑将工厂操作实现为方法，而不是属性。

✓ **DO** 要将创建的实例作为方法的返回值返回，而不是 out 参数。

> ■ **KRZYSZTOF CWALINA** 实现 Try-Parse 模式的方法（见 7.5.2 节）也是工厂方法，它正是通过 out 参数返回所创建的实例的。虽然这违背上述准则，但使用布尔值作为返回值是实现该模式的最佳方式。这个例子表明，有时即使是 **DO** 和 **DON'T** 准则也需要违背。

> ■ **JEREMY BARTON** 准则间通常会避免冲突，而当它们发生冲突时，通常会有一个有意义的优先级。对于这条准则和 Try 模式（见 7.5.2 节），它看起来是这样的：①设计你的工厂方法，返回所创建的实例（本准则）；②考虑 Try 模式……；③发现 **DO** 准则创建了一个异常的成员……（这意味着让这个方法保持原样）；④ **DO** 准则

通过一个 out 参数返回 Try 方法的值（特别适用于 Try 方法，覆写这条一般工厂准则）。最后，你就剩下一般的 Try-Parse 了。

```
public SomeType Parse(string s) { ... }
public bool TryParse(string s, out SomeType value) { ... }
```

✔ **CONSIDER** 当工厂方法是在不同的工厂类型上声明时，考虑将 Create 和所创建的类型的名称拼接到一起来命名工厂方法。

例如，考虑将创建按钮的工厂方法命名为 CreateButton。在某些情况下，可以使用特定领域的名称，如 File.Open。

✔ **CONSIDER** 通过将所创建的类型的名称和 Factory 拼接到一起来命名工厂类型。

例如，考虑将创建 Control 对象的工厂类型命名为 ControlFactory。

9.6 LINQ 支持

在 .NET Framework 3.5 中，增加了一组统称为 LINQ（语言集成查询）的功能，使得编写与数据源（如数据库、XML 文档或 Web 服务）交互的应用程序变得更加容易。下面几节提供了 LINQ 的简要概述，并列出了包括查询模式在内的与 LINQ 支持有关的 API 设计准则。

9.6.1 LINQ 概览

很多时候，需要编程对一组数值进行处理。相关的例子包括：从产品数据库中提取最近添加的图书列表；在目录服务（如 Active Directory）中查找某人的电子邮件地址；将 XML 文档的部分内容转换为 HTML 以允许网络发布；或者像在哈希表中查找一个值那样频繁地执行常规操作。LINQ 使用一套统一的与语言集成的编程模型来查询数据集，它与存储该数据的技术无关。

■ **RICO MARIANI** 就像其他所有事物一样，使用这些模式的方式有好有坏。Entity 框架和 LINQ to SQL 提供了很好的例子，告诉你如何提供丰富的查询语义，并且通过使用强类型以及提供查询编译来获得非常好的性能。

"成功之坑"的概念在 LINQ 的实现中非常重要。我见过一些案例，使用 LINQ 模式运行的代码与用传统方式编写的代码相比简直是糟糕透顶。这真的不够

> 好——Entity 框架和 LINQ to SQL 可以让你很舒服地编写代码，与此同时，你可以高质量地与数据库交互。这才是我们的目标。

在具体的语言特性和库方面，LINQ 体现为：

- 扩展方法概念的规范（扩展方法在 5.6 节中有详细介绍）。
- Lambda 表达式，一种用于定义匿名委托的语言特性。
- Func<...> 和 Action<...> 类型，代表函数和程序的通用委托。
- 表示一个延迟编译的委托，Expression<...> 系列类型。
- System.Linq.IQueryable<T> 接口。
- 查询模式，是对一个类型必须提供的一组方法的规范，被视为 LINQ 提供者。该模式的参考实现可以在 System.Linq.Enumerable 类中找到。该模式的细节将在本章后面讨论。
- 查询表达式，是对语言语法的扩展，允许以另一种类 SQL 的格式来表达查询。

```
// 使用扩展方法
var names = set.Where(x => x.Age > 20).Select(x => x.Name);

// 使用类 SQL 语法
var names = from x in set where x.Age > 20 select x.Name;
```

> ■ **MIRCEA TROFIN** 这些特性之间的相互作用是：任何 IEnumerable 都可以使用 LINQ 扩展方法进行查询，其中大部分需要一个或多个 Lambda 表达式作为参数；这导致查询在内存中执行通用计算。对于数据集不在内存中（例如，在数据库中）和/或查询可能被优化的情况，数据集被呈现为一个 IQueryable。如果 Lambda 表达式被作为参数给出，它们会被编译器转换为 Expression<...> 对象。IQueryable 的实现负责处理所述表达式。例如，代表数据库表的 IQueryable 实现将把 Expression 对象转换为 SQL 查询。

9.6.2 实现 LINQ 支持的方法

一个类型支持 LINQ 的三种方法如下：

- 该类型能够实现 IEnumerable<T>（或者其派生接口）。
- 该类型能够实现 IQueryable<T>。
- 该类型能够实现查询模式。

后面的介绍将帮助你选择支持 LINQ 的正确方法。

9.6.2.1 通过 IEnumerable<T> 支持 LINQ

✓**DO** 要通过实现 IEnumerable<T> 来启用基本的 LINQ 支持。

这样的基本支持对于大多数内存中的数据集来说应该是足够的。基本的 LINQ 支持将使用 .NET 中提供的 IEnumerable<T> 的扩展方法。例如，简单地定义方法如下：

```
public class RangeOfInt32s : IEnumerable<int> {
    public IEnumerator<int> GetEnumerator() {...}
    IEnumerator IEnumerable.GetEnumerator() {...}
}
```

这样做可以允许以下代码执行，尽管 RangeOfInt32s 本身并没有实现 Where 方法。

```
var a = new RangeOfInt32s();
var b = a.Where(x => x > 10);
```

■ **RICO MARIANI** 请记住，你会得到同样的枚举语义，给它们加上一层 LINQ 并不会使其执行得更快或使用更少的内存。

✓**CONSIDER** 考虑实现 ICollection<T> 来提升查询的性能。

例如，System.Linq.Enumerable.Count 方法的默认实现只对集合进行迭代。然而，当 IEnumerable<T> 的实现同时实现了 ICollection<T> 时，Enumerable.Count 方法返回 ICollection<T>.Countproperty 属性的值。由于大多数实现了 ICollection<T> 的集合类型提供了一个 $O(1)$ 的 Count 属性实现，这明显加快了 Enumerable.Count 方法的执行速度。

✓**CONSIDER** 如果需要覆写默认的 System.Linq.Enumerable 实现（例如，出于性能优化的原因），则可以在实现 IEnumerable<T> 的新类型上直接支持 System.Linq.Enumerable 或查询模式（参见 9.6.5 节）所选定的方法。

专门的支持方法也可以作为扩展方法来提供。例如，ImmutableArrayExtensions.Select 扩展方法在源集合被强类型化为 ImmutableArray<T> 时，提供了比 Enumerable.Select 的默认返回类型更优的 LINQ from 表达式实现。

```
public partial static class ImmutableArrayExtensions {
    public static IEnumerable<TResult> Select<T, TResult>(
        this ImmutableArray<T> immutableArray,
        Func<T, TResult> selector) { ... }
}
```

9.6.2.2 通过 IQueryable<T> 支持 LINQ

✓ **CONSIDER** 当需要访问传递给 IQueryable 成员的查询表达式时，考虑实现 IQueryable<T>。

当查询由远程进程或机器产生的潜在的大数据集时，远程执行查询可能是有益的。这种数据集可以是一个数据库、一个目录服务或一个 Web 服务。

✗ **DON'T** 不要在还没有搞懂 IQueryable<T> 将带来的性能影响前，就选择去实现它。

构建和解释表达式树的开销非常大，当选择实现 IQueryable<T> 时，许多查询实际上会变得更慢。

这种权衡在 LINQ to SQL 的情况下是可以接受的，因为在内存中执行查询的开销会远远大于从表达式到 SQL 语句的转换和查询处理对数据库服务器的委托的开销。

✓ **DO** 如果这些方法在逻辑上不能被你的数据源所支持，则应该从 IQueryable<T> 方法中抛出 NotSupportedException 异常。

例如，想象一下，将一个媒体流（例如，互联网广播流）表示为 IQueryable<byte>。Count 方法在逻辑上不被支持——流可以被认为是无限的，所以 Count 方法应该抛出 NotSupportedException 异常。

9.6.2.3 通过查询模式支持 LINQ

查询模式是指在没有实现 IQueryable<T>（或其他任何 LINQ 接口）的情况下定义图 9.1 中所列的方法。

```
S<T> Where(this S<T>, Func<T,bool>)

S<T2> Select(this S<T1>, Func<T1,T2>)
S<T3> SelectMany(this S<T1>, Func<T1,S<T2>>, Func<T1,T2,T3>)
S<T2> SelectMany(this S<T1>, Func<T1,S<T2>>)

O<T> OrderBy(this S<T>, Func<T,K>), where K is IComparable
O<T> ThenBy(this O<T>, Func<T,K>), where K is IComparable

S<T> Union(this S<T>, S<T>)
S<T> Take(this S<T>, int)
S<T> Skip(this S<T>, int)
S<T> SkipWhile(this S<T>, Func<T,bool>)

S<T3> Join(this S<T1>, S<T2>, Func<T1,K1>, Func<T2,K2>,
Func<T1,T2,T3>)

T ElementAt(this S<T>,int)
```

图 9.1　查询模式相关方法签名

图 9.1 中的符号并不代表任何特定语言中的有效代码，只是用来展示类型签名模式。在这些符号中，S 表示一个集合类型（例如，IEnumerable<T>、ICollection<T>），T 表示该集合中元素的类型。另外，我们用 O<T> 来表示 S<T> 的子类型，这些子类型是有序的。例如，S<T> 是一个可以用 IEnumerable<int>、ICollection<Foo>甚至 MyCollection（只要类型是一个可枚举的类型）代替的符号。

模式中所有方法的第一个参数（用 this 标记）都是方法所应用的对象的类型。这个符号使用了类似于扩展方法的语法，但是这些方法可以作为扩展方法或者成员方法来实现。在后一种情况下，第一个参数应该被省略，并且应该使用 this 指针。

另外，在使用 Func<...> 的地方，模式实现可以用 Expression<Func<...>> 来代替它。你可以在本节后面找到介绍什么时候这种替换更合适的准则。

✓ **DO** 如果用来实现查询模式的方法在 LINQ 上下文外对该类型也是有意义的，则要使用类型的实例成员来实现查询模式，否则，就把它们实现为扩展方法。

例如，与其使用实现：

```
public partial class MyDataSet<T> : IEnumerable<T>{...}

public static partial class MyDataSetQueries {
    public static MyDataSet<T> Where(
        this MyDataSet<T> data, Func<T, bool> query) { ... }
}
```

不如使用下面的实现，因为对数据集来说，天然应该支持 Where 方法：

```
public partial class MyDataSet<T>:IEnumerable<T> {
    public MyDataSet<T> Where(Func<T, bool> query) { ... }
}
```

✓ **DO** 要为实现查询模式的类型实现 IEnumerable<T> 接口。

✓ **CONSIDER** 考虑设计 LINQ 运算符以返回特定领域的可枚举类型。从本质上讲，你可以从 Select 查询方法中返回任何东西，但是用户所期望的查询结果的类型至少应该是可枚举类型。

这允许实现将查询方法串联起来，控制查询方法如何执行。否则，试想一下，一个用户定义的类型 MyType，它实现了 IEnumerable<T>。MyType 类型定义了一个优化的 Count 方法，但是 Where 方法的返回类型是 IEnumerable<T>。在这里的例子中，在 Where 方法被调用后，优化就失效了；该方法返回 IEnumerable<T>，所以会调用内置的 Enumerable.Count 扩展方法，而不是由 MyType 定义的优化版本。

```
var result = myInstance.Where(query).Count();
```

✗ **AVOID** 如果不希望回退到基本的 IEnumerable<T> 实现，则要避免只实现查询模式的某一部分。

例如，一个用户定义的类型 MyType，它实现了 IEnumerable<T>。MyType 类型定义了一个优化的 Count 方法，但没有定义 Where 方法。在这里的例子中，在 Where 方法被调用后，优化就失效了；该方法返回 IEnumerable<T>，所以会调用内置的 Enumerable.Count 方法，而不是 MyType 上定义的优化方法。

```
var result = myInstance.Where(query).Count();
```

✓ **DO** 相对于无序序列，要将有序序列表示为单独的类型。

✓ **DO** 要为有序序列类型定义 ThenBy 方法，或者为其实现 IOrderedEnumerable<T> 接口。

这遵循了当前 LINQ to Objects 实现中的模式，并允许早期（编译时）检测错误，例如，将 ThenBy 应用于无序序列。

.NET 提供了 IOrderedEnumerable<T> 类型，它是由 OrderBy 返回的。ThenBy 扩展方法是为这个类型定义的，而不是为 IEnumerable<T> 定义的。

✓ **DO** 要推迟查询运算符实现的执行。大多数查询模式成员的预期行为是，它们只需构造一个新的对象，在枚举时产生符合查询的集合元素。

下面的方法是这个规则的例外：All、Any、Average、Contains、Count、ElementAt、Empty、First、FirstOrDefault、Last、LastOrDefault、Max、Min、Single 以及 Sum。

在下面的例子中，我们期望评估第二行所需的时间与 set1 的大小或性质（例如，内存中或远程服务器）无关。一般的期望是，这一行只是准备 set2，将确定其组成的时间推迟到枚举时。

```
var set1 = ...
var set2 = set1.Select(x => x.SomeInt32Property);
foreach(int number in set2) {...} // 这里才是真正的执行位置
```

✓ **DO** 要做到将查询扩展方法放在主命名空间的"Linq"子命名空间中。例如，System.Data 功能的扩展方法位于 System.Data.Linq 命名空间中。

✓ **DO** 当需要对查询进行检查时，要使用 Expression<Func<...> 作为参数，而不是 Func<...>。更多细节见 9.6.5 节。

正如前面所讨论的，与 SQL 数据库的交互已经通过 IQueryable<T>（因此也是表达式）而不是 IEnumerable<T> 完成，因为这提供了一个将 Lambda 表达式转换为 SQL 表达式的可能。

另一个使用表达式的原因是执行时优化。例如，一个排序的列表可以用二进制搜索实现查找（Where 子句），这比标准的 IEnumerable<T> 或 IQueryable<T> 实现要高效得多。

9.7　可选功能模式

在设计一个抽象的时候，你可能想允许这样的情况：抽象的某些实现可以支持某个功能或行为，而其他的实现可以不支持。例如，流的实现可以支持读、写、查找，或其任何组合。

对这些要求进行建模的一种方法是提供一个基类，为所有非可选的功能提供 API，并为可选的功能提供一组接口。只有在具体实现支持该功能的情况下，才会实现这些接口。使用这种方式对流抽象进行建模的方法有很多，下面的例子展示了其中一个实现。

```
// 框架 API
public abstract class Stream {
    public abstract void Close();
    public abstract int Position { get; }
}
public interface IInputStream {
    byte[] Read(int numberOfBytes);
}
public interface IOutputStream {
    void Write(byte[] bytes);
}
public interface ISeekableStream {
    void Seek(int position);
}
public interface IFiniteStream {
    int Length { get; }
    bool EndOfStream { get; }
}

// 具体的流
public class FileStream : Stream, IOutputStream, IInputStream,
    ISeekableStream, IFiniteStream {
    ...
}

// 使用
void OverwriteAt(IOutputStream stream, int position, byte[] bytes) {
```

```
        // 动态转换，检查该流是否是可查找的
        ISeekableStream seekable = stream as ISeekableStream;
        if (seekable == null) {
            throw new NotSupportedException(...);
        }
        seekable.Seek(position);
        stream.Write(bytes);
    }
```

你会注意到 System.IO 命名空间并没有遵循这种模式，这是有原因的。这样的派生设计需要在框架中加入许多类型，这就增加了总体的复杂性。另外，使用通过接口暴露的可选功能往往需要动态转换，这反过来又会导致可用性问题。

> ■ **KRZYSZTOF CWALINA** 有时框架设计者为可选接口的常见组合提供接口。例如，如果框架设计提供了 ISeekableOutputStream，那么 OverwriteAt 方法就不必使用动态转换。这种方法的问题是，它导致了各种组合下接口数量的爆炸。

有时，因子设计的好处相较于其缺点是值得拥有的，但往往不是这样的。我们很容易高估好处而低估了缺点。例如，因子化并没有帮助使用 OverwriteAt 方法的开发者避免运行时异常（因子化的主要原因）。我们的经验是，许多设计都不正确地偏向于太多的因子分解。

可选功能模式提供了一个替代过度因子化的方法。它有自己的缺点，但应该被看作前面介绍的因子设计的替代方案。这种模式提供了一种机制，通过查询 API 发现特定的实例是否支持某个功能，并通过基类抽象直接访问可选支持的成员来使用这些功能。

```
// 框架 API
public abstract class Stream {
    public abstract void Close();
    public abstract int Position { get; }

    public virtual bool CanWrite { get { return false; } }
    public virtual void Write(byte[] bytes){
        throw new NotSupportedException(...);
    }

    public virtual bool CanSeek { get { return false; } }
    public virtual void Seek(int position){
        throw new NotSupportedException(...);
    }
    ... // 其他选项
}

// 具体的流
public class FileStream : Stream {
```

```
    public override bool CanSeek { get { return true; } }
    public override void Seek(int position) { ... }
    ...
}

// 使用
void OverwriteAt(Stream stream, int position, byte[] bytes){
    if (!stream.CanSeek || !stream.CanWrite){
        throw new NotSupportedException(...);
    }
    stream.Seek(position);
    stream.Write(bytes);
}
```

事实上，System.IO.Stream 类就采用了这种设计方法。一些抽象可能会选择使用
因子分解和可选功能模式的组合。例如，.NET 的集合接口被分解为可索引和不可索引的
集合（IList<T> 和 ICollection<T>），但它们使用可选功能模式来区分只读和读/写的
集合（ICollection<T>.IsReadOnly 属性）。

✓**CONSIDER** 考虑使用可选功能模式为抽象提供可选功能。

该模式通过使动态转换成为不必要的，最大限度地减少了框架的复杂性，提高了可
用性。

> **■ STEVE STARCK**　如果你期望只有很小一部分从基类或接口派生的类会真正实
> 现这个可选的功能或行为，那么使用基于接口的设计可能会更好。当只有一个派生类
> 提供该功能或行为时，就没有必要为所有派生类添加额外的成员。另外，当可选功能
> 的组合数量较少，而因子化所提供的编译时的安全性又很重要时，因子设计是首选。

✓**DO** 要提供一个简单的布尔属性来告诉客户端它是否支持某个可选功能。

```
public abstract class Stream {
    public virtual bool CanSeek { get { return false; } }
    public virtual void Seek(int position){ ... }
}
```

消费抽象基类的代码可以在运行时查询这个属性，以确定它是否可以使用这个可选
功能。

```
if (stream.CanSeek){
    stream.Seek(position);
}
```

✓**DO** 要在基类上为定义可选功能的虚方法抛出 NotSupportedException 异常。

```
public abstract class Stream {
    public virtual bool CanSeek { get { return false; } }
    public virtual void Seek(int position){
        throw new NotSupportedException(...);
    }
}
```

该方法可以被子类覆写，以提供对该可选功能的支持。异常应该清楚地告诉用户这个功能是可选的，以及用户应该查询哪个属性来确定这个功能是否被支持。

9.8　协变和逆变

泛型提供了非常强大的类型系统特性，它允许创建所谓的参数化类型。例如，List<T> 就是这样一种类型：它表示一个类型为 T 的对象列表。在创建列表的实例时，类型 T 才被指定。

```
var names = new List<string>();
names.Add("John Smith");
names.Add("Mary Johnson");
```

这类泛型数据结构和非泛型版本相比，有许多好处。但是，在某些时候，它们又有一定的限制。例如，某些使用者期望 List<string> 可以被强制转换为 List<object>，因为 String 可以被强制转换为 Object。但不巧的是，下面的代码无法编译：

```
List<string> names = new List<string>();
List<object> objects = names; // 不能编译
```

这一限制有非常好的理由：它允许完全的强类型。例如，如果你可以将 List<string> 强制转换为 List<object>，尽管下面的错误代码能够成功编译，但是该程序会在运行时出错：

```
static void Main(){
    var names = new List<string>();

    // 这显然不能编译，但是按照我们的假设
    // 该程序可以编译，尽管它本质上是错误的
    // 因为它尝试将任意对象加入字符串列表中
    AddObjects((List<object>)names);

    string name = names[0]; // 这怎么能运行呢
}
```

```
// 这将（而且确实）编译得很好
static void AddObjects(List<object> list) {
    list.Add(new object()); // 这是字符串列表，真的。我们应当抛出异常吗
    list.Add(new Button());
}
```

遗憾的是，这一限制在某些场景下也可能是使用者不想要的。例如，让我们思考下面的代码：

```
public class CountedReference<T> {
    public CountedReference(T value);
    public T Value { get; }
    public int Count { get; }
    public void AddReference();
    public void ReleaseReference();
}
```

在下面的例子中，将 CountedReference<string> 强制转换为 CountedReference<object>，在概念上并没有什么问题：

```
var reference = new CountedReference<string>(...);
CountedReference<object> obj = reference; // 无法编译
```

一般来说，有一种能够表示该泛型类型的任意实例的方式是非常有用的，但是构造类型（通过为泛型类型指定类型参数来构造的类型）没有自动的公共根节点。

```
// ??? 应该是什么类型
// CountedReference<object> 看起来可行，但是它无法编译
static void PrintValue(??? anyCountedReference) {
    Console.WriteLine(anyCountedReference.Value);
}
```

> ■ **KRZYSZTOF CWALINA**　当然，PrintValue 可以是一个泛型方法，接收 CountedReference<T> 作为参数。
>
> ```
> static void PrintValue<T>(CountedReference<T> any) {
>     Console.WriteLine(any.Value);
> }
> ```
>
> 在大多数情况下，这都是可行的解决方案。但是它不能作为通用方案，并且可能会导致性能问题。例如，该方法不能被应用于属性。如果某个属性需要被标记为"任意类型"，则不能将 CountedReference<T> 用作该属性的类型签名。此外，泛型方法可能会带来不良的性能影响。如果在调用此类泛型方法时，类型参数的数量不是固定的，那么运行时会为每一种参数类型组合生成新的方法。这可能会带来不可接受的内存开销。

遗憾的是，除非 CountedReference<T> 实现了 9.8.3 节中介绍的模拟协变模式，否则所有 CountedReference<T>实例的唯一通用表示形式都只能是 System.Object。但是 System.Object 限制太多，它不允许 PrintValue 方法访问 Value 属性。

强制转换为 CountedReference<object> 看起来没有什么问题，但是强制转换为 List<object> 则会带来一系列问题，因为前者 object 只出现在输出位置（作为 Value 属性的返回类型）。而在 List<object> 中，object 同时作为输出类型和输入类型。例如，object 是 Add 方法的入参类型。

```
// 除了构造函数，T 没有作为任何成员的入参
public class CountedReference<T> {
    public CountedReference(T value);
    public T Value { get; }
    public int Count { get; }
    public void AddReference();
    public void ReleaseReference();
}

// T 作为 List<T> 成员的入参
public class List<T> {
    public void Add(T item); // 这里 T 是入参
    public T this[int index]{
        get;
        set; // 这里 T 实际上是入参
    }
}
```

换言之，在 CountedReference<T> 中，T 只是处于协变（输出）位置；在 List<T> 中，T 同时处于协变（输出）和逆变（输入）位置。

有一句话，通常被认为是阿尔伯特·爱因斯坦说的——"你看，有线电报是一种非常非常长的猫。你在纽约拉着它的尾巴，它的头在洛杉矶喵喵叫。你明白吗？无线电的运作方式完全相同：你在这里发送信号，他们在那里接收信号。唯一的区别是没有猫。"同样，协变和逆变可以被认为是从一种类型转换为另一种类型的适配器，只是不需要强制转换运算符……并且也没有所谓的适配器类型。

```
public class EnumeratorAdapter<T1,T2> : IEnumerator<T2> {
    private IEnumerator<T1> _wrapped;

    public EnumeratorAdapter(IEnumerator<T1> wrapped) {
        _wrapped = wrapped;
    }

    public bool MoveNext() => _wrapped.MoveNext();
    public void Reset() => _wrapped.Reset();
```

```
    public T2 Current => _wrapped.Current;
    object IEnumerator.Current => Current;
}

public class ComparerAdapter<T1, T2> : IComparer<T2> {
    private IComparer<T1> _wrapped;

    public ComparerAdapter(IComparer<T1> wrapped) {
        _wrapped = wrapped;
    }

    public int Compare(T2 x, T2 y) => _wrapped.Compare(x, y);
}
```

EnumeratorAdapter 用于说明协变模式：泛型参数仅被用在输出位置，该适配器可用于 T1 和 T2，其中 T2 介于 T1 和 System.Object 之间。ComparerAdapter 用于说明逆变模式：泛型参数仅被用在输入位置，该适配器可用于 T1 和 T2，其中 T1 介于 T2 和 System.Object 之间（作为协变的相反关系）。

9.8.1　逆变

泛型参数的逆变在 C# 中用 in 关键字表示，在 VB.NET 中用 In 修饰符表示。

```
// C# 的不可变委托
public delegate void Invariant<T>(T arg);
// C# 的逆变委托
public delegate void Contravariant<in T>(T arg);

// VB 的不可变委托
Public Delegate Sub Invariant(Of T)(arg as T);
// VB 的逆变委托
Public Delegate Sub Contravariant(Of In T)(arg as T);
```

✓**DO** 当类型参数被用作输入而非输出，并且你所使用的语言支持创建逆变类型时，应当将泛型委托上的泛型参数标记为逆变。

✓**DO** 当类型参数仅被用作泛型接口中方法的入参而非出参时，应当将泛型接口上的泛型参数标记为逆变。

这两条准则可以被归纳为："仅当编译器允许声明逆变时才这样去做"。此外，除了将泛型参数用作参数类型的简单情况，该泛型参数还可以用于协变接口或者委托作为方法输入，或者用于逆变接口或委托作为方法返回类型。

```
    public interface ICalculator<in T> {
        int Sum(IEnumerable<T> inputs);
    }
```

由于改变委托的签名和更改接口都是破坏性变更，所以可以尽可能地声明逆变，这不会人为地限制今后对类型可能的改变。

✗ DON'T 不要在较新版本的代码库中将泛型参数从逆变变更为不可变的。

将泛型参数从逆变变更为不可变的，对于任何使用该特性的调用者来说都是一种破坏性变更。考虑到为接口添加新的成员也是一种破坏性变更，你最有可能想要删除逆变标识的情况是，重写代码库，从可以表达差异性的语言（如 C#）变为不能表达差异性的语言（如 F#，从版本 4.7 开始）。

✓ CONSIDER 如果删除成员可以让一个泛型参数是逆变的，并且剩余的成员提供了连贯的接口，那么可以考虑创建该泛型接口的子接口。

当接口将一个泛型参数用于输入和输出目的时，必须声明该参数是不可变的。任何只在输入中使用泛型参数的方法或属性都可以被移动到子接口中，以使调用者获得逆变提供的灵活性。如果适用的方法不能构成连贯的接口——或者一组接口——那么就不要人为地拆分新接口。

因为接口成员不能在不带来破坏性变更的情况下被移动——只能被复制——而且给接口增加一个子接口也是一种破坏性变更，所以不应该对任何已经发布的公开接口进行这种操作。

```
// 相对于下面的定义
public interface IEqualityCollection<T> : ICollection<T> {
    bool SequenceEqual(IEnumerable<T> other);
}

// 考虑
public interface ISequenceEqual<in T> {
    bool SequenceEqual(IEnumerable<T> other);
}

public interface IEqualityCollection<T> :
    ICollection<T>, ISequenceEqual<T> {
}
```

9.8.2　协变

泛型参数的协变在 C# 中用 out 关键字表示，在 VB.NET 中用 Out 修饰符表示。

```
// C# 的不可变委托
public delegate T Invariant<T>();
// C# 的协变委托
public delegate T Covariant<out T>();

// VB 的不可变委托
```

```
Public Delegate Sub Invariant(Of T)() as T;
// VB 的协变委托
Public Delegate Sub Covariant(Of In T)() as T;
```

✓ **DO** 当类型参数被用作输出而不是输入,并且你所使用的语言支持创建协变类型时,要将泛型委托上的泛型参数标记为协变。

✓ **DO** 当类型参数只被用于接口上成员的输出时,要将泛型接口上的泛型参数标记为协变。

与逆变一样,这两条准则基本上可以被归纳为"仅当编译器允许声明协变时才这样去做"。除了将泛型参数用作参数类型的简单情况,该泛型参数还可以用于逆变接口或委托作为方法输入,或者用于协变接口或委托作为方法返回类型。

```
public interface IFilter<out T> {
    IEnumerable<T> Filter(Func<T, bool> predicate);
}
```

由于改变委托的签名和更改接口都是破坏性变更,所以可以尽可能地声明协变,这不会人为地限制今后对类型可能的改变。

✗ **DON'T** 如果接口根据类型参数返回一个数组,则不要在该接口上声明泛型参数协变。

C# 的变异规则允许协变接口返回泛型数组,但是如果向协变产生的数组中写入值,那么在运行时可能会从看起来没有问题的代码中抛出 `ArrayTypeMismatchException` 异常。例如,改变返回值为协变集合接口,完全删除数组返回成员,或者在接口上声明泛型参数是不可变的。

```
public interface IArrayProducer<out T> {
    T[] ProduceArray(int length);
}
public class ArrayProducer<T> : IArrayProducer<T> {
    public T[] ProduceArray(int length) {
        return new T[length];
    }
}...
IArrayProducer<object> producer = new ArrayProducer<string>();
object[] array = producer.ProduceArray(1);
// 该数组的实际类型为 string[],所以下面的写入会失败
array[0] = 3
```

✗ **DON'T** 不要在较新版本的代码库中将泛型参数从协变变更为不可变的。

将泛型参数从协变变更为不可变的,对于任何行使差异性的调用者来说都是一种破坏性变更。鉴于向接口中添加新的成员也是一种破坏性变更,你最有可能想要删除

协变标识的情况是，在重写代码库时，将其从可以表达差异性的语言（如 C#）变为不能表达差异性的语言（如 F#，从版本 4.7 开始）。

✓ **CONSIDER** 如果删除成员可以让一个泛型参数是协变的，并且剩余的成员提供了连贯的接口，那么可以考虑创建该泛型接口的子接口。

当接口将一个泛型参数用于输入和输出目的时，必须声明该参数是不可变的。任何只在输出中使用泛型参数的方法或属性都可以被移动到子接口中，以使调用者获得协变提供的灵活性。如果适用的方法不能构成连贯的接口——或者一组接口——那么就不要人为地拆分新接口。接口上的任何读/写属性都可以在新的子接口上被声明为只读的。

因为接口成员不能在不带来破坏性变更的情况下被移动——只能被复制——而且给接口增加一个子接口也是一种破坏性变更，所以不应该对任何已经发布的公开接口进行这种操作。

如果 .NET 在最初引入泛型时就支持泛型接口的协变，IList<T> 几乎肯定会被拆分成 IReadOnlyList<out T> 和 IList<T>。

在这个例子中，IEasyCollection< T> 被拆分为 IEasyCollection<T> 和 IReadOnlyEasyCollection<out T>。Clear() 方法本来可以在 IReadOnlyEasyCollection<T> 上声明，但是由于 Clear() 不属于"只读"集合，所以没有被移动。Clear() 方法可以被拆分到第三个接口 IClearable 上，但是这个方法似乎并没有作为一个接口而独立存在。

```
// 相对于下面的定义
public interface IEasyCollection<T> : IEnumerable<T> {
    int Count { get; }
    bool IsReadOnly { get; }
    void Add(T item);
    void Clear();
}

// 考虑
public interface IReadOnlyEasyCollection<out T> : IEnumerable<T>{
    int Count { get; }
    bool IsReadOnly { get; }
}

public interface IEasyCollection<T> : IReadOnlyEasyCollection<T> {
    void Add(T item);
    void Clear();
}
```

9.8.3　模拟协变模式

如果没有一个公开类型可以代表泛型类型的所有构造模式，为了解决这个问题，你可以实现模拟协变模式。

考虑下列代码片段所描述的泛型类型（类或接口）及其依赖关系：

```
public class Foo<T> {
    public T Property1 { get; }
    public T Property2 { set; }
    public T Property3 { get; set; }
    public void Method1(T arg1);
    public T Method2();
    public T Method3(T arg);
    public Type1<T> GetMethod1();
    public Type2<T> GetMethod2();
}

public class Type1<T> {
    public T Property { get; }
}

public class Type2<T> {
    public T Property { get; set; }
}
```

创建一个新的接口（根类型），其中删除了所有在协变位置包含 T 的成员。此外，可以随便删除所有在修剪后的类型的上下文中可能没有意义的成员。

```
public interface IFoo<out T> {
    T Property1 { get; }
    T Property3 { get; } // 删除了 setter
    T Method2();
    Type1<T> GetMethod1();
    IType2<T> GetMethod2(); // 注意返回类型的变化
}

public interface IType2<T> {
    T Property { get; } // 删除了 setter
}
```

泛型类型应当显式实现接口并且在它的公开 API 中"加回"强类型成员（使用 T 来代替 object）。

```
public class Foo<T> : IFoo<object> {
    public T Property1 { get; }
    public T Property2 { set; }
    public T Property3 { get; set;}
    public void Method1(T arg1);
    public T Method2();
```

```
    public T Method3(T arg);
    public Type1<T> GetMethod1();
    public Type2<T> GetMethod2();

    object IFoo<object>.Property1 { get; }
    object IFoo<object>.Property3 { get; }
    object IFoo<object>.Method2() { return null; }
    Type1<object> IFoo<object>.GetMethod1();
    IType2<object> IFoo<object>.GetMethod2();
}

public class Type2<T> : IType2<object> {
    public T Property { get; set; }
    object IType2<object>.Property { get; }
}
```

现在，所有 Foo<T> 构造出来的实例都有了共同的根类型 IFoo<object>。

```
var foos = new List<IFoo<object>>();
foos.Add(new Foo<int>());
foos.Add(new Foo<string>());
...
foreach(IFoo<object> foo in foos){
    Console.WriteLine(foo.Property1);
    Console.WriteLine(foo.GetMethod2().Property);
}
```

就简单的 CountedReference<T>而言，代码看起来如下所示：

```
public interface ICountedReference<out T> {
    T Value { get; }
    int Count { get; }
    void AddReference();
    void ReleaseReference();
}

    public class CountedReference<T> : ICountedReference<object> {
        public CountedReference(T value) {...}
        public T Value { get { ... } }
        public int Count { get { ... } }
        public void AddReference(){...}
        public void ReleaseReference(){...}

        object ICountedReference<object>.Value { get { return Value; } }
    }
```

✓ **CONSIDER** 如果需要代表一个泛型类型的所有实例，则可以考虑使用模拟协变模式。

不应该轻率地使用这种模式，因为它为框架带来了额外的类型，并且会使现有的类型变得更加复杂。

✓ **DO** 确保根类型的成员实现与相应的泛型成员的实现是等价的。

在调用根类型上的成员和调用泛型类型上相对应的成员时，它们之间不应该有可观察的差异。在许多情况下，根的成员是通过调用泛型类型上的成员来实现的。

```
public class Foo<T> : IFoo<object> {
    public T Property3 { get { ... } set { ... } }
    object IFoo<object>.Property3 { get { return Property3; } }
    ...
}
```

✓ **CONSIDER** 考虑使用抽象类而非接口来表示根类型。

这有时可能是一个更好的选择，因为接口更难演进（见 4.3 节）。另一方面，使用抽象类表示根类型会引起一些问题。抽象类的成员不能被显式地实现，而子类型需要使用 `new` 修饰符。这就使得通过委托给泛型成员实现根的成员变得很棘手。

✓ **CONSIDER** 考虑使用非泛型的根类型，但前提是这样的类型是可用的。

例如，为了实现模拟协变模式，`List<T>` 实现了 `IEnumerable`。

9.9　模板方法

模板方法模式是非常著名的设计模式，在很多资料中都有更加详尽的介绍，比如 Gamma 等人的经典著作《设计模式》，其目的是在操作中抽象算法。模板方法模式允许子类保留算法的结构，同时允许重新定义算法的某些步骤。因为它是 API 框架中最常用的模式之一，所以我们在这里加入了对该模式的简单介绍。

该模式最常见的变种由一个或多个非虚（通常是公开的）成员组成，而这些成员再通过调用一个或多个受保护的虚成员来实现。

```
public Control {
    public void SetBounds(int x, int y, int width, int height){
        ...
        SetBoundsCore (...);
    }

    public void SetBounds(int x, int y, int width, int
        height, BoundsSpecified specified) {
        ...
        SetBoundsCore (...);
    }

    protected virtual void SetBoundsCore(int x, int y, int width,
        int height, BoundsSpecified specified){
        // 真正的处理逻辑
    }
}
```

该模式的目标是控制可扩展性。在前面的例子中，可扩展性被集中到一个方法中（常见的错误是使一个以上的重载成为虚方法）。这有助于确保重载的语义保持一致，因为重载不能被独立覆写。

另外，公开的虚成员基本上放弃了成员被调用时的所有控制权。这种模式使得基类设计者在调用成员时可以强制使用某种调用结构。非虚的公开方法可以确保某些代码在调用虚成员之前或之后执行，并且虚成员以固定的顺序执行。

作为框架惯例，参与到模板方法模式中的受保护的虚方法应该使用 "Core" 后缀。

✘ **AVOID** 避免使公开成员成为虚成员。

如果设计需要虚成员，请遵循模板方法模式，创建一个受保护的虚成员，由公开成员调用。这种做法提供了更可控的可扩展性。

✓ **CONSIDER** 考虑使用模板方法模式提供更可控的可扩展性。

在这种模式中，所有可扩展的功能点都是通过受保护的虚成员提供的，这些成员被非虚成员调用。

✓ **CONSIDER** 在命名为非虚成员提供可扩展的功能点的受保护的虚成员时，考虑以非虚成员的名称加上 "Core" 后缀为其命名。

```
public void SetBounds(...){
    ...
    SetBoundsCore (...);
}
protected virtual void SetBoundsCore(...){ ... }
```

✓ **DO** 在调用虚成员之前，要在模板方法模式的非虚成员中执行参数和状态校验。

✓ **DO** 在模板方法模式的虚成员中，只应当执行派生类型特有的参数和状态校验。也就是说，不要重复执行已经在非虚成员中做过的校验。

对于任何参数状态而言，如果它们在不同的实现中不同，那么会让调用者感到诧异，对参数的校验应该在公开成员中执行。这包括抛出参数不能为空、对目标集合没有意义的索引和计数值引发的异常，以及像 `ObjectDisposedException` 这样的状态异常。如果派生类型有额外的无效状态，或者需要比基类更进一步地限制参数，那么它应该像其他方法一样添加这些校验。

通过将普通的检查转移到公开成员中，派生类型的开发者只需要关注其特定实现的逻辑。这种方法消除了由于在特定的派生类型中参数校验有些许不同或完全缺失所带来的一系列问题。

```
public void SetBounds(int left, int right) {
    if (left < MinLeft || left >= right) {
```

```
        throw new ArgumentOutOfRangeException(nameof(left));
    }
    if (right > MaxRight) {
        throw new ArgumentOutOfRangeException(nameof(right));
    }
    if (_disposed) {
        throw new ObjectDisposedException(...);
    }
    SetBoundCore(left, right);
}

protected virtual void SetBoundsCore(int left, int right){ ... }
```

9.10　超时

当一个操作在其完成之前返回时，即发生了超时，因为分配给该操作的最大时间（超时时间）已过。用户经常指定超时时间。例如，它可能以方法调用的参数形式出现。

```
server.PerformOperation(timeout)
```

另一种替代方法是使用属性。

```
server.Timeout = timeout;
server.PerformOperation();
```

以下简短的准则清单描述了设计需要支持超时的 API 的最佳实践。

✓ **DO** 在为用户提供超时时间时，要优先选用方法参数的形式。

方法参数比属性更受欢迎，因为它们使操作和超时之间的关联更加明显。如果类型是视觉设计师所使用的组件，那么基于属性的方法可能更好。

✓ **DO** 要优先选用 TimeSpan 来表示超时时间。

过去，超时是由整数表示的。出于以下原因，整数超时可能并不那么好用：

● 超时时间的单位不明显。

● 很难将时间单位转换为编码中常用的毫秒。（15 分钟是多少毫秒？）

通常，更好的方法是使用 TimeSpan 作为超时类型。TimeSpan 解决了前面的问题。

```
class Server {
    void PerformOperation(TimeSpan timeout) {
        ...
    }
}

var server = new Server();
server.PerformOperation(TimeSpan.FromMinutes(15));
```

如果满足下列条件，整数超时也是可以接受的：

- 参数或属性名称可以描述操作所使用的时间单位——例如，如果一个参数可以被称为 milliseconds，同时不至于使一个本来可以自我描述的 API 变得更加隐晦。
- 最常用的数值要小到用户不必使用计算器来确定它——例如，如果单位是毫秒，而常用的超时时间小于 1 秒。

✓ **DO** 当达到设置的超时时间时，要抛出 System.TimeoutException 异常。

超时等于 TimeSpan(0) 意味着，如果操作不能立即完成，就应该抛出异常。如果超时等于 TimeSpan.MaxValue，操作应该永远等待而不会发生超时。操作不需要支持这两个值中的任何一个，但是如果指定了一个不支持的超时值，那么应该抛出 ArgumentOutOfRangeException 异常。

如果超时并抛出了 System.TimeoutException 异常，那么服务器类应该取消背后的操作。

✗ **DON'T** 不要返回错误码来表示超时异常。

超时意味着操作无法成功完成，因此应该像其他运行时错误一样被对待和处理（见第 7 章）。

9.11 XAML 可读类型

XAML 是一种被 WPF（和其他技术）用来表示对象图的 XML 格式。下列准则描述了如何确保你的类型可以被用于 XAML 解析器。

✓ **CONSIDER** 如果你想要一个类型能在 XAML 中工作，则要考虑为它提供默认的构造函数。

例如，下面的 XMAL 标记：

```
<Person Name="John" Age="22" />
```

它等价于下面的 C# 代码：

```
new Person() { Name = "John", Age = 22 };
```

因此，为了使这行代码工作，Person 类需要有一个默认的构造函数。本节的下一条准则中讨论的标记扩展是启用 XAML 的另一种方式。

> ▪ **CHRIS SELLS**　在我看来，该准则应该是"必须"的（**DO**），而不是需要"考虑"的（**CONSIDER**）。如果你要设计一个新的类型来支持 XAML，使用默认的构造函数要比使用标记扩展或类型转换器好得多。

✓ **DO**　如果你想在 XAML 解析器中使用不可变类型，则应当提供相应的标记扩展。

例如，下面的不可变类型：

```
public class Person {
    public Person(string name, int age){
        Name = name;
        Age = age;
    }
    public string Name { get; }
    public int Age { get; }
}
```

这种类型的属性不能用 XAML 标记来设置，因为解析器不知道如何使用参数化构造函数来初始化属性。标记扩展解决了这个问题。

```
[MarkupExtensionReturnType(typeof(Person))]
public class PersonExtension : MarkupExtension {
    public string Name { get; set; }
    public int Age { get; set; }
    public override object ProvideValue(IServiceProvider serviceProvider) {
        return new Person(Name, Age);
    }
}
```

始终要牢记：不可变类型不能使用 XAML 记录器。

✗ **AVOID**　避免定义新的类型转换器，除非该转换是自然且直观的。一般来说，只应当使用 .NET 内置的类型转换器。

类型转换器用来将一个值从字符串转换为适当的类型。它们被用于 XAML 底层和其他一些地方，如图形设计器。例如，在下面的标记中，字符串"#FFFF0000"被转换为一个红色 Brush 的实例，这要归功于与 Rectangle.Fill 属性相关的类型转换器。

```
<Rectangle Fill="#FFFF0000"/>
```

但是类型转换器不可以被定义得过于自由。例如，Brush 类型转换器不应该支持特定的梯度笔刷，如下例所示：

```
<Rectangle Fill="HorizontalGradient White Red" />
```

这类转换器定义了新的"迷你语言"，大大增加了系统的复杂性。

✓ **CONSIDER** 考虑应用 ContentPropertyAttribute 为最常用的属性启用方便的 XAML 语法。

```
[ContentProperty("Image")]
public class Button {
    public object Image { get; set; }
}
```

下面的 XAML 语法在没有该属性的情况下也可以工作：

```
<Button>
    <Button.Image>
        <Image Source="foo.jpg" />
    </Button.Image>
 </Button>
```

该属性使下面这种更可读的语法成为可能：

```
<Button>
    <Image Source="foo.jpg" />
</Button>
```

9.12 操作缓冲区

一些操作——如字符编码、加密、数据序列化和文本转义——处理多个输入值并输出多个值，类型通常是字节或字符。在 .NET 中，这类操作通常将一个数组作为输入，并返回一个新的数组作为输出。

```
public partial class Encoding {
    public virtual byte[] GetBytes(char[] chars) { ... }
    public virtual char[] GetChars(byte[] bytes) { ... }
}...
public partial class HashAlgorithm {
    public byte[] ComputeHash(byte[] buffer) { ... }
}
...
public partial class Convert {
    public static string ToBase64String(byte[] inArray) { ... }
    public static byte[] FromBase64String(string s) { ... }
}
```

数组是用于处理任意长度的输入和任意长度的输出的传统数据类型，有些非常常见的操作也接收指针。接收数组作为输入一般是没有什么问题的，但在某些情况下，这种方法会导致效率低下。例如，只对数组的一部分进行操作，有时需要调用者对数组做一个较小的拷贝以获得正确的大小。同样地，返回一个数组，精确调整其大小以匹配所产生的数据量，也会有性能上的开销。基于文本的操作经常在 String 类型的入参上操作，它是 char[] 的只读变体，当只打算为方法传入一部分字符串时，也会有类似的性能问题。

在 .NET Core 2.0 中，通过引入 System.Span<T> 类型解决了这些低效问题，并且没有完全回退到 C 风格的指针输入，也避免了由此带来的风险。Span<T> 类型表示来自托管数组、stackalloc 数组、指针或字符串的连续内存。Span<T> 类型还支持通过 Slice 方法进行 $O(1)$ 切片操作。切分 Span 并不会对数据进行复制，所以它消除了与复制到更小数组相关的内存和时间成本。

Span<T> 是一个类 ref 的值类型（ref struct），这意味着它不能成为类或（非 ref）struct 中的字段。如果操作需要存储缓冲区，则可以使用 System.Memory<T> 类型，其本质上是作为 Span<T> 的持有者。Memory<T> 类型可以表示数组中的一个范围，或者与 MemoryManager<T> 对象相关联，用于更复杂的用途（包括基于指针的内存），这使得它比 ArraySegment<T> 类型更通用。

本节中的准则可能会为本来的单一方法带来大量变体。不同的模式在异常处理、易用性和对所有 CLR 语言的支持方面都有差异。究竟有多少适用于你的功能和你的用户群体，这完全取决于你。一组非常灵活的将十六进制输入解析为字节的方法看起来可能如下例所示：

```csharp
public partial class ByteOperations {
    public static byte[] FromHexadecimal(
        ReadOnlySpan<char> source) { ... }
    public static byte[] FromHexadecimal(
        char[] source) { ... }
    public static byte[] FromHexadecimal(
        char[] source, int sourceIndex, int count) { ... }
    public static byte[] FromHexadecimal(
        ArraySegment<char> source) { ... }
    public static byte[] FromHexadecimal(
        string source) { ... }

    public static int FromHexadecimal(
        ReadOnlySpan<char> source,
        Span<byte> destination) { ... }
    public static int FromHexadecimal(
        char[] source,
        byte[] destination) { ... }
    public static int FromHexadecimal(
        byte[] source, int sourceIndex,
        char[] destination, int destinationIndex, int count) { ... }
    public static int FromHexadecimal(
        ArraySegment<char> source,
        ArraySegment<byte> destination) { ... }
```

```
public static bool TryFromHexadecimal(
    ReadOnlySpan<char> source,
    Span<byte> destination,
    out int bytesWritten) { ... }
public static bool TryFromHexadecimal(
    char[] source,
    byte destination,
    out int bytesWritten) { ... }
public static bool TryFromHexadecimal(
    char[] source, int sourceIndex,
    byte[] destination, int destinationIndex,
    int count,
    out int bytesWritten) { ... }
public static bool TryFromHexadecimal(
    ArraySegment<char> source,
    ArraySegment<byte> destination,
    out int bytesWritten) { ... }

public static OperationStatus FromHexadecimal(
    ReadOnlySpan<char> source,
    Span<byte> destination,
    out int charsConsumed, out int bytesWritten) { ... }
public static OperationStatus FromHexadecimal(
    char[] source,
    byte[] destination,
    out int charsConsumed, out int bytesWritten) { ... }
public static OperationStatus FromHexadecimal(
    char[] source, int sourceIndex,
    byte[] destination, int destinationIndex, int count,
    out int charsConsumed, out int bytesWritten) { ... }
public static OperationStatus FromHexadecimal(
    ArraySegment<char> source,
    ArraySegment<byte> destination,
    out int charsConsumed, out int bytesWritten) { ... }
}
```

■ **JEREMY BARTON**　这里可能的重载列表还远不够完整。也许你想要同时支持源数据与目标数据的偏移量和计数（这些例子显示了接收源数据的计数，但是目标数据总是从 destinationIndex 到数组的末尾）。另外，接收字符串的方法可以有一个偏移量和一个长度参数。我的建议是先做基于 Span（或 Memory）的重载，然后再做整个数组或 ArraySegment 的重载，这取决于你的最终场景。你总是可以在以后添加更多的东西，但是在 (T[],int,int) 上使用 ArraySegment 可以避免重复编写偏移量和计数参数的验证代码。

✓ **CONSIDER**　考虑使用 Span 来表示缓冲区。

与接收数组的方法相比，接收 Span<T> 或 ReadOnlySpan<T> 的方法可以操作更大范围的输入：数组、stackalloc 数据、基于指针的数据，以及（对于 ReadOnlySpan<char> 来说的）字符串。

因为调用者可以自己切分缓冲区，所以基于 Span 的方法不需要接收偏移量和计数的重载。因此，它们更简单，并且免去了与这些参数相关的刻板的参数校验。

```
public partial class BulkQueue<T> {
    // 简单的，返回数组的方法
    public T[] DequeueMultiple(int limit) { ... }

    // 允许调用者复用数组的重载
    public int DequeueMultiple(T[] destination) {
        if (destination == null) {
            throw new ArgumentNullException(nameof(destination));
        }
        return DequeueMultiple(destination.AsSpan());
    }

    // 允许调用者使用数组的一部分
    public int DequeueMultiple(
        T[] destination, int offset, int count) {

        if (destination == null) {
            throw new ArgumentNullException(nameof(destination));
        }
        // 将对 offset/count 的校验推迟到 AsSpan 中
        // 因为参数名称刚好匹配
        return DequeueMultiple(destination.AsSpan(offset, count));
    }

    // 基于 Span 的重载
    // 签名比 (T[],int,int) 更简单
    // 但是在功能上是一样的
    // 该方法同时允许 destination 为 stackalloc 或
    // 基于指针的数据 （如果这些选项对类型 T 开放的话）
    public int DequeueMultiple(Span<T> destination) {
        int count = Count;
        int length = destination.Length;
        if (length < count) {
            _pending.AsSpan(_offset, count).CopyTo(destination);
            Count = 0;
            return count;
        }
        _pending.AsSpan(_offset, length).CopyTo(destination);
        Count -= destination.Length;
        _offset += destination.Length;
        return destination.Length;
    }
}
```

如果你的现有的类型已经有一个接收数组或字符串的方法，一般来说，为同一类型提供基于 Span 或 Memory 的重载是合理的，特别是对于实例方法。对于静态方法，在高级类型上有接收数组或字符串的方法，并创建一个新的低级类型来处理 Span 或 Memory（见 2.2.4 节）可能更合适。

✓**DO** 要尽可能地使用 ReadOnlySpan<T>，而非 Span<T>。

System.ReadOnlySpan<T> 类型不支持值变更。当一个方法接收 ReadOnlySpan<T> 而不是 Span<T> 时，它向调用者提供了一个信号，被调用的方法将不会替换 Span 的内容。在可能的情况下，接收 ReadOnlySpan<T> 也允许更多的调用者使用该方法，因为所有的 Span<T> 值都可以自由地转换为 ReadOnlySpan<T>，但是 ReadOnlySpan<T> 值不能被转换回 Span<T>。

String 类型的值在逻辑上表示不可变的 char[]，并且可以被转换为 ReadOnlySpan<char>，但是不能被转换为 Span<char>。

```
public static long Sum(ReadOnlySpan<int> values) {
    long sum = 0;
    for (int i = 0; i < values.Length; i++) {
        sum += values[i];
    }
    return sum;
}

// 正确的：接收数组的重载，既可以是已有的方法，
// 也可以是同时添加的方法
public static long Sum(int[] values) {
    if (values == null) {
        throw new ArgumentNullException(nameof(values));
    }
    return Sum(values.AsSpan());
}

// 错误的：该方法暗示它将向参数中写数据，但它其实是只读的
// 可写的 Span 可以自由地转换为 ReadOnlySpan
public static long Sum(Span<int> values) {
    return Sum((ReadOnlySpan<int>)values);
}
```

✖**AVOID** 避免返回 Span<T> 或 <ReadOnlySpan<T>，除非所返回的 Span 的生命周期是非常明确的。

因为 Span 类型可以表示非托管内存，调用者很难理解所返回的 Span 的生命周期。即使是托管内存，Span 也完全有可能代表数组的一部分，可以被重新用于其他操作。当 Span 是由调用者给你的时候，返回它的一个片段是可以接受的。通常这意味着

Span 是返回 Span 值的方法中的一个参数，但是对于类 ref 的值类型（ref struct），Span 也可以来自构造函数参数。

```
public static ReadOnlySpan<char> TrimEnd(ReadOnlySpan<char> span) {
    int index = span.Length - 1;
    while (index >= 0 && char.IsWhitespace(span[index])) {
        index--;
    }
    return span.Slice(0, index + 1);
}
```

如果 Span 代表的是栈上的内存，它就不应该被返回，因为该内存很可能在下一次方法调用中被覆盖。另外，如果 Span 描述的是非托管内存，那么它现在没有明确的所有者，看起来似乎是内存泄漏。

> ■ **JEREMY BARTON** C# 编译器有流程分析，试图防止返回 stackalloc 值。但这种分析并不完美，所以你还是应该小心，不要从一个使用 stackalloc 的方法中返回 Span。

如果 Span 代表的是你的类型中的字段缓冲区的切片，则应该避免返回该 Span，除非该缓冲区是构造函数的参数。特别是当你的类型根据需要增加缓冲区时，这一点尤其重要，因为你返回的任何 Span 都会在转移到一个新的、更大的缓冲区后继续指向以前的缓冲区。调用者的代码实现有可能会依赖于观察你返回的 Span 的变化，这些代码可能偶尔会失效，其取决于你的增长策略，这可能会导致这些调用者出现难以诊断的错误。更普遍的说法是，返回 Span 使得调用者很容易依赖你的内部实现细节，这可能会迅速限制你演进该类型的能力。

> ■ **JEREMY BARTON** 我建议你考虑返回指向一个字段的 Span，就像考虑返回该字段一样。它们都过度地暴露了你的实现。返回一个可写的 Span，就像暴露一个可写的字段，会让调用者破坏你的数据或状态。

返回 Span 最常见的替代方法是接收一个目标的 Span<T> 作为参数，并从你的缓冲区复制到你的调用者的缓冲区。

```
partial class SpanifiedQueue<T> {
    // 错误的: 返回 ReadOnlySpan, 过度暴露细节
    public ReadOnlySpan<T> DequeueMany(int count) {
    ...
        int start = _offset;
```

```
        _offset += count;
        return _buffer.AsSpan(start, count);
    }

    // 正确的：数据移动，但是不暴露实现
    public int DequeueMany(Span<T> destination) {
        int count = Math.Min(destination.Length, Count);
        _buffer.AsSpan(_offset, count).CopyTo(destination);
        _offset += count;
        return count;
    }
}
```

✓ **DO** 如果你返回的 Span 不是来自调用者，那么应当为其所有权规则提供非常清晰
的文档。

当你返回一个代表缓冲区的 Span，而你的调用者还没有处理这个缓冲区时，你需要
提供非常清晰的文档，说明你希望调用者对它做什么。这个文档需要说明这个值什
么时候不能再使用，以及需要调用者采取什么后续行动（如果有的话）。

由于阅读和理解文档是正确使用这类方法的必要条件，所以它不再是自文档化框架
的一部分。

✓ **CONSIDER** 当 T 是一个不可变类型时，考虑从一个只读属性或无参数的方法中返
回 ReadOnlySpan<T>，用于表示固定不变的数据。

如果文件格式头、命令文本或其他固定值序列是单一的值，并且你考虑将其作为常
量或静态只读字段公开，那么它们可以安全地作为 ReadOnlySpan<T> 成员公开。

```
public static partial class ZipHeaders
{
    public static ReadOnlySpan<byte> LocalFile =>
        new byte[] { 0x50, 0x4b, 0x03, 0x04 };
    public static ReadOnlySpan<byte> DataDescriptor =>
        new byte[] { 0x50, 0x4b, 0x07, 0x08 };
    ...
}
```

> **■ JEREMY BARTON** 虽然 ZipHeaders.LocalFile 看起来每次调用都会创建
> 一个新的数组，但 C# 编译器对返回 ReadOnlySpan<byte> 的方法（包括属性获取
> 器）有特殊的支持，该方法的整个主体只包括返回一个用字面量初始化的新数组（这
> 种优化也适用于其他单字节字面量类型：sbyte 和 bool）。对于其他任何类型的
> Span，你必须手动创建一个 private static readonly T[] 字段，并让该属性以
> ReadOnlySpan<T> 的形式返回数组。

通常，你会把这些值作为静态属性公开。当你的层次结构中的每个类型都使用不同的值，但同一类型的两个实例没有区别时，你可能会发现虚实例属性更合适。这种模式被用于 System.Text.Encoding 的 Preamble 属性。

```
public partial class Encoding {
    public virtual byte[] GetPreamble() { ... }

    // 在任何编码实例中，Preamble 的字节序列总是相同的
    public virtual ReadOnlySpan<byte> Preamble => GetPreamble();
}

public sealed partial class SomeEncoding {
    private static readonly byte[] s_preamble = { 0x05, 0xA0 };

    // 该编码类型优化了 Preamble 属性
    // 它总是使用相同的数组
    public override ReadOnlySpan<byte> Preamble =>
        _usePreamble ? s_preamble : default;

    // GetPreamble() 依旧需要返回一个防御性的拷贝
    public override byte[] GetPreamble() => Preamble.ToArray();
}

public static partial class ZipHeaders
{
    public static ReadOnlySpan<byte> LocalFile { get; } =
        new byte[] { 0x50, 0x4b, 0x03, 0x04 };
    public static ReadOnlySpan<byte> DataDescriptor { get; } =
        new byte[] { 0x50, 0x4b, 0x07, 0x08 };
    ...
}
```

✓ **CONSIDER** 考虑返回代表 Span 参数边界的 System.Range，而不是参数的切片。当你需要时，你可以将一个 Span<T> 值转换为 ReadOnlySpan<T>，但是不能将 ReadOnlySpan<T> 转换回 Span<T>。所以，如果你调用一个接收 ReadOnlySpan<T> 并返回参数切片的方法,则无法轻易地确定可写 Span 的等价片段。

```
// 除非你做了重载，否则调用者在修剪一个可写的 Span 时
// 只能得到一个只读的切片，而他们想要的可能是一个可写的切片
public static ReadOnlySpan<char> Trim(ReadOnlySpan<char> span) {
    int end = span.Length - 1;
    while (end >= 0 && char.IsWhiteSpace(span[end])) {
        index--;
    }
    int start = 0;
    while (start < end && char.IsWhiteSpace(span[start])) {
        start++;
    }
```

```
            return span.Slice(start, end - start + 1);
    }

    Span<char> span = ...;
    ReadOnlySpan<char> readOnlyTrimmed = Trim(span);
    Span<char> writableTrimmed = ???;
```

如果你返回一个 Range 而不是一个切片，你的调用者可以自己进行切片操作，并能够轻松地维护可写 Span 的恰当切片。

```
public static Range TrimEnd(ReadOnlySpan<char> span) {
    int index = span.Length - 1;
    while (index >= 0 && char.IsWhiteSpace(span[index])) {
        index--;
    }
    int start = 0;
    while (start < end && char.IsWhiteSpace(span[start])) {
        start++;
    }
    return new Range(start, end - start + 1);
}

Span<char> span = ...;
Range trimRange = Trim(span);
Span<char> writableTrimmed = span[trimRange];
```

你可以通过提供一个重载来解决这个问题，比如 public static Span<char> Trim(Span<char> span)，但随后你还应该为 ReadOnlyMemory<char> 和 Memory<char> 创建重载。通过返回 Range，你只需要一个方法，就可以适用于所有这些类型，以及其他任何有基于 Range 的索引器且可以被转换为 ReadOnlySpan<char> 的类型。

✓ **DO** 在异步方法中，要使用 ReadOnlyMemory<T> 来代替 ReadOnlySpan<T>。

✓ **DO** 在异步方法中，要使用 Memory<T>来代替 Span<T>。

异步方法在很大程度上代表了"稍后做某工作"。由于 Span 类型一般不能作为待定工作状态的一部分被存储，所以应该使用适当的 Memory 类型来代替它。

```
public partial class Stream {
    public virtual int Read(Span<byte> buffer) { ... }

    public virtual ValueTask<int> ReadAsync(
        Memory<byte> buffer,
        CancellationToken cancellationToken = default) { ... }

    public virtual int Write(ReadOnlySpan<byte> buffer) { ... }

public virtual ValueTask<int> WriteAsync(
    ReadOnlyMemory<byte> buffer,
```

```
            CancellationToken cancellationToken = default) { ... }
    }
```

✓**DO** 当 构 造 函 数 或 方 法 的 目 的 是 存 储 对 缓 冲 区 的 引 用 时 ， 要 使 用 ReadOnlyMemory<T> 来代替 ReadOnlySpan<T> 作为参数。

✓**DO** 当构造函数或方法的目的是保存对缓冲区的引用时，要使用 Memory<T>来代替 Span<T> 作为参数。

一般来说，由 .NET BCL 团队编写的同步方法要么在返回前处理数组中的数据，要么存储数组的副本，以便之后对数组内容进行处理。持有对缓冲区的引用可以避免"防御性拷贝"带来的内存和时间性能上的损失，但是会产生相应的代价，即调用者必须保持缓冲区内容的稳定，直到操作完成。此外，"完成"的概念在每个类型或方法中都会有所不同。

JsonDocument 类有一个 Parse 方法，它维护对输入的引用，所以不用对数据进行拷贝。这提高了性能，但也给调用者带来额外的职责，即防止数据变更。由于参数是 Memory 类型，调用者期望 JsonDocument 实例将继续使用提供给 Parse 方法的同一个缓冲区。

```
public partial class JsonDocument {
    // 返回的 JsonDocument 持有输入缓冲区
    // 的引用，读取 JSON 数据不会导致不必要的拷贝
    public static JsonDocument Parse(
        ReadOnlyMemory<byte> utf8Json,
        JsonDocumentOptions options = default) { ... }
}
```

✗ **AVOID** 避免在 Span<T>和 ReadOnlySpan<T>,或者 Memory<T>和 ReadOnlyMemory<T> 之间重载方法。

如果一个方法以只读的方式对缓冲区进行操作，而另一个方法以读/写的方式进行操作，这些方法应该有不同的名字，以方便调用者理解为什么这两个方法的行为不同。

```
public static int Sum(ReadOnlySpan<int> values) { ... }

// 为什么这里需要一个可写的 Span
// 它肯定是做一些不同的事情，所以它需要一个不同的名字
public static void Sum(Span<int> values) { ... }
```

该准则的一个例外是：当需要返回输入数据的一个片段时，该方法返回的是输入数据的类型，比如 TrimEnd 方法。但是正如前面的准则所指出的那样，如果该方法返回切片索引而不是切片缓冲区，那么该重载集合完全可以减少为一个单一方法。

```
public static ReadOnlySpan<char> TrimEnd(ReadOnlySpan<char> span) {...}
public static Span<char> TrimEnd(Span<char> span) { ... }
```

✘ **AVOID** 避免在 Span<T> 和 Memory<T>，或者 ReadOnlySpan<T> 和 ReadOnlyMemory<T>
之间重载方法。

如果一个重载存储了对缓冲区的引用，而另一个重载在无须存储引用的情况下对其
进行操作，那么这些方法应该有不同的名字。

```
public static void ProcessText(Span<char> span) { ... }
// 区别是什么
public static void ProcessText(Memory<char> memory) { ... }
```

该准则的一个例外是：当需要返回输入数据的一个片段时，该方法返回的是输入数
据的类型，比如 TrimEnd 方法。但是正如前面的准则所指出的那样，如果该方法
返回切片索引而不是切片缓冲区，那么该重载集合完全可以减少为一个单一方法。

```
public static Span<char> TrimEnd(Span<char> span) { ... }
public static Memory<char> TrimEnd(Memory<char> memory) { ... }
```

✔ **CONSIDER** 考虑为接收数组或字符串的方法添加基于 Span 或 Memory 的替代
方法。

Span 和 Memory 类型支持数组，但也支持其他类型的缓冲区——例如
ReadOnlyMemory<char> 和 ReadOnlySpan<char>，它们可以代表 System.
String 值的一部分。提供基于 Span 或 Memory 的替代方法可以让更多的人调用
你所提供的功能。

一般来说，用户会希望你将替代方法作为接收数组或字符串的方法的重载。

```
// 之前
public void AppendData(byte[] data, int offset, int count) {
    if (data == null)
        throw new ArgumentNullException(nameof(data));
    // 在这里做参数校验

    // 实现
}

// 具有 ReadOnlySpan<byte> 重载的版本
public void AppendData(byte[] data, int offset, int count) {
    if (data == null)
        throw new ArgumentNullException(nameof(data));
    // 在这里做参数校验，确保参数是正确的
     AppendData(data.AsSpan(offset, count));
}

public void AppendData(ReadOnlySpan<byte> data) {
    // 具体实现，跟上一版一致
}
```

对于静态方法而言，在高阶类型上有接收数组或字符串的方法，并创建新的低阶类型来处理 Span 或 Memory（见 2.2.4 节），这是合理的。

✓ **CONSIDER** 考虑为接收 Span 或 Memory 值的方法提供接收数组的等价方法。

✓ **CONSIDER** 考虑为接收 ReadOnlySpan<char> 或 ReadOnlyMemory<char> 的方法提供接收 System.String 的等价方法。

并非所有的 CLR 语言都能像 C# 那样轻松使用 Span，也并非所有的 C# 用户都熟悉 Span。如果有基于数组（或字符串）的方法，则会让这些调用者更容易使用你的方法。

如果你正在设计一个低阶组件，该组件只是为了被其他基于 Span 或 Memory 的操作所使用，那么不提供接收数组或字符串的替代方法也是可以的。

✓ **CONSIDER** 考虑为缓冲区写入方法提供一个返回值为数组的替代方法。

新手开发者、生命周期短的应用程序、一次性操作以及应用原型设计都将受益于用返回数组的方法替代缓冲区写入方法，这可以使用户获得他们想要的数据，同时却没有管理缓冲区带来的开销。

对于向 Span<char>、Memory<char> 或 char[] 中写入的方法，"返回数组" 的方法可能被设计成返回 System.String。例如，一个 ToBase64 操作可能有返回字符串的形式和向 Span<char> 中写入的形式。

```
public static string ToBase64(byte[] source) { ... }

public static int ToBase64(
    ReadOnlySpan<byte> source, Span<char> destination);
```

如果你设计的是一个低阶组件，它只是为了被其他的缓冲区写入操作所使用，那么不提供返回数组或字符串的替代方法也是可以的。

✓ **DO** 在使用数组或字符串来替代 Span 或 Memory 的方法中，要执行一般的参数校验。

Span 类型和 Memory 类型都是值类型，其中默认值代表一个空的缓冲区。数组和字符串是引用类型，其中默认值（null）代表没有缓冲区。

在决定是否将 null 输入和空输入同等看待时，要考虑到数组或字符串的替代方法。如果你认为 null 值是不合适的，请抛出正常的 ArgumentNullException。

如果你的数组或字符串的替代成员接收偏移量（offset）和计数（count）参数，你应该手动校验它们，以便 ArgumentException 可以使用与方法相匹配的参数名称。

✔**DO** 对于接收一个输出缓冲区并且有且只有一个输入缓冲区的方法，最好将其输入缓冲区参数命名为"source"。

✔**DO** 对于向单一缓冲区中写入数据的方法，最好将其输出缓冲区参数命名为"destination"。

对于现有的返回数组的方法，其缓冲区写入方法的变体应该保持现有的 source 参数的名称。就像所有其他的命名建议一样，如果推荐的名称在上下文中会令人困惑，或者使用不同的名称可以更好地阐明参数的作用，请根据你自己的判断来选择最好的名称。

在 RSA 类中，SignData 方法的输入缓冲区的名称是"data"，而 SignHash 方法的输入缓冲区的名称是"hash"，以强调缓冲区在这两个方法之间的不同处理方式。TrySignData 和 TrySignHash 方法继续使用"data"和"hash"的名称，而不是"source"，以便与返回数据的方法变体保持一致，同时二者仍然使用"destination"作为输出缓冲区的名称，因为这里不需要强调特定的领域。

```
public partial class RSA {
    public virtual byte[] SignData(
        byte[] data,
        HashAlgorithmName hashAlgorithm,
        RSASignaturePadding padding) { ... }

    public virtual bool TrySignData(
        ReadOnlySpan<byte> data,
        Span<byte> destination,
        HashAlgorithmName hashAlgorithm,
        RSASignaturePadding padding,
        out int bytesWritten) { ... }
}
```

9.12.1　数据转换操作

Span 和 Memory 类型最强大的用途之一是用于数据转换操作，例如，将字符串转换为 UTF-8 字节，将字节转换为 Base64 文本，将数值转换为大端序或小端序的字节序列，或改变文本的大小写。这些操作总是涉及一些输入值（无论是作为正式的输入参数还是作为实例状态的一部分），以及一些输出值。在引入 Span<T> 和 Memory<T> 之前，返回输出值的最常见方式是将它们放在一个数组中。一些操作也接收一个目标数组作为参数，并且允许在调用该方法时反复使用同一个数组。

```
public partial class Encoding {
    public virtual byte[] GetBytes(char[] chars, int index, int count){...}
```

```
public abstract int GetBytes(
    char[] chars, int charIndex, int charCount,
    byte[] bytes, int byteIndex);
}
```

一般来说，我们使用转换 API 来构建更大的消息体，并且在一些应用程序中，将返回的数组复制到其他缓冲区中浪费了大量的时间和内存。接收目标数组的转换 API 可以使调用者避免多余的内存分配和多余的复制，但其代价是签名更复杂。使用 Span 来表示缓冲区的一个片段，可以降低签名的复杂性，同时仍然保持向目标数组中写入数据的性能优势，而不是将输出作为一个新的数组返回。

```
public partial class Encoding {
    public virtual int GetBytes(
        ReadOnlySpan<char> source,
        Span<byte> destination) { ... }
}
```

基于 Span 和 Memory 的转换 API 有三种主要模式，将在接下来的章节中讨论。正确的使用模式取决于输入值对于你的转换来说是否是无效的、你的转换的输出大小有多大的可预测性，以及你的转换是否能够增量处理。

最简单的转换 API 模式适用于没有无效输入的转换，并且产生的输出大小很容易从输入大小中近似得出，比如 Encoding.GetBytes 方法。当你使用这种模式调用一个方法时，你要确保在调用该方法之前，你所提供的缓冲区有足够的空间作为目标缓冲区，就像下面的例子一样，它在字符串的起始位置写入了其长度信息：

```
Encoding encoding = Encoding.UTF8;
int totalLength = sizeof(int) + encoding.GetMaxBytes(text.Length);
byte[] buf = new byte[totalLength];
BinaryPrimitives.WriteInt32BigEndian(buf, text.Length);
int written = encoding.GetBytes(text, buf.AsSpan(sizeof(int)));
WriteOutput(buf.AsSpan(0, written + sizeof(int)));
```

> ▪ **JAN KOTAS**　简单的输出大小近似值往往是非常保守的。例如，由 UTF8Encoding.GetMaxBytes 返回的近似值可能是所需缓冲区大小的 3 倍。这使得简单转换 API 模式只在数据最大大小已知时适用，通常小于 10 KB。

另一种模式适用于没有无效输入，但估计输出大小很困难的那一类转换。数据压缩就是这样一种转换，因为输出大小会根据输入值的不同而变化很大。这种模式使用了 Try 模式（见 7.5.2 节）的一个专门版本，叫作 Try-Write 模式。

```
partial class DataCompressor {
```

```
        public static bool TryCompressFile(
            ReadOnlySpan<byte> source,
            Span<byte> destination,
            out int bytesWritten) { ... }
    }
```

当你调用 Try-Write 方法时，通常是先使用任何可用的缓冲区来调用它。如果该方法返回错误，你需要用一个更大的缓冲区再试一次。除非你有更好的方法知道还需要多少空间，否则最常见的方式是将缓冲区的大小增加 1 倍，然后再试一次（"加倍再试"）。

```
byte[] output = ...;
int offset = ...;

while (!DataCompressor.TryCompressFile(
    uncompressed, output.AsSpan(offset), out int bytesWritten)) {
    Array.Resize(ref output, output.Length * 2);
}

offset += bytesWritten;
```

最后一种主要模式最适用于能够处理部分输入并能返回部分结果的转换。将十六进制文本解析为字节序列就是这样一种转换，因为它可以为每一对成功读取的字符写出输出值，并报告它在哪里停止。这种模式使用 OperationStatus 枚举作为方法的返回类型，以向调用者报告处理结束的原因。

```
partial class TextProcessing {
    public static OperationStatus ParseHexadecimal(
        ReadOnlySpan<char> source,
        Span<byte> destination,
        out int charsConsumed,
        out int bytesWritten) { ... }
}
```

当你调用一个基于 OperationStatus 的方法时，你应当使用返回值来确定下一步需要采取的行动。例如，DestinationTooSmall 响应意味着转换停止了，因为下一个结果比目标缓冲区的剩余空间大。对于网络协议来说，这可以是在网络上发送当前数据，并从缓冲区的起点重新开始，或者你可能想增加缓冲区并继续。

```
byte[] output = ...;
int outputOffset = ...;
int inputOffset = ...;

while (true) {
    OperationStatus status = TextProcessing.ParseHexadecimal(
        text.AsSpan(inputOffset), output.AsSpan(outputOffset),
        out int charsConsumed, out int bytesWritten);
```

```
    outputOffset += bytesWritten;
    inputOffset += charsConsumed;

    if (status == OperationStatus.Done) {
        break;
    }
    else if (status == OperationStatus.DestinationTooSmall) {
        Send(output.AsSpan(0, outputOffset));
         outputOffset = 0;
    }
    else if (...) {
    }
    else {
        throw new InvalidOperationException();
    }
}
```

本节的其余部分将讨论适用于所有基于转换的 API 的准则。其中，9.12.2 节将讨论简单转换 API，9.12.3 节将讨论 Try-Write 模式，9.12.4 节将讨论基于 OperationStatus 的转换。

✓ **DO** 当有一个明确的输入缓冲区参数时，要将表示输入缓冲区的参数（source）作为第一个方法参数。

✓ **DO** 要将输出缓冲区参数（destination）作为输入缓冲区参数之后的第一个方法参数。

一些方法——特别是实例方法——可以从环境状态中提供 source；因此，不需要正式的 source 参数。当需要正式的 source 参数时，它应该是第一个参数，紧接着是 destination 参数，然后是其他任何参数。

```
public partial class IncrementalHash {
    // 不需要 source 参数
    // 因为该值通过其他实例方法构建
    public bool TryGetHashAndReset(
        Span<byte> destination,
        out int bytesWritten) { ... }
}

public partial class ByteOperations {
    // 一个 source 参数、一个 destination 参数
    // （在这个例子中，destination 是可以读/写的）
    public static int XorInto(
        ReadOnlySpan<byte> source,
        Span<byte> destination) { ... }

    // 两个 source 参数、一个 destination 参数
    // source 参数总是在前面
    public static int Xor(
        ReadOnlySpan<byte> left,
        ReadOnlySpan<byte> right,
        Span<byte> destination) { ... }
```

```
    // 一个 source 参数、一个 destination 参数、一个其他参数
    public static int CombineInto(
        ReadOnlySpan<byte> source,
        Span<byte> destination,
        BitOperation operation) { ... }

    // 两个 source 参数、一个 destination 参数、一个其他参数
    public static int Combine(
        ReadOnlySpan<byte> left,
        ReadOnlySpan<byte> right,
        Span<byte> destination,
        BitOperation operation) { ... }
}

public partial class AesGcm {
    // 两个（或者三个）输入、两个输出
    public void Encrypt(
        ReadOnlySpan<byte> nonce,
        ReadOnlySpan<byte> plaintext,
        Span<byte> ciphertext,
        Span<byte> tag,
        ReadOnlySpan<byte> associatedData = default) { ... }
}
```

当一个缓冲区写入方法接收一个数组和一个偏移量时，偏移量参数应该紧随与它关联的数组。这也是可以在 source 参数和 destination 参数之间插入其他参数的唯一理由。

```
public static int XorInto(
    ReadOnlySpan<byte> source,
    Span<byte> destination) { ... }

public static int XorInto(
    byte[] source,
    byte[] destination) { ... }

public static int XorInto(
    byte[] source, int sourceIndex,
    byte[] destination, int destinationIndex) { ... }
```

✓**DO** 要让调用者知道写进每个目标缓冲区的元素数量。

每当你向一个调用者提供的缓冲区中写入东西时，都需要通知调用者缓冲区中有多少是包含了结果的。对于简单的转换来说，最好的方法就是返回写入的元素数量。如果返回值被其他需求需要，比如 Try-Write 需要返回布尔值（见 9.12.3 节）或者 OperationStatus 结果（见 9.12.4 节），那么应该使用 out 参数来代替。

当你的方法总是要填充整个缓冲区时，例如 RandomNumberGenerator.Fill，调用

者已经知道写入的元素数量，那么你就不需要显式地返回它。

```
partial class RandomNumberGenerator {
    // 不需要返回值；它总是写入
    // 与 destination.Length 一致的字节数
    public static void Fill(Span<byte> destination) { ... }
}

public partial class Encoding {
    // 返回写入 destination 的字节数
    public virtual int GetBytes(
        ReadOnlySpan<char> source,
        Span<byte> destination) { ... }
}
```

✓ **CONSIDER** 考虑根据适当的数据类型，将表示缓冲区写入方法写入数据量的 out
参数命名为 "bytesWritten"、"charsWritten" 或 "valuesWritten"。

该模式的一个简单例子是 System.Version 中的 TryFormat 方法：

```
public bool TryFormat(
    Span<char> destination, out int charsWritten) { ... }
```

9.12.2　向缓冲区中写入固定大小或预定大小的数据

当你的操作的元素数量总是固定时，例如数据哈希或校验和算法，或者很容易通过
输入的长度来估计时，例如，将字节转换为 Base64 文本，你可以使用最简单的缓冲区
写入方法。

```
partial class Crc64 {
    public const int ChecksumSize = 8;

    public static int ComputeChecksum(
        ReadOnlySpan<byte> source,
        Span<byte> destination) { ... }
}

partial class TextTransforms {
    public int GetBase64TextSize(int sourceLength) =>
        (sourceLength + 2) / 3 * 4;

public static int ToBase64(
    ReadOnlySpan<byte> source,
    Span<char> destination) { ... }
}
```

✓ **CONSIDER** 对于那些仅需向目标缓冲区中写入少量的、有效固定元素数量的操作，
可以考虑提供简单的缓冲区写入方法。

如果调用者在使用你的操作之前很容易就能确保他们的缓冲区足够大，那么你应当提供一个简单的签名，这样他们就可以避免与更复杂的缓冲区写入模式打交道了。例如，CRC-64 操作将总是写一个 8 字节的输出（64 位），所以应当通过一个简单的方法将 CRC-64 计算结果写入缓冲区。

```
partial class Crc64 {
    public const int ChecksumSize = 8;

    public static int ComputeChecksum(
        ReadOnlySpan<byte> source,
        Span<byte> destination) {

        if (destination.Length < ChecksumSize) {
            throw new ArgumentException(..., nameof(destination));
        }
        ...
        return ChecksumSize;
    }
}
```

9.12.3 使用 Try-Write 模式向缓冲区中写入数据

虽然有些缓冲区写入方法是针对不变的、可预测的输出值数量来进行操作的，但更多的方法必须处理可变的输出值。由于是调用者来提供目标缓冲区，有可能目标缓冲区不够大，无法容纳所有的响应结果。为了适配这种可能性，我们开发了专门的 Try 模式（见 7.5.2 节），用于将可变数据写入缓冲区。Try-Write 模式在目标缓冲区不足却又不想抛出异常的情况下很有用，其允许调用者获得一个更大的缓冲区并再次尝试。

Try-Write 模式包括使用"Try"前缀、一个布尔型返回值（它在成功时为真，当目标缓冲区太小时为假）、一个可选的输入缓冲区、一个输出缓冲区，以及一个表示写入输出缓冲区的元素数量的 out 参数。

```
partial class IPAddress {
    public bool TryWriteBytes(
        Span<byte> destination,
        out int bytesWritten) { ... }
}

partial class BrotliEncoder {
    public static bool TryCompress(
        ReadOnlySpan<byte> source,
        Span<byte> destination,
        out int bytesWritten) { ... }
}
```

每当 Try-Write 方法返回错误时，Try-Write 方法的调用者都会用更大的缓冲区在增加和重试的循环中再次尝试。除非有更好的启发式操作，否则大多数调用者都会在每次调用失败时将缓冲区的大小增加 1 倍。在通常情况下，调用者在调用 Try-Write 方法时不会检查目标缓冲区的剩余空间数量。

```
byte[] buf = new byte[256];

while (!obj.TryWrite(buf, out int bytesWritten)) {
    Array.Resize(ref buf, buf.Length * 2);
}

int writeOffset = bytesWritten;
while (!obj2.TryWrite(buf.AsSpan(writeOffset), out bytesWritten)) {
    Array.Resize(ref buf, buf.Length * 2);
}
writeOffset += bytesWritten;
...
```

✓ **DO** 当数据量较小，或者操作不能有意义地产生部分结果时，要对需要写入可变数据量的缓冲区写入方法采用 Try-Write 模式。

对于两个相同大小的输入，当输出元素的数量变化很大时，Try-Write 模式比简单的缓冲区写入方法要好。它部分建立在调用者“希望”目标缓冲区足够大的基础上，当它不足够大时，再获得一个更大的缓冲区并再次尝试。

然而，每当调用者增加缓冲区时，调用者都要支付将所有现有内容复制到新缓冲区的开销。如果该方法在确定目标缓冲区太小之前必须做大量的工作，那么性能上的损失就会更大。如果你希望调用者在成功使用你的操作之前必须获得一个更大的缓冲区，那么 Try-Write 模式可能会导致性能陷阱。本节后面的准则描述了如何避免或减少在这些情况下的性能问题。

✓ **DO** 对于实现 Try-Write 模式的方法，要使用“Try”前缀，并返回一个布尔值。

✓ **DO** 要通过 out 参数来报告 Try-Write 方法写入的值的数量。

✓ **DO** 当且仅当目标缓冲区不足时，Try-Write 方法才返回 false。

✓ **DO** 在 Try-Write 方法中，除目标缓冲区不足之外，还有其他任何错误，应当直接抛出异常，而不是返回 false。

在 Try-Write 模式中，true 意味着成功，false 意味着目标缓冲区不够用。这种一致性使得调用者能够可靠地将 false 解释为“用更大的缓冲区再试一次”。对于任何其他的错误情况（例如，无效的输入、无效的对象状态），正确的响应是抛出一个适当的异常（见 7.2 节）。

✓ **DO** 如果你的 Try-Write 方法可能带来较大的结果，那么应该提供一种可以确定足够的输出长度的方法。

如果调用者不得不用连续增大的缓冲区，调用 Try-Write 方法两次以上，那么在第一次调用和成功调用之间的尝试可能不必要反复地将数据复制到更大的缓冲区中。如果你有一个方法可以预测你的操作的输出大小，那么你的调用者可以使用这个信息来增加一次缓冲区，并在第二次调用时取得成功。

```
public partial struct BigInteger {
    public int GetByteCount(bool isUnsigned=false) {
        ...
    }
}
...
BigInteger value = ...;
byte[] buf = ...;
int offset = ...;

while (!value.TryWriteBytes(buf.AsSpan(offset), out bytesWritten)){
    int growBy = Math.Max(buf.Length, value.GetByteCount());
    Array.Resize(ref buf, buf.Length + growBy);
}
```

虽然 BigInteger.GetByteCount 和 Encoding.GetByteCount 都能产生精确的答案，但是你也可以提供一个更快的方法，返回最大的可能值，比如 Encoding.GetMaxByteCount。

```
public partial class Encoding {
    public abstract int GetMaxByteCount(int charCount);
    public abstract int GetMaxCharCount(int byteCount);

    public virtual int GetByteCount(ReadOnlySpan<char> chars) {
        ...
    }

    public virtual int GetCharCount(ReadOnlySpan<byte> bytes) {
        ...
    }
}
...
int longestString = strings.Max(s => s.Length);
byte[] buf = new byte[encoding.GetMaxByteCount(longestString)];
foreach (string s in strings) {
    int written = encoding.GetBytes(s, buf);
    SendMessage(buf.Slice(0, written));
}
```

✓ **CONSIDER** 考虑提供一个 API，为 Try-Write 方法计算一个足够的输出缓冲区的大小，即使输出长度很小。

如果你知道一系列转换的输出长度，或者长度的上限，则可以预先分配一个足够大的缓冲区，以避免缓冲区扩容。

例如，将一行布尔值写入 CSV 文件，可以预先分配一个缓冲区，前提是知道 `bool.TryFormat` 的最长输出来自字符串"false"。预先分配缓冲区对于更复杂类型上的 `TryFormat` 方法来说比较困难，除非这些类型通过 API 公开其最大格式长度。

```
private void WriteRow(ReadOnlySpan<bool> row, ref char[] buf) {
    int length = (bool.FalseString.Length + 1) * row.Length;
    Array.Resize(ref buf, Math.Max(length, buf.Length));
    int offset = 0;
    foreach (bool b in row) {
        while (!b.TryFormat(buf.AsSpan(offset), out int written)) {
            Array.Resize(ref buf, buf.Length * 2);
        }
        offset += written;
        buf[offset] = ',';
    }
    WriteLine(buf.AsSpan(0, offset));
}
```

✓ **CONSIDER** 考虑为每个使用 Try-Write 模式的成员提供抛出异常的替代方法。

调用者可以使用预设大小的缓冲区或提供足够大的缓冲区来简化他们的代码并完全消除 `false` 分支，避免养成盲目调用 Try-Write 方法且从不检查返回值的习惯。

通过拥有一个返回写入数据的数量而不是布尔值的替代方法，调用者可以编写线性代码，并且仍然可以避免预设大小可能会带来的逻辑错误（或者数据变更造成的检查时与使用时的不一致）。

例如，假设一个类型同时具有 `TryWriteBytes` 方法和 `WriteBytes` 方法：

```
public bool TryWriteBytes(
    Span<byte> destination, out int bytesWritten) { ... }

public int WriteBytes(Span<byte> destination) {
    if (!TryWriteBytes(destination, out int bytesWritten)) {
        throw new ArgumentException(SR.TooSmall, nameof(destination));
    }
    return bytesWritten;
}
```

调用者可以将具有（理论上）无法到达的分支的 `if` 语句的调用简化为简单调用。

```
// 如果仅 TryWriteBytes 是可用的
if (!target.TryWriteBytes(destination, out int bytesWritten)) {
    Debug.Fail("TryWriteBytes failed with a pre-allocated buffer");
    throw new InvalidOperationException();
```

```
    }

    // 使用 WriteBytes
    int bytesWritten = target.WriteBytes(destination);
```

抛出异常的缓冲区写入方法应该根据 9.12.2 节中预定长度写入的准则来编写。

✓ **CONSIDER** 考虑为将固定的或预定的数据量写入缓冲区的方法应用 Try-Write 模式。

Try-Write 模式在以下情况下非常有用：当需要写入的数据量事先不知道时；当在成功调用其他 Try-Write 方法后，剩余的缓冲区数量不确定的情况下被调用时。为具有固定输出数据量的简单方法提供一个 Try-Write 替代方法，对于调用者来说可能很有价值，因为它与其他 Try-Write 方法的组合更加流畅。

```
public partial class EventInstance {
    public Guid OperationId { get; private set; }
    public Guid EventTypeId { get; private set; }
    public DateTimeOffset Timestamp { get; private set; }

    public bool TrySerialize(
        Span<byte> destination,
        out int bytesWritten) {

        bytesWritten = 0;
        if (!TryWriteGuid(OperationId, destination, out int written)) {
            return false;
        }
        int totalWritten = written;
        destination = destination.Slice(written);
        if (!TryWriteGuid(EventTypeId, destination, out written)) {
            return false;
        }
        totalWritten += written;
        destination = destination.Slice(written);
        if (!BinaryPrimitives.TryWriteUInt64LittleEndian(destination,
Timestamp.ToFileTime())) {
            return false;
        }
        bytesWritten = totalWritten + sizeof(ulong);
        return true;
    }
}
```

9.12.4　部分写入缓冲区和 OperationStatus

返回 OperationStatus 值的方法与 Try-Write 方法类似，它们接收一个目标缓冲区，通过 out 参数表明写入的数据量，并返回一个成功或失败的值。不同的是，

OperationStatus 方法也可以支持部分输入、部分输出，并通过异常之外的方式报告无效输入。

```
namespace System.Bufers {
    public enum OperationStatus {
        Done,
        DestinationTooSmall,
        NeedMoreData,
        InvalidData,
    }
}
```

OperationStatus 的返回值非常适合基于数据转换的操作——比如文本编码——从可索引或可枚举的 source 输入，然后写入可索引的 destination。例如，可以将从字节到十六进制形式的转换写成这样：

```
private static readonly char[] s_hexChars =
    new[] {
    '0', '1', '2', '3', '4', '5', '6', '7',
    '8', '9', 'A', 'B', 'C', 'D', 'E', 'F' };

public static OperationStatus ToHexadecimal(
    ReadOnlySpan<byte> source,
    Span<char> destination,
    out int bytesConsumed,
    out int charsWritten) {

    int i = 0;
    int j = 0;
    for (; i < source.Length && j + 2 < destination.Length; i++, j += 2) {
        destination[j] = s_hexChars[(source[i] & 0xF0) >> 4];
        destination[j + 1] = s_hexChars[source[i] & 0x0F];
    }
    bytesConsumed = i;
    charsWritten = j;
    return i == source.Length ?
    OperationStatus.Done :
    OperationStatus.DestinationTooSmall;
}
```

FromHexadecimal 操作比 ToHexadecimal 操作更复杂，并且也可以返回 OperationStatus 描述的另外两种状态。

- **NeedMoreData**：在输入中出现了奇数个十六进制字符。charsConsumed 之前的所有数据已经被处理并写入 destination。
- **InvalidData**：读到了非十六进制（或者可选的非空白）字符。charsConsumed 之前的所有数据已经被处理并写入 destination。

注意，`InvalidData` 响应不一定以 `source[charsConsumed]` 作为无效输入退出。例如，当处理 `"1Q"` 的输入时，该方法应该在 `charsConsumed` 为 `0` 时退出，因为没有数据成功地从输入转换到输出。

✓**CONSIDER** 对于可以产生部分结果的缓冲区写入方法，考虑使用 `OperationStatus` 方法模式。

可以将输入分解成小块的任何算法——比如从 Base64 读取或写入 Base64，或者扩展压缩数据——都是 `OperationStatus` 方法的良好候选者。这样的方法允许调用者处理任何适合当前缓冲区的数据量并继续，而不需要首先获得一个更大的缓冲区。

```
private int Expand(ReadOnlySpan<byte> source, Stream destination){
    OperationStatus status = _expander.Expand(
        source, _buf,
        out int bytesConsumed, out int bytesWritten);

    switch (status) {
        case OperationStatus.Done:
        case OperationStatus.DestinationTooSmall:
        case OperationStatus.NeedMoreData:
            destination.Write(_buf.AsSpan(0, bytesWritten));
            return bytesConsumed;
    }
    throw new InvalidOperationException();
}
```

✓**DO** 要通过 out 参数报告 `OperationStatus` 方法成功处理的输入值的数量。

✓**CONSIDER** 考虑根据适当的数据类型，将表示 `OperationStatus` 方法已经成功处理数据量的 out 参数命名为 "bytesConsumed"、"charsConsumed" 或 "valuesConsumed"。

✓**DO** 要通过 out 参数报告 `OperationStatus` 方法成功写入的输出值数量，并将其声明在表示成功处理的输入值数量的 out 参数之后。

按照前面的准则，输入缓冲区和输出缓冲区应该分别是第一参数和第二参数，`OperationStatus` 方法一般有如下方法签名，该方法读取一个数字列表：

```
public static OperationStatus ReadInt32List(
    ReadOnlySpan<char> source,
    Span<int> destination,
    out int charsConsumed,
    out int valuesWritten) { ... }
```

✓**DO** 如果 `OperationStatus` 方法需要以特殊的方式处理最后一个输入块，则其应该包括一个名为 "isFinalBlock" 的布尔参数。该参数应该是可选的，默认值为 true。

　　例如，**ToBase64** 需要知道源缓冲区是否代表数据的最后一段，这样它就可以确定是否需要把不完整的一段当作 **NeedsMoreData**，或者是否应该写入填充字符。代码如下：

```
public static OperationStatus ToBase64(
    ReadOnlySpan<byte> source,
    Span<byte> destination,
    out int bytesConsumed,
    out int charsWritten,
    bool isFinalBlock = true) {
    ...
    if (i < source.Length) {
        if (j + 4 <= destination.Length) {
            if (isFinalBlock) {
                // 写入填充的最后一块数据
                ...
                return OperationStatus.Done;
            }
            return OperationStatus.NeedsMoreData;
        }
        return OperationStatus.DestinationTooSmall;
    }
    return OperationStatus.Done;
}
```

✓ **CONSIDER** 考虑为 **OperationStatus** 方法提供一个 **Try-Write** 替代方法。

Try-Write 方法很容易基于 **OperationStatus** 方法来实现，且更高层次的 Try-Write 方法具有更容易使用的方法签名。如果调用者所在的方法本身不能获取更大的目标缓冲区，并且 **InvalidData** 状态是不被期待的，或者他们不能有意义地处理它，该方法的调用者可能会感激你提供了这种简化签名。

```
public bool TryEncode(
    Span<char> destination, out int charsWritten) {

    if (s_header.TryCopyTo(destination)) {
        OperationStatus result = WriteNewlineHexadecimal(
        _data,
        destination.Slice(s_header.Length),
        newlineAfter: 32,
        out _,
        out int written);

        if (result == OperationStatus.Done) {
            charsWritten = written + s_header.Length;
            return true;
        }

        Debug.Assert(result == OperationStatus.DestinationTooSmall);
    }
    charsWritten = 0;
```

```
      return false;
  }
```

如果 WriteNewlineHexadecimal 有一个 Try-Write 替代方法，调用者的代码可以
更简单一些：

```
public bool TryEncode(
    Span<char> destination, out int charsWritten) {

    if (s_header.TryCopyTo(destination) &&
        TryWriteNewlineHexadecimal(
          _data,
          destination.Slice(s_header.Length),
          out int written)) {
        charsWritten = written + s_header.Length;
        return true;
    }
    charsWritten = 0;
    return false;
}
```

TryWriteNewlineHexadecimal 方法本身很容易基于返回 OperationStatus 的
WriteNewlineHexadecimal 方法来实现。

```
public static TryWriteNewlineHexadecimal(
    ReadOnlySpan<byte> source,
    Span<char> data,
    int newlineAfter,
    out int charsWritten) {

    OperationStatus status = WriteNewlineHexadecimal(
        source, data, newlineAfter, out _, out int written));

    switch (status) {
        case OperationStatus.Done:
            charsWritten = written;
            return true;
        case OperationStatus.DestinationTooSmall:
            charsWritten = 0;
            return false;
        default:
            // 根据不同的操作，可能不会有
            // InvalidData 或 NeedMoreData 响应
            throw new AppropriateException();
    }
}
```

如果你的 OperationStatus 方法能够产生大的结果，但是你不能提供一个 API
来估计输出长度，那么你就不应该提供 Try-Write 替代方法。

9.13 最后

　　创建一个成功的框架需要满足极高的要求。它需要奉献精神、知识、实践以及大量艰苦的工作。但是最后，这也可能是软件工程师所能做的最有成就感的工作之一。大型系统框架可以赋能数以百万计的开发者，让他们可以构建以前不可能实现的软件。可扩展的应用框架可以将简单的应用程序变成强大的平台，并使其大放异彩。最后，可重复使用的组件框架可以启发开发者，让他们的应用程序超越一般的应用程序。当你创造出这样的框架时，请务必让我们知道，我们会由衷地祝贺你。

附录 A

C#编码风格约定

与《框架设计指南》不同，这些编码风格约定并不是必需的，只应该被视作建议。我们不强调一定要遵循这些编码惯例的原因是，它们对框架的大多数用户来说没有直接影响。

有许多关于编码风格的约定，每一则都有它自己的背景和理念。我们在这里描述的惯例，或多或少是 .NET BCL 团队在将 .NET 开源到 GitHub 后所使用的。由于其他许多项目已经根据 .NET BCL 团队的编码风格指南设定了其编码风格，本书的第 3 版使用新的事实标准取代了过去本附录中的内容。

大多数开发者更容易理解和参与使用他们已经熟悉的编码风格的代码库，我们鼓励你使用这个附录作为起始点，为新创建的开源 C# 项目制定编码风格约定。

这里的编码风格约定始于以下原则：

- 如果要在提高读者的清晰度和代码的简洁性之间做出选择，那么清晰度会胜出（例如，var 只应在有限的情况下使用）。代码的阅读次数远远大于代码的编写次数，而且代码审查者通常比代码作者拥有更少的上下文信息。

- 如果有两种表达方式，那么首选能够在今后的迭代中减少噪声的方式（例如，在枚举的最后一个声明的值之后添加尾部逗号）。

- 这些约定应该是简单易行的。这意味着它们的数量不会很多，而且只有较少例外情况的风格规则是首选的。例如，Allman 风格的花括号规则比 K&R 风格的花括号规则有更少的例外情况。

> **JEREMY BARTON**　BCL 团队的风格指南，从本书的第 3 版起，只有 17 条规则，可以放到一张纸中展示。本附录将它们拆分成更细的条目并包含相应的示例。

请注意，本书正文中的章节并**没有**遵循这些准则。相反，它们使用了一种更紧凑的、"便于纸张展示"的风格。

A.1　通用风格约定

A.1.1　花括号的使用

.NET BCL 团队使用 Allman 风格的花括号。花括号通常是必需的，即使在编程语言中它们是可选的，本指南中描述了几种例外情况。

✓ **DO** 要将开头的花括号放在下一行，保持与块语句相同的缩进。

```
if (someExpression)
{
    DoSomething();
}
```

✓ **DO** 要将结尾的花括号和开头的花括号对齐。

```
if (someExpression)
{
    DoSomething();
}
```

✓ **DO** 除 do..while 语句的结尾之外，结尾的花括号应该单列一行。

```
if (someExpression)
{
    do
    {
        DoSomething();
    } while(someOtherCondition);
}
else if (someOtherExpression)
{
    ...
}
```

✘ **AVOID** 避免省略花括号，即使语言允许你这样做。

花括号不应该被认为是可有可无的。即使对于单行的语句块，你也应该使用花括号。

这可以提高代码的可读性和可维护性。

```
for (int i = 0; i < 100; i++)
{
    DoSomething(i);
}
```

本规则的例外是 case 语句中的花括号。这些花括号可以省略，因为 case 和 break 语句表明了代码块的开始和结束。

```
case 0:
    DoSomething();
    break;
```

✓ **CONSIDER** 考虑在方法的前置参数校验中省略花括号。

对于方法中前置的所有形式为 if (single LineExpression) { throw ... } 的部分，可以去掉花括号和垂直空白。一旦你添加了空行，或者有除 if ... throw 之外的代码，就表明你脱离了该形式，花括号又成了必需的。最好将方法中的多行条件表达式提取出来，以保持视觉一致性。

```
public void DoSomething(SomeCollection coll, int start, int count)
{
    if (coll is null)
    throw new ArgumentNullException(nameof(coll));
    if ((uint)start < (uint)coll.Count)
        throw new ArgumentOutOfRangeException(nameof(start));
    if (coll.Count — count > start)
        throw new ArgumentOutOfRangeException(nameof(count));

    if (count == 0)
    {
        return;
    }

    ...
}
```

✗ **DON'T** 不要使用 using(dispose) 语句的无花括号的变体。

带有花括号的 using 语句提供了强有力的视觉标志，表明该值何时被释放。就像锁一样，一个可处置的值应该在可行的情况下尽快地被处置。为无花括号的变体添加新代码太过容易，从而不必要扩展可处置的值的作用域，而且将无花括号的版本改为有花括号的版本会给追踪代码变化的 diff 视图增加不必要的噪声。

正确的：
```
using (Element element = GetElement())
```

```
{
    ...
}
```

错误的:
```
using Element element = GetElement();
...
```

✘ **AVOID** 避免使用 await using 语句的无花括号的变体,除非使用 ConfigureAwait 模拟堆叠的 await using 语句。

在 C# 语言允许简单地堆叠 await using 语句并能够适当地使用 ConfigureAwait (在 9.2.6.2 节和 9.4.4.1 节中讨论过)前,无花括号的 await using 语句仍可以用来达到同样的简洁程度,前提是只将它用于一系列的变量声明并且要在一个全新的作用域中。

从 C# 8.0 开始,无花括号的 await using 语句需要额外的变量声明,但是由于 ConfigureAwait 的结果——一个 ConfiguredAsyncDisposable 值——永远不会在方法中被直接使用,你可以使用"var ignored"作为 var 关键字使用限制的例外情况。

可接受的:
```
{
    Element element1 = GetElement(1);
    await using var ignored1 = element1.ConfigureAwait(false);
    Element element2 = GetElement(2);
    await using var ignored 2 = element2.ConfigureAwait(false);
    ...
}
```

错误的:
```
await using Element element1 = GetElement(1);
await using Element element2 = GetElement(2);
...
```

A.1.2　空格的使用

✔ **DO** 当开头的花括号和结尾的花括号与其他代码共用一行时,要在其前后各使用一个空格。不要在行末添加尾部空格。

```
public int Foo { get { return foo; } }
```

✔ **DO** 在方法声明的参数之间,在逗号后一定要使用一个空格。

```
正确的: public void Foo(char bar, int x, int y)
错误的: public void Foo(char bar,int x,int y)
```

✓ **DO** 在调用的参数之间一定要使用单个空格。

```
正确的: Foo(myChar, 0, 1)
错误的: Foo(myChar,0,1)
```

✗ **DON'T** 不要在开头的括号后和结尾的括号前使用空格。

```
正确的: Foo(myChar, 0, 1)
错误的: Foo( myChar, 0, 1 )
```

✗ **DON'T** 不要在成员名称和开头的括号之间使用空格。

```
正确的: Foo()
错误的: Foo ()
```

✗ **DON'T** 不要在方括号的前后使用空格。

```
正确的: x = dataArray[index];
错误的: x = dataArray[ index ];
```

✓ **DO** 在控制流语句的关键字和括号之间一定要使用空格。

```
正确的: while (x == y)
错误的: while(x == y)
```

✓ **DO** 在二元运算符的前后一定要使用空格。

```
正确的: if (x == y) { ... }
错误的: if (x==y) { ... }
```

✗ **DON'T** 不要在一元运算符的前后使用空格。

```
正确的: if (!y) { ... }
错误的: if (! y) { ... }
```

A.1.3　缩进的使用

✓ **DO** 一定要使用四个连续的空格字符来表示缩进。

✗ **DON'T** 不要使用制表符表示缩进。

✓ **DO** 要缩进代码块的内容。

```
if (someExpression)
{
    DoSomething();
}
```

✓ **DO** 即使没有使用花括号，也要缩进 case 代码块。

```
switch (someExpression)
{
   case 0:
      DoSomething();
      break;
   ...
}
```

✓**DO** 要为 goto 标签减少一级缩进。

```
private void SomeMethod()
{
   int iteration = 0;

start:
   ...

   if (...)
   {
nested_label:
      iteration++;
      goto start;
   }

   ...
}
```

✓**DO** 要为单个表达式的所有后续行增加一级缩进。

```
bool firstResult = list.Count > 0 ?
   list[list.Length − 1} > list[0] :
   list.Capacity > 1000;

string complex =
   _table[index].Property.Method(methodParameter).
      Method2(method2Parameter, method2Parameter2).
      Property2;
```

✓**DO** 当一个方法声明或方法调用过长时，在第一个参数之前要折行，增加一级缩进，
并且每行只包括一个参数。

```
private void SomeMethod(
   int firstParameter,
   string secondParameter,
   bool thirdParameter,
   string fourthParameter)
{
   ...

   SomeOtherMethod(
      firstParameter * 100,
```

```
            fourthParameter,
            thirdParameter &&
                secondParameter.Length > fourthParameter.Length, 22);

        ...
    }
```

> ■ **JEREMY BARTON**　我们没有将行宽设置作为风格指南的一部分。我把 IDE 的指导行宽设置为 120 个字符，一般来说，对于大多数 IDE 配置和基于 Web 的代码浏览器而言，这已经窄到足以避免水平滚动。然而，我把它当作一个"软"限制，当添加换行符使得该行代码难以阅读时，我就会选择违反这个限制。

A.1.4　垂直空白

✓ **DO** 在控制流语句前一定要添加一个空行。

✓ **DO** 除非下一行也是结尾的花括号，否则一定要在结尾的花括号后添加一个空行。

```
while (!queue.IsEmpty)
{
    Element toProcess = queue.Pop()

    if (toProcess == null)
    {
        continue;
    }

    if (!toProcess.IsDone)
    {
        ...
    }
}
```

✓ **DO** 要在代码的"段落"后面添加一个空行，以提高可读性。

```
switch (someExpression)
{
    case 0:
        DoSomething();
        break;
    ...
}
```

> ■ **JEREMY BARTON**　当后续的代码与前面的代码主观上不那么相关时，我会添加一个空行来进行分隔。
>
> ```
> int size = value.BitCount;
> ```

```
size = (size + 7) / 8;

byte[] tmp = new byte[size];

...
```

A.1.5　成员修饰符

.NET BCL 团队认为修饰符的典型使用顺序是：public、private、protected、internal、static、extern、new、virtual、abstract、sealed、override、readonly、unsafe、volatile、async。下面的准则和例子大多数只是更具体地表达了这一点。

✓ **DO** 一定要显式指定可见性修饰符。

正确的：
```
internal class SomeClass
{
    private object _lockObject;
    ...
}
```

错误的：
```
class SomeClass
{
    object _lockObject;
    ...
}
```

✓ **DO** 一定要将可见性修饰符作为第一个修饰符。

正确的：`protected abstract void Reset();`
错误的：`abstract protected void Reset();`

✓ **DO** 对于静态成员或静态类，一定要在可见性修饰符之后立即指定 static 修饰符。

正确的：`private static readonly ConcurrentQueue<T> ...`
错误的：`private readonly static ConcurrentQueue<T> ...`

✓ **DO** 对于 extern 方法，一定要在 static 修饰符之后立即指定 extern 方法修饰符。

正确的：`private static extern IntPtr CreateFile(...);`
错误的：`private extern static IntPtr CreateFile(...);`

✓ **DO** 一定要在 static 修饰符之后立即指定成员槽修饰符（new、virtual、abstract、sealed 或者 override）（如果需要指定的话）。

```
正确的：public static new SomeType Create(...)
错误的：public new static SomeType Create(...)
```

✔ **DO** 一定要在成员槽修饰符之后立即为字段或方法指定 readonly 修饰符（如果需要指定的话）。

```
正确的：private new readonly object _lockObject = new object();
错误的：private readonly new object _lockObject = new object();
```

✔ **DO** 一定要在 readonly 修饰符之后立即为方法指定 unsafe 修饰符（如果需要指定的话）。

```
正确的：public readonly unsafe Matrix Multiply(...)
错误的：public unsafe readonly Matrix Multiply(...)
```

✔ **DO** 一定要在 static 修饰符之后为字段指定 volatile 修饰符（如果需要指定的话）。

本准则跳过了字段的 readonly 修饰符，因为 volatile 和 readonly 是互斥的修饰符。

```
正确的：private static volatile int s_instanceCount;
错误的：private volatile static int s_instanceCount;
```

✔ **DO** 当需要使用 async 修饰符时，一定要将它作为最后的方法修饰符。

```
正确的：public readonly async Task CloseAsync(...)
错误的：public async readonly Task CloseAsync(...)
```

✔ **DO** 对于一个可以被派生类型或同一程序集中的其他类型调用的成员，一定要使用 "protected internal"，而不是 "internal protected" 来修饰。

```
正确的：protected internal void Reset()
错误的：internal protected void Reset()
```

✔ **DO** 对于一个可以被同一程序集中的派生类型调用的成员，一定要使用 "private protected"，而不是 "protected private" 来修饰。

```
正确的：private protected void Reset()
错误的：protected private void Reset()
```

A.1.6 其他

✔ **DO** 一定要在枚举的最后一个成员的后面添加可选的尾部逗号。

✓ **DO** 对于通过对象初始化器为属性赋值的场景，或通过集合初始化器添加元素的场景，当初始化器跨越多行时，一定要添加可选的尾部逗号。

提供尾部逗号可以避免在变更的 `diff` 视图中出现不必要的行，即在最后一行多出一个逗号。

正确的：
```
public enum SomeEnum
{
    First,
    Second,
    Third,
}
```

错误的：
```
public enum SomeEnum
{
    First,
    Second,
    Third
}
```

✗ **DON'T** 不要使用 "`this.`"，除非是必需的。

如果正确命名了私有成员，就不需要 "`this.`"，除非需要调用扩展方法。在字段上使用下画线作为前缀，已经为字段访问和变量访问做出了区分。

✓ **DO** 在变量声明和方法调用中，要使用语言关键字（`string`、`int`、`double` 等），而不是 BCL 中的类型名称（`String`、`Int32`、`Double` 等）。

正确的：
```
string[] split = string.Split(message, Delimiters);
int count = split.Length;
```

错误的：
```
String split = String.Split(message, Delimiters);
Int32 count = split.Length;
```

✗ **DON'T** 不要使用 `var` 关键字，除非是用于接收 `new`、`as` 类型转换或 "强制" 类型转换的值。

在 .NET 的核心库中，我们只在已经指定了类型名称的情况下使用 `var`。在调用工厂方法、调用 "大家都知道" 返回类型的方法（如 `String.IndexOf`）或接收 `TryParse` 方法的结果时，我们不会使用 `var`。当需要接收 `new`、`as` 类型转换或 "强制" 类型转换的值时，我们也不强制使用 `var`，我们把它留给代码作者自行判断。

可接受的（没有 var）：
```
StringBuilder builder = new StringBuilder();
```

```
List<int> list = collection as List<int>;
string built = ProcessList(list, builder);
SomeType fromCache = cache.Get<SomeType>();

if (int.TryParse(input, out int parsedValue)
{
    ...
}
```

可接受的（最大化地使用了 var）：

```
var builder = new StringBuilder();
var list = collection as List<int>;
string built = ProcessList(list, builder);
SomeType fromCache = cache.Get<SomeType>();

if (int.TryParse(input, out int parsedValue)
{
    ...
}
```

错误的（在不允许的情况下使用了 var）：

```
var builder = new StringBuilder();
var list = collection as List<int>;
var built = ProcessList(list, builder);
var fromCache = cache.Get<SomeType>();

if (int.TryParse(input, out var parsedValue)
{
    ...
}
```

✓ **DO** 要尽可能使用对象初始化器。

当面对对属性赋值顺序有要求的类型时，这条规则可以被忽略。就像大多数规则的例外情况一样，应该在注释中解释为什么不应该变更代码以使用对象初始化器。对象初始化器实际上会遵循属性赋值顺序，但它并不像多条赋值语句那样"看起来"有序。

正确的：

```
SomeType someType = new SomeType
{
    PropA = ...,
    PropB = ...,
    PropC = ...,
}
```

可接受的：

```
// PropB 首先被设置
SomeType someType = new SomeType
{
    PropB = ...,
};
```

```
someType.PropA = ...;
someType.PropC = ...;
```

不推荐的:
```
SomeType someType = new SomeType();
someType.PropB = ...;
someType.PropA = ...;
someType.PropC = ...;
```

✓ **DO** 要尽可能使用集合初始化器。

正确的:
```
SomeCollection someColl = new SomeCollection
{
    first,
    second,
    third,
};
```

不推荐的:
```
SomeCollection someColl = new SomeCollection();
someColl.Add(first);
someColl.Add(second);
someColl.Add(third);
```

✓ **CONSIDER** 当属性或方法的实现不太可能改变时，考虑使用表达式主体（expression-bodied）来定义成员。

```
public partial class UnseekableStream : Stream
{
    public bool CanSeek => false;

    public override long Seek(long offset, SeekOrigin origin) =>
        throw new NotSupportedException();
}
```

✓ **DO** 当实现不太可能改变时，一定要使用自动实现的属性。

```
internal partial class SomeCache
{
    internal long HitCount { get; private set; }
    internal long MissCount { get; private set; }
}
```

✓ **DO** 要将代码限制为 ASCII 字符，在需要时对非 ASCII 值使用 Unicode 转义序列（\uXXXX）。

按照第 3 章的命名规则，代表履历（对某人的工作和教育经历的单页描述）的类应该被命名为"Resume"（不含变音符号）。如果你仍然想把它命名为"Résumé"，则

可以将 é 写成 "\u00E9"。

```
public partial class R\u00E9sum\u00E9
{
    ...
}

...
string nihongo = "\u65E5\u672C\u8A9E";
```

✓**DO** 在引用一个类型、成员或参数的名称时，要使用 nameof(...) 语法，而不是字面量的字符串。

正确的: throw new ArgumentNullException(nameof(target));
错误的: throw new ArgumentNullException("target");

✓**DO** 在可能的情况下，要对字段应用 readonly 修饰符。

在对类型为 struct 的字段应用 readonly 修饰符时要小心。如果该结构体没有被声明为 readonly，那么相应的属性和方法调用可能会对该值进行本地复制，从而导致性能问题。

✓**DO** 要使用 if...throw，而不是赋值表达式抛出（assignment–expression–throw）的方式来校验参数。

在赋值语句中使用表达式抛出异常会导致终结器中的一些字段有的被赋值而有的没有被赋值的细微错误。虽然终结器并不常见，但是使用 if...throw 可以毫无例外地适用于有终结器和无终结器的类型，以及无论是在一般方法中还是在构造函数中。

正确的:
```
public SomeType(SomeOtherType target, ...)
{
    if (target is null)
        throw new ArgumentNullException(nameof(target));
    ...

    _target = target;
    ...
}
```

错误的:
```
public SomeType(SomeOtherType target, ...)
{
    _target = target ??
        throw new ArgumentNullException(nameof(target));
    ...
}
```

A.2　命名约定

一般来说，我们建议遵循《框架设计指南》来命名标识符。然而，在命名内部的和私有的标识符时，会出现一些《框架设计指南》之外的额外约定和例外情况。

✓**DO** 除了命名私有的和内部的字段，在命名标识符时一定要遵循《框架设计指南》。

✓**DO** 命名空间、类型和成员的名称，一定要使用 PascalCasing 风格，内部的和私有的字段除外。

```
namespace Your.MultiWord.Namespace
{
    public abstract class SomeClass
    {
        internal int SomeProperty { get; private set; }
        ...
    }
}
```

✓**DO** 对本地常量和常量字段的命名也一定要使用 PascalCasing 风格，互操作代码除外，因为它应该与被调用代码的名称完全一致。

```
internal class SomeClass
{
    private const DefaultListSize = 32;

    private bool Encode()
    {
        const int RetryCount = 3;
        const int ERROR_MORE_DATA = 0xEA;

        ...
    }
}
```

✓**DO** 对私有的和内部的字段一定要使用 camelCasing 风格。

✓**DO** 对私有的和内部的实例字段请使用前缀"_"（下画线），对私有的和内部的静态字段请使用前缀"s_"，而对私有的和内部的线程静态字段请使用前缀"t_"。

这些前缀对于代码审查者来说是非常有价值的。当看到方法从一个字段中读取数据或将数据写入一个字段时，代码审查者就能理解为什么该方法没有被声明为 static。将数据写入字段表明要持久化某个状态。从静态字段读取或写入静态字段表示共享持久化状态，会有潜在的线程安全问题。对线程静态字段需要更多的关注，因为它们在 await 之后可能会丢失数据，也可能在该线程上从未被初始化。

```
internal partial class SomeClass
```

```
    {
        [ThreadStatic]
        private static byte[] t_buffer;

        private static int s_instanceCount;

        private int _instanceId;
    }
```

✓**DO** 对局部变量一定要使用 camelCasing 风格。

✓**DO** 对参数一定要使用 camelCasing 风格。

✗**DON'T** 不要使用匈牙利表示法（即不要在变量的名称中标明其类型）。

A.3 注释

我们应该使用注释来描述意图、大致算法和逻辑流程。如果除作者之外的其他人只通过阅读注释就能理解函数的行为和目的，那么将是最理想的状态。虽然没有最低限度的注释要求，有些非常小的代码段根本就不需要注释，但对于大多数不复杂的例程来说，最好还是提供反映作者意图和方法的注释。

✗**DON'T** 除非注释描述的是对代码作者之外的其他人来说不明显的东西，否则就不要使用注释。

✗**AVOID** 避免使用多行注释语法（/* ... */）进行注释。即使注释需要跨越多行，也应采用单行注释语法（// ... ）。

```
// 实现了可变长度的列表，使用对象数组来存储元素
// 列表有容量，它是分配的内部数组的长度
// 随着元素的加入，它会通过重新分配内部数组来实现动态扩容
public class List<T> : IList<T>, IList
{
    ...
}
```

✗**DON'T** 不要把注释放在行末，除非注释非常短。

✗**AVOID** 避免将注释放在行末，即使注释很短。

```
// 避免
public class ArrayList
{
    private int count; // -1 表明数组未被初始化
}
```

✗**AVOID** 避免在注释中使用人称代词"我"。

代码的所有权会随着时间的推移而改变，特别是在长期存在的软件项目中，将使得注释中"我"的指代在不查阅代码历史的前提下会变得模糊不清。

- 与其说"我发现……"，不如表述成"根据 2019 年汇总的 TPS 报告……"。
- 使用"我们"来指代团队或项目。"我们已经检查了 null，所以……"。
- 考虑将方法人格化："这个方法要有 source 和 destination 参数；destination 的容量至少要比 source 大 1 倍"。
- 在必要时可以考虑使用被动语态："输入都被证明是单调的偶数，所以现在……"。

A.4　文件组织

✗ **DON'T** 在一个源文件中不要有一个以上的公开类型，除非它们只在通用参数的数量上有区别，或者一个被嵌套在另一个当中。

一个文件中有多个内部类型是允许的，尽管人们还是倾向于"每个文件只有一个（顶级）类型"。

✓ **DO** 要使用文件所包含的公开类型的名称来命名源文件。

例如，String 类应该位于一个名为"String.cs"的文件中，List<T> 类应该位于一个名为"List.cs"的文件中。

✓ **DO** 要使用主文件的名称和用"."（英文句号）分隔的文件内容的逻辑描述来命名 partial 类型的源文件，如"JsonDocument.Parse.cs"。

✓ **DO** 要按命名空间的层次结构来组织目录层次。

例如，System.Collections.Generic.List<T> 的源文件应该位于 System\Collections\Generic 目录下。

对于所有类型都有共同命名空间前缀的程序集，移除空的顶层目录是一种常见的做法。因此，一个来自公共前缀为"SomeProject"的程序集的名为"SomeProject.BitManipulation.Simd"的类型，通常可以在 <projectroot>\BitManipulation\Simd.cs 中找到。

✓ **DO** 要将成员按照下列指定的顺序分组：

- 所有的常量字段
- 所有的静态字段
- 所有的实例字段
- 所有自动实现的静态属性

- 所有自动实现的实例属性
- 所有的构造函数
- 剩余的成员
- 所有的嵌套类型

✓ **CONSIDER** 考虑将上述"剩余的成员"按照下列指定的顺序分组：

- 公开属性或受保护的属性
- 方法
- 事件
- 所有显式的接口实现
- 内部成员
- 私有成员

✓ **DO** 要将 using 指令放在命名空间声明之外。

```
using System;

namespace System.Collections
{
    ...
}
```

✓ **DO** 要按字母顺序对 using 指令排序，但是要将所有的系统命名空间放在前面。

```
using System;
using System.Collections.Generic;
using Microsoft.Win32.SafeHandles;

namespace System.Diagnostics
{
    ...
}
```

附录 B

过时的准则

每个新功能都有可能会淘汰一些曾经被认为是框架基础的东西，比如 Task 取代了 IAsyncResult。虽然有些功能没有真正地被替代，也不会过时，但是因为与场景的相关性变低，缺乏一致性的使用而被废弃，例如代码访问安全（Code Access Security，CAS）。然而，过时是相对的，所以本附录中记录了一些不再普遍适用于新的框架或新的框架功能的准则，但是它们可能与你正在进行的项目有关。

本附录中的章节编号反映了该内容在上一版中的章节编号，在上一版中它们仍是有效的准则。例如，如果你之前的笔记中有一条指向 3.8 节的资源命名规则，那么现在它将是 B.3.8 节（附录 B，以前的第 3 章第 8 节）。

即使你不需要本附录中的准则，你也可能有兴趣看看发生了什么变化。在归档到本附录的每个章节的开头都有一个标记，标明 "☞ 为什么会在这里"，描述了为什么该准则不再适用于新的框架或新的框架功能。

本附录中不包含仅在以前版本的基础上修改的准则。

B.3　命名准则中的过时准则

B.3.8　命名资源

> **☞ 为什么会在这里**　在本书第 3 版的更新中，我们观察到，资源字符串很少（如果有的话）作为公开 API 暴露出去。我们在准则中规定，不要直接暴露本地化资源——

> 在任何地方暴露本地化资源，都应该像对待所有公开的（或受保护的）成员一样，具体问题具体处理。

因为本地化资源可以通过某些对象被引用，就像属性一样，所以资源的命名准则类似于属性准则。

✓ **DO** 资源的键名一定要使用 PascalCasing 风格。

✓ **DO** 要使用描述性的名称，而不是简短的标识符。

要尽可能保持简洁，但不要为了简短而牺牲可读性。

✗ **DON'T** 不要使用面向 CLR 的主要编程语言中的语言特定关键字。

✓ **DO** 在命名资源时，应该只使用字母、数字字符和下画线。

✓ **DO** 对于异常消息的资源，请务必使用以下命名惯例。

资源标识符应该是异常类型名称加上异常的简短标识符。

```
ArgumentExceptionIllegalCharacters
ArgumentExceptionInvalidName
ArgumentExceptionFileNameIsMalformed
```

B.4　类型设计准则中的过时准则

B.4.1　类型和命名空间

B.4.1.1　标准子命名空间的命名

> **☞为什么会在这里**　在本书的第 2 版和第 3 版之间，代码访问安全（CAS）已被废弃，不再需要 4.1.1.2 节中的准则。主互操作程序集（Primary Interop Assembly）从某种程度来说是非常罕见的，这使得 4.1.1.3 节的内容更令人感到困惑，而非更具洞见。4.1.1.1 节的内容被替换成了一句话。
>
> 　B.4.1.1 节中的准则与本书 4.1 节中的准则并不矛盾，只是不再普遍适用。

使用频率低的类型应该被放在子命名空间中，以避免使主命名空间变得混乱。我们已经确定了几组类型，它们应该与相应的主命名空间分开。

B.4.1.1.1　.Design 子命名空间

仅用于设计时的类型应该驻留在一个命名为 ".Design" 的子命名空间中。例如，System.Windows.Forms.Design 包含了 Designer 和与设计基于 System.Windows.Forms 的应用程序相关的类型。

```
System.Windows.Forms.Design
System.Messaging.Design
System.Diagnostics.Design
```

✓ **DO** 要使用后缀为 ".Design" 的子命名空间囊括那些为基础命名空间提供设计时功能的类型。

B.4.1.1.2　.Permissions 子命名空间

权限类型应该存在于一个命名为 ".Permissions" 的子命名空间中。

✓ **DO** 要使用带有 ".Permissions" 后缀的子命名空间来囊括那些为基础命名空间提供自定义权限的类型。

> ◾ **KRZYSZTOF CWALINA**　在 .NET 框架命名空间的最初设计中，所有与给定的功能领域相关的类型都曾被放在同一个命名空间中。在首次发布前，我们将与设计相关的类型转移到了带有 ".Design" 后缀的子命名空间中。遗憾的是，我们没有机会为 Permission 类型做同样的事情。这在框架的几个部分中是一个问题。例如，System.Diagnostics 命名空间中的大部分类型都是安全基础设施所需的类型，API 的终端用户很少使用。

B.4.1.1.3　.Interop 子命名空间

许多框架需要保持与遗留组件的互操作性。在设计互操作性时，应该从头开始做审慎的调查。然而，相较于优秀的托管框架设计，通常该问题从本质上要求这类互操作性 API 的结构与风格有很大的不同。因此，把与遗留组件的互操作相关的功能放在同一个子命名空间中是合理的。

你不应该把对非托管概念进行彻底抽象的类型放到 Interop 子命名空间中，并把它们作为托管类型公开。在通常情况下，托管的 API 是通过调用非托管代码来实现的。例如，System.IO.FileStream 类在 Windows 上调用 Win32 的 CreateFile，这是完全可以接受的，并不意味着 FileStream 类需要被放在 System.IO.Interop 命名空间中，因为 FileStream 完全抽象了 Win32 的概念，并公开暴露了一个很好的被托管的抽象。

✓**DO** 要使用带有 ".Interop" 后缀的子命名空间来囊括那些为基础命名空间提供互操作功能的类型。

✓**DO** 在主互操作程序集（PIA）中的所有代码都要使用带有 ".Interop" 后缀的命名空间。

B.5 成员设计准则中的过时准则

B.5.4 事件的设计

B.5.4.1 自定义事件处理器的设计

☞ 为什么会在这里 自定义事件处理器是在 .NET Framework 1.0 和 .NET Framework 1.1 中声明事件处理器的唯一方式。当 .NET Framework 2.0 引入了泛型之后，我们的准则就变成了在"新的" CLR 运行时使用 EventHandler<T> 类型，当需要与 .NET Framework 1.0/1.1 一起工作或为了维持已有功能的一致性时，才使用自定义事件处理器。

微软公司于 2009 年停止支持 .NET Framework 1.0，并于 2015 年停止支持 .NET Framework 1.1。目前所有的 .NET 运行时环境都已经支持泛型，所以对任何新的事件都应该使用 EventHandler<T> 类型。

在非常罕见的情况下，你仍可能需要定义自定义事件处理器，以便与已有的功能保持一致，在这种情况下，这些准则仍然适用。

在某些情况下不能使用 EventHandler<T>，例如，当框架需要与早期不支持泛型的 CLR 一起工作时。在这种情况下，你可能需要设计和开发自定义事件处理委托。

✓**DO** 事件处理器的返回类型一定要为 void。

一个事件处理器可以触发多个对象上的多个事件处理方法。如果事件处理器允许返回值，那么每个事件的调用都带来多个返回值。

✓**DO** 要使用 object 作为事件处理器的第一个参数的类型，并将其命名为 sender。

✓**DO** 要使用 System.EventArgs 或其子类作为事件处理器的第二个参数的类型，并将其命名为 e。

✗**DON'T** 事件处理器不应该有两个以上的参数。

下面的事件处理器遵循前面所有的准则。

```
public delegate void ClickedEventHandler(object sender,
    ClickedEventArgs e);
```

■ CHRIS ANDERSON　为什么？人们总是会问这个问题。归根结底，这只是一种模式而已。通过将事件参数打包到一个类中，可以带来更好的语义。通过将相同的 (sender, e) 作为所有事件的签名，人们很容易理解和学习。我回想了一下 Win32 的情况有多糟糕——例如，当数据被存在 WPARAM 中而不是 LPARAM 中时，等等。这种模式也有副作用，开发者会默认假设事件处理器只能与事件发送者和事件的参数一起工作。

B.7　异常设计准则中的过时准则

B.7.4　设计自定义异常

■ ☞为什么会在这里　在本书的第 2 版和第 3 版之间，代码访问安全（CAS）和部分信任异常被废弃。虽然你应当考虑一条异常消息是否被过度共享，但是通过 CAS 权限来改变包含在消息中的数据数量不再普遍适用。

没有部分信任，确保"只被信任的代码"可以做任何事情变得不再可能，因为反射可以访问私有字段。

✓**DO** 要通过覆写的方式来报告安全敏感的信息。只有在获取适当的权限后，才可以调用 ToString。

如果权限要求失败，则返回一个过滤了安全敏感信息的字符串。

■ RICO MARIANI　不要在任何通用可访问的数据结构中存储 ToString 的结果，除非该数据结构能够在不被信任的代码中恰当地保证安全性。该建议适用于所有的字符串，但是由于异常字符串经常包含敏感信息，所以我在此重申这条建议。

✓**DO** 在私有的异常状态中，只能存储有用的安全敏感信息，并且要确保只有受信任的代码才能获得这些信息。

B.8 常见类型使用准则中的过时准则

B.8.10 序列化

> ■ ☞**为什么会在这里**　用户经常去变更他们想要序列化的数据以及数据格式。回想一下过去 .NET 内部提供的序列化器，从 XML 到 JSON 的转变，以及其他格式将来取代 JSON 的可能性，似乎最好的答案是说，框架不应该把自身限定在任何特定的技术上，相应地，应该让应用开发者来做决定。

序列化是将对象转换为可以随时保存或传输的格式的过程。例如，你可以将一个对象序列化，使用 HTTP 在互联网上传输，并在目标机器上反序列化它。

.NET 提供了三种主要的序列化技术，并为多种序列化场景进行了优化。表 8-1 中列出了这些技术，以及与这些技术相关的主要框架类型。

表 8-1　NET 序列化技术

技术名称	主要类型	场　　景
数据协议序列化	DataContractAttribute DataMemberAttribute DataContractSerializer NetDataContractSerializer DataContractJsonSerializer ISerializable	一般持久化 Web 服务 JSON
XML 序列化	XmlSerializer	XML 格式，可完全控制 XML 的形状
运行时序列化（二进制和 SOAP）	SerializableAttribute ISerializable BinaryFormatter SoapFormatter	.NET 远程处理（.NET Remoting）

当你设计新的类型时，你应该决定这些类型需要支持哪些序列化技术。下面的准则描述了如何做选择，以及如何提供支持。请注意，这些准则并不是帮助你选择在实现应用程序或库时应该使用什么序列化技术。这些准则与 API 设计没有直接的关系，因此不在本书的范围内。

　✓**DO** 当你设计新的类型时，一定要考虑序列化。

对于任何类型来说，序列化都是设计时的重要考虑因素，因为程序可能需要持久化或传输类型的实例。

B.8.10.1　选择正确的序列化技术

对于任何给定的类型，它可以不支持、支持一种或支持多种序列化技术。

✓ **CONSIDER**　如果类型的实例可能需要被持久化或在 Web 服务中使用，请考虑支持数据协议序列化。

关于支持数据协议序列化的细节，请参见 8.10.2 节。

✓ **CONSIDER**　如果你需要对类型序列化时产生的 XML 格式有更多的控制，请考虑支持 XML 序列化，而不是支持数据协议序列化。当然，也可以在数据协议序列化之外支持 XML 序列化。

这在某些互操作性场景中可能是必要的，你需要使用 XML 结构，这不是数据协议序列化所支持的，例如，产生 XML 属性。关于支持 XML 序列化的细节，请参见 8.10.3 节。

✓ **CONSIDER**　如果类型的实例需要在 .NET Remoting 中使用，请考虑支持运行时序列化。

关于支持运行时序列化的细节，请参见 8.10.4 节。

✗ **AVOID**　如果是为了一般的持久化场景，则要避免支持运行时序列化或 XML 序列化，应该首选数据协议序列化。

B.8.10.2　支持数据协议序列化

通过对类型应用 `DataContractAttribute` 特性和对类型的成员（字段和属性）应用 `DataMemberAttribute` 特性，可以为类型提供数据协议序列化的支持。

```
[DataContract]
class Person {

    [DataMember]string lastName;
    [DataMember]string FirstName;

    public Person(string firstName; string lastName){ ... }

    public string LastName {
        get { return lastName; }
    }

    public string FirstName {
        get { return firstName; }
    }
}
```

✓ **CONSIDER**　如果类型可以被用于部分信任，请考虑将该类型的数据成员标记为公开的。

在完全信任中，数据协议序列化器可以序列化和反序列化非公开的类型和成员，但在部分信任中只有公开成员可以被序列化和反序列化。

✓ **DO** 在所有具有 DataMemberAttribute 特性的属性上都要实现 getter 和 setter。

数据协议序列化器需要 getter 和 setter 来确保该类型是可序列化的[1]。如果该类型不会被用于部分信任，这两个属性访问器可以是非公开的。

```
[DataContract]
class Person {

    string lastName;
    string firstName;

    public Person(string firstName, string lastName){
        this.lastName = lastName;
        this.firstName = firstName;
    }

    [DataMember]
    public string LastName {
        get { return lastName; }
        private set { lastName = value; }
    }

    [DataMember]
    public string FirstName {
        get { return firstName; }
        private set { firstName = value; }
    }
}
```

✓ **CONSIDER** 在初始化反序列化实例时，考虑使用序列化回调。

当对象被反序列化时，构造函数不会被调用[2]。因此，任何在正常构造过程中执行的逻辑都需要在序列化回调中重新实现。

```
[DataContract]
class Person {

    [DataMember] string lastName;
    [DataMember] string firstName;
    string fullName;

    public Person(string firstName, string lastName){
```

1　在 .NET Framework 3.5 SP1 中，一些集合的属性可以是只读的。

2　这条规则也有例外。对于用 CollectionDataContractAttribute 标记的集合，它们的构造函数在反序列化时仍会被调用。

```
      this.lastName = lastName;
      this.firstName = firstName;
      fullName = firstName + " " + lastName;
   }

   public string FullName {
      get { return fullName; }
   }

    [OnDeserialized]
   void OnDeserialized(StreamingContext context) {
      fullName = firstName + " " + lastName;
   }
}
```

OnDeserializedAttribute 是最常用的回调特性。这个家族中的其他特性有
OnDeserializingAttribute、OnSeralizingAttribute 和 OnSerializedAttribute。
它们可以用来标记分别在反序列化之前、序列化之前和最终序列化完成之后执行的
回调。

✓ **CONSIDER** 在反序列化复杂的对象结构时，考虑使用 KnownTypeAttribute 来标
明应该用于反序列化的具体类型。

例如，如果一个反序列化数据成员的类型是抽象类，序列化器将需要通过已知类型
提供的信息来确定实例化和分配给成员的具体类型。如果没有使用特性来指定已知
类型，则需要显式地传递给序列化器（可以通过向序列化器构造函数传递已知类型
来实现），或者在配置文件中指定。

```
[KnownType(typeof(USAddress))]
[DataContract]
class Person {

   [DataMember] string fullName;
   [DataMember] Address address; // Address 是抽象的
   public Person(string fullName, Address address){
      this.fullName = fullName;
      this.address = address;
   }

   public string FullName {
      get { return fullName; }
   }
}

[DataContract]
public abstract class Address {
   public abstract string FullAddress { get; }
}
```

```
[DataContract]
public class USAddress : Address {

    [DataMember] public string Street { get; set; }
    [DataMember] public string City { get; set; }
    [DataMember] public string State { get; set; }
    [DataMember] public string ZipCode { get; set; }

    public override string FullAddress { get {
    return Street + "\n" + City + ", " + State + " " + ZipCode; }
    }
}
```

在已知类型列表（当 Person 类被编译时）不是静态列表的情况下，KnownTypeAttribute 也可以指向一个可以在运行时返回已知类型列表的方法。

✓ **DO** 在创建或改变可序列化的类型时，一定要考虑向后和向前的兼容性。

请记住，被类型的后续版本序列化的流可以被类型的现行版本反序列化，反之亦然。确保你理解：数据的成员，即使是内部的和私有的，在类型的后续版本中也不能改变它们的名称、类型，甚至顺序，除非特别注意使用了数据协议属性的显式参数来维护协议。

在对可序列化的类型进行修改时，要测试序列化的兼容性。试着将新版本反序列化为旧版本，反之亦然。

✓ **CONSIDER** 考虑实现 IExtensibleDataObject，以允许在不同版本的类型之间进行转换。

该接口可以帮助序列化器确保在转换过程中没有数据丢失。IExtensibleDataObject.ExtensionData 属性被用来存储来自该类型后续版本的任何数据，这些数据对于当前版本来说是未知的，所以不能将其存储在当前版本的数据成员中。当当前版本随后被序列化和反序列化为后续版本时，额外的数据在序列化的流中仍然是可用的。

```
[DataContract]
class Person : IExtensibleDataObject {

    [DataMember] string fullName;

    public Person(string fullName){
        this.fullName = fullName;
    }

    public string FullName {
        get { return fullName; }
    }
```

```
    ExtensionDataObject serializationData;
    ExtensionDataObject IExtensibleDataObject.ExtensionData {
        get { return serializationData; }
        set { serializationData = value; }
    }
}
```

B.8.10.3　支持 XML 序列化

数据协议序列化是 .NET 中主要（默认）的序列化技术，但有些序列化场景是数据协议序列化所不支持的。例如，它不能让你完全控制由序列化器产生或消费的 XML 的形状。如果需要这种精细的控制，就必须使用 XML 序列化，而且你需要对类型做一定的设计来支持这种序列化技术。

✖ **AVOID** 避免专门为 XML 序列化设计类型，除非你有非常强烈的理由来控制其产生的 XML 的形状。这种序列化技术已经被上一节中讨论的数据协议序列化所取代。

换句话说，不要将 System.Xml.Serialization 命名空间的属性应用于新的类型，除非你知道这个类型会与 XML 序列化一起使用。下面的例子显示了如何使用 System.Xml.Serialization 来控制产生的 XML 的形状。

```
public class Address {
    [XmlAttribute] // 序列化为 XML 属性，而非元素
    public string Name { get { return "John Smith"; } set { } }

    [XmlElement(ElementName = "StreetLine")] // 显式命名的元素
    public string Street = "1 Some Street";
    ...
}
```

✓ **CONSIDER** 如果你想对序列化的 XML 的形状进行更多的控制，而不是应用 XML 序列化属性所提供的功能，则可以考虑实现 IXmlSerializable 接口。该接口的 ReadXml 和 WriteXml 两个方法，允许你完全控制序列化的 XML 流。你还可以通过应用 XmlSchemaProviderAttribute 来控制为该类型生成的 XML 模式。

B.8.10.4　支持运行时序列化

运行时序列化是 .NET Remoting 使用的一项技术。如果你认为你的类型将使用 .NET Remoting 进行传输，则需要确保它们支持运行时序列化。

对运行时序列化的基本支持可以通过应用 SerializableAttribute 来提供，更高阶的方案是需要实现简单的运行时可序列化模式（实现 ISerializable 并提供序列化

构造函数）。

✓ **CONSIDER** 如果你的类型将被用于 .NET Remoting，请考虑支持运行时序列化。例如，System.AddIn 命名空间使用了 .NET Remoting，因此所有在 System.AddIn 之间交换的类型，都支持运行时序列化。

```
[Serializable]
public class Person {
    ...
}
```

✓ **CONSIDER** 如果你想完全控制序列化过程，则应当考虑实现运行时序列化模式。例如，如果你想在数据序列化或反序列化时转换数据。

这种模式非常简单。你所需要做的就是实现 ISerializable 接口，并提供一个在对象被反序列化时使用的特殊构造函数。

```
[Serializable]
public class Person : ISerializable {
    string fullName;

    public Person() { }

    protected Person(SerializationInfo info, StreamingContext context) {
        if (info == null) throw new System.ArgumentNullException("info");
        fullName = (string)info.GetValue("name", typeof(string));
    }

    [SecurityPermission(
        SecurityAction.LinkDemand,
        Flags = SecurityPermissionFlag.SerializationFormatter)
    ]
    void ISerializable.GetObjectData(
        SerializationInfo info,
        StreamingContext context)
    {
        if (info == null) throw new System.ArgumentNullException("info");
        info.AddValue("name", fullName);
    }

    public string FullName {
        get { return fullName; }
        set { fullName = value; }
    }
}
```

✓ **DO** 一定要使序列化构造函数是受保护的，并提供两个参数，其类型和命名与下面的示例完全一样。

```
[Serializable]
public class Person : ISerializable {
    protected Person(SerializationInfo info, StreamingContext context) {
        ...
    }
}
```

✓**DO** 要显式实现 ISerializable 成员。

```
[Serializable]
public class Person : ISerializable {
    void ISerializable.GetObjectData(...) {
        ...
    }
}
```

✓**DO** 要对 ISerializable.GetObjectData 的实现应用 LinkDemand。这样可以确保只有完全受信任的核心代码和运行时序列化器能够访问该成员。

```
[Serializable]
public class Person : ISerializable {
    [SecurityPermission(
        SecurityAction.LinkDemand,
        Flags = SecurityPermissionFlag.SerializationFormatter)
    ]
    void ISerializable.GetObjectData(...) {
        ...
    }
}
```

B.9 通用设计模式中的过时准则

B.9.2 异步模式

> ■ ☞**为什么会在这里** 基于任务的异步模式，结合语言对生成任务的支持（例如，C# 的 async/await、F# 的 async/let!/use!/do!），已经成功取代了经典异步模式和基于事件的异步模式。

.NET 框架使用两种不同的 API 模式来模拟异步 API：所谓的经典异步模式（Classic Async Pattern，或 Async Pattern）和较新的基于事件的异步模式（Event-Based Async Pattern，或 Async Pattern for Components）。本节将介绍这两种模式的细节，以及在设计异步 API 时应该如何选择。

B.9.2.1　在异步模式之间做出选择

本节讨论为实现异步 API 选择适当模式的标准。这两种模式的主要区别在于，基于事件的异步模式是面向可用性以及与视觉设计者的整合而优化的；经典异步模式是面向更强的功能和更少的代码而优化的。

> ■ **STEVEN CLARKE**　在我们的可用性调研中明确指出了这一点。在调研中，大多数参与者都能在无须阅读任何文档的情况下成功地使用基于事件的异步模式。但是，对于那些不熟悉经典异步模式的开发者，如果他们不花时间阅读文档，在使用经典异步模式时就会遇到很多困难。
>
> 　　对于 API 来说，虽然可用性并不是说不看文档就能使用该 API，但是对于一些用户来说，支持边学边做的 API 比不支持该模式的 API 要更好。

经典异步模式提供了一个强大而灵活的编程模型，但在易用性方面有所欠缺，尤其是将其应用于面向图形设计者的组件时。造成模式之间可用性差异的主要原因如下：

- 经典异步模式的回调是在任意线程上执行的，而不是适用于应用模型的线程（例如，Windows Forms 应用程序的 UI 线程）。
- 目前，Visual Studio 不支持使用经典异步模式，因为它是基于委托而不是基于事件的。Visual Studio 为定义和关联事件处理器提供了大量的支持，而基于事件的异步模式充分利用了这种支持。

> ■ **GREG SCHECHTER**　另外，即使我们忽略了视觉设计者，VB.NET 的代码编辑器与 WithEvents 相结合，也为我们实现和关联事件处理器提供了比委托更多的支持。

✓ **DO** 如果你的类型是面向视觉设计者的组件（即，如果该类型实现了 IComponent），则一定要实现基于事件的异步模式。

✓ **DO** 如果你必须支持等待句柄，则一定要实现经典异步模式。

支持等待句柄主要是为了能够同时启动多个异步操作，然后等待一个或所有操作的完成。

✓ **CONSIDER** 如果你正在设计高级 API，请考虑实现基于事件的异步模式。例如，聚合组件（参见 9.2.4 节）就应该实现这种模式。

✓ **CONSIDER** 考虑为低级 API 实现经典异步模式，在这种情况下，可用性不如功能、内存开销和灵活性重要。

> ▪ **JOE DUFFY** 该决定于我而言是非常简单的。如果你开发的类型会被其他库或框架的开发者使用，就使用经典异步模式。使用者会感谢其灵活性。如果你开发的类型会被应用程序开发者使用，则应该总是首选基于事件的异步模式。使用者会感谢其简单性，以及与 Visual Studio 的集成。

✖ **AVOID** 避免在单个类型或单一的相关类型集合上同时实现这两种模式。

同时实现这两种模式的组件可能会让一些用户感到困惑。例如，对于一个同步方法 SomeMethod 来说，将会有 4 个相应的异步操作：

```
SomeMethod
SomeMethodAsync
BeginSomeMethod
EndSomeMethod
SomeMethodCompleted
```

B.9.2.2 经典异步模式

简单来说，经典异步模式是一种命名、方法签名和行为惯例，用于提供可用来执行异步操作的 API。该异步模式的主要元素包括以下内容：

- Begin 方法，用于启动一个异步操作。
- End 方法，用于完成一个异步操作。
- IAsyncResult 对象，从 Begin 方法返回，其本质上是用于代表单个异步操作的标记。它包含方法和属性，提供异步操作的一些基本信息。
- 异步回调，这是一个由用户提供的方法，被传递给 Begin 方法，当异步操作完成时被调用。
- State 对象，这是一个由用户提供的状态，可以传递给 Begin 方法，然后它会被传递给异步回调。这个对象通常被用来向异步回调传递调用者指定的数据。

下面的准则阐述了与经典异步模式的 API 设计部分有关的惯例。这些准则并不涉及实现该模式的细节。

请注意，本书假定已经存在实现该操作的同步方法。异步操作与同步操作一起提供是很常见的，但这并不是一个绝对的要求。

✓ **DO** 在定义异步操作的 API 时，请务必使用以下惯例。例如，给定一个名为 Operation 的同步方法，应该提供具有以下签名的 BeginOperation 和 EndOperation 方法（注意，out 参数是可选的）。

```
// 同步方法
public <return> Operation(<parameters>,<out params>)

// 异步模式
public IAsyncResult BeginOperation(<parameters>, AsyncCallback
callback, object state)

public <return> EndOperation(IAsyncResult asyncResult, <out params>)
```

例如，System.IO.Stream 定义了一个同步的 Read 方法，以及相应的 BeginRead 和 EndRead 方法。

```
public int Read(byte[] buffer, int offset, int count)
```

```
public IAsyncResult BeginRead(byte[] buffer, int offset, int count,
    AsyncCallback callback, object state)
```

```
public int EndRead(IAsyncResult asyncResult)
```

✓**DO** 要确保 Begin 方法的返回类型实现了 IAsyncResult。

✓**DO** 要确保同步方法的任何按值传递的参数和 ref 参数在 Begin 方法中是按值传递的参数。同步方法的 out 参数不应出现在 Begin 方法的签名中。

✓**DO** 要确保 End 方法的返回类型与同步方法的返回类型相同。

```
public abstract class Stream {
    public int Read(byte[] buffer, int offset, int count)
    public int EndRead(IAsyncResult asyncResult)
}
```

✓**DO** 要确保同步方法的任何 out 和 ref 参数在 End 方法中被表示为 out 参数。同步方法的按值传递的参数不应出现在 End 方法的签名中。

✗**DON'T** 如果 Begin 方法抛出异常，则不要继续进行异步操作。

如果一个方法需要表明异步操作无法正常启动，那么这个方法应该抛出异常。在这个方法抛出异常后，就不应该再调用异步回调了。

✓**DO** 要严格遵循下列步骤来提醒调用者异步操作已经完成。

- 将 IAsyncResult.IsCompleted 设置为 true。
- 通知从 IAsyncResult.AsyncWaitHandle 返回的等待句柄。
- 调用异步回调。

■ **JOE DUFFY** 异步回调不能被转移到特定的线程中。将工作事项放到线程池中进行调用，以至于在操作完成时不能复用当前的调用栈是没有任何问题的。如果操作能够同步完成,这可能会特别有用。你不应该使用 SynchronizationContext、Windows Forms 的 Control.Invoke 和 WPF 的 Dispatcher 等将回调集合到另一个线程中。经典异步模式的好处之一是,它在这方面是一致的。如果你发现自己需要这样的回调,则说明你应该考虑使用基于事件的异步模式。

✓ **DO** 如果异步操作不能成功完成,则要从 End 方法中抛出异常。

这提供了一个确定的地方来捕获这些异常。

✓ **DO** 一旦 End 方法被调用,就要同步完成所有剩余的工作。

换句话说,End 方法应该阻塞,直到操作完成,最后返回数据。

✓ **CONSIDER** 如果 End 方法被调用了两次,而且调用的是同一个 IASyncResult,或者 IASyncResult 是从一个不相关的 Begin 方法返回的,则应当考虑抛出 InvalidOperationException 异常。

✓ **DO** 当且仅当异步回调将在调用 Begin 方法的线程上运行时,要将 IAsyncResult.CompletedSynchronously 设置为 true。

▪ **BRIAN GRUNKEMEYER** CompletedSynchronously 属性的意义不是用于报告异步操作的底层细节,而是帮助异步回调处理可能的堆栈溢出问题。某些调用者可能想要在他们的回调中再次调用 Begin 方法,将回调再次传递给嵌套的 Begin 方法。如果回调是在同一个线程上调用的,这就会导致堆栈溢出。通过检查这个属性,回调可以知道它是在用户线程的任意堆栈深度还是在线程池线程的底层运行的。

是的,我知道,这个名字可能选得不好,其本可以选用 CallbackRunningOn ThreadpoolThread 或 CallbackCanContinueCallingBeginMethodName 之类的名字。

B.9.2.3 经典异步模式的基本实现示例

下面的例子展示了经典异步模式的基本实现。这个具体的实现只是为了用来说明问题。尽管该实现对于理解经典异步模式很有用,但在异步操作方面它不能提供最优的性能,因为它利用了委托中的异步能力。这里使用到了远程层,所以在性能和资源消耗方面都不是最优的。

```
public class FiboCalculator {
    delegate void Callback(int count,ICollection<decimal> series);
    private Callback callback = new Callback(GetFibo);
```

```
    // 开始生成序列的过程并返回 IAsyncResult
    public IAsyncResult BeginGetFibo(
        int count,
        ICollection<decimal> series,
        AsyncCallback callback,
        object state)
    {
        return this.callback.BeginInvoke(count,series,callback,state);
    }

// 阻塞直到生成序列的过程完成
public void EndGetFibo(IAsyncResult asyncResult) {
    this.callback.EndInvoke(asyncResult);
}

// 生成前 N 个斐波那契数
public static void GetFibo(
    nt count, ICollection<decimal> series)
{
    for (int i = 0; i < count; i++) {
        decimal d = GetFiboCore(i);
        lock (series) {
            series.Add(d);
        }
    }
}

// 返回第 N 个斐波那契数
static decimal GetFiboCore(int n) {
    if (n < 0) throw new ArgumentException("n must be > 0");
    if (n == 0 || n == 1) return 1;
        return GetFiboCore(n-1) + GetFiboCore(n-2);
    }
}
```

■ **CHRISTOPHER BRUMME** 实现该模式更好的方式是提供基于 ThreadPool.QueueUserWorkItem 的 Begin 和 End 方法。本质上，首先将状态放入 QueueUserWorkItem 中，然后从中获取状态，通过这种方式，避免了远程消息所带来的开销。这很容易实现，同时性能比使用异步委托时要好得多。

■ **BRIAN GRUNKEMEYER** 在使用异步 I/O 来实现异步设计时，请考虑 System.Threading.Overlapped 和 System.Threading.Threadpool.BindHandle。BindHandle 在内部将一个句柄绑定到 Win32 的 I/O 完成端口，这是操作系统处理异步 I/O 最高效的方式，它允许操作系统根据需求对 I/O 线程进行节流。使用 Overlapped 类提供的 NativeOverlapped*，你可以把它传递给接收

> LPOVERLAPPED 的 Win32 方法。要确保用于异步 I/O 操作的任意缓冲区都被传递给 Overlapped.Pack 或 UnsafePack；否则，当异步 I/O 操作正在进行时，如果应用程序域被卸载，将会损坏内存。

B.9.2.4 基于事件的异步模式

在通常情况下，异步 API 是在同步 API 之外额外提供的。在下列关于如何定义异步 API 的准则中，均假设同步版本已经存在，但是重要的是，要记住，如果组件只想暴露异步 API，那么同步方法就不是必需的。

B.9.2.4.1 定义异步方法

为每个希望提供异步版本的同步方法定义一个异步方法。异步方法应该返回 void，并采用与同步方法相同的参数（参见 5.8.3 节，处理 out 和 ref 参数）。并且，应该通过在同步方法的名称后面加上"Async"后缀来为该方法命名。

此外，可以为该异步方法定义一个重载，增加一个名为"userState"的对象参数。如果异步操作的 API 支持多个并发调用，请这样做，在这种情况下，userState 将会被传递回事件处理器，以区分每个调用。

例如，给定下面的同步方法：

```
public class SomeType {
    public SomeReturnType Method(string arg1, string arg2);
}
```

应该添加以下异步方法：

```
public class SomeType {
public void MethodAsync(string arg1, string arg2);

    // 可选的
    public void MethodAsync(string arg1, string arg2, object userState);

    public SomeReturnType Method(string arg1, string arg2);
}
```

✓ **DO** 如果组件定义了没有 userState 参数的异步方法，则要确保在前一个调用完成之前，对该方法的任何调用都将抛出 InvalidOperationException 异常。

要为每个异步方法定义以下事件：

```
public class SomeType {
    public event EventHandler<MethodCompleteEventArgs> MethodCompleted;
```

```
    public void MethodAsync(string arg1, string arg2);
    public void MethodAsync(string arg1, string arg2, object userState);
    public SomeReturnType Method(string arg1, string arg2);
}
```

✓ **DO** 要确保在适当的线程上调用事件处理器。这是使用基于事件的异步模式比使用经典异步模式好的地方之一。

对于给定的应用程序模型来说，在适当的线程上调用事件处理器是至关重要的。该框架提供了一种机制，即 **AsyncOperationManager**，可以轻松并且一致地做到这一点。该机制确保组件在所有应用程序模型的使用中都是一样的。

✓ **DO** 要确保在操作成功完成、出错或取消时，总是调用事件处理器。应用程序不应该无限期地等待那些永远不会发生的事情。当然，一个例外是，实际的异步操作本身从未开始或完成。

```
public class MethodCompletedEventArgs : AsyncCompletedEventArgs {
    public SomeReturnType Result { get; }
}
```

✓ **DO** 对于一个失败的异步操作，在访问其事件参数的属性[1]时，要确保代码会抛出异常。换句话说，如果在完成任务时出现了错误，那么就不应该去访问它的结果。

✗ **DON'T** 不要为无效方法定义新的事件处理器或事件参数类型。应该使用 AsyncCompletedEventArgs、AsyncCompletedEventHandler 或 EventHandler< AsyncCompletedEventArg>代替。

B.9.2.5 支持 out 和 ref 参数

上面的例子仅限于接收一般输入参数的同步方法，没有涉及 out 和 ref 参数。虽然在一般情况下不鼓励使用 out 和 ref，但有时它们是不可避免的。

给定一个带有 out 参数的同步方法，该方法的异步版本应该从其签名中移除 out 参数。相反，out 参数应该作为 EventArgs 类的只读属性公开。属性的名称和类型应该与 out 参数的名称和类型相同。

同步方法的 ref 参数应该作为异步版本的输入参数出现，并作为 EventArgs 类的只读属性。属性的名称和类型应该与 ref 参数的名称和类型相同。

例如，给定下面的同步方法：

```
public string Method(object arg1, ref int arg2, out long arg3)
```

---

1 这仅指携带异步操作结果的属性，而不是携带错误信息的属性。

异步版本看起来应该像下面这样：

```
public void MethodAsync(object arg1, int arg2);

public class MethodCompletedEventArgs : AsyncCompletedEventArgs {
    public string Result { get; }
    public int Arg2 { get; }
    public long Arg3 { get; }
}
```

B.9.2.6 支持取消

该模式支持取消等待中的操作，这是可选的。取消操作应该通过 CancelAsync 方法暴露出来。

如果异步操作支持多个未完成的操作，也就是说，如果异步方法采用了 userState 参数，那么取消方法也应该相应地接收 userState 参数；否则，该方法不应该接收任何参数。

```
public class SomeType {

    public void CancelAsync(object userState);
    // 如果不支持多个未完成的操作
    // 则应该是 public void CancelAsync();

    public SomeReturnType Method(string arg1, string arg2);
    public void MethodAsync(string arg1, string arg2);
    public void MethodAsync(string arg1, string arg2, object userState);
    public event MethodCompletedEventHandler MethodCompleted;
}
```

✓ **DO** 要确保在取消的场景下，将事件参数类的 Cancelled 属性设置为 true，并且任何访问结果的调用都会引发 InvalidOperationException 异常，以表明该操作被取消了。

✓ **DO** 如果特定的操作不能被取消，则应该忽略对取消方法的调用，而不是直接引发一个异常。这样做的原因是，一般来说，一个组件无法知道某个操作在任意情况下是否真的可以取消，也无法知道之前发出的取消是否成功了。然而，应用程序总是知道是否取消成功了，因为事件参数类的 Cancelled 属性表明了这一点。

B.9.2.7 支持进度报告

在异步操作中提供进度报告是一个常见的需求，它也是可行的。接下来将介绍提供这种支持的 API。

如果一个异步操作需要支持进度报告，则添加一个额外的事件，名为 ProgressChanged，它由异步操作触发。

```
public class SomeType {
    public event EventHandler<ProgressChangedEventArgs> ProgressChanged;

    public void CancelAsync(object userState);
    public SomeReturnType Method(string arg1, string arg2);
    public void MethodAsync(string arg1, string arg2);
    public void MethodAsync(string arg1, string arg2, object userState);
    public event MethodCompletedEventHandler MethodCompleted;
}
```

传递给处理程序的 ProgressChangedEventArgs 参数，带有一个类型为整数的进度指示器，其值在 0 和 100 之间。

```
// 这是由框架定义的标准类型
public class ProgressChangedEventArgs : EventArgs {
    public ProgressChangedEventArgs(int progressPercentage, object userState);
    public object UserState { get; }
    public int ProgressPercentage { get; }
}
```

请注意，在大多数情况下，无论有多少异步操作，该组件都只有一个 ProgressChanged 事件。客户端应该使用传递到操作中的 userState 对象来区分多个协程的进度更新。

可能有这样的情况：有多个操作均支持进度报告，并且它们各自返回不同的进度指示器。在这种情况下，单个 ProgressChanged 事件就不再合适了，实现者可以考虑根据情况支持多个 ProgressChanged 事件。在这种情况下，具体的进度事件应该被命名为 <MethodName>ProgressChanged。

进度报告的基本实现使用了 ProgressChangedEventArgs 类和 EventHandler< ProgressChangedEventArgs> 委托。如果需要更多特定领域的进度指示器（例如，读取的字节数），则可以选择自定义和使用 ProgressChangedEventArgs 的子类。

■ **GREG SCHECHTER** 有些人可能会说，使用介于 0.0 和 1.0 之间的浮点数作为 ProgressPercentage 的值更合适。我们选择整数，是为了能更好地将进度映射到进度条控制器上，它也是使用了 0～100 的整数。

✓**DO** 如果你实现了 ProgressChanged 事件，则应当确保在某个异步操作的完成事件被触发后，不会再次触发 ProgressChanged 事件。

GREG SCHECHTER　如果你要触发的进度更新和完成事件来自同一个线程，则应当确保在某个操作完成后不会再发生进度更新事件。如果它们来自不同的线程，那么你可能无法在不影响并发性的前提下做到这一点。因此，在这种情况下，就不必过于强求了。

✓ **DO**　如果使用标准的 ProgressChangedEventArgs，则请确保 ProgressPercentage 总是可以被解释为百分比（它不需要一定是一个百分之百准确的百分比值，但它代表的意义必须是百分比）。如果你必须使用不同的进度报告指标，那么 ProgressChangedEventArgs 的子类更合适，同时 ProgressPercentage 属性值应该始终为 0。

CHRIS SELLS　请保持进度报告向前移动，如果不是出于其他原因，就是因为当我的家人看到一个进度报告是向后退的时候，他们会取笑我，认为这是我的错。就我个人而言，我实现过几个进度百分比算法，尽管我还是无法让它们在一个操作的所有阶段都能够表现得很流畅，但是它们总是在向前移动的。事实上，我认为你必须付出额外的努力才能使它们向后移动。

B.9.2.8　支持增量结果

有些时候，异步操作可以在完成之前定期返回增量结果。根据约束条件的不同，有许多不同的选项可以用来支持相应的情况。

如果组件支持多个异步操作，每个操作都能够返回增量结果，那么这些增量结果应该具有相同的类型。

✓ **DO**　当有增量结果需要通过报告返回时，一定要触发 ProgressChanged 事件。

✓ **DO**　要通过扩展 ProgressChangedEventArgs 来携带增量结果数据，并使用该扩展后的类型来定义 ProgressChanged 事件。

如果多个异步操作返回了不同类型的数据，则应该使用下面的方法。

✓ **DO**　要把增量结果报告和进度报告分开。

✓ **DO**　要为每个异步操作定义单独的 <MethodName>ProgressChanged 事件，并传递适当的事件参数，以便处理该操作的增量结果数据。

> **CHRIS SELLS**　我发现 System.ComponentModel.BackgroundWorker 组件是用于实现基于事件的异步模式的便捷方式（如果你需要的话）。同时，它本身也是实现该模式的绝佳示例。

B.9.4　Dispose 模式

B.9.4.2　可终结的类型

> **☞为什么会在这里**　在将本书更新到第 3 版时，我们将避免（AVOID）在公开类型上使用终结器，变更为不要（DON'T）在公开类型上使用终结器，以反映终结器在实践中是非常罕见的。然后，我们重写了这一节的内容，以区分公开类型和内部类型上的终结器。

可终结的类型是指通过覆写终结器并在 Dispose(bool) 方法中调用 Finalize 来扩展基本 Dispose 模式的类型。

终结器是出了名的难以被正确实现，主要是因为你不能在其执行过程中对系统的状态做出某些（通常是有效的）假设。你应该仔细思考下面的准则。

请注意，有些准则不仅适用于 Finalize 方法，而且适用于从终结器中调用的任何代码。在基本 Dispose 模式下，这意味着当 disposing 参数为 false 时，在 Dispose(bool disposing) 中执行的逻辑。

如果基类已经是可终结的，并且实现了基本 Dispose 模式，你就不应该再覆写 Finalize。你应该直接覆写 Dispose(bool) 方法，以提供额外的资源清理逻辑。

> **HERB SUTTER**　如果可以的话，你不会真的想去编写一个终结器。除了本章前面已经提到的问题，为类型编写终结器会使类型的使用成本更高，即使该终结器从未被调用。例如，分配可终结的类型开销更大，因为还必须把它放到可终结的对象列表上。这里的开销是无法避免的，即使对象在构建过程中立即抑制了其终结（例如，通过语义在 C++ 堆栈中创建一个托管对象）。

下面的代码展示了一个可终结的类型：

```
public class ComplexResourceHolder : IDisposable {

    private IntPtr _buffer; // 非托管的内存缓冲区
    private SafeHandle _resource; // 资源的可处置句柄
```

```
    public ComplexResourceHolder() {
        _buffer = ... // 分配内存
        _resource = ... // 分配资源
    }

    protected virtual void Dispose(bool disposing) {
        if (_buffer != IntPtr.Zero) {
            ReleaseBuffer(_buffer); // 释放非托管的内存
            _buffer = IntPtr.Zero;
        }
        if (disposing) { // 释放其他可处置的对象
            _resource?.Dispose();
        }
    }

    ~ComplexResourceHolder() {
        Dispose(false);
    }

    public void Dispose() {
        Dispose(true);
        GC.SuppressFinalize(this);
    }
}
```

✖ **AVOID** 避免使类型是可终结的。

仔细思考你认为需要终结器的任何情况。从性能和代码复杂性的角度来看，与终结器关联的实例是有实际开销的。在可能的情况下，最好使用资源包装器如 SafeHandle 来封装非托管的资源，在这种情况下，就没有必要使用终结器了，因为资源包装器会负责清理自己的资源。

▪ **CHRIS SELLS** 当然，如果你正在围绕非托管的资源实现自己的托管包装器，则要求为它们实现可终结的类型模式。

▪ **BRIAN GRUNKEMEYER** 如果你正在为系统资源——如句柄或内存——实现包装类，请考虑使用 SafeHandle。它会帮助你处理所有棘手的可靠性和安全性的问题，保证资源最终以线程安全的方式被释放。此外，这通常意味着你不需要为该类型实现任何终结器，尽管你仍需要实现 IDisposable。

▪ **JOE DUFFY** 终结器对象的额外开销具体体现在三个地方。首先，在分配时，对象必须在 GC 中被注册为可终结的。这使得创建对象的成本更高。其次，当这类对象被发现无法到达时，它们必须被移动到一个特殊的等待被终结的队列中。这实际上将该对象的释放推迟到了下一次 GC 中。第三，终结器线程需要额外的时间处理等待被终结的队列，然后执行对象上的终结器。因为只有一个终结器线程，所以有太多的可终结对象会影响伸缩性。在一个负载很大的服务器上，你可能会发现处理器 100% 的时间都在运行终结器。

■ **VANCE MORRISON**   对非托管的资源进行包装的唯一原因是需要有一个终结器。如果你正在包装非托管的资源，在理想的情况下，这应该是该类唯一做的事情，而且你应该使用 SafeHandle 来处理它。因此，"普通"的类型不应该有终结器。

✗ **DON'T** 不要使值类型是可终结的。

只有引用类型才能真正地被 CLR 终结，因此，试图在值类型上放置终结器的任何行为都会被忽略。C# 和 C++ 的编译器会强制执行这一规则。

✓ **DO** 如果一个类型负责释放自身没有终结器的非托管资源，则要务必使该类型是可终结的。

在实现终结器时，只需要调用 Dispose(false) 并将所有的资源清理逻辑放在 Dispose(bool disposing) 方法中。

```
public class ComplexResourceHolder : IDisposable {

    ~ComplexResourceHolder() {
        Dispose(false);
    }

    protected virtual void Dispose(bool disposing) {
        ...
    }
}
```

✓ **DO** 在每个可终结的类型上都要实现基本 Dispose 模式。关于基本 Dispose 模式的细节，请参见 9.4.1 节。

这给该类型的用户提供了一种方式，可以显式地对终结器所负责的那些相同的资源进行确定性的清理。

■ **JEFFREY RICHTER**   这条准则非常重要，应该始终遵守，没有例外。如果没有这条准则，类型的使用者将不能正确地控制资源。

> ■ **HERB SUTTER** 语言应该对这种情况发出告警。如果你拥有终结器，那么你必须要有一个析构函数（Dispose）。

✕ DON'T 不要访问终结器代码路径中的任何可终结对象，因为有很大的风险，它们可能已经被终结了。

例如，如果一个可终结的对象 A 拥有对另一个可终结的对象 B 的引用，就不能可靠地在 A 的终结器中使用 B，反之亦然。终结器是被随机调用的（对于关键的终结来说，缺乏一个弱的顺序保证）。

另外，需要注意的是，存储在静态变量中的对象会在应用程序域卸载或退出过程中的某些时刻被回收。如果 Environment.HasShutdownStarted 返回 true，那么访问一个指向可终结对象的静态变量（或调用一个引用了静态变量的静态方法）可能是不安全的。

> ■ **JEFFREY RICHTER** 注意，访问未装箱的值类型字段是可以的。

✓ DO 要确保 Finalize 方法是受保护的。

C#、C++ 和 VB.NET 的开发者不需要担心这个问题，因为编译器会帮助强制执行这一准则。

✕ DON'T 不要从终结器逻辑中抛出异常，除非是系统层面的关键性故障。

如果从终结器中抛出异常，CLR 将关闭整个进程，阻止其他终结器的执行和资源的可控释放。

附录 C

API 规范示例

修订人：Immo Landwerth

设计者最好在设计之初就提前考虑到本书中描述的所有准则，并应该在设计框架功能的初始阶段就写好相应的 API 规范，本附录就提供了这样一个 API 规范的示例。尽管这类 API 规范并不会描述功能的全部细节，但其实实在在地突出了设计中最重要的元素是需要在前期完成的。这个示例在很大程度上是基于我们在 GitHub 上开发 .NET 平台时所使用的规范的。它的内容是我们能找到的最简单的，同时其又能很好地说明 API 规范的各个部分、流程和优先级，旨在描述遵守本书所述准则的框架 API 是什么样的。该规范非常强调使用示例代码来展现 API 的使用方式。事实上，这些示例代码是在实际功能被实现甚至在做原型设计之前就写好的。

> ■ **IMMO LANDWERTH** 规范可以包含一个功能的许多方面，例如安全性、性能、全球化或者兼容性等。不要让完美主义成为做好一件事的敌人。保持规范的简单，你就可以专注于手头的问题，这样你和你的团队才能尽早地看到大局。避免使用那种试图覆盖一切的规范模板。相反，应该把重点放在理论基础、用户体验、需求的几个要点，以及为该功能量身定做的开放式设计上。然而，让所有的规范遵循相似的结构是有价值的，因为其提供了共同的语言，使人们可以更快地阅读文档。

规范：Stopwatch

测量经过的时间很简单，只需要结合 `Environment.TickCount` 做简单的数学计算。

```
long before = Environment.TickCount;
Thread.Sleep(1000);
Console.WriteLine(Environment.TickCount - before);
```

然而，这种方式有一些缺点：

- 不够精确。系统计时器的频率通常为 10~16 毫秒。这对于需要更精确的测量需求来说效果并不好。
- 影响代码流。追踪正确的变量并进行数学计算会使编码变得更加混乱，常常使得代码流变得难以理解。

Windows 操作系统通过 QueryPerformanceCounter 和 QueryPerformanceFrequency API 提供了更高精度的系统计时器，这些计时器通常用于性能的测试、优化以及统计。

> **BRAD ABRAMS** 尽管我认为按照非托管 API 来描述托管 API，以便让使用者能快速理解它的功能是什么完全没有问题，但是请不要让非托管 API 的结构和功能影响你的设计，你要为你的用户构建正确的 API，而不是直接去克隆该非托管 API。

Stopwatch 是上述 API 的简单封装，它可以在不影响代码流的情况下为经过的时间提供高精度的测量结果。

场景及用户体验

> **KRZYSZTOF CWALINA** 场景是 API 规范中最重要的部分，应该紧随介绍编写。在实际设计 API 之前先要编写示例代码，这样做设计往往能为你带来成功。对于那些绕过编写示例代码而直接进行设计的 API，在使用时往往过于复杂，不能自我解释，最终不得不在后续版本中进行订正。

测量经过的时间

```
Stopwatch watch = new Stopwatch();
watch.Start();
Thread.Sleep(1000);
Console.WriteLine(watch.Elapsed);
```

复用 Stopwatch

```
Stopwatch watch = Stopwatch.StartNew();
Thread.Sleep(1000);
Console.WriteLine(watch.Elapsed);
watch.Reset();
watch.Start();
Thread.Sleep(2000);
Console.WriteLine(watch.Elapsed);
```

测量累积区间

下面的例子测量了处理一个订单列表所需的时间，它并不包含对订单集合中元素进行枚举所需的时间。

```
Stopwatch watch = Stopwatch();
foreach (Order order in orders)
{
    watch.Start();
    order.Process();
    watch.Stop();
}
Console.WriteLine(watch.Elapsed)
```

要求

目标

- 所提供的 API 要达到 QueryPerformanceCounter 的精度和准确率。
- 大多数操作应该只需要一行代码。时间测量功能不应该影响应用程序的代码流。
- 必须要能在没有 QueryPerformanceCounter 的 Windows 系统上工作。

非目标

- 允许开发者自定义计时器的精度。

> ■ **IMMO LANDWERTH**　思考哪些问题是你的 API 不需要去解决的，这很有用。本节的目标是涵盖人们可能认为你正在努力解决但会把范围扩大的问题。你可以根据早期的反馈和审查，在这一节中增加一些项目，提出你想要锁定的范围。

设计

API

> **■ KRZYSZTOF CWALINA**　这部分经常被用于规范的审查过程，用于发现与命名、
> 一致性和复杂度等相关的问题。用户会为了熟悉新 API 而浏览参考文档，它为审查
> 者提供了与这些用户最终所见对象模型相似的类型。

```
namespace System.Diagnostics
{
    public class Stopwatch
    {
        public Stopwatch();
        public static Stopwatch StartNew();

        public void Start();
        public void Stop();
        public void Reset();

        public bool IsRunning { get; }

        public TimeSpan Elapsed { get; }
        public long ElapsedMilliseconds { get; }
        public long ElapsedTicks { get; }

        public static long GetTimestamp();
        public static readonly long Frequency;
        public static readonly bool IsHighResolution;
    }
}
```

行为

- 如果 QueryPerformanceCounter 和 QueryPerformanceFrequency 可用，
  Stopwatch 将使用它们。在旧的操作系统版本中，该 API 将回退到使用
  Environment.TickCount。
- Start()。如果 Stopwatch 已经启动，则该操作不会做任何事情。
- Stop()。如果 Stopwatch 已经停止，则该操作不会做任何事情。
- ElapsedTicks 和 ElapsedMilliseconds 可能溢出。
- IsHighResolution 表示系统是否提供高精度的计时器。如果它返回 false，
  Stopwatch 将使用 Environment.TickCount。

Q & A

> **■ IMMO LANDWERTH** 决策是伴随着功能的演进而做出的。将问题作为子标题添加到这里，并为你的决策做出相应的解释。这样一来，你就很容易关联到特定的问题。

当你发现自己不得不在讨论中解释一些东西时，请考虑更新你的规范，并附上你的回答。这样一来，你就可以避免重复解释同一件事情。

在旧版本的 Windows 上是否会支持这个 API？

是的。API 将回退到（相对）不精确的 `Environment.TickCount`。在这个 API 发布的时候，许多机器上仍然运行着还不支持 `QueryPerformanceCounter` 的 Windows 版本。然而，与直接使用 `Environment.TickCount` 相比，`Stopwatch` 在可用性方面也有很大的提高。通过让所有的开发者使用这个新的 API，我们能够确保当他们的操作系统升级到较新的 Windows 版本时，测量结果将自动变得更加精确。

附录 D

不兼容变更

你在可复用库中所做的每一个变更都有可能破坏一些东西。如果让一个方法变得更快，你可能会在不经意间触发调用者代码中的竞态条件。如果让方法在某种特定的情况下变慢，而让它在一般的场景中执行得更快，则它可能会超出调用者所允许的最大时间，或者触发另外的竞态条件。修复不正确的返回值，通常来说是好的，但有些调用者可能会在有意或无意间对错误的返回值产生依赖。

本附录涉及许多不同类型的变更、可能被变更破坏的事情种类，以及 .NET BCL 团队是否愿意在 .NET 的核心库中接受这些变更。此外，这些内容是以附加的形式呈现的，而非规定性的。如果你面向的是一个使用者较少的库，那么你应该比 .NET 的底层生态系统更容易接受这类不兼容变更。

对不兼容变更进行分类的方法有很多，本附录将把不兼容变更归类为以下一种或多种：运行时、编译、重新编译或反射。

运行时不兼容是指在现有的程序中，由于使用了包含变更的较新版本的库而引起可被观察到的变化。在本附录中，运行时不兼容通过 🏃 标记。

当现有的程序或库在引用一个包含变更的较新版本的库而不能重新编译时，就叫作编译不兼容。编译不兼容通过 ↻ 标记。

当现有的程序或库仅仅由于重新编译了包含变更的库的较新版本而导致不同的行为时，就叫作重新编译不兼容。重新编译不兼容通过 ↺ 标记。

反射不兼容是指在现有的程序中，由于使用了包含变更的较新版本的库而引起可被观察到的变化，且只有在使用反射访问数据时才会遇到。在本附录中，被归类为运行时不兼容或编译不兼容的不兼容不会被当作反射不兼容，除非反射不兼容有其独特的地方。

反射会立即认识到任何元数据的变化，可能会也可能不会有不同的行为，这取决于调用者的代码。除非是个别有趣的地方需要单独考虑，否则这里不讨论仅限于元数据的反射变化。反射不兼容通过 ✍ 标记。

在 .NET API 的审查中，"编译不兼容"和 "重新编译不兼容"经常被归类为"源头不兼容"（source-breaking changes）。然而，本附录还是对其进行了区分，以便更好地解释每种变更的后果。

像大多数框架设计准则一样，本附录侧重于公开类型，以及这些类型上的公开成员或受保护的成员（除非另有说明）。基于反射对内部成员或私有成员的访问，总是会因为删除或改变这些成员而导致不兼容，一般要结合运行时或编译时的变化来进行讨论。

最后，一般能被.NET BCL 团队允许的修改用 ✓ 表示，而通常不被允许的修改用 ✕ 表示。有几种类型的修改是非常具体的，用 ❓ 标出。

D.1 修改程序集

D.1.1 改变程序集的名称（✕ 🏃 ∪ ⌒ ✍ ）

在保持文件名不变的情况下，改变一个程序集的名称，将导致任何需要该程序集中所包含类型的进程加载类型失败。这种失败在运行时可能表现为非直观的异常，如 `FileNotFoundException`。如果你改变了程序集的名称和文件名，那么你就创建了一个具有重复类型层次的全新的程序集，并且运行时将继续使用以前的程序集，除非通过某种机制删除了旧文件。

在做出这种改变之后，用户编译时的行为将取决于多种因素，例如，你是否保持了文件名、调用者获取更新的机制，以及最终的应用程序获取更新的机制。结果可能由于无法解决引用问题而导致编译失败，也可能生成相同但无作用的库，当然也可能产生有用的输出。

如果使用了程序集限定的名称，那么通过反射加载类型将会失败。如果出于某种原因已经将程序集加载到进程中，那么其他的反射加载可能会成功，但是在类型解析后将无法匹配 `AssemblyQualifiedName`。

.NET BCL 团队一般认为，改变程序集的名称是一种不可接受的不兼容变更。为现有的程序集生成最终版，并在该版本中使用 `[TypeForwardedTo]` 来解决运行时和编译时的错误与歧义，虽然可以通过这种方式有效地重命名一个程序集，但仍然强烈建议你不要改变程序集的现有名称。

D.2 添加命名空间

D.2.1 添加与现有类型冲突的命名空间（×U）

在 .NET CLR 中，命名空间的名称只是被用作类型名称的前缀；命名空间不是运行时的概念。添加与现有类型冲突的命名空间（例如，如果在 `System.Math` 类型之后创建一个名为"System.Math"的命名空间），将导致任何同时包含该类型和命名空间的库无法编译，并且如果对类型加以命名空间限定的引用，将会出现 `CS0434`（"Assembly1"中的"NamespaceName1"命名空间与"Assembly2"中的"TypeName1"类型冲突）这样的错误。

.NET BCL 团队认为，这是一种不可接受的不兼容变更。根据《框架设计指南》，命名空间应该有一个结构化的前缀，如"[CompanyName].[ProductName]"。此外，在单个产品中，应该对类型和命名空间进行管理以避免冲突。为现有的类型名称寻找一个同义词，作为新的命名空间名称使用。

D.3 修改命名空间

D.3.1 修改命名空间的名称或改变大小写（×U）

.NET CLR 认为命名空间是类型名称的一部分，类型名称是区分大小写的。改变命名空间的名称，包括名称的大小写，在逻辑上等同于删除该命名空间的所有类型，并在新的命名空间中创建新的、不相关的类型。关于删除一个类型的影响，参见 D.5.1 节。

.NET BCL 团队认为，这是一种不可接受的不兼容变更。

D.4 移动类型

D.4.1 通过 [TypeForwardedTo] 移动类型（✓☞–）

移动类型有两种情况：移动到已有的依赖中和移动到全新的依赖中。一般来说，将一个类型移动到已有的依赖中不会产生任何问题，因为所有使用原始库的应用程序都必须包含目标库。

将类型移动到一个全新的库中，或者移到到一个以前没有被依赖的现有的库中，可能会导致依赖的缺失，这取决于更新机制。来自 NuGet 等系统的软件包依赖，以及发布的共享运行时的新版本，通常能恰当地处理依赖问题。像所有新的依赖一样，这种类型的变化会导致独立应用程序的体积增大。

基于反射的代码可能会受到影响，因为类型的程序集限定名称发生了变化。虽然通过如 `Type.GetType(...)` 这样的查找方法会找到 `[TypeForwardedTo]`，但是对如 `Type` 对象的 `AssemblyQualifiedName` 属性的匹配分析将会失效。

.NET BCL 团队认为，如果出于技术原因需要这样做，那么以这种方式移动类型是一种可以接受的不兼容变更。

D.4.2 不通过 [TypeForwardedTo] 移动类型（×🏃↺↻）

因为程序集名称是 .NET CLR 中类型标识的一部分，在不使用 `[TypeForwardedTo]` 的情况下移动一个类型，在逻辑上与删除现有类型并在新的程序集中创建一个具有相同命名空间限定名称的新类型是一样的。关于删除类型的影响，参见 D.5.1 节。

如果你的调用者同时拥有现有的程序集和新的程序集作为其依赖库或可执行文件的引用，那么就不会发生编译时不兼容，重新编译可以使程序恢复到正常状态。

.NET BCL 团队认为，这是一种不可接受的不兼容变更。

D.5 删除类型

D.5.1 删除类型（×🏃↺）

删除类型是一种运行时不兼容变更，这并不奇怪。.NET CLR 底层会按需加载类型，所以一个应用程序有时能够在没有错误的情况下正常运行，这取决于由数据驱动的执行流程。当执行的代码"足够接近"被你删除的类型时，CLR 将试图解析该类型，这会失败并抛出 `TypeLoadException` 异常。"足够接近"的确切定义很复杂，但它通常始于某个方法开始调用类型的静态成员、引用类型的局部变量、实例化类型，或者加载另一个将你的类型作为字段、基类或等待被实现的接口的类型。JIT 内联的提前查找和其他预加载运行时功能可以将"足够接近"提前到程序执行的更早阶段。

由于你的类型不再存在，如果引用该程序集的库和可执行文件以任何方式使用这个类型，将无法编译。

.NET BCL 团队认为，这是一种不可接受的不兼容变更。

D.6　修改类型

D.6.1　密封一个非密封的类型（×🏃↺）

密封一个非密封的类型是否会导致运行时不兼容或编译不兼容，取决于是否已经有人继承了这个类型。编译时将伴随 CS0509 错误（"class1"：不能从密封类型 "class2"派生），任何在运行时对该类型的使用——包括调用静态成员——都将导致 System.TypeLoadException 异常，异常消息为"无法加载类型……因为父类型是密封的"。

.NET BCL 团队认为，这是一种不可接受的不兼容变更。

D.6.2　解封一个密封类型（✓👓）

解封密封类型的唯一潜在影响是在元数据中，如 Type.IsSealed。反射加载可能会错误地识别该类型，或者基于其元数据错误地处理数据。

.NET BCL 团队认为，这是一种可以接受的不兼容变更。

D.6.3　改变类型名称的大小写（×🏃↺↺👓）

.NET CLR 认为类型名称是大小写敏感的。因此，改变一个类型名称的大小写，在逻辑上等同于删除现有的类型并创建一个具有类似名称的新类型。关于删除一个类型的影响，参见 D.5.1 节。

该变更的编译时行为取决于调用者所使用的语言。有些语言，如 VB.NET，是不区分大小写的，所以重新编译能够成功，输出的程序集也能继续工作。对大小写敏感的语言，如 C#，将无法编译。

对该类型使用标准的反射加载将会失败，但是反射加载允许不区分大小写的比较，这将允许反射加载该类型。引入的大小写变化将反映在 Type.Name 和其他带有类型名称的元数据中，所以反射代码在变更发生之后可能会有不同的响应。

.NET BCL 团队认为，这是一种不可接受的不兼容变更。

D.6.4　改变类型名称（×🏃↺）

.NET CLR 没有提供为类型重命名的机制，所以改变类型名称在逻辑上等同于删除旧类型，同时创建一个新类型，其成员与旧类型的相似。关于删除一个类型的影响，参见 D.5.1 节。

.NET BCL 团队认为，这是一种不可接受的不兼容变更。

D.6.5　改变类型的命名空间（×🏃↺⌒–）

因为 .NET CLR 认为命名空间是类型名称的一部分，改变命名空间与改变类型名称具有相同的效果。关于改变类型名称的影响，参见 D.6.4 节。

如果调用者已经有针对目标命名空间的 using-import 语句，那么在不改变类型名称的情况下，改变命名空间还是能够成功编译的，除非调用者使用命名空间限定了类型引用。

反射代码将无法找到具有命名空间限定名称的类型。如果仅通过 Type.Name 的值找到这个类型，那么它仍然可能因为具有不同的命名空间限定名称而被区别对待。

.NET BCL 团队认为，这是一种不可接受的不兼容变更。

D.6.6　为结构体添加 readonly 修饰符（✓↺）

为结构体添加 readonly 修饰符将告诉编译器，在调用 readonly 字段成员或将结构体作为 readonly ref（in）参数传递给一个方法时，不需要"防御性"的拷贝。调用者只有在重新编译后才能从中获益。

这种变化的唯一风险是，调用者在重新编译后，其代码执行时间可能会大大减少，这可能会导致潜在的竞态问题。

.NET BCL 团队认为，这是一种可以接受的不兼容变更。

D.6.7　从结构体中移除 readonly 修饰符（×🏃↺）

就像添加 readonly 修饰符一样，在移除 readonly 修饰符之后，只有进行重新编译才能改变调用程序集的行为。如果你移除了 readonly 修饰符，那么现有的具有 readonly 字段的二进制文件，或者接收该类型作为 readonly ref（in）参数的方法，在调用方法时将不会对 struct 类型的值进行必要的拷贝。在移除 readonly 修饰符后，你在现有方法中进行的任何值更改都只有在调用者重新编译后才能被看到，这可能会导致难以诊断的错误。

.NET BCL 团队认为，这是一种不可接受的不兼容变更。

D.6.8　为现有接口添加基接口（×🏃↺）

只有当所有相关的类都是通过"鸭子类型"来实现现有接口时，才有可能为其添加基接口。如果该类型没有有效的公开成员来实现基接口上的成员，那么它将无法初始化，并抛出 TypeLoadException 异常，报告说接口成员没有对应的实现。即使基接口是现有接口的精确拷贝，只要实现接口的类使用了显式接口实现，就仍然有可能发生 TypeLoadException 异常。

造成运行时出现 TypeLoadException 的情况，也会导致受影响的类型出现编译时异常。

.NET BCL 团队认为，这是一种不可接受的不兼容变更。

D.6.9　为同一个泛型接口添加第二个声明（×ʊ）

当一个类型以不同的泛型参数实现相同的泛型接口时——例如 IEnumerable<string> 和 IEnumerable<int>——对于基于该接口的泛型方法类型推断来说，它的类型总是含糊不清的。因为泛型推断是一个编译时的语言功能，所以这种变更不会带来任何运行时的影响。

该类型的用户可能会因为各种错误而无法编译，这取决于具体的调用模式。如果他们调用的是基于泛型的扩展方法，那么错误可能是 CS1061（错误："类型"不包含"某方法"的定义，没有可访问的扩展方法……）。他们将不得不使用特定的泛型调用语法（例如，val.count<string>()），或者使用强制类型转换表达式（例如，((IEnumerable<string>)val).Count()）来替代之前的有效代码。

该变更在被修改的类型上应该是可见的，因为任何使用泛型参数的泛型接口成员，因签名冲突都需要显式地实现。

.NET BCL 团队认为，这是一种不可接受的不兼容变更。当第二次为类型指定相同的泛型接口时，类型推断就已经被破坏，所以一般来说，到第三次声明或之后的声明就不会再有不兼容问题了。

D.6.10　将类变更为结构体（×ⁿʊↄ）

根据类型的使用方式，将类更改为结构体后运行时不兼容可能会有所不同。最常见的故障是 .NET CLR 抛出了 TypeLoadException，错误消息为"由于值的类型不匹配，无法加载类型……"。如果类型有不带参数的构造函数，那么可能会导致 MissingMethodException 异常。

如果调用者将类作为泛型类型参数并在声明中将其限制为 class，他们将会遇到编译时不兼容的问题；如果调用者对变更之前的类型进行了扩展，他们也将会遇到相同的问题。否则，编译是可能成功并产出有用的输出的。

.NET BCL 团队认为，这是一种不可接受的不兼容变更。

D.6.11　将结构体变更为类（×🏃🔄）

将结构体改为类，通常会导致 CLR 抛出 `TypeLoadException` 异常，错误消息为"由于值的类型不匹配，无法加载类型……"。

如果调用者将结构体作为泛型类型参数并在声明中显式地将其限制为 `struct`,他们将会遇到编译时不兼容的问题。同样，如果泛型类型参数被限制为 `unmanaged`，这时，任何调用者直接使用结构体作为泛型类型参数，或者使用另一个字段类型为该类型的结构体作为泛型类型参数，都会遇到编译时不兼容的问题。此外，通过明确赋值初始化结构体的调用者将无法成功编译代码，因为引用类型不支持明确赋值。

在成功地重新编译后，调用者可能会发现很难调试 `NullReferenceException` 异常，这是因为他们的代码操作的值在面对结构体时，是有效的 `default` 实例，而在变成了面对类后，得到的是无效的 `null` 值。

.NET BCL 团队认为，这是一种不可接受的不兼容变更。

D.6.12　将 struct 变更为 ref struct（×🏃🔄🗝–）

在 .NET 中，`ref struct` 类型的使用非常受限：其不能被用作泛型类型参数，不能被用作 `ref struct` 之外其他类型的字段，也不能被装箱。如果调用者将转换为 `ref struct` 的结构体装箱，那么 CLR 将抛出 `InvalidProgramException` 异常；如果把它作为泛型方法的泛型类型参数，那么 CLR 将抛出 `BadImageFormatException` 异常；如果它被用在 async 方法、迭代器（`yield return`）方法中，作为一个类或（非 `ref`）结构体的字段的类型，或者作为泛型类型参数，那么 CLR 将抛出 `TypeLoadException` 异常，错误消息为"一个类似于按引用传递（ByRef）的类型不能作为一个不按引用传递的类型的实例字段的类型"。

所有在运行时会导致失败的情况，都会导致调用者出现编译时不兼容的问题。

反射代码在实例化该结构体时可能会抛出 `InvalidProgramException` 异常，这是因为结果被装箱了。该结构体的按引用传递的性质对反射是可见的，所以反射代码在你做出变更后可能会有不同的行为。

.NET BCL 团队认为，这是一种不可接受的不兼容变更。

D.6.13　将 ref struct 变更为（非 ref）struct（✓）

将 `ref struct` 变更为一般的 `struct`，在编译时和运行时都不会有什么问题。然而，如 D.6.12 节所述，之后撤销该更改将是一种不兼容变更。

.NET BCL 团队认为，这是一种可以接受的不兼容变更。但需要提醒你的是，该操作不能安全地回滚。

D.7　添加成员

D.7.1　通过 new 修饰符掩盖基类成员（×∪◔）

当你使用 new 修饰符来声明一个与基类成员具有相同名称和参数列表的成员时，现有的二进制文件不受影响。如果新方法的返回类型与基类成员兼容，那么调用者将能够成功地重新编译。然而，在重新编译后，他们将调用这个新方法，而不是基类的方法——只要他们有该类型的静态类型引用或更下层的派生类型。

如果返回类型与基类成员不兼容，并且调用者对成员的返回值进行了保存或操作，那么调用者将因为该变更而编译失败。

.NET BCL 团队认为，这是一种不可接受的不兼容变更，除非静态的"创建"方法专门指定了返回类型以避免强制类型转换。如果该方法在基类成员之前就已经存在，并且你添加 new 修饰符是为了抑制编译器的警告，这也是可以接受的。否则，.NET BCL 团队建议你为该方法选择一个新名称。

D.7.2　添加抽象成员（×🏃∪）

如果你给类型添加了一个新的抽象成员，那么没有被声明成抽象的派生类型将无法初始化，并将通过 TypeLoadException 异常的错误消息表明新成员"没有相应的实现"。

由于非抽象的派生类型没有为新成员提供实现，因此其将无法编译。

.NET BCL 团队认为，这是一种不可接受的不兼容变更。

D.7.3　为非密封类型添加成员（✓∪）

除了添加新的抽象成员（参见 D.7.2 节），在非密封类型——或密封类型——上添加新的成员对运行时没有影响，即使派生类型已经声明了一个具有相同名称和兼容参数列表的成员。

在编译时，如果任何派生类型声明了与父类具有相同名称和兼容参数列表的成员，都将会收到编译器的警告（CS0108："member1"隐藏了继承的成员"member2"。如果想要隐藏，请使用 new 关键字）。对于使用"将警告视为错误"构建选项的调用者来说，这会导致编译时不兼容。

.NET BCL 团队认为，这是一种可以接受的不兼容变更，除非新成员会以一种使人困惑的方式与派生类型产生冲突。

D.7.4　为非密封类型添加覆写成员（✓◡）

由于 Roslyn 编译器——从 2019 年开始——对基类成员的调用方式，派生类型在调用被覆写的成员时会忽略该 override，直到重新编译时看到你覆写了该成员。如果你的库是通过包管理系统（如 NuGet）发布的，并且使用了多个目标框架，那么你可能需要为每个目标框架都提供覆写，即使实现只是对基类成员的调用。

.NET BCL 团队认为，这是一种可以接受的不兼容变更。尽管如此，我们还是要提醒你考虑，如果成员没有被覆写，该对象会处于什么状态。

D.7.5　为结构体添加第一个引用类型字段（×✗◡）

如果一个结构体没有直接或间接的引用类型字段，那么为它添加引用类型字段可能会导致一些原本能正常工作的底层操作出现异常，因为引用类型字段使得那些将实例视为原始字节的操作变得不再安全。

如果调用者使用 fixed 声明获得指向结构体实例的指针，或者将结构体作为泛型类型参数被限定为 unmanaged 的泛型类型参数，将会编译失败。任何将该结构体直接或间接地作为字段的结构体也都会出现同样的编译时错误。

请注意，这个问题同样适用于基于泛型类型参数添加第一个字段的泛型结构体，除非泛型类型参数被限定为 unmanaged 类型。

.NET BCL 团队认为，这是一种不可接受的不兼容变更。

D.7.6　为接口添加成员（×✗◡）

如果你给接口添加了一个新的成员，那么任何不具有公开且兼容的成员的实现类型都将无法初始化。相应的 TypeLoadException 将显示消息说新成员"没有相应的实现"。

那些在运行时无法初始化的类型，同样会因为不符合接口定义而出现编译时不兼容。

.NET BCL 团队认为，这是一种不可接受的不兼容变更。理论上，支持默认接口方法的语言和运行时功能允许在接口上声明新的成员，而不存在出现 TypeLoadException 的风险。截至 2019 年，.NET BCL 团队对这一特性没有足够的经验来推荐将其作为通用模式使用。

D.8　移动成员

D.8.1　将成员移动到基类中（✓）

在 .NET CLR 中，将成员移动到基类中是一种优雅的处理方式，并且在 .NET 语言中通常支持静态成员和实例成员。

.NET BCL 团队认为，这是一种可以接受的不兼容变更，但是要提醒你，它不能被安全地回滚。

D.8.2　将成员移动到基接口中（×🏃↺）

与将成员移动到基类中不同，将成员移动到基接口中将导致显式实现接口成员的类型在运行时和编译时都会出现问题。在运行时，由于不存在的接口方法的实现，类型初始化将抛出 MissingMethodException 异常。在编译时，实现接口的类型会因为显式实现了一个不存在于接口之上的成员，以及没有为接口提供成员的实现而导致失败。

.NET BCL 团队认为，这是一种不可接受的不兼容变更。

D.8.3　将成员移动到派生类型中（×🏃↺）

与将成员移动到基类中不同，.NET CLR 没有办法可以优雅地将成员移动到派生类型中。出于运行时和编译时的考虑，将成员移动到派生类型中，在逻辑上与删除现有成员并在派生类型上添加一个新的成员相同。关于删除成员的影响，参见 D.9.3 节。

在重新编译后，如果值类型被静态标记为相应的派生类型，那么调用会成功。相反，只有基类引用或替代派生类型的调用者，将会由于方法不存在而无法编译。

.NET BCL 团队认为，这是一种不可接受的不兼容变更。

D.9　删除成员

D.9.1　从非密封类型中删除终结器（×🏃）

如果非密封类型中有一个通过调用 Dispose(false) 实现的终结器，那么派生类型可能总是依赖调用 Dispose(false) 实现其自己的终结逻辑。因此，从基类中删除终结器将导致派生类型不再运行终结逻辑。

.NET BCL 团队认为，这是一种不可接受的不兼容变更，除非终结器不使用基本

Dispose 模式或其他信号派生类型。

D.9.2　从密封类型中删除终结器（✓）

从一个密封类型中删除终结器确实有间接的可见的副作用：该类型的实例即使没有被正确释放，也会被垃圾回收器的快速清扫所清理，它不依赖于终结器线程。在 `System.Object` 和密封类型之间的任何可处置的类，都有可能因为在终结器（`Dispose(false)`）中运行而产生副作用；这种风险由考虑删除终结器的开发者来自行评估。

.NET BCL 团队认为，这是一种可以接受的不兼容变更。

D.9.3　删除非覆写成员（×🏃↺）

如果你彻底删除了一个成员，那么当执行代码"足够接近"时——通常是第一次进入调用方法时——任何现有代码的调用者都会从 CLR 收到 `MissingMemberException` 异常。删除一个属性或方法将导致 `MissingMethodException` 异常，而删除一个字段将导致 `MissingFieldException` 异常。

所有调用者都会因为访问缺失的成员而编译失败，除非是那些方法已经存在使用了可选参数的兼容重载。

.NET BCL 团队认为，这是一种不可接受的不兼容变更。

D.9.4　删除虚成员的 override（✓×）

直接删除覆写成员和将覆写方法替换成仅对基类成员的调用，在运行时没有任何区别。

Roslyn C# 编译器——从 2019 年开始——将对基类成员的调用编码到最后覆写它的类型中，所以重新编译一个具有派生类型的程序集，该程序集在对被删除的成员进行调用时，将"记住"要跳过该类型。在删除了 override 之后，再把它添加回来，与添加新的 override 是一样的（参见 D.7.4 节）。

.NET BCL 团队认为，这是一种可以接受的不兼容变更，但可能会提醒大家不要这样做。

D.9.5　删除抽象成员的 override（×🏃↺）

这一项是指删除抽象成员最基本的 override。如果你删除了一个覆写的 override，则也算作删除虚成员的 override（参见 D.9.4 节）。

这种变更的运行时行为取决于整个类的结构。如果你删除的成员是该成员的唯一实现，那么派生类型将无法初始化，并且 `TypeLoadException` 会指明该成员没有相应的实现。如果一个派生类型进一步覆写了你的方法，但通过 `base` 调用对该方法进行了调用，那么 CLR 会在执行"足够接近"覆写方法时抛出 `BadImageFormatException` 异常。最后，如果一个派生类型覆写了该方法，并且没有通过 `base` 调用对该方法进行调用，那么对于该类型来说，一切都是可以的。

对于任何没有覆写被删除的成员的类型，如果没有通过 `base` 调用对该成员进行调用，那么就会发生编译失败的情况。编译器要么报告说派生类型没有实现相应的抽象成员，要么说它正在对一个不存在的成员进行 `base` 调用。

.NET BCL 团队认为，这是一种不可接受的不兼容变更。

D.9.6 删除或重命名可序列化类型的私有字段（ ? ✗ ）

.NET 中的一些序列化器，如传统的 `BinaryFormatter`，使用反射技术来序列化关于一个类型的私有数据和公开数据。对于这类序列化器，重命名类型的字段，包括私有字段，将导致旧的有效载荷不能被正确地反序列化。

在构建可序列化的类型时，要注意哪些数据被序列化。如果私有数据被序列化，那么在添加、删除、重命名或改变任何私有状态的语义之前，你应该了解如何兼容以前的有效载荷。

《框架设计指南》建议你只序列化那些专门为序列化而设计的类型。

.NET BCL 团队通常不支持 BCL 类型的序列化。对于显式支持序列化的类型，序列化的不兼容必须要与类型的结构变化一起解决——在实践中，这意味着可序列化的类型不会发生结构变化。

D.10 重载成员

有两种类型的成员重载：简化重载（具有更多或更少参数的重载，但每个位置上的参数要么缺失，要么与较长的重载相同）和替代重载（在给定的位置改变参数类型，使其不同于其他重载）。添加重载可能带来的不兼容，取决于添加的是哪种类型的重载。

D.10.1 为成员添加第一个重载（ ✓ ☺ ☞ ）

反射有一些方法，比如 `Type.GetMethod(string)`，它只有在一个成员没有使用重载时才会调用成功。当你添加第一个重载（也就是第二个同名的成员）时，这些反射方法将抛出 `AmbiguousMatchException` 异常。

如果你的第一个重载是替代重载，那么传递 `default` 作为参数的调用者将在编译时因为模糊的方法调用而编译失败。

.NET BCL 团队认为，这是一种可以接受的不兼容变更，除非 `default` 对于现有的方法来说是一个敏感的值，并且有理由相信调用者在调用的地方指定了它。

D.10.2 为引用类型参数添加可选参数重载（？↺）

对于两个接收引用类型的重载成员而言，`null`（或 `default`）字面量在这两个成员中是模糊的。如果现有的成员在参数为 `null` 时抛出了 `ArgumentNullException` 异常，那么 .NET BCL 团队认为，为那些传递 `null` 的调用者引入编译时异常是可以接受的不兼容变更。然而，如果 `null` 值是被成员接收的合法值，那么只有当参数列表的其他部分强制重载的唯一性，以消除 `null` 字面量的模糊性时，该重载才是一个可接受的变更。

D.11 更改成员签名

D.11.1 重命名方法的参数（×↺）

如果语言（如 C#）允许在调用方法时具名参数，那么重命名方法的参数可能会导致编译时不兼容。

大多数调用者不会为所需的参数指定名称，所以不兼容的风险很小；但是，重命名参数带来的好处同样很小。.NET BCL 团队认为，这是一种不可接受的不兼容变更。

D.11.2 添加或删除方法的参数（×⚡↺）

.NET CLR 中的方法是通过签名来标识的，签名由名称、返回类型和有序的参数列表组成。删除参数、添加必需参数或添加可选参数都是对签名的改变，因此在逻辑上与删除原始方法是一样的。关于删除成员带来的运行时影响，请参见 D.9.3 节。

添加可选参数不会导致编译时不兼容，但是添加必需参数会。删除可选参数不会导致编译时不兼容，除非调用者在调用时显式指定了它，但是删除必需参数会，除非已经有与之兼容的具有可选参数的重载。

.NET BCL 团队认为，这是一种不可接受的不兼容变更，并建议添加重载作为这类变更更安全的解决方案。

D.11.3　改变方法参数的类型（×🏃🔄👓–）

.NET CLR 中的方法是通过签名来标识的，签名由名称、返回类型和有序的参数列表组成。改变参数的类型在逻辑上与删除原始方法相同。关于删除成员带来的运行时影响，请参见 D.9.3 节。

如果参数使用了 `ref`、`out` 或 `in`，重新编译将会失败，除非有与之兼容的具有可选参数的重载。对于简单的参数，如果将其改为派生程度较低的类型或可隐式转换的类型，重新编译通常可以成功。

当反射通过签名来寻找一个方法时，将会出现不兼容。如果你把参数改成派生程度较低的类型，反射调用通常会成功，但是如果需要用户定义的隐式转换操作符将提供的值转换为新的参数类型，则会失败并抛出 `ArgumentException` 异常。

.NET BCL 团队认为，这是一种不可接受的不兼容变更，并建议为方法添加重载作为这类变更更安全的解决方案。

D.11.4　重新排列具有不同类型的方法参数（×🏃🔄👓–）

在运行时，重新排列方法参数只是改变方法参数类型的一种特殊情况。更多信息参见 D.11.3 节。

使用具名参数语法的调用者在编译过程中不会出现不兼容，但是使用按参数位置传递参数语法的调用者在编译过程中会出现不兼容。

如果反射通过名称找到方法后调用该方法，将导致 `ArgumentException` 异常。此外，反射也无法通过签名找到该方法。

.NET BCL 团队认为，这是一种不可接受的不兼容变更。

D.11.5　重新排列具有相同类型的方法参数（×🏃🔄👓）

交换两个具有相同类型的参数的位置，就运行时而言，在交换前后方法具有相同的签名，因此 CLR 不会抛出 `MissingMethodException` 异常。由于参数是按位置传递的，而不是按名称传递的，因此运行时的不兼容行为，与在不改变名称的情况下交换参数的含义是一样的。

如果调用者只对其中一个被交换的参数使用具名参数语法，将会编译失败。使用具名参数语法指定所有参数的调用者将会重新编译失败——这种情况本质上是对行为的修复。只有使用按位置传递参数语法的调用者在重新编译后才不会面临失败，也不会得到不同的行为。

.NET BCL 团队认为，这是一种不可接受的不兼容变更。

D.11.6　改变方法的返回类型（×🏃↺）

.NET CLR 中的方法是通过签名来标识的，签名由名称、返回类型和有序的参数列表组成。改变返回类型在逻辑上与删除原始方法相同。关于删除成员带来的运行时影响，参见 D.9.3 节。

如果你把返回类型改成一个派生程度较高的类型，重新编译通常可以成功。相反，如果你把返回类型改成一个派生程度较低的类型或一个不相关的类型，则可能会失败。

.NET BCL 团队认为，这是一种不可接受的不兼容变更，并建议添加一个新的方法组（不是重载）或新的类型来实现这类变更。

请注意，这只适用于改变方法签名中的返回类型。改变方法的行为以返回原始返回类型的派生类型，将在 D.12.3 节中讨论。

D.11.7　改变属性的类型（×🏃↺）

在编译过程中，属性读取被翻译成对属性 get 方法的调用，而属性写入被翻译成对属性 set 方法的调用。改变属性的类型会改变 get 方法的返回类型，从而产生在 D.11.6 节中所讨论的所有不兼容。改变类型也会改变可写属性的 set 方法的参数类型和返回类型，因此，它会产生在 D.11.3 节和 D.11.6 节中所讨论的所有不兼容。

.NET BCL 团队认为，这是一种不可接受的不兼容变更。如果需要这种功能上的变更，他们会建议添加一个新的方法或属性。

D.11.8　将成员的可见性从 public 变更为其他的可见性（×🏃↺）

对于任何不符合新的可见性限制的调用者来说，降低成员的可见性将导致编译时不兼容。

在运行时，当程序试图从不再符合新的可见性限制的调用中调用方法时，.NET CLR 将抛出 MemberAccessException（MethodAccessException 或 FieldAccessException）异常。与删除成员不同，运行时会执行调用方法中的所有代码，直到成员调用失败。

.NET BCL 团队认为，这是一种不可接受的不兼容变更。

D.11.9　将成员的可见性从 protected 变更为 public（✓）

当你增加一个非虚方法的可见性时，不会发生运行时或编译时的不兼容（关于虚方法的讨论参见下一节）。然而，这种变更不能被安全地回滚。

.NET BCL 团队认为，这是一种可以接受的不兼容变更。

D.11.10　将虚（或抽象）成员从 protected 变更为 public（×🏃↺）

将一个受保护的虚成员变更为公开的虚成员是否会导致运行时不兼容，取决于是否有派生类型覆写该方法。如果该方法没有被覆写，那么就不会有运行时影响。然而，任何覆写了该方法的类型在初始化时都会出现 TypeLoadException 异常，指明该覆写不能降低方法的可访问性。

与运行时的行为类似，任何覆写了成员的派生类型都会出现编译时不兼容，因为覆写重新声明了可见性级别。

.NET BCL 团队认为，这是一种不可接受的不兼容变更。如果你正在考虑将该方法改为公开的，则可能需要在原来的类上添加一个公开的方法来调用该虚方法，类似于模板方法模式。

D.11.11　添加或删除 static 修饰符（×🏃↺↻）

除了名称、返回类型和有序的参数列表，.NET CLR 团队认为成员是实例成员还是静态成员也是签名的一部分。在一个成员上添加或删除 static 修饰符，在逻辑上与删除前一个成员相同。关于删除成员带来的运行时影响，参见 D.9.3 节。

任何使用类型限定的静态成员调用或实例限定的实例成员调用的调用者，都会因为对成员使用了错误的调用格式而导致编译时不兼容。使用隐式成员调用的派生类型的调用者能够成功重新编译，他们的库也能恢复到有效状态。

.NET BCL 团队认为，这是一种不可接受的不兼容变更。

D.11.12　改为（或不再）按引用传递参数（×🏃↺↻）

在 .NET CLR 中，按引用传递参数（C# 的 ref、in、out；VB.NET 的 ByRef；F# 的 byref、inref、outref）与常规的参数传递方式相比，参数类型被看作不同的类型。因此，.NET CLR 认为改为（或不再）按引用传递参数与改变类型相同，都是删除了前一个成员。关于删除成员带来的运行时影响，参见 D.9.3 节。

如果将一个参数改为引用参数（C# 的 ref）或输出参数（C# 的 out），那么所有的调用者都会因为没有使用正确的修饰符进行调用而导致编译时不兼容；相反，也是如此。C# 允许调用者在调用时省略 in 修饰符，所以对于省略 in 修饰符的调用者来说，变更为只读引用参数或从只读引用参数变更为普通参数调用都可以通过重新编译来解决。对于指定该修饰符的调用者，包括在任何其他语言中不能省略该修饰符的调用者来说，将会面临编译时不兼容的问题。

.NET BCL 团队认为，这是一种不可接受的不兼容变更。

D.11.13　改变按引用传递参数的风格（×🏃‍♂️↻）

无论一个参数是完全引用（C# 的 ref）、输出参数（C# 的 out）还是只读引用（C# 的 in），对于方法的调用者来说，其都不是签名的一部分。因此，改变成员的参数引用风格不会像改为（或不再）按引用传递参数一样导致 MissingMemberException 异常。然而，向此前被声明为只读引用的参数中写入数据，或者依赖于此前被声明为输出参数的参数值，可能会导致非常难以诊断的错误。

改变参数引用风格是否会导致编译失败，取决于调用者所使用的语言。C# 在调用的地方使用三种不同的修饰符（ref、out、in 或隐式的 in），使用错误的修饰符会导致编译失败。F# 对三种风格均使用相同的修饰符，因此使用 F# 的调用者进行重新编译很可能会成功，除非此前的声明是将参数作为输出参数——在调用方法之前，调用者可能没有初始化该值。

.NET BCL 团队认为，这是一种不可接受的不兼容变更。

D.11.14　为结构体的方法添加 readonly 修饰符（✓↻）

就如同为结构体添加 readonly 修饰符一样（参见 D.6.6 节），为结构体的方法添加 readonly 修饰符只有在调用者重新编译后才会生效。

.NET BCL 团队认为，这是一种可以接受的不兼容变更。

D.11.15　从结构体的方法中删除 readonly 修饰符（×🏃‍♂️↻）

就像从结构体中删除 readonly 修饰符一样（参见 D.6.7 节），从结构体的方法中删除 readonly 修饰符只在调用者重新编译后才会产生影响。当调用者使用更新之后的程序集执行其现有的程序集时，对数据的修改可能是可见的，但在程序集被重新编译后就不会再出现了。

.NET BCL 团队认为，这是一种不可接受的不兼容变更。

D.11.16　将必需参数变更为可选参数（✓）

可选参数，也被称为默认参数，是一种编译时特性，而不是运行时特性。因此，当将必需参数变更为可选参数时，不会对运行时产生影响。

当参数是可选的时候，要注意，在仅指定了部分参数时，不要在重载成员之间引起歧义。《框架设计指南》建议你只在一个重载上设置可选参数，以避免模糊的成员调用。

.NET BCL 团队认为，这是一种可以接受的不兼容变更，前提是该变更不需要对参数进行重新排序，也不会导致模糊的成员调用。

D.11.17　将可选参数变更为必需参数（? ∪∩）

可选参数，也被称为默认参数，是一种编译时特性，而不是运行时特性。因此，当将可选参数变更为必需参数时，不会对运行时产生影响。

当将可选参数变更为必需参数时，你需要考虑那些没有显式提供该参数的调用者、那些通过按位置传参来传递该方法的某些可选参数的调用者，以及那些通过具名参数来传递该方法的某些可选参数的调用者。一般来说，将一个参数从必需参数变更为可选参数，唯一安全的方法是引入一个新的、更长的成员重载，首先确保之前所有的可选参数仍是可选的——保持相同的默认值——然后将所有新的可选参数放到参数列表的末尾。当你添加上述新的重载后，如果调用者在之前的调用中没有显式传入所有的可选参数，那么将无法成功进行重新编译，因为目标成员是模糊的，这迫使你把排在参数列表前面的成员从可选参数变更为必需参数。

.NET BCL 团队认为，当这样做是为了将默认值"移动"到新的重载中时，这是一种可以接受的不兼容变更。否则，这是一种不可接受的不兼容变更。

D.11.18　改变可选参数的默认值（×↻）

可选参数是一种编译时特性，如果调用者没有为参数提供值，就从目标成员的元数据中获得该值。改变默认值对调用者来说没有任何影响，直到他们重新编译，这可能会造成开发者的困惑，因为编译后的二进制文件与开发者对源代码中程序的理解不一致。

.NET BCL 团队认为，这是一种不可接受的不兼容变更，因为可能会造成开发者的困惑。

D.11.19　改变常量字段的值（×↻⌖）

常量字段的值往往被认为在任何时候都不会发生改变。当调用者在其代码中使用你的常量字段时，编译器会将该值，而不是符号引用，复制到调用者的代码中。因此，在重新编译之前，调用者并不知道你的常量字段被赋予了新的值，当编译后的二进制文件与开发者对源代码中程序的理解不一致时，就会造成开发者的混乱。

当在运行时通过反射来访问常量字段时，值的更新会被立即反映出来。反射代码和运行时代码关于常量字段值的差异，是使开发者困惑的另一个来源。

.NET BCL 团队认为，这是一种不可接受的不兼容变更，因为有可能造成开发者的困惑。如果你在库中还没有发布常量字段，那么对于那些想要在后续版本中进行更新的值，应该使用 static readonly 字段，而不是 const 字段。如果你已经发布了常量字段，那么我们建议你引入一个新的字段，至于它应该是 const 字段还是 static readonly 字段，应视情况而定。

D.11.20　将抽象成员变更为虚成员（✓）

当把抽象成员变更为虚成员时，没有运行时可见的差异。然而，你应当意识到，所有可实例化的派生类型已经提供了相应的实现，它们不会通过基类成员来调用该成员。

.NET BCL 团队认为，这是一种可以接受的不兼容变更。

D.11.21　将虚成员变更为抽象成员（✗✗↻）

将虚成员变更为抽象成员，与删除抽象成员的直接覆写是一样的，都是一种不兼容变更。关于这种变更的全部影响，参见 D.9.5 节。

.NET BCL 团队认为，这是一种不可接受的不兼容变更。

D.11.22　将非虚成员变更为虚成员（✓↻）

一般来说，将非虚成员变更为虚成员是一种安全的变更。然而，当目标成员已知是非虚的并且目标实例已知不为 null 时，某些编译器实现会使用 MSIL 的非虚调用指令。使用这类编译器的调用者，在上述情况下，将只会调用最基本的成员，而不是派生程度最高的覆写实现。

.NET BCL 团队认为，这是一种可以接受的不兼容变更，但建议你通过模板方法模式使行为虚拟化，而不是直接修改现有的方法。

D.12　改变行为

D.12.1　将运行时错误异常变更为使用错误异常（✓🏃）

如果方法在传入的参数为 null 时抛出 NullReferenceException 异常，或者在参数为越界索引时抛出 IndexOutOfRangeException 异常，你可以将抛出的异常变更为使用错误异常（例如，ArgumentNullException 或 ArgumentOutOfRangeException）。虽然有些调用者可能会依赖 NullReferenceException 或 IndexOutOfRangeException，但 .NET BCL 团队相信，通过使用错误异常提供的信息表明哪个参数值导致了方法失败，这是值得尝试的。

.NET BCL 团队通常认为，将"错误的输入"变更为"详细的使用错误异常"是可以接受的不兼容变更。

D.12.2　将使用错误异常变更为有用的行为（✓🏃）

尽管异常是成员"协议"的一部分，但是 .NET BCL 团队通常认为，允许以前不被允许的输入起作用是可以接受的不兼容变更。

D.12.3　改变方法返回值的类型（？🏃）

变更方法声明的返回类型已在 D.11.6 节中讨论。本节讨论的是改变方法的实现，使其返回值的类型与库的上一个版本中的方法不同。

将返回值变更为与上一个版本相比派生程度更高的类型，通常是一种安全的变更。只有当新的类型以不兼容的方式实现虚方法时，调用者与返回值之间的交互才会被破坏。对于那些将返回值"强制转换"到一个更具体的类型的调用者而言，这也不会造成不兼容，因为新的返回值可以被安全地转换到中间类型。唯一不兼容的调用模式是调用者基于 value.GetType() 做相等比较——这对于将返回值的类型作为字典中键值的调用者来说可能不明显。

如果已经返回的是由声明的返回类型派生的类型，而你将其变更为返回其他兼容的类型，那么可能会破坏类型测试和"强制转换"。例如，如果你的方法被声明为返回 IEnumerable<int>，但总是返回 List<int>，那么调用者可能已经对返回类型产生了依赖。如果是这样的话，当你把返回类型改为 HashSet<int>，或者实现了 IEnumerable<int> 的非公开类型时，他们会得到 InvalidCastException 异常。

.NET BCL 团队通常支持返回一个比上一个版本的派生程度更高的类型，除非有充分的理由相信类型相等检查将被经常用于该特定方法。.NET BCL 团队通常认为，返回一个会破坏现有"强制转换"的值是一种不可接受的不兼容变更。

D.12.4　抛出新的异常类型（×🏃）

当你从方法中抛出一个新的异常类型时，或者当你改变实现允许新的异常类型从该方法中逃逸时，则很可能会导致这个异常无法被任何调用者的现有 catch 代码块捕获。

.NET BCL 团队通常认为，这是一种不可接受的不兼容变更，除了两种特殊情况：异常是方法已经抛出的异常类型的子类型（参见 D.12.5 节），或者必须使用一个"未捕获"的异常类型来修复关键错误。

D.12.5　抛出新的异常类型，且它是从现有的异常类型中派生的（✓🏃）

当你抛出一个新的异常类型时，且它是从现有的异常类型中派生的（例如，从一个抛出 IOException 的方法中抛出 FileNotFoundException），这通常不会避开现有的 catch 代码块，或者不会改变调用者对异常的处理——但这里有几个注意事项。

首先，调用者在现有类型的基础上为派生程度更高的类型设置 catch 代码块——取决于嵌套和排序——可能会为同样的问题触发不同的 catch 代码块。虽然大多数调用者会认为这是一种"好"的不兼容变更，但这也是需要考虑的问题。

其次，在异常过滤器中或在 catch 代码块中，使用类型相等测试的调用者会看到运行时的行为差异。异常处理程序中的类型相等测试比类型层次测试（例如，is 操作符）要少得多，但它仍然是需要考虑的问题。

.NET BCL 团队通常支持抛出更具体的异常。

D.13　最后

本附录的内容并不详尽。我们希望你通过了解某些具体变更带来的影响，以及 .NET BCL 团队对这些影响的看法，对那些我们没有涵盖到的不兼容变更形成自己的看法。

一般的经验是：如果你改变一个现有的成员，则大概会破坏别人的代码；如果你增加一点新的东西，则可能不会影响他们。

开发快乐！